"十四五"时期国家重点出版物出版专项规划项目

化肥和农药减施增效理论与实践丛书

丛书主编 吴孔明

化肥农药减施增效技术应用与评估研究

全国农业技术推广服务中心 编著

科 学 出 版 社

北 京

内 容 简 介

本书依托"十三五"国家重点研发计划项目"化肥农药减施增效技术应用及评估研究",梳理了国内外化肥农药减施增效技术的研究进展,介绍了化肥农药减施增效技术的推广模式和培训模式研发、信息化服务系统建设与应用、管理政策创设以及效果监测与评估等研究成果,反映了相关领域研究的最新进展。

本书可为政府部门相关人员、相关科研教学工作者、农业技术推广人员及农业新型经营主体等开展化肥和农药减施增效工作提供参考。

图书在版编目(CIP)数据

化肥农药减施增效技术应用与评估研究/全国农业技术推广服务中心编著. —北京:科学出版社,2024.3

(化肥和农药减施增效理论与实践丛书/吴孔明主编)

"十四五"时期国家重点出版物出版专项规划项目

ISBN 978-7-03-077573-3

Ⅰ.①化⋯ Ⅱ.①全⋯ Ⅲ.①合理施肥–研究 Ⅳ.①S147.35

中国国家版本馆 CIP 数据核字(2024)第 014724 号

责任编辑:陈 新 尚 册/责任校对:杨 赛
责任印制:肖 兴/封面设计:无极书装

科学出版社 出版

北京东黄城根北街 16 号
邮政编码:100717
http://www.sciencep.com

北京虎彩文化传播有限公司印刷
科学出版社发行 各地新华书店经销

*

2024 年 3 月第 一 版 开本:787×1092 1/16
2024 年 3 月第一次印刷 印张:19
字数:450 000

定价:238.00 元

(如有印装质量问题,我社负责调换)

"化肥和农药减施增效理论与实践丛书"编委会

主　编　吴孔明

副主编　宋宝安　张福锁　杨礼胜　谢建华　朱恩林
　　　　　陈彦宾　沈其荣　郑永权　周　卫

编　委（以姓名汉语拼音为序）
　　　　　曹坳程　陈立平　陈万权　董丰收　段留生
　　　　　冯　固　戈　峰　郭良栋　何　萍　胡承孝
　　　　　黄啟良　姜远茂　蒋红云　兰玉彬　李　忠
　　　　　刘凤权　刘永红　鲁传涛　鲁剑巍　陆宴辉
　　　　　吕仲贤　孟　军　乔建军　邱德文　阮建云
　　　　　孙　波　孙富余　谭金芳　王福祥　王　琦
　　　　　王源超　王朝辉　谢丙炎　谢江辉　熊兴耀
　　　　　徐汉虹　严海军　颜晓元　易克贤　张　杰
　　　　　张礼生　张　民　张　昭　赵秉强　赵廷昌
　　　　　郑向群　周常勇

《化肥农药减施增效技术应用与评估研究》编委会

主　编　王福祥　谢建华

副主编　王凤乐　杨　帆　刘绍仁　张卫峰　金书秦
　　　　　袁会珠　邢可霞　杜　森　罗良国

编　委（以姓名汉语拼音为序）

薄　瑞　蔡金阳　褚世海　戴　军　丁吉萍
冯浩杰　付浩然　傅国海　郭逸蓉　胡江鹏
胡瑞法　花文元　黄中乔　李　贝　李开轩
李宁辉　李文西　李友顺　李增源　连煜阳
林　煜　刘冬华　刘家欢　刘　静　刘　莉
卢　平　马朝红　马海龙　马占鸿　毛明艳
孟远夺　尼雪妹　潘昭隆　齐　国　冉　秦
沈　欣　孙蓟锋　孙秋玉　唐启义　童濛濛
万　蕾　王晨珲　魏莉丽　吴波明　吴照红
习　斌　辛景树　熊延坤　徐　洋　徐志宇
许丹丹　薛颖昊　闫晓静　杨　森　姚景翰
余苹中　张　斌　张　超　张英鹏　赵　清
赵宜君　钟永红　周凤艳　周　璇

丛 书 序

我国化学肥料和农药过量施用严重，由此引起环境污染、农产品质量安全和生产成本较高等一系列问题。化肥和农药过量施用的主要原因：一是对不同区域不同种植体系肥料农药损失规律和高效利用机理缺乏深入的认识，无法建立肥料和农药的精准使用准则；二是化肥和农药的替代产品落后，施肥和施药装备差、肥料损失大，农药跑冒滴漏严重；三是缺乏针对不同种植体系肥料和农药减施增效的技术模式。因此，研究制定化肥和农药施用限量标准、发展肥料有机替代和病虫害绿色防控技术、创制新型肥料和农药产品、研发大型智能精准机具，以及加强技术集成创新与应用，对减少我国化肥和农药的使用量、促进农业绿色高质量发展意义重大。

按照 2015 年中央一号文件关于农业发展"转方式、调结构"的战略部署，根据国务院《关于深化中央财政科技计划（专项、基金等）管理改革的方案》的精神，科技部、国家发展改革委、财政部和农业部（现农业农村部）等部委联合组织实施了"十三五"国家重点研发计划试点专项"化学肥料和农药减施增效综合技术研发"（后简称"双减"专项）。

"双减"专项按照《到 2020 年化肥使用量零增长行动方案》《到 2020 年农药使用量零增长行动方案》《全国优势农产品区域布局规划（2008—2015 年）》《特色农产品区域布局规划（2013—2020 年）》，结合我国区域农业绿色发展的现实需求，综合考虑现阶段我国农业科研体系构架和资源分布情况，全面启动并实施了包括三大领域 12 项任务的 49 个项目，中央财政概算 23.97 亿元。项目涉及植物病理学、农业昆虫与害虫防治、农药学、植物检疫与农业生态健康、植物营养生理与遗传、植物根际营养、新型肥料与数字化施肥、养分资源再利用与污染控制、生态环境建设与资源高效利用等 18 个学科领域的 57 个国家重点实验室、236 个各类省部级重点实验室和 434 支课题层面的研究团队，形成了上中下游无缝对接、"政产学研推"一体化的高水平研发队伍。

自 2016 年项目启动以来，"双减"专项以突破减施途径、创新减施产品与技术装备为抓手，聚焦主要粮食作物、经济作物、蔬菜、果树等主要农产品的生产需求，边研究、边示范、边应用，取得了一系列科研成果，实现了项目目标。

在基础研究方面，系统研究了微生物农药作用机理、天敌产品货架期调控机制及有害生物生态调控途径，建立了农药施用标准的原则和方法；初步阐明了我国不同区域和种植体系氮肥、磷肥损失规律和无效化阻控增效机理，提出了肥料养分推荐新技术体系和氮、磷施用标准；初步阐明了耕地地力与管理技术影响化肥、农药高效利用的机理，明确了不同耕地肥力下化肥、农药减施的调控途径与技术原理。

在关键技术创新方面，完善了我国新型肥药及配套智能化装备研发技术体系平台；打造了万亩方化肥减施 12%、利用率提高 6 个百分点的示范样本；实现了智能化装备减施 10%、利用率提高 3 个百分点，其中智能化施肥效率达到人工施肥 10 倍以上的目标。农药减施关键技术亦取得了多项成果，万亩示范方农药减施 15%、新型施药技术田间效率大于 30 亩/h，节省劳动力成本 50%。

在作物生产全程减药减肥技术体系示范推广方面，分别在水稻、小麦和玉米等粮食主产区，蔬菜、水果和茶叶等园艺作物主产区，以及油菜、棉花等经济作物主产区，大面积推广应用化肥、农药减施增效技术集成模式，形成了"产学研"一体的纵向创新体系和分区协同实施的横向联合攻关格局。示范应用区涉及 28 个省（自治区、直辖市）1022 个县，总面积超过 2.2 亿亩次。项目区氮肥利用率由 33% 提高到 43%、磷肥利用率由 24% 提高到 34%，化肥氮磷减施 20%；化学农药利用率由 35% 提高到 45%，化学农药减施 30%；农作物平均增产超过 3%，生产成本明显降低。试验示范区与产业部门划定和重点支持的示范区高度融合，平均覆盖率超过 90%，在提升区域农业科技水平和综合竞争力、保障主要农产品有效供给、推进农业绿色发展、支撑现代农业生产体系建设等方面已初显成效，为科技驱动产业发展提供了一项可参考、可复制、可推广的样板。

科学出版社始终关注和高度重视"双减"专项取得的研究成果。在他们的大力支持下，我们组织"双减"专项专家队伍，在系统梳理和总结我国"化肥和农药减施增效"研究领域所取得的基础理论、关键技术成果和示范推广经验的基础上，精心编撰了"化肥和农药减施增效理论与实践丛书"。这套丛书凝聚了"双减"专项广大科技人员的多年心血，反映了我国化肥和农药减施增效研究的最新进展，内容丰富、信息量大、学术性强。这套丛书的出版为我国农业资源利用、植物保护、作物学、园艺学和农业机械等相关学科的科研工作者、学生及农业技术推广人员提供了一套系统性强、学术水平高的专著，对于践行"绿水青山就是金山银山"的生态文明建设理念、助力乡村振兴战略有重要意义。

吴孔明

中国工程院院士

2020 年 12 月 30 日

前　言

化肥农药是重要的农业生产资料，对于保障国家粮食安全、提升农产品质量效益、促进农业绿色高质量发展至关重要。我国是农业大国，化肥和农药施用总量、施用强度均居世界前列。近年来，我国化肥农药科学施用技术水平快速提升，但与农业绿色高质量发展的要求相比还存在不小差距。开展化肥农药减施增效技术研发、强化重大技术集成创新与推广应用意义重大。

2016~2021年，"十三五"国家重点研发计划项目"化肥农药减施增效技术应用及评估研究"（2016YFD0201300）启动并实施。全国农业技术推广服务中心为该项目牵头承担单位，中央农业广播电视学校、农业农村部农业生态与资源保护总站、中国农业科学院、中国农业大学、农业农村部农村经济研究中心等22家单位共同参与。

6年来，项目针对化肥农药减施增效技术推广模式不合理、信息化支撑不足、政策激励措施不配套、监测评价方法欠缺等问题，筛选建立适应不同区域、不同种植制度和不同经营主体的化肥农药减施增效技术推广与培训新模式19套；建立农药使用基础数据库，研发"互联网+农药"减施增效信息化服务平台；创建"土壤–肥料–作物"一体化的减肥增效数据库，形成"网站+微信号+视频+短信"的复合立体化减肥增效信息化服务平台；通过开展政策梳理和政策评估，创设制约与激励并重的化肥农药减施增效管理政策，形成系列政策建议；选择有代表性的区域和种植制度，建立化肥、农药减施增效效益评估监测点各54个，建立评估方法各1套。累计完成专题报告50份，发表科技论文103篇，其中SCI论文25篇、中文核心论文41篇，培养研究生47人。项目圆满完成了计划任务，成果丰硕，为化肥农药减施增效技术的培训推广、信息化传播、政策激励、监测评价等工作提供了有力支撑。

为进一步加强化肥农药减施增效技术的推广应用，我们在总结项目研究成果的基础上，组织编写了《化肥农药减施增效技术应用与评估研究》，以期为相关工作者提供参考借鉴。因时间仓促及水平所限，不足之处恐难避免，敬请广大读者批评指正。

作　者

2023年3月

目 录

第1章 绪论 1
  1.1 研究背景 1
  1.2 研究概况 1
    1.2.1 项目来源 1
    1.2.2 研究目标 2
    1.2.3 技术路线 2
    1.2.4 研究方法 2
  1.3 研究内容 4
    1.3.1 农技推广培训现状、改革及模式分析研究 4
    1.3.2 化肥农药减施增效技术信息化服务系统研究 4
    1.3.3 化肥农药减施增效管理政策研究 4
    1.3.4 化肥农药减施增效技术效果监测与评估研究 4
  1.4 课题设置 5
    1.4.1 课题1：适应不同生产特点的化肥农药减施增效技术推广培训新模式研究与评估 5
    1.4.2 课题2：农药减施增效技术信息化服务系统建设研究 7
    1.4.3 课题3：化肥减施增效技术信息化服务系统建设研究 7
    1.4.4 课题4：化肥农药减施增效管理政策创设研究 9
    1.4.5 课题5：农药减施增效技术效果监测与评估研究 10
    1.4.6 课题6：化肥减施增效技术效果监测与评估研究 11

第2章 国内外化肥农药减施增效技术发展现状 13
  2.1 国外化肥减施增效技术发展现状 13
    2.1.1 美国化肥减施增效技术发展现状 13
    2.1.2 欧洲化肥减施增效技术发展现状 18
    2.1.3 日本化肥减施增效技术发展现状 24
  2.2 我国化肥减施增效技术发展现状 30
    2.2.1 肥料产品创新 30
    2.2.2 机械化施肥 31
    2.2.3 栽培技术 32
    2.2.4 水肥一体化 32
    2.2.5 秸秆还田 33
    2.2.6 畜禽粪便综合利用 33

2.3 国外农药减施增效技术发展现状 ································ 35
2.3.1 欧洲主要国家农药减量行动措施 ···················· 35
2.3.2 亚洲主要国家农药减量行动措施 ···················· 36
2.3.3 美洲主要国家农药减量行动措施 ···················· 37
2.4 我国农药减施增效技术发展现状 ································ 38
2.4.1 农药减施增效的必要性 ···································· 38
2.4.2 农药减施增效的含义和技术途径 ···················· 39
2.4.3 农药减施增效技术 ·· 39

第3章 化肥农药减施增效技术推广模式研究与应用 ··················· 46
3.1 我国农技推广体系发展和改革现状 ···························· 46
3.1.1 农技推广体系的发展和改革历程 ···················· 46
3.1.2 改革效果和问题研究的数据来源 ···················· 47
3.1.3 农技推广体系改革的效果 ································ 47
3.1.4 农技推广体系存在的问题 ································ 53
3.1.5 小结 ·· 55
3.2 化肥农药减施增效技术推广模式设计、筛选和效果评估方法 ···· 57
3.2.1 农业社会化服务组织和农户的技术信息来源 ···· 57
3.2.2 化肥农药减施增效技术推广模式的设计 ········ 64
3.2.3 化肥农药减施增效技术推广模式的筛选方法 ···· 65
3.2.4 双重差分模型 ·· 68
3.3 化肥农药减施增效技术推广模式的效果评估 ············ 69
3.3.1 水稻化肥农药减施增效技术推广模式的效果 ···· 69
3.3.2 苹果化肥农药减施增效技术推广模式的效果 ···· 79
3.3.3 茶叶化肥农药减施增效技术推广模式的效果 ···· 83
3.3.4 设施蔬菜化肥农药减施增效技术推广模式的效果 ···· 87
3.3.5 适应不同生产特点的化肥农药减施增效技术推广新模式 ···· 95

第4章 化肥农药减施增效技术培训模式研究与应用 ··················· 98
4.1 适应不同生产特点的化肥农药减施增效技术培训模式的创建 ···· 98
4.1.1 培训模式内涵及构成要素 ································ 98
4.1.2 培训模式创建方法 ·· 98
4.1.3 化肥农药减施增效技术培训模式 ···················· 99
4.1.4 化肥农药减施增效技术培训模式实施情况 ···· 100
4.2 适应不同生产特点的化肥农药减施增效技术培训模式效果评价 ···· 102
4.2.1 化肥农药减施增效技术培训模式实施效果 ···· 102
4.2.2 化肥农药减施增效技术培训模式评价指标构建 ···· 105

4.2.3　化肥农药减施增效技术培训模式综合性评价 …………………… 106
　4.3　化肥农药减施增效技术培训模式应用实例 ………………………………… 108
第5章　化肥减施增效技术信息化服务系统建设与应用 ……………………………… 111
　5.1　化肥减施增效技术信息化服务系统建设的目的和意义 …………………… 111
　5.2　化肥减施增效技术信息化服务系统建设现状 ……………………………… 112
　　　5.2.1　国外化肥减施增效技术信息化服务发展情况 …………………… 112
　　　5.2.2　国内信息化服务平台构建类型及特点 …………………………… 114
　　　5.2.3　政府为主体的信息化服务平台 …………………………………… 115
　　　5.2.4　企业为主体的信息化服务平台 …………………………………… 116
　5.3　化肥减施增效技术信息化服务平台研发及应用 …………………………… 117
　　　5.3.1　全国科学施肥网Web端 …………………………………………… 117
　　　5.3.2　"全国科学施肥网"微信公众号 …………………………………… 120
　　　5.3.3　"神农说一说"平台 ………………………………………………… 122
　　　5.3.4　"一堂好课"平台 …………………………………………………… 124
　　　5.3.5　小麦-玉米信息化服务平台 ………………………………………… 127
第6章　农药减施增效技术信息化服务系统建设与应用 ……………………………… 137
　6.1　农药减施增效技术信息化服务系统建设的目的和意义 …………………… 137
　6.2　全国农药使用情况调查与统计分析系统 …………………………………… 137
　　　6.2.1　农药田间用量统计方法 …………………………………………… 138
　　　6.2.2　全国农药械信息管理系统简介 …………………………………… 148
　　　6.2.3　全国农药械信息管理系统使用指南 ……………………………… 150
　6.3　农药减施增效技术信息化服务平台 ………………………………………… 157
　　　6.3.1　平台简介 …………………………………………………………… 157
　　　6.3.2　平台使用指南 ……………………………………………………… 161
　6.4　农作物病虫害手机自动识别APP"植保家" ………………………………… 169
　　　6.4.1　"植保家"APP的开发 ……………………………………………… 174
　　　6.4.2　"植保家"APP简介 ………………………………………………… 177
第7章　化肥农药减施增效管理政策创设研究 ………………………………………… 184
　7.1　化肥农药减施增效管理政策创设的目的和意义 …………………………… 184
　7.2　化肥减施增效管理政策现状 ………………………………………………… 184
　　　7.2.1　肥料管理机构组织体系 …………………………………………… 184
　　　7.2.2　肥料管理政策演进 ………………………………………………… 184
　　　7.2.3　肥料行业标准 ……………………………………………………… 190
　　　7.2.4　肥料管理政策评述 ………………………………………………… 190
　　　7.2.5　肥料管理国际经验借鉴 …………………………………………… 191

7.3 化肥减施增效管理政策创设 ·· 197
7.3.1 化肥减施增效路径目标 ·· 197
7.3.2 化肥管理建议 ·· 197
7.3.3 化肥行业发展建议 ·· 198
7.3.4 化肥减施增效监管建议 ·· 199
7.4 农药减施增效管理政策现状 ·· 200
7.4.1 农药管理政策演进 ·· 200
7.4.2 农药生产管理政策 ·· 201
7.4.3 农药经营管理政策 ·· 202
7.4.4 农药使用管理政策 ·· 202
7.4.5 农药鼓励性管理政策 ·· 203
7.4.6 农药管理政策国际经验借鉴 ·· 204
7.5 农药减施增效管理政策创设 ·· 210
7.5.1 农药管理建议 ·· 210
7.5.2 农药行业发展建议 ·· 212
7.5.3 加强农药减量控害监管建议 ·· 213

第 8 章 化肥减施增效技术效果监测与评估研究 ·· 215
8.1 化肥减施增效技术效果监测与评估研究的目的和意义 ·························· 215
8.1.1 研究目的 ·· 215
8.1.2 研究意义 ·· 215
8.2 化肥减施增效技术评价指标体系构建 ·· 216
8.2.1 国内外农业技术评价指标体系构建研究综述 ·································· 216
8.2.2 化肥减施增效技术评价指标体系构建原则 ······································ 219
8.2.3 化肥减施增效技术评价指标体系构建方法 ······································ 220
8.2.4 化肥减施增效技术评价指标体系建立 ·· 221
8.3 化肥减施增效技术应用效果的评估 ·· 236
8.3.1 指标方向确定和指标无量纲化处理 ·· 237
8.3.2 化肥减施增效技术应用效果评估方法 ·· 237
8.3.3 化肥减施增效技术应用效果耦合模型分析 ······································ 242
8.4 案例分析 ·· 246
8.4.1 蔬菜化肥减施增效技术应用效果评估 ·· 246
8.4.2 水稻化肥减施增效技术应用效果评估 ·· 253

第 9 章 农药减施增效技术效果监测与评估研究 ·· 260
9.1 农药减施增效技术效果监测与评估研究的目的和意义 ·························· 260

9.2 农药减施增效技术效果监测与评估的基本原则和方法 ·········· 261
9.2.1 农药减施增效技术评价目标集的建立 ·········· 261
9.2.2 监测网络的建立与监测 ·········· 261
9.2.3 农药减施增效技术应用评估 ·········· 261
9.3 农药减施增效技术效益增量评估模型的构建和优化 ·········· 262
9.3.1 农药减施增效技术效益增量评估模型的构建 ·········· 262
9.3.2 农药减施增效技术效益增量评估模型的优化 ·········· 263
9.4 农药减施增效技术效益增量评估 ·········· 264
9.4.1 评估模型应用的范围和对象 ·········· 264
9.4.2 评估的基本方法和流程 ·········· 265
9.4.3 各个指标的评估 ·········· 265

参考文献 ·········· 274

第 1 章 绪　　论

1.1 研究背景

　　化肥和农药都是重要的农业生产资料，对于保障国家粮食安全、提升农产品质量效益、促进农业绿色高质量发展至关重要。我国是农业大国，化肥和农药施用总量及平均强度均居世界前列，科学施肥用药技术水平快速提升。但是，我国化肥和农药利用率与发达国家相比还存在不小差距，化肥农药过量施用、不合理施用现象仍然存在，由此引发的环境污染、健康损害和农产品质量安全问题，已经成为制约农业可持续发展的重要因素。

　　分析我国化肥和农药使用现状可知，导致化肥和农药过量施用的原因主要有以下 4 个方面：一是对不同区域、不同种植体系肥料农药损失规律和高效利用机理缺乏深入的研究，没有形成系统的化肥和农药使用技术规范，制约了肥料农药限量标准的制订；二是化肥和农药的替代产品落后，施肥施药装备差，肥料损失大，农药跑冒滴漏现象严重；三是针对不同生产特点的肥料和农药减施增效技术的研发滞后，缺乏适应农业生产需求的集成技术模式；四是化肥和农药施用者减施增效意识不强，化肥和农药安全合理使用技术宣传普及到位率不高，使得我国化肥和农药新产品、新技术、新成果的推广应用还存在不足。因此，开展化肥农药减施增效技术研究，发展肥料有机替代和绿色防控技术，创制新型肥料和农药，研发大型智能精准机具，强化重大技术集成创新与推广应用，成为我国实现化肥和农药减施增效的关键。

　　立足我国当前化肥农药减施增效的战略需求，按照《全国优势农产品区域布局规划》《特色农产品区域布局规划》，科技部设立了化学肥料和农药减施增效综合技术研发项目。项目聚焦主要粮食作物、大田经济作物、蔬菜、果树化肥农药减施增效的重大任务，按照"基础研究、共性关键技术研究、技术集成创新研究与示范"全链条一体化设计，强化产学研用协同创新，解决化肥、农药减施增效的重大关键科技问题，为保障生态环境安全和农产品质量安全，推动农业发展"转方式、调结构"，促进农业可持续发展提供有力的科技支撑。

　　化学肥料和农药减施增效综合技术研发专项围绕化肥农药减施增效的理论基础、产品装备、技术研发、技术集成、示范应用等环节进行一体化设计，设置基础研究，重大技术、产品及装备研发，技术集成与示范三大任务。2016 年和 2017 年共启动了 34 个项目，主要集中在化肥农药减控基础与限量标准研究，重大技术、产品及装备研发，以及部分作物化肥农药减施增效技术集成与示范应用。

1.2 研究概况

1.2.1 项目来源

　　"十三五"国家重点研发计划项目"化肥农药减施增效技术应用及评估研究"（2016YFD0201300）所属专项是"化学肥料和农药减施增效综合技术研发"。项目总经费 4000 万元，全部为中央财政经费，执行期限为 2016 年 1 月至 2021 年 6 月。项目设置 6 个课题，牵头承担单位为全国农业技术推广服务中心，参加单位包括中央农业广播电视学校、农业农村部农业生态与资源保护总站、中国农业科学院、中国农业大学、农业农村部农村经济研究中心等22家单位。项目负责人在2016～2017年为全国农业技术推广服务中心副主任、推广研究员谢建华，在2017年4月变更为全国农业技术推广服务中心副主任、推广研究员王福祥。

1.2.2 研究目标

项目重点研究适应不同区域、不同种植制度和不同经营主体的化肥农药减施增效技术推广和培训新模式，研发专业信息化服务平台以及基于"互联网+"模式的减施增效成果应用系统，建立化肥和农药管理数据库，创设制约与激励并重的减施增效管理政策，形成国家化肥农药减施增效管理政策建议；选择有代表性的区域和种植制度，建立化肥农药减施增效技术效果监测网络，对化肥农药施用情况、生产成本控制、作物产量及经济效益影响等进行评估，为技术优化提供科学支撑。项目研究主要解决以下四大问题。

一是化肥农药减施增效技术转化应用的途径问题。针对我国不同区域和社会经济特点与种植制度的差异性，以及种植大户、专业合作社、小农户等不同经济主体的技术需求与生产管理特点，建立推广和培训新模式，解决现有化肥农药推广和培训中存在的体制机制性问题。

二是化肥农药减施增效技术的信息化支撑问题。整合优化存量数据并加以更新挖掘，突破多源信息融合、海量信息分布式管理、智能信息服务等关键技术，建立化肥农药管理数据库和信息化服务平台；研发基于"互联网+"模式的减施增效成果应用系统，有效解决减施增效技术的信息化支撑问题。

三是化肥农药减施增效技术的政策激励机制问题。基于我国国情，借鉴国际经验，创设约束与激励并重的减施增效管理政策，并结合项目区试点，形成国家化肥农药减施增效管理政策建议。

四是化肥农药减施增效技术的科学性评价问题。研究筛选化肥农药减施增效技术的评价指标体系，采用定性分析和定量评价方法，建立评估模型，设立系统监测点，对减施增效技术开展经济效益和社会效益的综合评估。

1.2.3 技术路线

按照统筹规划、分工协作、分步实施的原则开展研究工作，技术路线如图1-1所示。

1.2.4 研究方法

全国农业技术推广服务中心为项目牵头单位，组织中国农业科学院、中国农业大学、农业农村部农业生态与资源保护总站、农业农村部农药检定所、农业农村部农村经济研究中心等22家科研、教学、推广和政策研究的优势单位联合攻关。研究成果直接服务于整个重点专项技术研究成果的转化应用，为我国实现"产出高效、产品安全、资源节约、环境友好"的农业现代化目标提供有力保障。

农技推广培训现状、改革及模式分析研究依托现有资料和数据，采用案例研究、模型建立、系统调查、田间试验等方法。

信息化服务平台建设依托云计算技术和地理信息系统（GIS）构建大数据库，以信息安全技术为保障，通过系统集成和移动终端（如微信、APP等）建立服务平台，"互联网+"应用系统构建采用线上线下结合、多元化参与的方法。

化肥农药减施增效管理政策创设研究主要基于调查问卷获得的一手信息，利用计量经济模型，定量分析各主体对化肥农药用量的贡献程度和影响因素。

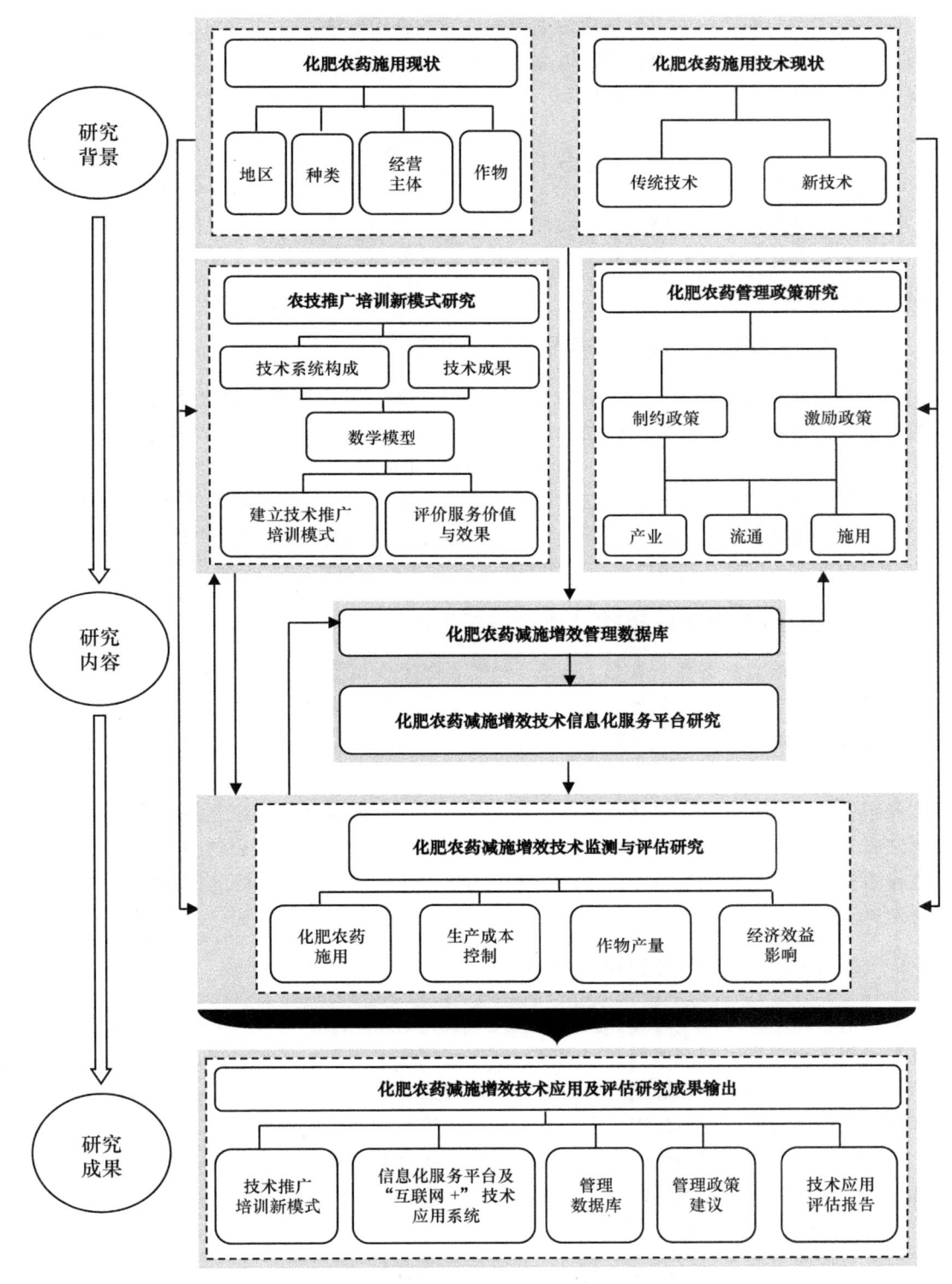

图 1-1　技术路线

化肥农药减施增效技术应用与评估采用多边形综合指标法，探讨项目监测区化肥农药减施增效技术的综合效益和综合代价，以综合代价效益比为主要函数目标，建立综合代价效益比模型，优化化肥农药减施增效技术。

1.3 研究内容

针对我国农药化肥减施增效技术现行推广模式不合理、研究方法和手段单一、缺少实证研究、信息化支撑不足、政策激励措施不配套、评价方法与评估模型欠缺等问题，重点开展了以下4项研究工作。

1.3.1 农技推广培训现状、改革及模式分析研究

在摸清我国化肥农药施用现状、现行技术推广体制和体系的现状及存在问题的基础上，研究、测试、确定影响农民应用化肥农药减施增效技术的系统构成（包括影响要素、因果反馈特点、关键问题等）及测试方法。结合本项目形成的技术，建立数学模型，运用计算机技术测试多种技术推广培训模式，建立实现农民应用化肥农药减施增效技术的路径和阶段性目标，逐步建立起针对不同区域、不同经营主体、不同种植制度等基础条件的技术推广培训新模式，并初步建立起对农技推广培训类服务价值进行度量、对服务效果进行评价的模型。

1.3.2 化肥农药减施增效技术信息化服务系统研究

研究建立衔接自然条件、农户、市场、政策、技术的多元化数据库；建立基于大数据及多元化终端、服务于大众的信息查询平台，实现技术信息的无差别传播。化肥减施增效技术信息化服务系统将研究基于县级数据省级管理的移动端交互式服务平台（微信、APP），实现互动和即时交流；研究技术服务专家的推荐和筛选机制，以及为农户提供准确优质服务的网络化激励机制；研究有助于科技示范户交流、参与式创新的微社区平台。农药减施增效技术信息化服务系统将重点研究在目前"互联网+"模式下的信息化服务平台的技术开发、信息的有效检索和查询、农药减施增效技术的评价、面向一定的生产条件进行的技术推荐，以及面向特定对象的信息推送（APP）。

1.3.3 化肥农药减施增效管理政策研究

摸清我国现行化肥农药相关政策现状及其对减施增效的效果。以国际经验和国情为基础，创设制约与激励并重的减施增效管理政策，如促进肥料农药产品科学化的工业政策、市场准入和监管政策，促进企业开展技术服务的强制性和鼓励政策，促进有机肥资源及绿色农药利用、机械施肥施药的激励性政策，促进农户采用控量施肥施药的限制性政策，促进市场化服务主体开展有效服务的保障性政策，促进农户自主减量的碳交易市场机制政策。利用农产品标准对施肥用药的倒逼机制等，研究各种政策的实施条件和运行方式，并结合项目区试点实施，形成国家化肥农药减施增效管理政策建议。

1.3.4 化肥农药减施增效技术效果监测与评估研究

1. 农药减施增效技术效果监测与评估研究

一是根据农药减施技术的经济系统是否有利、社会系统是否合理，拟定农药减施增效技

术评价的具体指标。二是在项目区选择有代表性的区域和种植制度，建立农药减施增效技术效果监测网络，调查农药施用的基本现状，通过设计调查表格和实际测定，获得农药减施增效应用评价所需要的技术指标、经济指标、风险指标和社会指标等参数。三是利用上述技术评价目标集和评价指标参数，利用多边形综合指标法综合分析，通过相应的权重体系及方法进行综合评价，研究建立农药减施增效技术应用的评估数学模型和农药减施增效阈值。

2. 化肥减施增效技术效果监测与评估研究

一是围绕技术、经济和社会效益3个方面，研究提出对应的指标，结合生产实际，兼顾定性和定量指标，建立并优化技术应用的评估指标体系。二是对已有的评估方法开展评述，借鉴它们的先进经验，结合本课题的特点，研究构建适宜本课题目标的评估方法，确立通用的化肥减施增效技术评估方法。三是在项目区选择有代表性的区域和种植制度，建立化肥减施增效技术效果监测点，开展定点监测、数据采集和整理。四是运用构建的评估方法，对不同化肥减施增效技术效果进行评估，分析确立化肥减施增效技术普及应用推广的优先序或清单，提出技术优化建议，形成评估报告。

1.4 课题设置

围绕总体研究目标和内容，按照4个板块设置6个课题：适应不同生产特点的化肥农药减施增效技术推广培训新模式研究与评估、农药减施增效技术信息化服务系统建设研究、化肥减施增效技术信息化服务系统建设研究、化肥农药减施增效管理政策创设研究、农药减施增效技术效果监测与评估研究、化肥减施增效技术效果监测与评估研究。每个课题都能够独立表达、独立测度和独立评价。

其中，技术推广与培训板块设置课题1。课题1将在消化重点专项形成的技术的基础上，根据技术内容、适宜范围、应用要求等条件，结合项目区社会经济特点与种植制度，形成推广培训新模式，在项目区应用。信息化平台板块设置课题2、3。课题2、3将重点专项形成的化肥农药减施增效技术和信息纳入服务平台，让项目区农民可以通过互联网、手机等智能输出终端获取，以"互联网+"模式物化技术服务，在生产中应用，同时为课题4提供依据。政策创设与试点板块设置课题4。课题4将在总结分析课题2、3数据与信息的基础上，针对重点专项形成的化肥农药减施增效技术的实施条件，创设相关政策，并在项目区试点，最终形成政策建议报告。该报告将为今后化肥农药减施增效技术在全国范围内实施创造良好的政策环境。农药、化肥减施增效技术效果监测与评估板块设置课题5、6。课题5、6将在项目区建立效果监测网络，对重点专项的技术应用效果进行监测，获取的数据与信息将用于效果评估。

1.4.1 课题1：适应不同生产特点的化肥农药减施增效技术推广培训新模式研究与评估

1. 研究目标

利用系统动力学（system dynamics）原理，通过研究摸清影响农民应用化肥农药减施增效技术的系统构成（包括影响要素、因果反馈特点、关键问题等）及测试方法。结合本项目形成的技术，建立数学模型，运用计算机技术、田间试验等方法测试多种技术推广培训模式，建立实现农民应用技术的路径和阶段性目标，通过测试反馈逐步建立起针对不同区域、不同经营主体、不同种植制度等基础条件的化肥农药减施增效技术推广培训模式。通过以上研究，还初步建立了对农业技术推广培训类服务价值进行度量、对服务效果进行评价的模型。

2. 主要研究内容

为了实现上述目标，主要研究以下内容。

专题1：研究影响农民应用化肥农药减施增效技术的系统构成及测试方法。通过在不同区域、不同经营主体、不同作物上开展测试，确定在以上基础条件下，影响农民应用化肥农药减施增效技术的要素，如土壤和气候等自然条件、经营主体、经营规模、影响种植效益的主要因素、种植不同作物的收益情况、农民获取化肥农药施用技术与信息的来源、农技推广培训方式、管理与激励机制、农村劳动力结构变化等，以及要素间因果反馈特点、存在的关键问题等。根据测试过程中获得的信息和测试结果，研究建立测试农技推广培训模式的方法。

专题2：实现农民应用化肥农药减施增效技术的路径和阶段性目标研究。结合本项目形成的技术，运用计算机技术、田间试验及专题1形成的测试模型等手段，测试多种国内外农技推广培训模式，尤其是我国实行多年的推广培训模式，以及近10年来科技部、农业农村部等部委发布的农技推广模式，分析其特征、适应范围、配套条件、组织体系、管理与激励机制等，弄清不同模式的效果及限制因素。在此基础上，建立实现农民应用化肥农药减施增效技术的路径和阶段性目标，经过测试逐步建立起针对不同区域、不同经营主体、不同种植作物等基础条件的，上下茬作物衔接、化肥与农药技术融合的技术推广培训新模式。

专题3：农技推广培训新模式服务效果评估研究。利用公共物品理论、专题1和专题2的过程信息、研究结果，探索、研究对农技推广培训模式的服务效果进行度量，进而开发定量化、模型化的评估方法，提出优化服务措施。

3. 参加单位及其任务分工

全国农业技术推广服务中心：组织长江流域水稻、华南及西南茶叶、设施蔬菜、环渤海及黄土高原苹果4个项目区7省28县的农户技术采用情况、政府农技推广部门服务情况、社会化服务情况调研；会同北京理工大学共同制定调研方案，参与部分调查工作；组织课题参与单位开展化肥农药减施增效技术推广模式试验，并承担部分试验点的农民技术培训工作。

北京理工大学：制定调研方案，在7省开展农户调查、政府农技推广部门服务情况调查、社会化服务组织的技术服务方式和组织体系调查，并对调查数据进行审核、汇总、分析；根据不同区域和社会经济特点下的不同种植户的情况，确定影响农民应用化肥农药减施增效技术的系统构成；测试筛选数学模型，拟采用双重差分模型（difference-in-differences model），对农民化肥农药减施增效技术的应用效果进行评估；设计技术推广模式和筛选试验方案，开展化肥农药减施增效技术推广模式试验，建立动态面板数据库，筛选化肥农药减施增效技术推广模式。

湖北省农业科学院植保土肥研究所、扬州市耕地质量保护站、华南农业大学资源环境学院、贵州大学、山东省农业科学院农业资源与环境研究所、西北农林科技大学经济管理学院、黑龙江省农业科学院土壤肥料与环境资源研究所：分别在湖北、江苏省水稻，广东、贵州省茶园，陕西、山东省苹果以及山东省蔬菜种植农户的化肥和农药施用高峰季节协助开展农民化肥农药施用情况跟踪。

中国农业科学院植物保护研究所：在湖北、江苏省水稻，广东、贵州省茶园，陕西、山东省苹果，北京、山东省（市）蔬菜种植农户的农药施用高峰季节对农民开展农药施用技术培训。

中央农业广播电视学校：开展农民参加培训影响因素和农民培训模式测试方法研究；测

试、筛选、建立农民培训新模式，建立适应不同生产特点的化肥农药减施增效技术培训新模式；建立农民培训模式评估方法。

1.4.2 课题2：农药减施增效技术信息化服务系统建设研究

1. 研究目标

建设农药管理数据库和减施增效技术信息化服务平台，有效链接和整合数据资源，提高技术集成度和精准化，为不同用户提供技术支持，为政策创设提供数据支撑；开发基于现代"互联网+"模式的多种服务终端，探索数据库、信息平台的开放服务与管理运行机制，提高技术信息物化效率，促进技术落地。

2. 主要研究内容

专题1：农药管理及减施增效技术数据库建设。研究整合不同地区、不同作物、不同经营主体、不同施用技术的农药使用基础数据，确定数据结构、采集和过滤等技术要求及模型设置，构建包含农药产品特性、企业供应信息、产品市场信息、农户行为及需求、农药应用与风险、农药应用经济性评价、农药减施增效技术研究成果等内容的"农药管理数据库"；研究设立数据标准接口、数据交换规范，为项目其他信息及应用平台建设提供数据支持与服务。

专题2：农药减施增效技术信息化服务平台建设。基于已有农药数据及专题1研究建立的农药管理数据库，构建农药减施增效技术信息化服务平台，建立安全高效的数据规范，提供方便、快捷的查询服务功能，实现农药减施增效、使用风险防控、农药市场供求等技术和信息的公开、共享及应用，为完善和推广农药减施增效技术提供统一平台与技术支撑，为农药施用者、技术推广人员、科研工作者和农药相关决策管理者提供互动与信息交流平台。

专题3：基于"互联网+"的农药减施增效应用模式研究。选择2～3个项目县和国内领先农药企业，针对农户等不同服务主体的特征，开发典型应用服务终端，如传统电脑客户端、移动设备应用程序（APP）等；通过示范、培训等手段，研究农户等不同主体接受服务终端应用的机制和措施，并在项目县试点和推广运行。

3. 参加单位及其任务分工

农业农村部农药检定所：建立Web端信息查询服务平台及数据库，研究设立数据标准接口、数据交换规范，采集、更新农药管理数据，为项目其他信息及应用平台建设提供数据支持与服务。

浙江大学：开展不同地区、不同作物、不同经营主体、不同施用技术的农药使用基础数据库调研及收集，研究确定数据结构、采集和过滤等技术要求及模型设置，设计农药管理数据库开发方案。

中国农业大学：基于"互联网+"条件下的农药减施增效应用系统的开发，针对农户等不同服务主体的特征，开发典型应用服务终端，如传统电脑客户端、移动设备APP等；通过示范、培训等手段，研究农户等不同主体接受服务终端应用的机制和措施，并在项目县试点和推广运行。

1.4.3 课题3：化肥减施增效技术信息化服务系统建设研究

1. 研究目标

建设减肥增效技术的信息化服务系统并探索系统运行机制，从而实现：有效链接各级技术来源，提高技术集成度和精准化；有效链接农户与技术渠道，提高农户获取技术的及时性和针对性，实现交互式服务，加强参与式创新；搭建技术与市场对接的平台，提高技术信息物化效率，加强技术转化应用。

2. 主要研究内容

专题1：减肥增效技术数据库建设。主要包括：土壤数据库、肥料效应数据库、减肥增效推荐施肥及作物综合管理技术库、专家库、肥料产品属性及企业供应数据库、农户行为及需求数据库、其他项目的技术成果库。

专题2：信息查询服务平台的开发及应用。建立基于大数据库、服务于大众的信息查询服务平台并在项目区应用，强化土壤信息查询、专家咨询、配方查询及配方肥供应、技术应用成果查询等功能。针对不同区域的农户等不同服务主体特征，开发多元化服务终端，如针对智能手机普及率低的地区发展手机短信平台，针对大户较多、现场混配需求较大的地区发展触摸屏查询系统及智能化配肥系统，针对农技人员发展智能手机APP，建立网站系统便于政府发布信息。

专题3：互动交流服务平台开发。为实现技术本地化和技术服务及时性，在2～3个县构建基于县级数据省级管理的移动端交互式服务平台，缩短技术传播的时空差距。研究县域专家的推荐和筛选机制，以及为农户提供准确优质服务的网络化激励机制，调动技术服务主体和受体的积极性、主动性。研究有助于科技示范户交流、参与式创新的微社区平台，提高减肥增效先进技术与县域土壤气候和人文条件的耦合性。

专题4：基于"互联网+"的应用模式研究。选择2～3个项目县与优势农资企业合作，建立"互联网+"模式以缩短技术供应与需求的距离，通过肥料产品带动技术应用。研究不同经营主体的服务需求及流程。研究示范和培训等手段推动信息化服务平台应用的机制与措施。研究配方肥等产品供销信息与配方需求信息的对接及调配机制，降低农户使用配方肥的成本。研究技术服务的后评价及反馈调节机制。

3. 参加单位及其任务分工

中国农业大学：开发并推广移动端信息化服务平台；建立主要作物体系专家服务团队；探索不同服务供应群体开展线上服务的激励机制；建立两个示范县，探索"互联网+企业化"服务推广机制；收集化肥供应和市场价格统计数据。

扬州市耕地质量保护站：建立Web端信息查询服务平台及数据库，更新数据库，添加推荐施肥指标体系以及作物综合管理技术等内容；升级各地配备的触摸屏、配肥机、智能手机等服务终端；建立全国科学施肥网站，促进科学施肥服务系统的全国推广。

中国农业科学院农业资源与农业区划研究所：研究"互联网+"在增效肥料应用中的作用，建立8种主要作物新型增效肥料评价及生产企业数据库；探索"互联网+"在增效肥料推广应用方面的运行机制。

西北农林科技大学：信息化及"互联网+"运行机制研究，不同农户的技术服务需求研究，不同减肥增效技术特征及服务需求研究，线上服务模式的专家激励机制研究，"互联网+"模式发展方向研究。

全国农业技术推广服务中心：全国科学施肥网更新维护，全国8种主要作物县级配方、技术规程收集，科学施肥信息化系统全国推广。

1.4.4 课题4：化肥农药减施增效管理政策创设研究

1. 研究目标

通过对不同作物、不同环节和不同主体的深入调研，识别当前化肥、农药大量使用的主要原因，进而针对作物、环节和主体提出有针对性的政策建议。选择若干区域，对政策建议进行试点，检验、评估政策的可操作性和有效性，根据试点结果，完善政策建议。

2. 主要研究内容

设立4个专题，首先，对我国现有的化肥农药相关政策进行分析和评估；其次，分别针对化肥和农药进行研究，探索化肥农药减施增效的管理政策；最后，将政策研究结果应用于整个重点研发专项的项目区试点中，进行效果评估，并进一步完善政策建议。

专题1：中国化肥农药减施增效相关政策现状和评估。对当前我国化肥和农药相关政策进行全面梳理，基于统计数据、逻辑推理和数理模型，对现有政策促进或阻碍化肥农药减施增效的可能性和效果进行初步评估。

专题2：化肥减施增效政策创设研究。分别在粮食、蔬菜和水果主产区，选择主要品种，针对"产、销、用、食"各环节、各主体进行广泛调研，基于调研数据，分析各类主体对于化肥使用的利益取向和驱动因子。通过对各环节、各主体的观测和调研，剖析各个环节、各类主体对化肥使用量的贡献，识别影响因素，找出"一揽子"导致化肥过度使用的原因，进而提出有针对性的政策建议。

专题3：农药减施增效政策创设研究。分别在粮食、蔬菜和水果主产区，选择主要品种，针对"产、销、用、食"各环节、各主体进行广泛调研，基于调研数据，分析各类主体对于农药使用的利益取向和驱动因子；通过对各环节、各主体的观测和调研，剖析各个环节、各类主体对农药使用量的贡献，识别影响因素，找出"一揽子"导致农药过度使用的原因，进而提出有针对性的政策建议。

专题4：化肥农药减施增效区域性试点效果评估和政策建议完善。将政策研究结论结合整个重点研发计划研究成果的区域试点，对试点效果进行跟踪，评估项目技术和政策研究成果在化肥农药减施增效方面的实际效果。根据评估结果，进一步完善政策建议。

3. 参加单位及其任务分工

农业农村部农村经济研究中心：负责课题统筹协调，还负责以下调研或研究工作。①对当前我国化肥和农药相关政策进行全面梳理，基于统计数据、逻辑推理和数理模型，对现有政策促进或阻碍化肥农药减施增效的可能性和效果进行初步评估。②分别在粮食、蔬菜和水果主产区，选择主要品种，针对"产、销、用、食"各环节、各主体进行广泛调研，基于调研数据，分析各类主体对于农药使用的利益取向和驱动因子；通过对各环节、各主体的观测和调研，剖析各个环节、各类主体对农药使用量的贡献，识别影响因素，找出"一揽子"导致农药过度使用的原因，进而提出有针对性的政策建议。③将政策研究结论结合到整个重点研发计划研究成果的区域试点中，对试点效果进行跟踪，评估项目技术和政策研究成果在化肥农药减施增效方面的实际效果。根据评估结果，进一步完善政策建议。

中国农业科学院农业经济与发展研究所：①分别在粮食、蔬菜和水果主产区，选择主要品种，针对"产、销、用、食"各环节、各主体进行广泛调研，基于调研数据，分析各类主体对于化肥使用的利益取向和驱动因子。通过对各环节、各主体的观测和调研，剖析各个环节、各类主体对化肥使用量的贡献，识别影响因素，找出"一揽子"导致化肥过度使用的原因，进而提出有针对性的政策建议。②参与相关政策的评估和跟踪工作。

1.4.5 课题5：农药减施增效技术效果监测与评估研究

1. 研究目标

在农药减施增效项目区选择有代表性的区域和种植制度，建立农药减施增效技术的评价方法，设立监测网络；对农药减施增效技术的经济效益、社会效益等综合效益开展监测评估；运用多边形综合指标法原理和构建农药减施技术的综合代价效益比模型，筛选可优先推广的技术，为我国农药减施增效技术可持续发展提供指导和科学支撑。

2. 主要研究内容

专题1：农药减施增效技术评价目标集的建立。根据农药减施技术的经济系统是否有利、社会系统是否合理，拟定农药减施增效技术评价的具体指标，使综合效益最高、综合代价最小。选择指标时拟根据以下原则：①指标应能反映各种农药减施技术的经济投入和产出、资源与时间消耗、农药使用者的技术接受倾向等。②指标应能反映各种农药减施技术所产生的短期利益和长期利益及局部代价和整体代价。③采用定量指标体系，避免由于定性指标的分值评判而带来的主观偏差。④采用综合指标，指标间应尽量互相独立。⑤指标间应互相补充，形成农药减施增效技术的评价体系。

专题2：监测网络的建立与监测。在项目区选择有代表性的区域和种植制度，建立农药减施增效技术效果监测网络，调查农药施用的基本现状（病虫草害发生和用药情况、农药施药方式、农民劳动强度、技术熟化度），通过设计调查表格和实际测定，获得农药减施增效应用评价所需要的技术指标（农药防效和利用率）、经济指标（生产成本、农作物产量）、风险指标（病虫抗药性、操作者暴露风险）与社会指标（技术接受倾向和熟练度）等参数。

专题3：农药减施增效技术应用评估。利用上述技术评价目标集和评价指标参数，利用多边形综合指标法、赋值Board法进行综合分析，通过相应的权重体系及方法进行综合评价，研究建立农药减施增效技术应用的评估数学模型和农药减施增效阈值。

3. 参加单位及其任务分工

中国农业科学院植物保护研究所：总体负责农药减施增效技术监测与评估研究，建立20个监测点，负责防效评估和暴露风险评估。

湖北省农业科学院植保土肥研究所：在4个监测点评价长江中下游水稻农药减施增效综合技术模式；在4个监测点评价设施蔬菜农药减施增效综合技术模式。

安徽省农业科学院植物保护与农产品质量安全研究所：在8个监测点评价长江中下游水稻农药减施增效综合技术模式；在2个监测点评价茶园区域性农药减施增效技术模式。

全国农业技术推广服务中心：农药使用情况调研和农药减量增效技术监测网络建设。

北京市农林科学院：建立苹果区域性农药减施增效技术评价体系；在4个监测点评价苹果区域性农药减施增效技术模式。

中国农业大学：农药抗药性风险因素测定。

贵州大学：建立茶园农药减施增效技术评价体系；建立农药减施增效技术应用评估数学模型；在4个监测点评价茶园区域性农药减施增效技术模式。

1.4.6 课题6：化肥减施增效技术效果监测与评估研究

1. 研究目标

构建化肥减施增效技术评估指标体系和评估方法；在项目区选择代表性区域和种植制度，建立化肥减施增效技术效益评估监测点，开展定点监测；利用所构建的化肥减施增效评估方法，结合监测数据，对化肥减施增效技术在不同作物生产中的应用进行化肥施用情况、生产成本控制、作物产量及经济效益等评估，形成化肥减施增效技术评估报告。

2. 主要研究内容

专题1：化肥减施增效技术应用评估指标体系研究。围绕技术、经济效益和社会效益三个方面，依照各自准则，研究提出对应的指标（如技术指标：NP施用量、NP利用率和产量等；经济指标：种子、农膜、肥、药、水、机械和人力等各项投入；环境指标：NP流失量与减排量等；社会接受性指标：技术采用率、推广面积及技术的简单、可复制、易操作、适宜性、可靠性等），并结合生产实际环节，筛选优化建立技术应用的评估指标体系。

专题2：化肥减施增效技术应用评估方法构建研究。对已有技术应用的评估方法开展评述，阐明其优势和不足；借鉴已有方法的先进性经验，结合本课题化肥减施增效技术应用评估必须考察其技术、经济效益和社会效益综合作用的特点，研究构建适宜于本课题目标的评估方法，并不断通过近几年获得的稳定性指标数据，逐渐改进和完善评估方法，确立化肥减施增效技术应用通用标准的评估方法。

专题3：项目区化肥减施增效技术效果监测网络建设和定点监测。在项目区选择有代表性的区域和种植制度，建设化肥减施增效技术效果监测点54个，构建化肥减施增效技术效果监测网络；基于54个监测点，开展技术评估方法各相关监测指标的定点监测、数据采集和整理。

专题4：项目区化肥减施增效技术应用的效果评估。在全国共布设54个监测点，对不同作物、不同地区和不同化肥减施增效技术应用效果技术指标进行监测并获取监测数据，结合对该技术应用区域农户社会接受性的调研数据，运用构建的技术应用评估方法，对不同化肥减施增效技术应用进行评估，分析确立化肥减施增效技术普及应用推广优先序/清单，提出技术优化建议，形成评估报告。

3. 参加单位及其任务分工

农业农村部农业生态与资源保护总站：在项目省份选择典型区域建设水稻、茶园、蔬菜、苹果减施增效技术评估指标体系验证基地，并采集数据进行验证；基于54个监测点，开展技术评估指标体系中各相关调查数据的采集和整理；在项目区中的河北、北京、天津、辽宁、山西、陕西、甘肃等省市15个蔬菜、苹果等作物化肥减施增效技术效果监测点，开展技术评估方法各相关监测指标的定点监测、数据采集和整理。基于20个蔬菜监测点和10个茶园监测点不同化肥减施增效技术应用所收集的各监测指标数据，结合对该技术应用区域农户社会接受性的调研数据，运用构建的技术应用评估方法，对不同化肥减施增效技术应用进行评估，分析确立化肥减施增效技术普及应用推广优先序/清单，提出技术优化建议，形成评估报告。

中国农业科学院农业环境与可持续发展研究所：筛选优化建立技术应用的评估指标体系。基于16个长江中下游水稻监测点不同化肥减施增效技术应用所收集的各监测指标数据，结合对该技术应用区域农户社会接受性的调研数据，运用构建的技术应用评估方法，对不同化肥减施增效技术应用进行评估，分析确立化肥减施增效技术普及应用推广优先序/清单，提出技术优化建议，形成评估报告。

中国农业科学院农业经济与发展研究所：研究构建适宜于本课题目标的评估方法，确立化肥减施增效技术应用通用标准的评估方法。基于 8 个苹果监测点不同化肥减施增效技术应用所收集的各监测指标数据，结合对该技术应用区域农户社会接受性的调研数据，运用构建的技术应用评估方法，对不同化肥减施增效技术应用进行评估，分析确立化肥减施增效技术普及应用推广优先序/清单，提出技术优化建议，形成评估报告。

全国农业技术推广服务中心：在项目区选择有代表性的区域和种植制度，建设水稻、茶叶、蔬菜、苹果等作物化肥减施增效技术效果监测点 54 个，构建化肥减施增效技术效果监测网络。

湖北省农业科学院植保土肥研究所：在江西、湖南、湖北、河南等省份 15 个水稻、茶叶、蔬菜等作物化肥减施增效技术效果监测点，开展技术评估方法各相关监测指标的定点监测、数据采集和整理。

山东省农业科学院农业资源与环境研究所：在山东、江苏、浙江、上海、安徽等省份 19 个水稻、蔬菜、茶叶、苹果等作物化肥减施增效技术效果监测点，开展技术评估方法各相关监测指标的定点监测、数据采集和整理。

贵州大学：在广东、福建、云南、贵州、四川、重庆等省份 5 个茶叶等作物化肥减施增效技术效果监测点，开展技术评估方法各相关监测指标的定点监测、数据采集和整理。

石河子大学：协助开展项目区不同化肥减施增效技术应用评估，分析确立化肥减施增效技术普及应用推广优先序/清单，提交评估报告。

第 2 章 国内外化肥农药减施增效技术发展现状

2.1 国外化肥减施增效技术发展现状

2.1.1 美国化肥减施增效技术发展现状

美国农业的工业化进程较早,农业面源污染问题的出现和应对也较早。美国早期应对农业面源污染主要采取的是命令控制型政策,在1948年美国就出台了《联邦水污染控制法案》,明确限制集约化畜禽养殖体系的废弃物排放,并首次提出了"养分管理"这一概念来控制农业生产中的养分不合理投入,如氮肥的不合理施用等。而后随着养分管理的长足发展,市场化的手段越来越成为实现减排的重要途径,如政府、企业和高校联合实施的测土配方施肥项目、养分管理咨询师制度、高校和企业的技术服务体系等。目前,美国的养分管理体系日趋完善,政府、市场和科研机构都充分参与其中,其管理结构、模式以及手段都有创新性的进步。分析美国不同时期氮素平衡现状、技术演变、养分管理政策以及养分管理运行机制(市场化服务模式),充分了解美国养分管理的发展历程和成功经验,可以为我国化肥减施增效技术的发展提供借鉴。

2.1.1.1 美国氮素平衡现状

美国种植体系从1961年到2010年的50年间,在集约化农田体系中土壤氮库维持在较为稳定的水平,导致氮素盈余(总氮投入与氮素产出的差异,代表了未被有效利用的氮素)主要以损失为主。其中总氮投入包含氮肥、有机肥、生物固氮以及大气中的氮素沉降,氮素产出是指收获的农产品带出作物体系的氮素。如图2-1所示,50年间美国的单位面积总氮投入持续增长,从1961年的85kg/hm² 增长到2010年的213kg/hm²,单位面积总氮投入增长了约1.5倍,目前维持在210kg/hm² 左右。作物收获的氮素也不断增加,从1961年的49kg/hm² 增长到2010年的123kg/hm²,增幅达151%。但在这期间尿素硝铵溶液、尿素、硫酸铵等化学

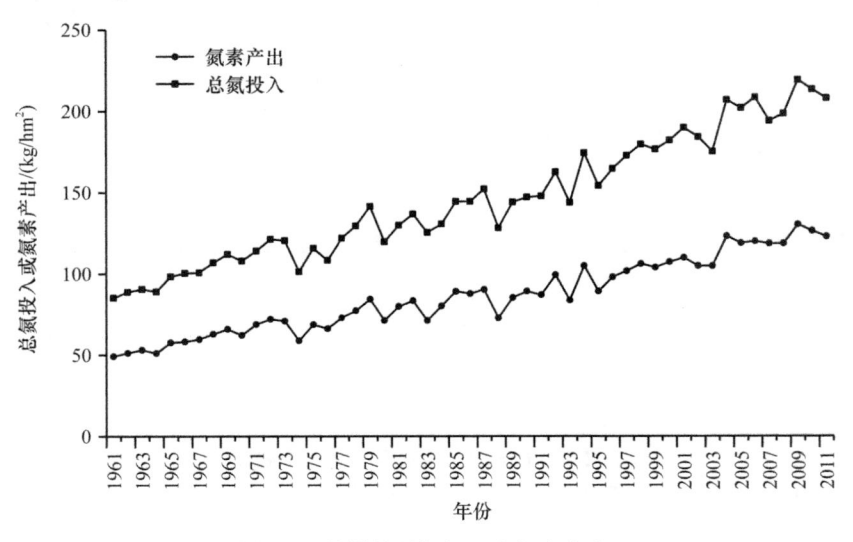

图 2-1 美国的总氮投入和氮素产出

氮肥的投入并非持续增长，而是从 1996 年之后我国化肥氮投入量逐渐放缓，维持在 90kg/hm² 水平以下。因此，农田总氮投入的增加主要来自生物固氮和有机肥氮，并且生物固氮的比重不断增高。如图 2-2 所示，2011 年生物固氮可达 63kg/hm²，占总氮投入量的 30%，氮沉降、有机肥氮的占比分别为 5%、10%。美国农田单位面积的氮素盈余从 1961 年的 36kg/hm² 逐步增加到 2011 年的 85kg/hm²，历史上的氮素盈余一直保持在较低的水平，从未超过 90kg/hm²（图 2-3），使环境风险降低。而我国目前的氮素盈余高达 200kg/hm²，是美国的 2 倍还多（图 2-4）。此外，美国氮肥的投入一直未超过农田的收获氮素，因而化肥氮盈余为零或是负值，总氮投入平均低于氮素产出 20~40kg/hm²，而收获的氮素一直不断增加。这也体现了美国养分管理的科学性和先进性，通过保护土壤来增加其养分固持能力，以及对非化肥氮素的充分利用，降低了作物生产对外源化学品的依赖。而我国由于生产强度高、土壤条件差等问题，氮肥投入高于作物需求，目前平均高出氮素产出 40~50kg/hm²。

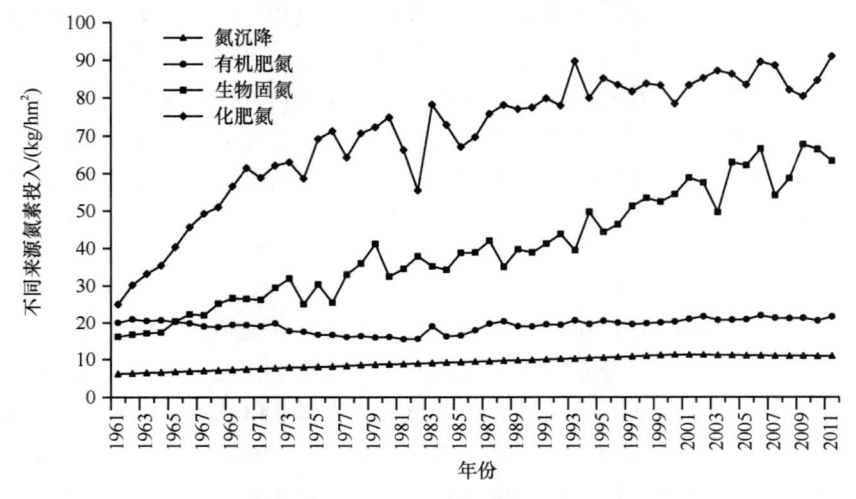

图 2-2 美国的不同来源氮素投入

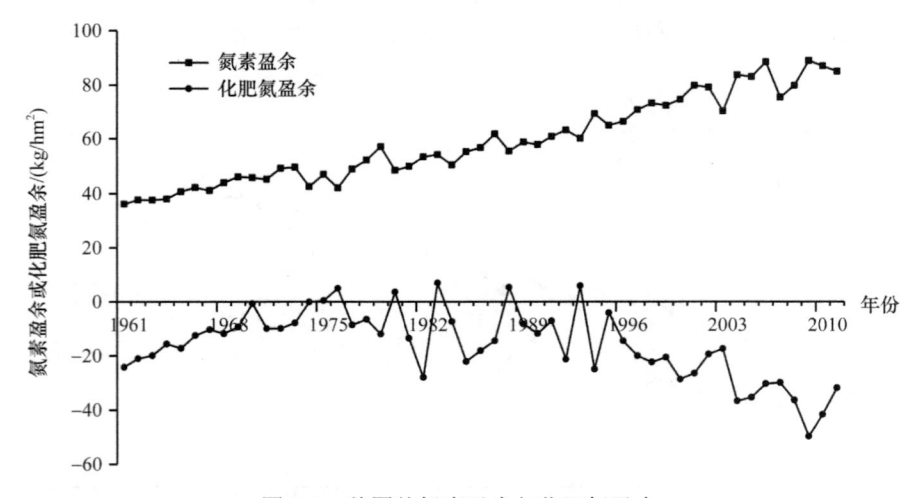

图 2-3 美国的氮素盈余与化肥氮盈余

氮素盈余=总氮投入-氮素产出=化肥氮+有机肥氮+生物固氮+氮沉降-氮素产出，化肥氮盈余=化肥氮-氮素产出。下同

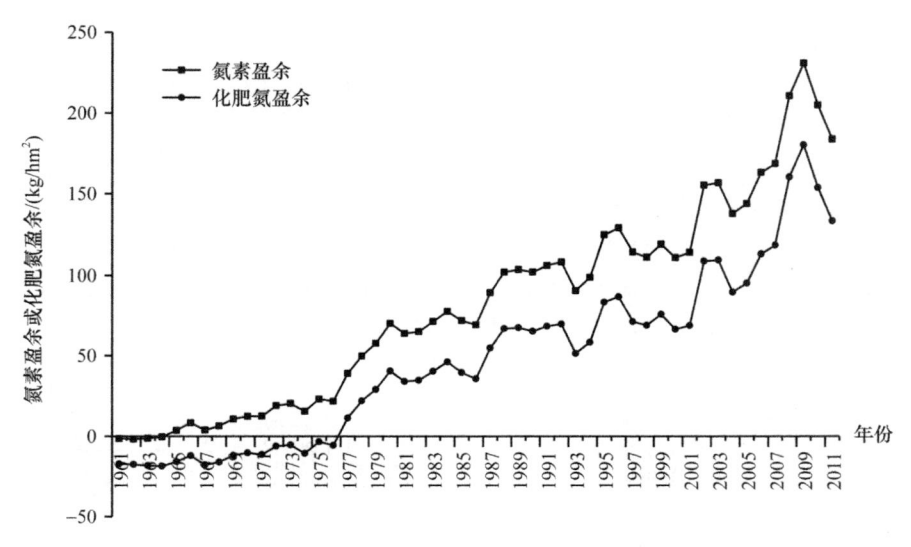

图 2-4　中国的氮素盈余与化肥氮盈余

过多的氮肥投入会导致地下水的污染,尤其是硝酸盐的大量淋洗,直接影响水体质量。据美国地质调查局的统计数据,在美国 51 个研究区域抽取的 5101 个地下水样本中,有 50% 的水样硝酸盐浓度低于 1.0mg/L,主要含水层硝酸盐浓度的中位数为 0.56mg/L,农业用地浅层地下水的硝酸盐浓度最高,但也没有超过安全标准,其中位数为 3.1mg/L。而我国地下水硝酸盐超标情况较为严重,多地区硝酸盐浓度超标并且浓度逐年上升。赵同科等(2007)研究发现,我国七省市,包括北京、河北、河南、山东、辽宁、天津、山西的地下水中硝酸盐含量较高,平均值达到 11.9mg/L,并且约 34.1% 的地下水超过世界卫生组织(WHO)制定的饮用水标准。由此可见,美国科学的养分管理、较低的氮素盈余,使得美国整体地下水中硝酸盐浓度处于比较安全的水平。

2.1.1.2　美国农业技术演变

美国养分管理的科学发展离不开技术的快速进步,如机械操作的全面覆盖、生物技术的农业应用、信息化在农业上的精准调控以及测土配方施肥等技术措施推动了美国养分管理的快速升级。以玉米为例,美国国家农业统计局(NASS)的统计数据显示,1866~2017 年玉米产量的变化如图 2-5 所示,美国玉米的产量自 1866 年首次记录以来发生了 3 次重大飞跃。第一次是 20 世纪 30 年代末,杂交玉米品种的广泛应用促使玉米产量从 1937 年的 1.8t/hm^2 增加到 1955 年的 2.6t/hm^2。第二次是在 60 年代中期,由于作物遗传育种技术的进步,氮肥和农药的施用以及农业机械化的发展,玉米的产量实现了第二次提升。自 1956 年以来,美国玉米籽粒产量每年增加 0.1t,到 1995 年时产量就已增加到 7t/hm^2,主要是由于高产玉米品种的研发和生产技术的持续改善。在这段时期美国加大了对农业生物技术的科研投入,更多的优质高产品种不断产生,与此同时农业机械化覆盖程度进一步加大,在 1970 年,美国由于农业机械的大型化与各种专业化农业机具的增加和改进,农业劳动力占经济活动总人口的比例进一步大幅下降到 4%,到 20 世纪 90 年代末期,这一指标已变为 2% 左右。由于农业机械化规模和技术的不断提高,化肥的大规模施用得以实现,在 50 年代玉米机械施肥面积只占玉米播种面积的 14%,而在 60 年代扩大到 67%,在 70 年代则达到 96%,其中氮肥增长最快,在这 20 年间增长了 6 倍。机械施肥提高了施肥的均匀度,并且施肥时期和深度都可准确调控,不仅提高肥料的利用效率，也使玉米生产效率大幅度提高，据统计，在 19 世纪末生产 2800kg 玉米需要花费 35～40h 的播种和收获劳动，而在 20 世纪末期，生产同样数量的玉米仅需 2.7h。1996 年，随着转基因杂交玉米品种投入农业生产，越来越多的抗除草剂、抗病虫害以及联合抗性玉米成为美国农业生产的主流品种，据国际农业生物技术应用服务组织（International Service for the Acquisition of Agri-biotech Applications，ISAAA）统计，美国目前转基因玉米种植面积为 3384 万 hm²，采用率高达 93%，同时农业信息化和测土配方技术的逐渐成熟，配合大规模机械化生产，使玉米的播种深度、种植密度、肥料用量等指标更为科学精准，从而带来了玉米产量的第三次飞跃，截止到 2017 年玉米产量水平增加到 11t/hm²。

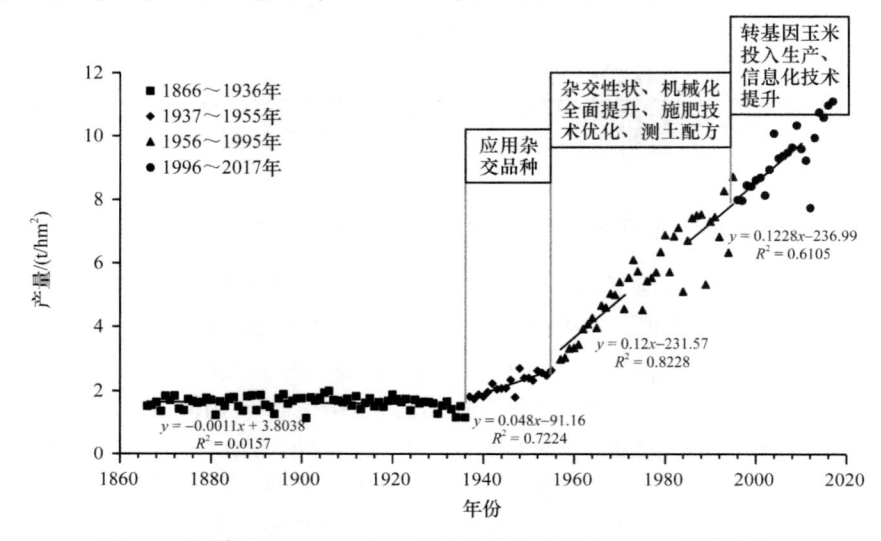

图 2-5　美国 1866～2017 年玉米产量统计（引自 NASS 数据统计）

2.1.1.3　美国养分管理政策

美国的养分管理早期主要以法案形式进行约束，1948 年颁布的《清洁水法案》和 1970 年颁布的《清洁空气法案》分别从水污染与大气污染的角度对农业生产的养分使用情况进行了规定。《清洁水法案》的目的在于保持水体质量，强调通过科学合理施肥减少养分流失。《清洁空气法案》规定了气体排放标准，设定了空气中污染物排放阈值。这两部法案的制定为《综合养分管理计划》的提出做好了法律铺垫。

美国国家环境保护局（USEPA）于 1999 年提出《综合养分管理计划》来保护水质健康、减少富营养化。这一计划不仅监测和控制农业生产中的养分流失，同时也要求农业生产者在施肥前要有明确的计划，如登记作物种类、实际产量和目标产量、预计的养分施用量、施肥设备与方法等。在《综合养分管理计划》这一国家战略提出的背景下，美国各州纷纷制定相应的养分管理法案。1993 年，宾夕法尼亚州立法机关通过了《宾夕法尼亚州养分管理法案》，并在 2005 年将该养分管理法案作为保护农业、社会以及农村环境最根本的行动。该养分管理法案要求制定氮、磷养分平衡预算表，运用土壤和肥料测试来制定养分使用的最佳方案等。磷指数法通过监测磷素输入和输出的差异来判定某区域是否为脆弱地带或者存在磷流失高风险的区域，从而做好预防和保护措施。1989 年 5 月，明尼苏达州立法机构颁布了《明尼苏达地下水保护法》，结合"明尼苏达地下水保护战略"、"农药和营养素科学使用战略"两大战略，提出了地下水脆弱区的概念，并对脆弱区划分的指标进行了限定；同时开始对地下水质进行监测,建立了地下水的健康风险指数及污染监测与管理评价等方法。

此外,对于种植业的管理还提出了以促进养分最大利用和减少损失为目标的最佳管理措施(best management practice),该措施主要采用工程和管理的手段控制农业养分流失导致的面源污染,其中工程措施包含建立植被缓冲区、人工湿地以及多水塘系统等生态工程阻隔污染物向水体的运移。管理措施包含养分管理如土壤测试、有机肥养分测试、土壤养分数字化等来实现平衡精准施肥,还有肥料深施、缓控释肥应用等;此外还有耕作管理,通过免耕或少耕来改善土壤结构,减少径流和水土流失,并结合作物秸秆还田、合理轮作和休耕等提高土壤肥力。与上述《清洁水法案》《清洁空气法案》不同的是,最佳管理措施是一项经济激励而非限制性环保措施,农户可以自愿参与该政策,通过采用最佳管理措施进而得到补贴、融资优惠和技术支持等。这一措施实施成本低、适用性强,激发了农户参与环保政策的积极性,有效地控制了化肥用量并降低了环境压力,2014年美国农业面源污染面积较1990年下降了66%左右,仅占农业总污染的20%。

2.1.1.4 美国养分管理运行机制

美国养分管理的运行机制是多元融合的,既包括政府制定的强制规范和经济激励政策,也包括高校的推广服务,以及企业为农民提供的定向服务。此外,美国创造性地提出了养分管理咨询师制度(图2-6),政府要求养分管理咨询师必须要在州立大学进行培训并获得资格认证,农民按照法律要求必须在其生产种植前通过雇佣养分管理咨询师,拟定好养分管理计划才有资格进行农业生产,同时养分管理计划书需要上交到美国的农业部和环保署进行审核,农业部会对完成养分管理计划的农民以及相应的养分管理咨询师进行经济激励,环保署则会对农民和企业的生产进行监督。

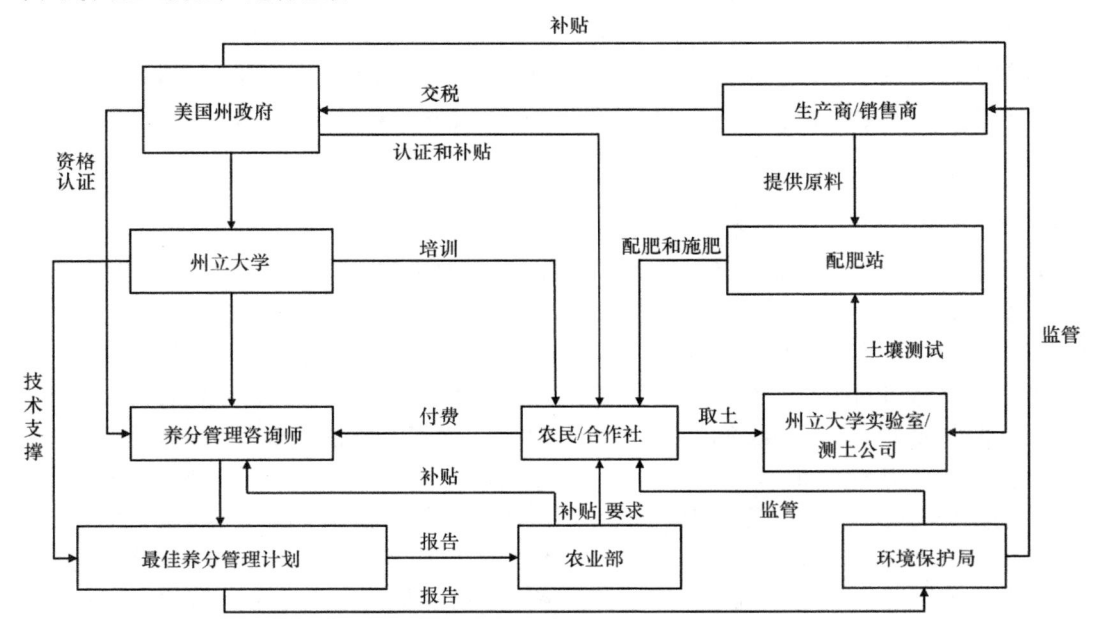

图 2-6 美国养分管理运行机制

另外,美国养分的科学管理离不开测土施肥,这项服务是由政府、企业和高校联合实施的,肥料企业会针对不同类型的农业生产者进行有针对性的测土,土样交给合作的测土公司或者州立大学实验室进行测试分析,而政府也会通过对肥料公司收税来补贴大学进行土壤测试。例如,阿肯色州政府会对肥料销售企业每吨收取 2.4 美元的吨税,其中的 1.78 美元汇入阿肯色大学进行土壤测试和研究,而密苏里州则是每吨收 0.5 美元,但是对于肥料当中的氮肥进行了限制划分,指除粪肥外,肥料中氮含量在 5% 以内时每吨额外收税 0.02 美分,氮含量为 5%~10% 时每吨额外收税 0.04 美分,氮含量大于 10% 时每吨额外收税 0.06 美分。尽管各州的吨税价格和收税方式不尽相同,但这一方式降低了土壤测试成本,促进了美国测土施肥的大规模发展,是美国养分管理科学发展的重要措施,政府通过政策的监管约束、经济激励为市场和高校开展技术服务奠定了基础,而高校和企业合作开展的技术服务是美国农业养分管理活力的源泉。

2.1.2 欧洲化肥减施增效技术发展现状

欧洲农业政策的发展始于 19 世纪末,1957 年欧洲颁布了共同农业政策,政府对农业补贴力度的增大及化肥工业的发展,促使欧洲农业出现大规模集约化和粮食生产过剩,这在保证欧盟粮食安全的同时也带来了严重的环境问题。20 世纪 80 年代欧盟开始对共同农业政策进行改革,并在 20 世纪 90 年代颁布了一系列环境保护法规。1991 年,硝酸盐指令限定了农业中氮的使用,并对受硝酸盐污染区域进行了严格的养分管理。该指令的实施使欧盟的环境得到了极大的改善。欧盟养分管理同样属于命令控制型,通过强制性的政策来进行管理,这在一定程度上改善了农业环境问题,但也存在弊端,尤其是在集约化动物生产体系方面。有些国家在此基础上进行了创造性的改变,如丹麦将命令控制型与激励型的措施有效结合,取得了不错的成就。荷兰由于养殖业的区域不平衡性、养殖密度大等,在处理环境污染方面的压力很大,但通过积极响应欧盟环境保护政策,荷兰在氮素投入、氮盈余方面的降低幅度很大。德国《肥料法》的颁布早于硝酸盐指令,使得德国农业面源污染一开始就得到了有效的控制。

欧盟农业养分管理主要还是以政策为主,欧盟环境政策现状可以给中国环境政策发展带来一些启发,但是目前缺乏对欧盟农田养分管理及成员国对欧盟环境政策的执行效果的研究结果。

2.1.2.1 欧盟养分管理现状

以欧盟养分管理中氮素平衡为例分析了 1961~2011 年欧盟(EU-15)农田氮素的投入、产出及盈余的变化。图 2-7 是欧盟(EU-15)在农业中化肥氮、总氮投入及作物产出氮素的变化情况。如图 2-7 所示,EU-15 氮素的投入经历了一个先增加后减少的过程,在 1961~1983 年,总氮投入从 124kg/hm^2 增加到 232kg/hm^2,增加了 87%,同一时期化肥氮投入增幅更高,从 63kg/hm^2 增加到 153kg/hm^2,增幅达 143%,是总氮增加的主要来源。作物产出氮素从 41kg/hm^2 增加到 64kg/hm^2,增加了 56%,小于总氮投入增加的幅度,说明增加的氮素并没有被作物充分利用,而是呈现报酬递减规律,同时带来较大的环境风险。欧洲逐渐意识到过量养分投入带来的突出环境问题,尤其是地下水硝酸盐的污染,因此从 1983 年开始,伴随着一系列指令的下达,EU-15 的总氮投入逐步下降,化肥氮投入从 153kg/hm^2 降低到 2011 年的 108kg/hm^2,降低了 29%。总氮投入从 232kg/hm^2 降低到 2011 年的 185kg/hm^2,降低了 20%,但产出氮素继续增加,从 64kg/hm^2 增加到 2011 年的 87kg/hm^2,增长了 36%。

EU-15 的氮素盈余也经历了一个先增长后降低的过程(图 2-8)。在 1961~1983 年,EU-15 的总氮盈余(盈余 a)从 83kg/hm^2 增加到 168kg/hm^2,增幅达 102%,而化肥氮盈余（盈余 b）从 22kg/hm² 增加到 89kg/hm²，增幅达到 305%，氮肥投入超过产出近 90kg/hm²。但从 1983 年开始，伴随着氮肥和有机肥投入的下降，EU-15 的氮素盈余出现下降。总氮盈余从 168kg/hm² 降低到 2011 年的 99kg/hm²，降幅达到 41%，而化肥氮盈余从 89kg/hm² 下降到 2011 年的 22kg/hm²，降幅达到 75%，与 1961 年持平。

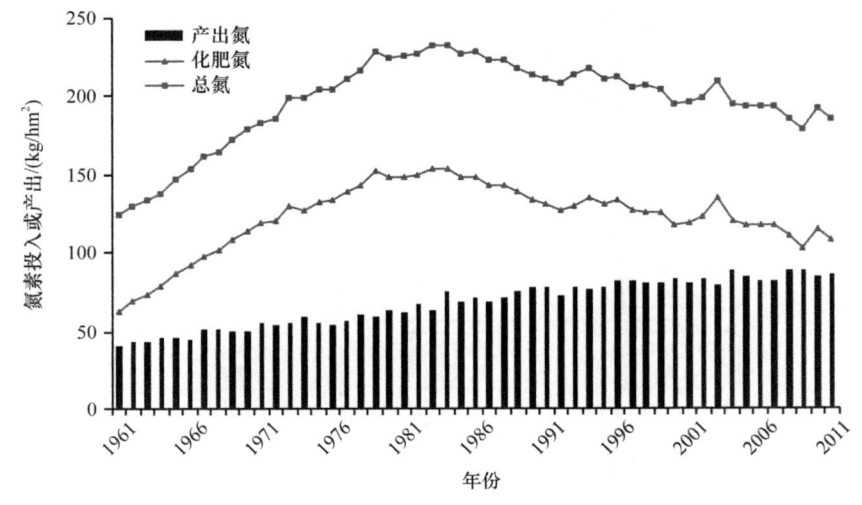

图 2-7　欧盟（EU-15）的氮素投入和产出

总氮=化肥氮+有机肥氮+氮沉降+生物固氮

图 2-8　欧盟（EU-15）的氮素盈余

盈余 a=总氮−产出氮；盈余 b=化肥氮−产出氮

总的来看，欧盟（EU-15）的氮素投入及盈余从 20 世纪 80 年代左右开始出现下降，且降幅较大。这一变化来自农业带来的环境污染问题的加剧和严格措施的干预，目前欧盟的农田氮素盈余稳定在 100kg/hm²，仅为中国氮素盈余的一半。

2.1.2.2 欧盟养分管理政策体系

欧盟的养分管理政策主要分为两类（图2-9），第一类是共同农业政策，是欧盟农业发展的基本纲要；第二类是环境政策，主要作为共同农业政策中环境保护的辅助政策。环境政策主要由空气质量政策、海洋管理政策和水质管理政策三部分构成。其中空气质量政策主要包括空气质量指令、国家排放限值指令和环境空气质量指令，海洋管理政策主要包括海洋管理指令，水质管理政策主要包括硝酸盐指令、地下水指令和水框架指令。其中对欧盟养分管理影响最大的是共同农业政策和硝酸盐指令。

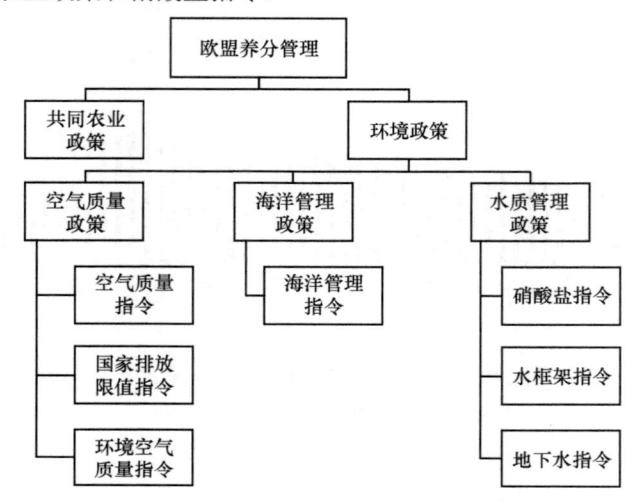

图2-9 欧盟养分管理政策体系

1. 共同农业政策

欧盟共同农业政策于1957年开始启动，到现在其一直不断地变革以适应欧盟内外的政治、经济环境的变化。共同农业政策启动时，欧盟委员会通过对农产品价格进行补贴来激励农民提高农业生产效率，保证欧盟的粮食安全，但也引起20世纪80年代农民为了获取高额补贴而大力生产导致农产品过剩问题凸显，尤其是对乳制品的生产，对生态环境造成了负面影响。为了让农产品的生产与市场的需求达到平衡，1984年，欧盟委员会对共同农业政策进行了改革，一是开始实施奶牛配额制度来控制牛乳的供应；二是建立了耕地休闲制度，按公顷数给实行耕地休闲的农户发放补助；三是补贴方式发生了变化，由过去的价格补贴转变为农产品质量和环境保护方面的补贴。到了20世纪90年代，为进一步解决农产品过剩问题，欧盟于1992年通过了马克·歇瑞改革（Mac Sharry Reforms）提案，其主要采取的措施包括两点：一是对农产品总量进行控制，并进一步减少农产品价格的补贴，转变为直接收入补贴；二是进行农业产业结构的调整及环境保护政策的制定。在1992年改革的基础上，欧盟进一步实施《2000年议程》，明确了共同农业政策的第二支柱是农村发展，同时把环境保护和动物福利纳入农业补贴范围。2003年，欧盟为促进农业贸易自由化，对补贴政策进行了改革，采取"单一农场支付"体系，农业补贴不再与作物品种和种植面积挂钩，开始与环境保护和食品安全等标准相联系，不符合标准的农民将无法得到补贴，这对减少农业生产中化肥、农药等的使用发挥了重要作用。自21世纪以来，共同农业政策致力于农村的发展，2013年开始消减农业方面的补贴，将补贴资金转移到农村发展中，注重自然资源的可持续利用和农村地区的平衡发展。

2. 硝酸盐指令

1991年，欧盟颁布的以减少农业来源的硝酸盐对地表水和地下水的污染为目的的硝酸盐指令（Nitrates Directive 91/676/EC），是欧盟环境政策中对农田养分管理影响最大的一个指令。如图2-10所示，该指令首先要求成员国建立监测网络来明确受污染的水体，在污染水体覆盖的流域即脆弱区内要执行严格的养分管理规定和措施，其中明确规定有机肥投入不能超过170kg N/hm²。此外，在冬季强降雨期不能施肥，冻土和冰雪覆盖地以及邻近水源地不得施肥。其在畜禽养殖管理方面也有要求，如养殖场需配有安全可靠的粪污储藏罐，防止畜禽粪污渗入地表水或地下水造成水体污染。大部分的成员国硝酸盐脆弱区的面积占国土面积的40%~60%，也有一些国家如丹麦、德国、荷兰等将全部国土作为硝酸盐脆弱区，以实施更严格的管理来提高全国水质，同时也出于对公平竞争的考虑，因为脆弱区强制性的限制措施可能会影响产量及收益，从而降低该区域农民的市场竞争力。该指令要求成员国每4年提交监测报告，汇报地下水和地表水的硝酸盐浓度、地表水富营养化程度、硝酸盐脆弱区边界的更新、养分管理项目的执行对水质的影响以及未来水质趋势的预测等。

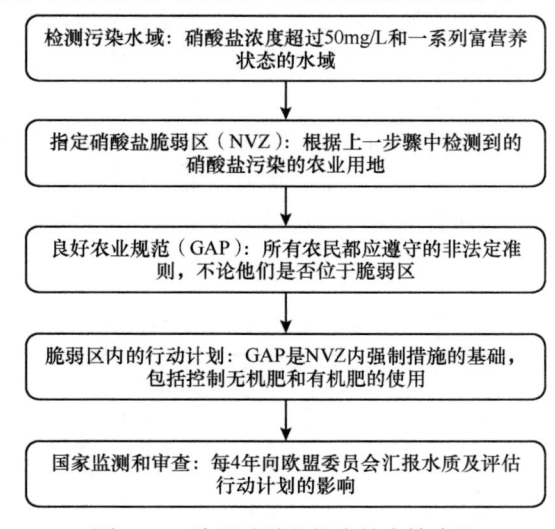

图2-10 欧盟硝酸盐指令的实施步骤

硝酸盐指令执行近30年来在改善欧洲水质方面取得了一定的进展，2012~2015年提交的报告显示，相比于2008~2010年，74%的监测点水质都有提高，养殖密度降低了近3%，有机肥施用量降低了3%，同时脆弱区的面积还在不断增加，硝酸盐指令2018年执行报告指出硝酸盐脆弱区面积目前占欧洲农业总面积的61%，说明越来越多的地区将按照指令中的养分管理要求指导农业生产。另外，也有研究指出硝酸盐指令的进展缓慢，如2014年的报告指出氮和磷盈余没有显著下降，而且氮磷化肥用量反而增加4%~6%。指令整体进展缓慢可能有以下两个原因：一方面成员国在指令执行上有拖延的情况，这在一定程度上反映了这项关于集约化农业指令所产生的主要"并发症"；另一方面也说明限制性措施的效力仍然有限，限制了农户采用的积极性，而且执行这些政策和措施的经济代价往往很高。有意思的是，不同成员国在同一硝酸盐指令背景下，养分管理水平存在显著差异，体现了成员国对养分管理政策的适应性和能动性。

3. 其他环境保护政策

自 20 世纪 90 年代共同农业政策进行一系列改革并将环境保护纳入其管理开始，欧盟颁布了一系列环境保护政策来解决环境污染物问题（表 2-1）。在硝酸盐指令的基础上，1999 年颁布了空气质量指令（Air Quality Directive 1999/30/EC），要求各国采取措施来控制空气中有害气体二氧化硫、二氧化氮及氮氧化物的浓度，保证欧盟良好的空气质量。2000 年欧盟颁布了水框架指令（Water Framework Directive 2000/60/EC），要求各成员国建立地表水及地下水保护框架，并且对保护区内的水体进行监测，保证良好的水体质量，在水保护区内有严格的施肥限制以及养殖场内部畜禽粪便的严格管理，这与硝酸盐指令中畜禽粪污的管理相对应。2001 年欧盟颁布的国家排放限值指令（National Emission Ceilings Directive 2001/81/EC）旨在控制酸雨、水体富营养化及其他污染物的影响。为进一步完善水框架指令，欧盟于 2006 年颁布了地下水指令（Groundwater Directive 2006/118/EC），作为水框架指令的一个补充，地下水指令规定了地下水中化学物质的最大值，这对减少农业生产中氮、磷的施用，防止氮、磷的淋洗发挥了重要的作用。2008 年欧盟颁布了海洋战略框架指令（Marine Strategy Framework Directive 2008/56/EC），旨在保护海洋水生环境，要求各成员国制定措施，防止来自农业、水产养殖等的化肥与富含氮和磷的物质带来的海洋环境污染。同年欧盟颁布的环境空气质量指令（Ambient Air Quality Directive 2008/50/EC）将影响人类健康和污染环境的有害气体的浓度进行了管控，以及颁布的综合污染预防与控制指令［Integrated Pollution, Prevention and Control（IPPC）2008/1/EC］采用综合方法管理工业设施的所有类型的污染，包括用于家禽和猪集约化饲养中的设施不达标带来的环境污染。一系列环境政策的实施，对欧盟的集约化农业产生了很大的影响，促使欧盟的农业朝着更加可持续的方向发展，也使欧盟成为世界环境保护领域的领先者。

表 2-1 欧盟主要环境保护政策列单

政策	时间	目的	主要内容
空气质量指令 （Air quality Directive 1999/30/EC）	1999 年	控制空气中 SO_2、NO_2 及 NO_x 的浓度，保持良好的空气质量	必须采取措施确保空气环境中二氧化氮及氮氧化物的浓度不超过指令中规定的浓度；$NO_2 \leq 40\mu g/m^3$，$NO_x \leq 30\mu g/m^3$
水框架指令 （Water Framework Directive 2000/60/EC）	2000 年	建立一个保护内陆地表水、过渡水域、沿海水域和地下水的框架	建立地表水和地下水生态监管方法与措施 指定"保护区" 建立及实施可靠的低排放技术控制措施
国家排放限值指令 （National Emission Ceilings Directive 2001/81/EC）	2001 年	保护环境和人类健康免受酸化、富营养化及其他污染物（SO_2、NO_x、挥发性有机化合物和 NH_3）的影响	到 2010 年各个成员国 SO_2、NO_x 及 NH_3 的排放达到指令要求 确保 2010 年以后的任何一年不超过规定的污染物排放量
地下水指令 （Groundwater Directive 2006/118/EC）	2006 年	水框架指令的一个补充，规定了地下水中化学成分的限定值，保持良好的地下水化学状况	采取具体措施，防止和控制地下水污染，实现地下水化学成分在良好范围内 规定了评估地下水化学状态良好的标准
海洋战略框架指令 （Marine Strategy Framework Directive 2008/56/EC）	2008 年	通过采取必要措施在 2020 年前实现或保持海洋环境的良好状况	建立一套海洋良好状况特征的框架和目标 实施实现或保持良好海洋环境状况的措施

续表

政策	时间	目的	主要内容
环境空气质量指令（Ambient Air Quality Directive 2008/50/EC）	2008 年	改善并保持良好空气质量，旨在避免、预防或者减少对人类健康和环境的有害影响	影响人体健康的 NO_x 的浓度不超过 $40\mu g/m^3$ 城市地区 $PM_{2.5}$ 的浓度不超过 $25\mu g/m^3$
综合污染预防与控制指令[Integrated Pollution, Prevention and Control（IPPC）2008/1/EC]	2008 年	采用综合方法管理工业设施的所有类型的污染，包括用于家禽或猪的集约饲养设施的污染	安装符合其他指令中环境保护标准的设备 安装最佳可行技术的设备（BAT）

2.1.2.3 欧盟养分管理政策机制

欧盟成员国的养分管理主要在欧盟体系下进行（图 2-11），欧盟议会和欧盟法院给予欧盟委员会相关权利，要求欧盟委员会制定养分管理政策，并将养分管理指令下达到各个成员国，各成员国可根据自己国家的具体情况，由各个国家的农业或者环境部门制定符合本国种植业和养殖业的具体措施。农业部门主要通过监管手段，如污染物排放上限、施肥限制等；经济手段，如税收、补贴等，这在共同农业政策中有所体现；服务手段，如教育和说服、技术推广等。同时由种植户或养殖户通过自发的组织，成立相关的合作社，如荷兰的环境保护合作社。合作社一方面为种植户或养殖户提供技术指导，另一方面向有关农业及环境部门反馈法令执行情况，这有助于法令制定与执行不断向符合生产实际方向发展。

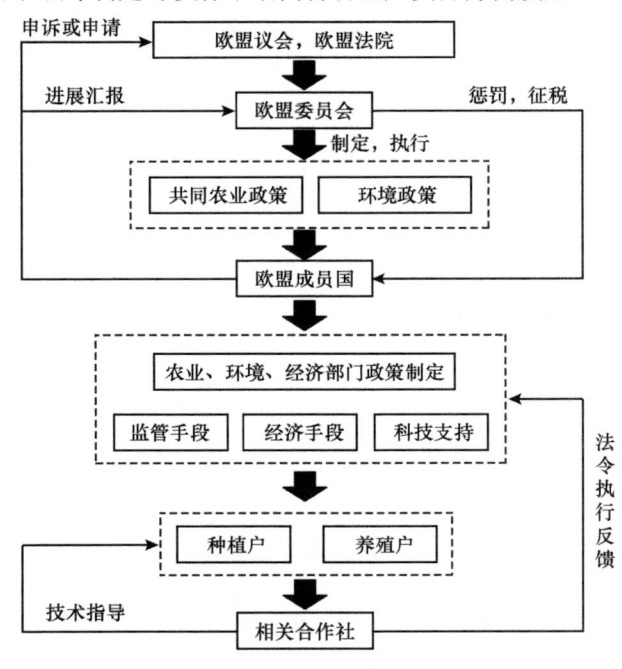

图 2-11 欧盟养分管理框架

各成员国的国情各不相同，因此在欧盟层面，如果指令中某些条令无法在本国执行，成员国可以向欧盟议会和欧盟法院提出申诉或申请。同时成员国必须根据欧盟委员会的要求，定期向欧盟委员会进行养分管理进展的汇报。欧盟委员会将会对每个成员国的执行情况进行评估；如果没有达到欧盟委员会的要求，欧盟委员会将会对没有达到要求的成员国进行惩罚。

2.1.3 日本化肥减施增效技术发展现状

日本在第二次世界大战后由于粮食短缺，大力提倡化肥的施用以换取农作物高产，但与此同时引发了严重的环境污染。1980 年，日本全国有 40% 的河流、62% 的湖泊和 24% 的海域的生物需氧量、化学需氧量等有机污染指标超标。日本政府在 1992 年提出了《发展"环境保全型农业"》法案，通过实施科学合理的农业生产措施来减少外源化学品投入、提高养分资源利用效率、减少环境压力，同时颁布了一系列法律法规来支撑农业可持续性发展。经过 20 余年的发展历程，日本的环境保全型农业体系已趋近成熟，化肥投入也逐步合理。本部分从政策法规、技术演变、养分管理机制、市场服务体系 4 个方面来系统总结 20 世纪 60 年代以来日本化肥减施增效技术的发展，揭示其化肥减量增效机制，为我国提供经验参考。

2.1.3.1 日本养分平衡变化历史

以氮素为例分析日本的养分投入和产出的历史变化，大致可分为 3 个阶段。第一阶段是快速增长期，20 世纪 60 年代日本为了应对粮食危机，氮肥投入逐年增加，农田总氮投入迅速增加，1973 年氮素总投入达到 232kg/hm^2，氮肥投入达到 172kg/hm^2（图 2-12）。第二阶段是转型适应期，70～80 年代由于氮肥和有机氮肥投入的不断变化，氮素总投入处于不断波动状态。第三阶段是下降期，20 世纪 80 年代以后日本田间氮素总投入逐步下降，目前保持在 220kg/hm^2 左右，氮肥投入稳定在 130kg/hm^2 左右。同时氮肥的投入占氮素总投入的比例从 1961 年的 70% 左右下降到 1995 年的 60%（图 2-12），这主要是因为有机肥带入氮素增多。

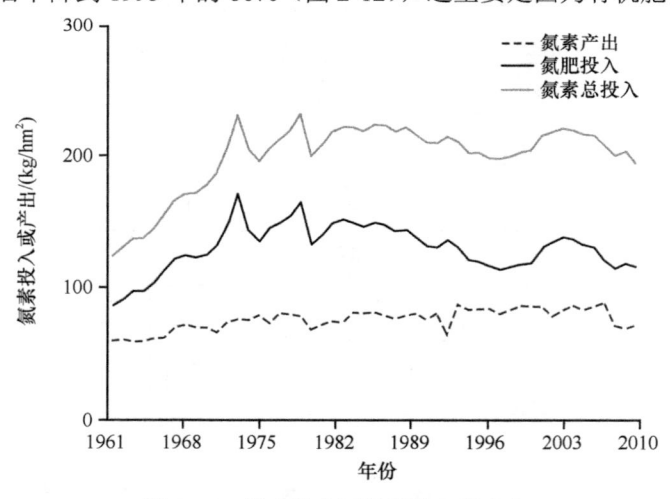

图 2-12 日本的农田氮素投入和产出

氮素总投入=氮肥投入+有机肥氮+生物固氮+氮沉降

如图 2-13 所示，1961～2011 年，日本氮素盈余经历了先逐年递增后平稳的过程，总氮素盈余由 1961 年的 64kg/hm^2 增加到 1973 年的 156kg/hm^2，达到历史最高。之后由于氮肥投入的降低，总氮素盈余也逐步下降，并稳定在 120～150kg/hm^2。氮素盈余与其趋势相同，从 1961 年的 26kg/hm^2 增加到 1973 年的 95kg/hm^2，达到历史最高后逐步下降，且远低于总氮素盈余。从 2000 年到 2011 年氮素盈余平均为 30～40kg/hm^2。总体来说，日本的氮素盈余显著低于我国的 200kg/hm^2，较我国平均氮素盈余低 40%，其氮肥投入仅为 116kg/hm^2，是我国的一半左右。日本氮肥投入和氮素盈余的下降也改善了当地的大气与水体质量。2004 年的日本财务报告中，湖泊和水库的化学需氧量指数达到51%，已达到环境质量标准。而2010~2011年对我国22个湖泊的调查发现，59%调研湖泊的水体全氮（TN）超过富营养化指标，尤其在农业集约化程度高、氮肥用量大的地区，过量施用化肥导致的环境污染问题突出。

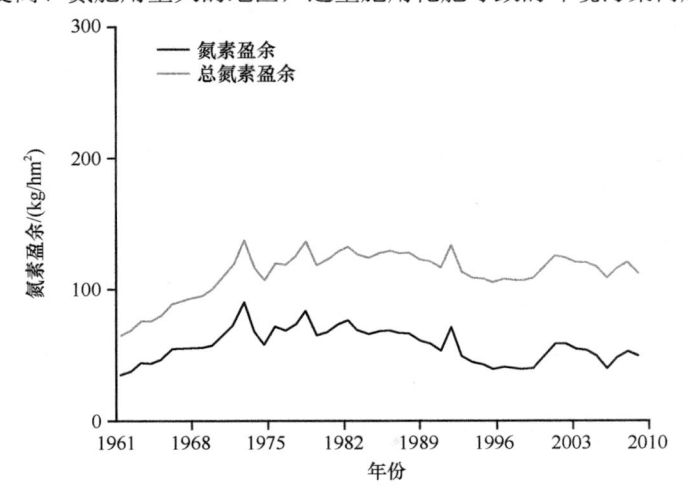

图2-13 日本的农田氮素盈余

总氮素盈余=氮素总投入−氮素产出=氮肥投入+有机肥氮+生物固氮+氮沉降−氮素产出，氮素盈余=氮肥投入−氮素产出

2.1.3.2 日本化肥减施增效技术演变

化肥减施增效的实现离不开技术的不断进步。以水稻生产为例（图2-14），日本的水稻单产2007年仅为67t/hm²，比我国水稻平均单产低11.8%。但日本水稻的品质较高，销售价格是中国水稻的4倍。高品质的稻米在很大程度上得益于较低的氮肥投入，因为氮用量过大不利于稻米品质的改善，还会降低食味品质。日本水稻生产的氮肥投入不到100kg/hm²，仅为我国单位面积氮肥投入的40%，而控释肥的大面积应用更加降低了氮肥投入，氮肥投入平均仅

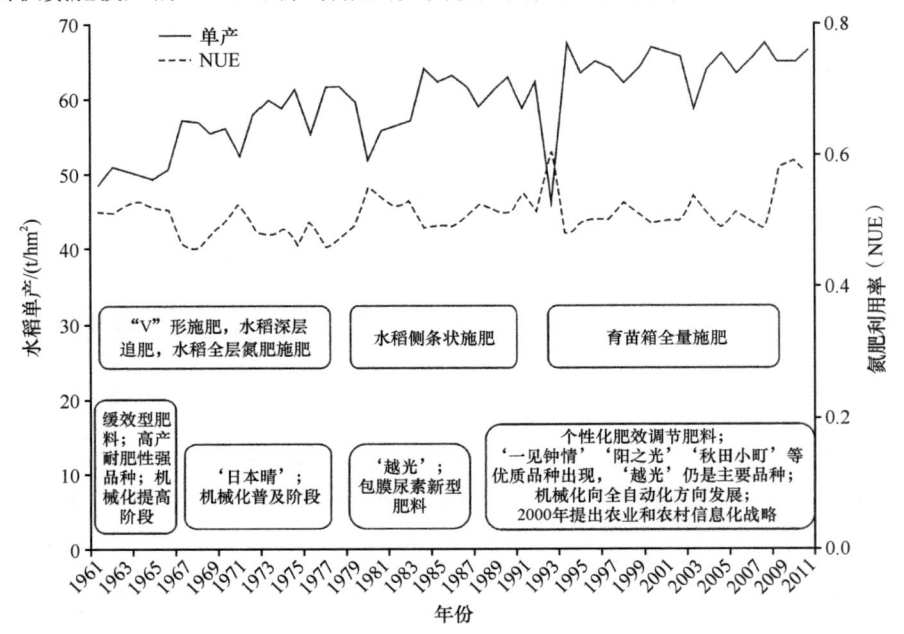

图2-14 日本水稻产量和氮肥利用效率变化以及技术演变（引自FAO数据）

为 $70kg/hm^2$ 左右。在这几十年中，日本水稻生产的化肥减施增效技术也在发生变化，包括施肥技术的优化、新型肥料的应用、机械化等方面。

在 20 世纪 50~60 年代，一般选用水稻全层氮肥施肥法、水稻深层追肥法、"V"形施肥法；20 世纪 80 年代初，水稻侧条状施肥法开始应用，这种施肥方法与传统施肥方法相比，可以减少 10%~30% 的氮肥投入，可以有效降低生产成本，提高农户收益；20 世纪 90 年代，水稻育苗箱全量施肥法开始大面积应用，这种施肥方法是在育苗期将氮肥一次性施入，在大田期间不再施肥，这是一种肥料与种子或植物根系接触的施肥方式，可以有效提高肥料利用率。日本早在 20 世纪 60 年代就开始研发缓效型肥料，是世界缓控释肥研究与应用的引领者。20 世纪 80 年代以包膜尿素为代表的新型缓效型肥料技术日趋成熟，其用在水稻上的缓效期从一个月到三年，氮肥利用率高达 80%。目前来说，日本的肥料研发机构根据各都道府县的施肥标准和地域品种研制适宜本地区的专用型缓控释肥料，可以做到因地制宜，使肥料发挥更好的效果。农业配套技术的不断更新发展是实现日本农业现代化的重要基础和保障。1967 年日本就已实现耕地、除草、喷药、运输以及农产品加工等环节的机械化。机械化的发展缩短了用工时间，解放了劳动力，使日本能够在农业人口趋高龄化的状态下依旧能保持较高的生产效率。

总之，施肥技术包括施肥方式的优化和新型肥料的应用，提高了肥料利用效率，节约了肥料用量，而农业机械化程度的提高和覆盖提高了农业生产效率。技术不断更新和发展为日本实现环境保全型农业提供了重要科技支撑。

2.1.3.3 日本环境保全型农业政策体系

除了技术进步，在推进环境保全型农业的进程中，日本政府还颁布了一系列法规和法案来推进农业的转型。1961 年，日本颁布了第二次世界大战后的第一部关于农业的法律《农业基本法》，这部法律以提高农业生产效率、提高农业收入和缩小工农收入差距为目标。而后出台的法规或法案逐渐开始关注环境问题，大致分为以下 3 个阶段（表 2-2）。

表 2-2 日本环境保全型农业相关政策法案

年份	法规或法案	目标或内容
1961	《农业基本法》	提高农业生产效率和农业收入，缩小工农收入差距
1992	《新的食物农业农村政策方向》	从追求规模扩大和效率提高转向农业的多功能性的提升；第一次提出"环境保全型农业"的概念
1992	设置"环境保全型农业对策室"	推进环境保全型农业政策的实施；对环境保全型农业相关的技术进行试验与论证
1999	《食物、农业、农村基本法》	强调农业的可持续发展、食品的稳定供给、多功能性的发挥以及农村的振兴
1999	《家畜排泄物法》	畜禽粪便排泄管理的优化和推广，对规模农户的圈舍、粪尿处理设施及技术等提出要求，提供贷款等优惠政策
1999	《肥料管理法》	堆肥、家畜粪肥等特殊肥料销售时必须要标明成分
1999	《持续农业法》	引入可持续农业生产措施；减少化肥和农药的使用，强调使用堆肥；采用"生态农业经营者"认证制度
1999	《农林物资规划和质量表示标准法》（有机 JAS 标准）	有机农产品必须在农林水产省注册的认证机构认证，对有机农产品及其加工食品、有机畜产品均制定了相应的标准，有机产品在生产中必须达到一定的技术条件

续表

年份	法规或法案	目标或内容
2000	"生态农户"认证	优先享受政府相关的补贴和贷款，增加了消费者的认可
2001	《肥料取缔法》	保证肥料的质量、肥料的公平交易和安全施用；对普通肥料和特殊肥料做了严格的区分及建立相应的登记标准
2001	《堆肥品质法》	对堆肥等特殊肥料的产销实行严格审批管理，要求提供特殊肥料的种类、品质、成分等信息
2005	《食物、农业、农村基本计划》	提出一系列稳定食品供给、促进农业持续发展和振兴农村的政策；建立户别收入补偿制度等
2005	《与环境相协调的农业生产活动规范》（农业环境规范）	将环境因素纳入农业生产规范，制定种植和养殖生产技术规程
2006	《有机农业推进法》	从生产、流通和消费各个环节促进有机农业的发展；各级政府支持有机农业生产，鼓励技术研发，加强产销之间的沟通
2007	《关于有机农业推进方针》	在市町村设置有机农业交流平台，强化官民合作开发非农药病虫害防治技术，都道府县结合当地实际制定推进计划

注：以上法规和法案均引自日本农林水产省政策报告（https://www.maff.go.jp/j/lower.html）。

1. 环境保全型农业的提出

1992年，《新的食物农业农村政策方向》法案提出要由单纯追求规模扩大和效率提高转向重视农业多功能性的提升，不仅要充分发挥农业的经济功能，如稳定的粮食和其他农作物供给，还要发挥农业的生态保护和生态涵养等功能，以及农业的社会功能，如农民增收、缩小城乡居民差距。此法案使农业生产价值观发生根本性改变。同时，该法案第一次提出"环境保全型农业"的概念，并采取多种技术措施来支持其发展。1992年，日本农林水产省设置"环境保全型农业对策室"，负责推进环境保全型农业政策的实施，并对环境保全型农业相关的技术进行试验与论证。1999年颁布的《食物、农业、农村基本法》提出了农业的可持续发展、食物的稳定供给、多功能性的发挥和农村的振兴4个基本理念，建设环境保全型农业的价值观以法律的形式得到了确认。这两个法案从无到有地回答了什么是环境保全型农业以及如何促进其健康发展，为日本农业的可持续发展提供了法律保障。

2. 肥料应用的管理

以环境保全型农业为核心，日本将堆肥和其他有机肥料的管理作为防治农业面源污染的重点，相继出台了有机肥和化肥合理施用的相关法案。其中最重要的就是在1999年颁布的"农业环境三法"：《家畜排泄物法》《肥料管理法》《持续农业法》。《家畜排泄物法》通过推动环保技术措施的应用来优化畜禽粪便排泄管理，如对规模农户的圈舍、粪尿处理设施及技术等提出要求，禁止畜禽粪便的野外堆积或直接向沟渠排放，存储粪污的地面要用非渗透性材料建设并有侧壁，同时要适当覆盖等；并提供贷款等优惠政策，促进畜牧业的健康发展。《肥料管理法》规定原料中含有污泥的堆肥必须作为普通材料登记，以避免对污泥进行不当处理的行为；同时要求堆肥、家畜粪肥等特殊肥料的销售必须要标明成分，提高肥料的投放效率。而后出台的《肥料取缔法》与《堆肥品质法》更加确保了肥料的质量和公平交易以及安全施用，对普通肥料和特殊肥料做了严格的区分并建立相应的登记标准，对堆肥等特殊肥料的产销实行严格的审批管理，要求提供肥料的种类、品质和成分等信息。《持续农业法》旨在促进农业可持续发展，确保农业生产与环境的平衡。该法案明确指出要减少化肥和农药的使用，强调使用堆肥改善土壤质量，在方法上采用"生态农业经营者"认证制度。而后又颁布关于

"生态农户"的有关法律，生态农户可以享受政府的特殊优惠，如日本的青森县，对生态农户的农业改良贷款额度由原来的 200 万日元增加到 320 万日元，偿还时间也由 10 年延长到 12 年。

3. 有机和环保农业的发展

有机和环保生产体系的认证是近阶段日本实现进一步减肥增效的有效措施。1999 年颁布的《农林物资规划和质量表示标准法》（有机 JAS 标准）要求有机农产品必须在农林水产省注册的认证机构认证，区别有机农产品与非有机农产品，另外对有机农产品及其加工食品、有机畜产品均制定了相应的标准，有机产品在生产中必须达到一定的技术条件。2006 年颁布《有机农业推进法》，从生产、流通和消费各个环节促进有机农业的发展，引导农业生产方式的转型，扩大环境保全型农业的生产规模；要求各级政府支持有机农业生产者，鼓励有机农业生产技术的研发，加强有机农业产销之间的沟通。2007 年颁布《关于有机农业推进方针》，在市町村设置有机农业交流平台，强化官民合作开发非农药病虫害防治技术，都道府县结合当地实际制定各自的技术推进计划。有机农业的政策极大地推动了日本农业的转型，以市场为导向的农业生产方式逐渐成形。与此同时，日本针对振兴农业以及改善农业环境颁布了《食物、农业、农村基本计划》与《与环境相协调的农业生产活动规范》（农业环境规范），建立户别收入补偿制度，将环境因素纳入农业生产规范，提出农作物生产和家畜饲养两个方面的技术规程，实现农业生产最低限度的环境影响。目前，日本有机农场的面积占全国土地面积的 0.24%。

2.1.3.4 日本养分管理体系运行机制

在日本整个养分管理发展进程中，技术、政策、市场服务和社会因素都发挥了各自的作用。其中社会因素包括以下几方面的内容：一是对大米的需求由数量转向了品质；二是日本的稻米流通机制发生了变化，"政府米"和"自主米"流通机制并行，农民在经济利益的驱动下，开始选择优质稻米品种，并开始自主减少化肥、农药的投入，以获得优质、有机大米；三是农业劳动力严重短缺压力推动转型。这些问题促使农业生产转向更高质量同时节省成本和劳动力的方向发展，减少了化肥的使用次数和数量。

社会需求推动了政策、技术和服务的发展。与化肥减量相关的 3 个最重要的政策分别是环境保全型农业、标示制度、公众参与型政策。环境保全型农业政策在前面已经提到，其核心理念就是从有利于国土、环境保护的观点出发，通过农业生产活动来发挥农业所具有的物质循环功能，在提高生产效率的同时减少环境压力的可持续性农业。其次是标示制度政策，包括 3 个方面的内容：一是有机农产品认定，认证过程遵照《农林物资规划和质量表示标准法》，在日本的商品市场上，有两类不同标志的食品，一类是张贴"JAS"标志的有机食品，这类食品获得了国家认证，另一类是没有资格张贴"JAS"标志的食品，只能张贴由各都道府县自行设计的无农药、无化肥农产品标志或减农药、减化肥农产品标志，这类食品只获得了省级认证，没有获得国家认证。二是特别栽培农产品认证，所谓"特别栽培农产品"是指在生产过程中，农药及化肥中氮肥的使用均低于普通农户习惯的 50% 以下。特别栽培农产品是介于有机农产品与一般栽培农产品之间的农产品，是日本推动节肥增效的重要措施。三是生态农户的认证，日本全国环境保全型农业推进会议在 2000 年提出"生态农户"的概念，对全国范围内从事生态农业或生态行业相关的农户进行认证。生态农户的申请标准要求拥有耕地 0.3hm^2 以上、年收入 50 万日元以上，并提供环境保全型农业生产实施方案，报农林水产县行政主管部门审查后,再报给农林水产省审定,将合格的申请者认定为生态农户。政府对生态农户可提供额度不同的无息贷款。标示制度的提出是为了扩大社会民众对环境保全型农业的认可度,从而更好地推进环境保全型农业的发展,促进日本农业的健康优质发展。此外,日本的公众参与型政策对鼓励农户参与环境保全型农业的发展也起到了极大的促进作用。日本公众参与是有法律保障的,如日本环境权明确规定公民具有环境知情权、环境监督权、环境议政权。日本在食品安全方面也十分注重公众参与,行政部门每年会公开招聘6000名消费者进行日常调查,共同监管食品安全。

日本节肥增效主要技术包括以下三方面:一是土壤复壮技术,主要通过将有机物质,如秸秆、家畜粪便、杂草等有机物质堆肥还田,或通过种植紫云英等绿肥作物,提升土壤的地力,并达到代替化肥的作用;二是合理施肥技术,如局部施肥技术,使用侧条状施肥和深层施肥等技术;三是缓控释肥的应用以及测土施肥。

在技术应用方面,日本农业协同组织(日本农协)为推进环境保全型农业的发展提供了巨大的服务功能。日本农协由中央农协和地方农协组成,是日本非常重要的社会化服务组织,在日本农业中起着不可或缺的作用。日本政府要求所有农户都必须加入农协,农协组织主要的职能包括指导事业、经济事业、信用事业、保险和医疗健康事业等,这些业务几乎涉及农民所有的生产、生活领域。日本农协经过长期发展,队伍不断发展壮大,全国各级农协还设立营农指导中心,为农民提供技术服务和生活指导。

在推进环境保全型农业的进程中,日本的社会各阶层都充分参与其中(图2-15)。其中,日本农林水产省起着引领全局、统筹全局的作用。农林水产省将政策的宣传和农民的教育工作委托给中央农协,中央农协通过媒介对农户进行宣传教育,目的是使更多的农民成为生态农户和高素质农民。中央农协分区域委托给地方农协,地方农协为生态农户提供一体化服务,提供技术和资金支撑。注册认证机构向农林水产省提交注册申请,通过申请后,注册机构对农户以及食品制造商进行认证。同时,日本农林水产省委托大学及科研机构攻克推进环境保全型农业过程中的难题,如对消费者以及生态农户的意愿和行为做调查,消费者也将他们对农产品的种类及品质的需求反馈给大学及科研机构。此外,在推进日本现代农业的进程中,

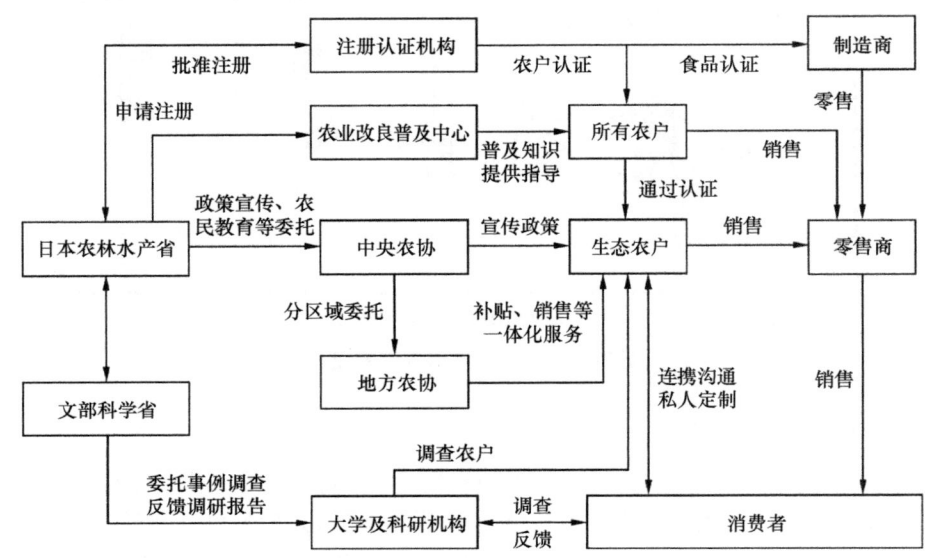

图 2-15 日本生态农业认证和服务体系

日本也特别重视农业教育，日本的农业教育由文部科学省教育系统和农林水产省教育系统两部分共同组成。农林水产省教育系统的一部分由农业改良普及中心组成，农业改良普及中心配备专门的技术人员对所有农业从业者提供农业技术指导和普及农业知识。文部科学省教育系统包括初等教育、中等教育、高等教育。高等教育中有53所综合性大学和7所农科类大学提供专业的农学教育，以培养更高层次的农业科学人才。此外，日本很多综合性大学都下设农学部，并建立自己的农场，利用高精尖仪器设备进行农业科技研究。在环境保全型农业进程中，消费者和生产者之间的关系走向主动，消费者可以将自己的需求告诉生产者进行私人定制，进而推动高质量农产品的生产。

2.2 我国化肥减施增效技术发展现状

化肥作为农业生产的基础，在促进我国粮食增产和农业发展过程中起到了不可替代的作用，但同时产生了突出的环境问题。近年来，我国化肥用量迅速增加，总消费量已经居于世界前列。据统计，我国化肥施用量为531.9kg/hm^2，约是世界平均水平的3.9倍。与此同时，我国化肥对粮食的贡献率也从20世纪80年代的30%~40%下降到目前的10%左右。化肥的过量施用造成了一系列的环境问题，如土壤酸化、大气氮沉降、水质降低等。近15年来，测土配方施肥、机械化施肥、水肥一体化、秸秆还田、有机肥资源化利用以及栽培等技术的发展是我国化肥减量的主要技术途径。

化肥减量的技术途径大致可以分为两类（图2-16）：一是化肥施用技术的优化及效率的提升，包括总量控制、深层机械施肥、产品优化、水肥一体化、栽培技术对单产的提升作用，这些技术是节肥增效的基础；二是土壤作物综合管理技术，通过对土壤肥力的改良促进效率的提升，是进一步节肥增效的关键，包括秸秆还田技术、有机肥还田及轮作间作等。具体技术发展内容如下。

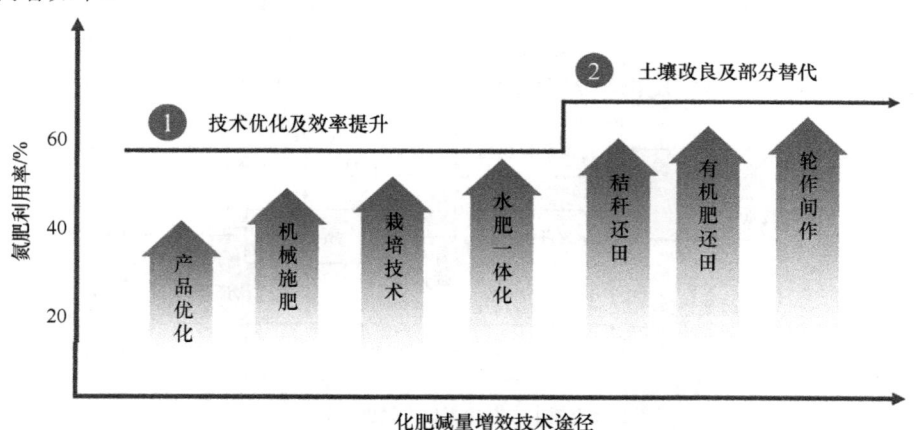

图 2-16 化肥减量增效技术途径

2.2.1 肥料产品创新

肥料产品的创新驱动了肥料产业的发展和转型。我国肥料产品的发展历经了两次重要变革，首先是单质低浓度肥料转向高浓度化肥和复合肥，其次是配方单一的复合肥转向适用于不同区域作物的专用复合肥。到2000年，我国复合肥施用量就提高到918万t，复合化率为

22.1%,是 1980 年的 33.8 倍,以氮肥为例,复合肥市场占有率逐年增加,而碳酸氢铵等低效产品逐渐退出氮肥市场(图 2-17)。但因未考虑不同区域作物的养分需求差异,致使通用型配方肥主导了复合肥市场,过度依赖通用型复合肥加剧了养分的过量投入,引起了肥料利用率的下降和环境的污染,其中 2005 年我国 15-15-15 通用型配方肥的消费量达到 1023.3 万 t,占复合肥消费总量的 54%。因此,复合肥走向作物专用化是改善肥料利用率及减少用量的重要途径。我国作物专用肥从 2000 年开始快速发展,目前作物专用肥几乎涵盖全国主要土壤类型和作物,配方总数超过 2 万个。其中,粮食作物专用型配方总数从 559 个增长到 1346 个,配方肥所占的比例也从 9% 快速提升到 17%。大量田间试验研究表明,我国作物专用复合肥的施用不仅提高了水稻、玉米、小麦、棉花、大豆等作物的产量,同时氮、磷、钾肥料利用率也分别提高了 3.1%~18.6%、1.5%~20.4%、1.5%~14.2%。

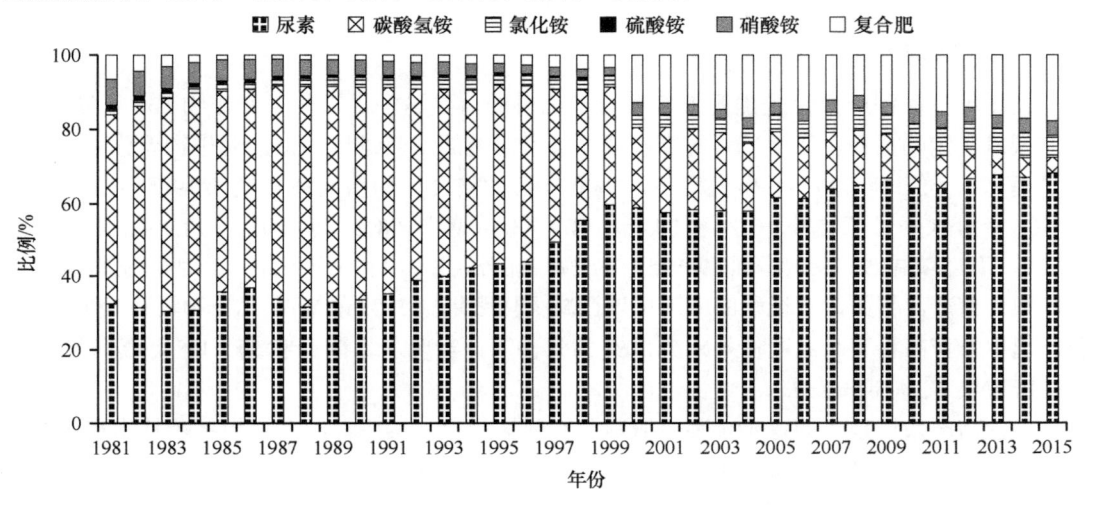

图 2-17 中国氮肥产品消费变化

来源:国际肥料工业协会(2019),https://www.ifa.org.uk

此外,各种新型肥料如控释肥、水溶肥和稳定性肥料的市场占有率不断提高,目前它们的市场份额已经超过 10%。Li 等(2018)通过大样本整合分析发现,控释肥在水田和蔬菜体系上的应用可实现增产 5%~7%,氮肥利用率提高 11%~26%。截止到 2015 年,缓控释肥已在我国 24 个省份 30 多种作物上进行了示范推广,累计施用面积已达 461.7 万 hm^2。此外,硝化抑制剂在水田上可以实现增产 6%~7%,增效 11%~48%;脲酶抑制剂在水田上可以实现增产 9%,增效 29%。这些新型肥料在大田上的应用也实现了较好的节肥(6%~12%)和增产(5%~11%)效果,直接促进减肥增效目标的实现,并会成为我国继续实现减肥增效的重要支撑。

2.2.2 机械化施肥

机械化施肥可以实现肥料的深施,并保证肥料施入的均匀性,提高肥料利用率,减少环境污染。我国早在 20 世纪 80 年代便开始对施肥机械进行研究。按照作物栽培过程中施肥方法的不同,可将施肥机械分为基肥撒施机械、种肥机械以及追肥机械。目前,我国在基肥机械化方面研究较多,机械化率提升较快,如 2013 年基肥和追肥的机械化施肥比例分别为 35% 和 4%,较 2008 年分别提升了 23% 和 3%,但追肥机械的普及仍有待提高。其中,机械化施肥可使小麦、玉米等作物增产300～675kg/hm²，化肥利用率从30%提高到40%～45%。以河北省为例，截至2013年，全省50%左右的冬小麦、70%的夏玉米播种都采用了种肥同播技术，其中夏玉米机械化施肥面积达3500万亩（1亩≈667m²，后同）。

此外，水稻的机械化率也有显著提高。截止到2012年底，我国水稻耕、种、收综合机械化水平达到68.82%，而在黑龙江省水稻综合机械化水平较高，基本已经超过90%。其中在黑龙江省，安龙哲等（2001）通过大面积的田间试验发现，与国产水稻插秧机配合的化肥深施器可以在节肥20%的基础上增产750kg/hm²。该研究采用的水田机械侧深施肥技术可以有效地将肥料施用于作物秧苗侧3～5cm，施肥深度4.5～5cm，提高氮肥利用率35%左右。目前，水稻侧深施肥技术在南方也实现了快速发展和应用。机械化施肥的普及是我国减少化肥投入的重要途径。

2.2.3 栽培技术

提高单位面积产量也是提升效率和节省肥料的重要途径。近些年农作物品种不断优化，增密减氮、宽幅播种、氮肥后移等高产栽培技术措施的不断进步，也推动作物养分利用效率逐步提高。Ying等（2019）研究发现，2000年后的粮食作物新品种相较于1985～1999年的品种，产量水平显著提高16.0%～24.4%，其中玉米增产8.8%、小麦增产13.3%、水稻增产11.3%，而环境排放可显著降低9.6%～23.5%。此外，新品种的应用还可以协同肥料用量降低和粮食增产。例如，超级稻的应用可以在减少化肥用量30%的情况下，确保高产和节本增收。选用耐密品种可在氮肥投入减少30%的条件下，实现东北春玉米增产15%、氮肥偏生产力（PFPN）提高30%左右。

各种高产栽培技术的进步也使得肥料效率显著提高。其中，小麦宽幅播种技术在传统条播的基础上可提高肥料效率2%～20%。氮肥后移技术的采用也使得我国主要粮食作物（小麦、玉米、水稻）在增产3%～51.8%的同时，氮肥利用率提高46.1%～111.8%。此外，采用增密减氮技术，可以在减少10%～20%的氮肥用量并增加20%～33%移栽密度的条件下，实现水稻增产4%～6%，氮肥利用率提高6%～20%。在经济作物上，相同的目标产量（低密下的经济产量、湖北省油菜平均单产和全国油菜平均单产）下，油菜增密后可以节约氮肥用量20%～30%，增密减氮效果明显。采用增加密度并减少氮肥20%的栽培模式，可以提高烟草上部烟叶质量和品质。

2.2.4 水肥一体化

水肥一体化是将灌溉与施肥融为一体的节约型灌溉和施肥技术，可显著提高水肥利用效率，主要模式包括滴灌、微喷灌和膜下滴灌等。目前，微喷灌技术应用面积较广，覆盖作物体系较多，而滴灌技术一般应用在经济价值较高的作物上，膜下滴灌技术目前主要应用在我国西北干旱半干旱地区。在粮食作物和经济作物上的研究表明，水肥一体化技术可以在节肥20%～50%、节水35%～60%的同时，提高产量10%以上。目前水肥一体化技术已经从局部试验和示范走向大面积推广，辐射范围已经从华北扩展到东北、西北和华南，覆盖了设施栽培、无土栽培等不同栽培模式及蔬菜、花卉、苗木、果树等多种作物。

以内蒙古马铃薯为例，水肥一体化技术已在内蒙古广泛推广应用，并形成了一套详细的技术规程。相比于传统的施肥技术，马铃薯滴灌水肥一体化技术可以实现节水 40%～80%，在缓解全区水资源供需矛盾的同时，提高养分利用率并实现增产增收和可持续发展。截至 2014 年，内蒙古已建成 819 万亩滴灌农田、750 万亩喷灌农田，喷滴灌面积已占全区灌溉地面积的 1/3 以上，其中已有 164 万亩实现了水肥一体化。2016 年，我国微喷灌的应用面积达到 995.4 万 hm^2，占全国耕地面积的比例从 2011 年的 9.4% 提升到 2016 年的 13.6%，对我国实现化肥减量增效起到了重要的作用。

2.2.5 秸秆还田

秸秆还田目前主要分为直接还田和间接还田两大类。秸秆直接还田包括翻耕还田、高茬还田、覆盖还田 3 种方式，间接还田包括堆肥还田、过腹还田和堆沤还田。秸秆还田增加了农田系统的有机质投入，对农田生态系统实现化肥减量和可持续发展具有重要意义。此外，秸秆还田可以降低土壤容重，增加土壤养分，与化肥配施可达到很好的水肥耦合作用，有效提高土壤肥力。多点研究表明，多年秸秆还田可节省化肥投入 10%～20%，并提高作物产量 2.8%～16.2%。2010～2019 年（2010s）我国秸秆氮磷钾养分总还田量将近 1800 万 t，秸秆养分还田率为 71%，较 2000～2009（2000s）提高了 11%，在一定程度上替代了化肥的施用，且还田方式有鲜明的地域特点。

其中华北平原作为我国小麦-玉米主产区，在 2010s 实现了 70%～80% 的小麦、玉米秸秆直接还田。在水稻种植区，早稻与晚稻上翻压还田和覆盖还田的比例也分别由 2000s 的 21% 和 26% 提高到 2010s 的 63% 和 67%。而在秸秆还田较难实施的东北地区，为推进秸秆还田技术的实施，农业部出台了《东北地区秸秆处理行动方案》，各研究单位也积极探索秸秆创新还田技术。如中国科学院韩晓增团队将秸秆还田和轮作相结合，创新了黑土土壤培肥模式，建立了"肥沃耕层构建"模式。建立"翻、免、浅"耕作与秸秆还田组合的玉米连作优化模式，在东北南部地区实现了秸秆还田条件下增产 9.8%～12.3%；"一翻一浅加两免"耕作组合的米-豆轮作模式，在东北中部地区实现了 10.7%～11.3% 的增产；"翻、免、浅"耕作组合的米-豆-豆轮作模式，在东北北部地区实现了增产 11.2%～19.1%。在各方的共同作用下，东北地区玉米秸秆直接还田比例已经从 2000s 的 12.1% 提升到 2010s 的 20% 左右，在提高养分综合利用率的同时培肥了地力，促进了化肥减量施用。

2.2.6 畜禽粪便综合利用

除秸秆外，我国的畜禽粪便资源也十分丰富。宋大利等（2018）的研究结果表明，我国 2015 年的畜禽粪便数量为 31.584 亿 t，氮（N）、磷（P_2O_5）、钾（K_2O）养分资源总量分别达到 1478.0 万 t、901.0 万 t、1453.9 万 t。对有机肥的合理高效利用将有助于保持土壤生产力并减少化肥施用。有研究指出，如果将我国畜禽粪便全部还田，不同地区的氮肥、磷肥、钾肥则分别可节省 37.8%～115.2%、61.9%～230.7%、64.1%～229.1%。大量研究表明，在化肥减量 20%～30% 的条件下配施有机肥不会对作物产量产生影响（表 2-3）。与此同时，有机肥还可以显著提高土壤肥力，蔡岸冬等（2015）对 286 组数据的整合分析发现，有机肥能显著提高土壤总有机碳（58.4%）和矿物结合态有机碳（41.9%）的含量，分别是化肥处理的 3.4 倍和 5.2 倍。

表 2-3　不同技术在主要粮食作物上的增产、增效及节肥作用

技术	作物体系	增产/%	增效/%	节肥/%	参考文献
肥料产品创新					
专用复合肥	水稻	2.1～11.1	1.55～53.80		高菊生等, 2008; 吴良泉, 2014
	小麦	7.6～11.7	29～35		吴良泉, 2014; 朱彦锋等, 2018
	玉米	5.0～16.0	11.7～22.0		张玉华, 2001; 郭军玲等, 2014; 吴良泉, 2014
缓控释肥	玉米	3.5～8.6		8	Noellsch et al., 2009; 安绪华等, 2017; 高鹏和张睿, 2019
硝化抑制剂	水稻	3.9～12.4	11.1～25.0	25	李婷玉, 2018; 章日亮等, 2018; 楼玲等, 2019
	玉米	3.4～20.0	5.3～10.0	5.43	方玉凤等, 2015; 姜亮, 2016; 吴雪娜等, 2016; Ahmed, 2018
脲酶抑制剂	小麦	1.82～20.00	4.8～22.8		方玉凤等, 2015; 姜亮, 2016; 吴雪娜等, 2016; 李小娅等, 2017; 游国文和程茂松, 2018; Ahmed, 2018
	玉米	3.1～22.3			韩宝文等, 2011; 刘垚和李光华, 2016; 姚绘华和李俊玲, 2016
	水稻	8.5～16.1	3.8～18.4		蒲改平等, 2005; 王桂良等, 2009; 叶会财等, 2014; 张文学, 2014
机械施肥	小麦	7.6～26.6			王应君等, 2006; 张培等, 2018
	玉米	9.3～17.0		15～48	于合龙等, 2008; 王绍武等, 2014; 范慧霞, 2019; 张懂理, 2019
	水稻	5.1～16.5		17.3～20.0	安龙哲, 2001; 张满鸿, 2004; 何立德等, 2007; 汤海涛, 2011
水肥一体化	小麦	21.1～57.5		24～48	陈静等, 2014; 任先侠, 2019; 周加森等, 2019
	玉米	2.94～35.30	52.0～83.2		侯云鹏等, 2018; 戚迎龙等, 2019; 高成平, 2019
秸秆还田	小麦	1.2～28.0			李文红等, 2018; 陈玉章等, 2019; 谭娟等, 2019
	玉米	3.5～11.4			高日平等, 2019; 王庆峰和马金豹, 2019; 张建军等, 2019
	水稻	1.2～13.4			梁继旺和吴良章, 2019; 王秋菊等, 2019; 殷尧鼐等, 2019
有机肥替代还田	玉米	9.7～20.1	7.4	20	张运龙, 2017; 黄志浩, 2018; 李孝良等, 2019
	小麦	1.2～12.9		10～20	郭标, 2018; 孙娟等, 2018; 李顺等, 2019; 张雪飞, 2019
	水稻	0～10.6	7.8	20	何欣等, 2017; 孙万纯, 2018; 文平兰等, 2018
栽培技术					
品种更替	小麦	13.3			Ying et al., 2019
	玉米	8.8			Ying et al., 2019
	水稻	11.3			Ying et al., 2019

续表

技术	作物体系	增产/%	增效/%	节肥/%	参考文献
增密减氮	水稻	4.07~18.50	5.8	10~20	朱相成等，2016；何成贵等，2018；李思平等，2019
	玉米	10.7~17.9		30	姜亮，2016；魏珊珊，2016；张鹤宇等，2018；张萌等，2019
宽幅精播	小麦	4.30~16.68			陈翠贤等，2016；初金鹏等，2018；石玉华等，2018；游泽泉，2018
氮肥后移	水稻	1.3~15.6	65.2~82.4		徐漫等，2018；白志刚，2019；潘俊峰等，2019；杨从党等，2019
	玉米	5.1~14.1			王宜伦等，2011；王佳慧等，2017；魏廷邦，2017
	小麦	2.0~15.7			王强生，2017；杨美悦等，2017；张素平等，2017；聂卫滔，2018

2010s我国畜禽粪便养分还田量为1700多万t，其中氮、磷、钾养分还田量分别为616万t、298万t、799万t，还田率从1990s的22.3%提升到2010s的41.8%。特别是实施果菜茶有机肥替代化肥行动以来，我国100个有机肥替代化肥示范县的化肥施用量下降了18%，有机肥施用量增加了50%，增施的有机肥相当于消纳畜禽粪污2000多万吨。有机肥的养分替代作用与秸秆还田共同成为我国实现化肥使用量零增长的重要技术支撑。

2.3 国外农药减施增效技术发展现状

农药是农业生产中必不可少的投入品，对农业增产、农民增收作出了突出的贡献。然而，随着生活水平和消费需求不断提高，人们更加注重食品安全、身体健康和环境生态，因此，农药的大量使用所带来的环境污染、农产品安全问题等负面影响受到世界各国关注。在现代农业发展中，发达国家都十分重视农药的科学减量使用，世界各国均在实施农药减施行动，以保证人类的食品安全。

2.3.1 欧洲主要国家农药减量行动措施

欧洲各国可利用农业面积由高到低依次是法国、西班牙、英国、德国、波兰、罗马尼亚、意大利、匈牙利、保加利亚和希腊，其中法国可利用的农业面积约占欧盟总农业面积的16.3%，是欧盟第一农业大国。欧盟部分成员国最早提出了减少农药用量以降低对农业生态环境影响的理念。

意大利是欧盟中的农业大国，农业总产值仅次于法国和德国，生态农业发达，在柠檬、橙子、葡萄、小麦和蔬菜等种植方面，意大利排名位于欧洲前列。意大利也是欧洲的农药使用大国，农药使用量仅次于法国，使用的农药以杀菌剂为主，年使用量折合有效成分（下同）在5万~6.5万t。1986年，意大利农业部出台了以有害生物综合治理（IPM）为主的国家行动计划，旨在减少农药使用对农业生态环境的影响。近年来，意大利杀菌剂年使用量下降明显，2013年仅有3.2万t，相比2008年下降了36%。杀虫剂和除草剂使用量年度间变化不明显，杀虫剂年使用量在1万~1.2万t，除草剂年使用量在0.71万t左右。

1990年，英国政府发布了关于农药使用政策的白皮书，追求使用最小用量来有效防控农业有害生物，但并没有设定具体的减量指标。其随之发布一系列管理措施，目的是实现长期可持续的农药减量使用。英国使用的农药种类还是以除草剂为主，2005 年以前，除草剂每年使用量均在 2.0 万～2.5 万 t，近年来由于使用更高活性、更低用量的除草剂替代产品，除草剂用量大幅下降。2011～2013 年，每年除草剂用量仅为 7500t 左右。杀菌剂用量年度间变化不大，每年均在 5000～6000t；杀虫剂用量很少，2000 年前后每年用量在 1500t 左右，近年来用量持续降低，2011 年之后每年用量仅为 600～700t。

荷兰虽然国土面积小，耕地面积只有 184.58 万 hm²，但却是一个农业大国，花卉出口居世界第一，农业出口额仅次于美国，位居世界第二位。荷兰农业的特点是典型的高投入、高产出。农药单位面积使用量也位居欧洲国家前列，远高于法国和德国。自 20 世纪 90 年代初荷兰开始实施农药减量政策，由于大量减少了土壤消毒剂的使用，90 年代中期相比 80 年代中期，农药单位面积使用量减少 50%。近年来每年使用的杀菌剂为 4000t 左右；除草剂的使用量为 3000t 左右；杀虫剂在 2000 年以前年使用量仅有 500t 左右，2000～2010 年的 10 年间使用量大幅上升，每年使用量在 1500～2000t，但近年来又明显下降，2013 年杀虫剂使用量只有 266.89t。荷兰的农药单位面积使用量由 5kg/hm²（2008 年以前）下降到约 4kg/hm²（2013 年），虽然下降了 20%，但仍然保持在较高水平。

法国是欧盟中最主要的农业大国，农药中杀菌剂用量最大，2002 年以前，杀菌剂年用量为 4 万～6 万 t；2002 年之后，杀菌剂用量大幅下降，年用量在 3.5 万 t 左右，2011 年用量仅为 2.5 万 t，但之后年用量又有小幅上升，2013 年为 3.0 万 t；除草剂用量在 2000 年之前为每年 3 万～4 万 t，随后用量略有下降，2010 年降到最低，年用量仅有 2.2 万 t，近年除草剂用量又有明显上升，年使用量接近 3 万 t 左右；法国杀虫剂用量很少，90 年代用量每年在 1 万 t 左右，随后用量大幅下降，2000 年之后每年杀虫剂用量仅为 2000～3000t，但自 2011 年之后，受当地气候条件的影响，近几年杀虫剂用量又有小幅上升，2013 年杀虫剂用量为 3318t。为减少农药使用对生态环境的影响，法国在 2008 年提出农药减量计划，目标是在 10 年内农药使用量减少 50%。但据路透社报道，由于近年不利天气条件的影响，农药的使用量相比 2008 年实际是上升了。因此，法国已经将农药减量目标完成的时限推迟了 7 年，即到 2025 年，实现农药使用量减少 50%。

2.3.2 亚洲主要国家农药减量行动措施

韩国和日本是亚洲较早提出减少农药使用，控制农药对本国农业生态环境影响的国家，相继出台了一系列加强农药登记和使用管理的法规。自 2000 年之后，两国的农药使用量呈现逐年下降的趋势。

尽管韩国耕地面积小，但农药单位面积使用量一直居于世界前列。20 世纪 70 年代至 90 年代期间，农药年使用量快速增长，农药单位面积使用量达 13kg(a.i.)/hm²。自 1996 年开始，韩国的农药管理政策发生重要转变，农药登记转由农村发展部（Rural Development Administration，RDA）负责，严格控制农药使用对农业环境的负面影响。自 2001 年开始，韩国的农药使用量开始下降。杀虫剂年使用量由 9880t（2001 年）降到 6403t（2013 年），下降了 35%；杀菌剂年使用量由 9332t（2001 年）下降到 6324t（2013 年），下降了 32%；除草剂年使用量由 6380t（2001 年）下降到 4479t（2013 年），下降了 30%。

日本是化学工业大国，对农药的管理起步也比较早，自 20 世纪 90 年代开始农药使用量逐年下降。1999 年建立了污染物排放与转移登记（PRTR）系统，对于控制农药对农业生态环境的影响起到了很好的推动作用。近年来，日本农药使用总量持续下降。2000 年农药使用量约为 8 万 t，2013 年下降到 5.2 万 t，下降了 35%。从农药使用种类来看，主要是杀菌剂用量大幅下降，年使用量由 4 万 t（2000 年）下降到 2.3 万 t（2013 年），下降了 42.5%；杀虫剂用量也在持续下降，年使用量由 2.7 万 t（2000 年）下降到 1.7 万 t（2013 年），下降了 37%；除草剂用量变化不大，每年使用量均在 1.1 万 t 左右。

2.3.3 美洲主要国家农药减量行动措施

美洲是世界上最主要的农业生产、农产品出口地区。美国、加拿大等北美国家农业生产专业化、商品化和机械化程度高，南美各国经济中农业都占有重要地位。为保障农业生产，美洲各国也是世界上农药使用量比较大的国家，且多数国家每年农药使用量仍处于增长状态。

美国是世界上农药使用量最大的国家之一，年使用量在 30 万 t 左右，其中农业用途约占 80%。除草剂用量最大，每年使用量在 20 万 t 左右；杀虫剂用量近年略有下降，2000 年以前，每年杀虫剂使用量在 10 万 t 左右，近几年每年杀虫剂用量约在 7.5 万 t；杀菌剂用量相对较少，年度间无明显变化，每年使用量约在 2 万 t。美国主要通过降低农产品中农药残留限量标准、对农药品种开展再评价等手段来减少或限制农药使用带来的风险。1996～2006 年，美国环保署（EPA）通过提高安全标准，取消或限制了 270 种农药的使用。

巴西农业资源丰富，近年来仍处在拓展农业耕地面积阶段，耕地面积每年持续增加。农牧业是巴西重要的支柱产业。从农药使用量来看，自 20 世纪 90 年代开始，巴西每年农药使用总量快速增长，1990 年使用量约为 5 万 t，2013 年达 35 万 t，相比 1990 年增长了 600%。这主要归因于除草剂用量的快速增长，1990 年除草剂用量仅为 2.2 万 t，2013 年除草剂用量达 24 万 t，大约增长了 10 倍；杀虫剂和杀菌剂用量也有较大增长，2013 年杀虫剂用量约为 7 万 t，相比 2003 年（3.4 万 t）增长了约 1 倍，相比 1990 年（1.8 万 t）增长了约 3 倍；2013 年杀菌剂用量约为 4.4 万 t，相比 2003 年（1.9 万 t）增长了 1.3 倍，相比 1990 年（0.8 万 t）增长了 4.5 倍。

墨西哥是世界主要农业食品出口国之一，是番茄和鳄梨的主产国，番茄产量的 90% 和鳄梨产量的 1/3 用于出口国外市场，是全球第二大青辣椒生产国、第三大草莓生产国。自 2007 年以来，墨西哥的农药使用量每年稳定在 11 万 t 左右，其中杀菌剂用量最大，且每年使用量均明显递增。2006 年以前杀菌剂年使用量在 2 万～3 万 t，2007～2011 年增长到每年 5 万～5.5 万 t，近年略有下降，年使用量稳定在 4 万 t 左右；除草剂用量近年比较平稳，自 2005 年以来一直稳定在每年 3 万～3.5 万 t；杀虫剂用量呈现持续增长态势，2005 年以前每年使用量在 1.5 万 t 左右，2005～2010 年增长到每年 2 万～2.5 万 t；近年杀虫剂用量持续增加到每年 3 万～4 万 t。

加拿大是世界上农业最发达、农业竞争力最强的国家之一。其农业在国家经济中占有重要地位，农产品大部分出口国外，而且以精良的谷类、油籽、蔬菜、精肉和乳制品等闻名世界。加拿大农药使用量自 2006 年以来持续增长，2012 年农药年使用量约为 7 万 t。使用的农药种类中，除草剂用量占 80% 以上，且近年来农药使用量的增加主要来自除草剂用量的增长。2006 年以前，除草剂每年使用量约为 3 万 t，2012 年增长到 5.8 万 t，比 2006 年增加了 93%；杀菌剂和杀虫剂的用量相对较少，年使用量均在 1 万 t 以下，但杀菌剂使用量近年也有较大幅度的增长，2006 年以前杀菌剂每年用量在 3500t 左右，2012 年增长到 7546t，比 2006 年增加了 1 倍多；杀虫剂用量较少，且年度间无显著变化，每年使用量在 3000t 左右。

国外农药减施增效技术的突出特点是信息化和智能化。美国已建成世界最大的农业计算机网络系统 AGNET，将数字地球技术与地理学、土壤学、农药学等学科结合起来，从耕地、播种、施肥、田间管理（农药使用）、产量预测到收获全程实现数字化、网络化和智能化，从而降低生产成本、提高作物产量和质量、改善生态环境。在农药监测手段上，低空遥感技术、卫星遥感技术、成像光谱技术、农药残留监测技术等高新技术被普遍应用。在农药品种上，选择以低毒高效农药为主；在剂型上，选择控制释放农药颗粒剂、超低容量液剂等；在施药方式上，采用机械化、直升机低空喷施等方式。

2.4 我国农药减施增效技术发展现状

2.4.1 农药减施增效的必要性

施用农药是防治农作物病虫害、促进现代农业高产高质高效发展、保障国家粮食安全的重要手段。我国通过使用农药，每年可减少经济损失 300 亿元左右。然而，多年来我国种植业生产以小农户为主，科学使用农药的意识淡薄，乱用、滥用农药的现象时有发生，农药使用总量呈上升趋势。农药的过量使用不仅增加生产成本，也会影响农产品质量安全，不利于农业的绿色可持续发展，因此必须实施农药减施增效行动。

2.4.1.1 实现病虫害可持续治理需要农药减施增效

近 10 年来，我国年均使用农药防治农作物病虫害 73.0 亿亩次，约占总防治面积的 87.0%。但农药的开发创制投入高、难度大、周期长，现有效成分数量和作用靶标位点有限，长期乱用、滥用农药会加速防治靶标产生抗药性，造成病虫害越防越难、农药越用越多的恶性循环。实施农药减施增效行动，要综合运用生物、物理、化学等多种手段，减少用药数量和频次，延缓抗药性产生，实现病虫害的可持续治理。

2.4.1.2 提高农业生产效益需要农药减施增效

当前，我国农业生产向规模化、集约化、专业化快速发展，但与欧美等相比，生产效益仍然较低、国际竞争力不足。过量施用农药会增加农药、药械和人工等防治成本，降低生产效益。实施农药减施增效行动，要引导生产者正确选药、科学用药、精准施药，减少用药量，找到农药投入最小、防治策略最优和生产效益最大之间的平衡点，提高农业生产效益，促进农民节本增收。

2.4.1.3 保障农产品质量安全需要农药减施增效

近年来，我国粮食生产实现产量与质量双提升，蔬菜、水果等主要农副产品的农药残留合格率在 97% 以上。但个别因过量施药而造成的农残超标案例，时刻警醒我们要实施农药减施增效行动，促进生产者科学用药，严防过量和违规用药，严格遵守安全间隔期和限用农药使用范围，保障农产品质量安全。

2.4.1.4 保障生态环境安全需要农药减施增效

我国水稻、小麦、玉米三大粮食作物的农药利用率虽然已经从 2015 年的 36.6% 提高到 2020 年的 40.6%，但施用的农药并不能真正百分百到达防治靶标并发挥药效，其余部分通过飘移、弹跳等方式流失。过量施用农药会超过环境承载力，杀死天敌昆虫等有益生物，污染土壤和水体，破坏生物多样性和生态环境。实施农药减施增效行动，要研发新药剂、新助剂、新药械等，优化防治技术，提高防治效果，最大限度地降低农药对非靶标生物的影响，保障生态环境安全。

2.4.2 农药减施增效的含义和技术途径

农药减施增效不是简单的"减法运算"，而是一项系统工程。农业部在 2015 年印发文件明确提出，我国农药减施增效的总体思路是：坚持"预防为主、综合防治"的方针，树立"科学植保、公共植保、绿色植保"的理念，依靠科技进步，依托新型农业经营主体、病虫防治专业化服务组织，集中连片整体推进，大力推广新型农药，提升装备水平，加快转变病虫害防控方式，大力推进绿色防控、统防统治，构建资源节约型、环境友好型病虫害可持续治理技术体系，实现农药减量控害，保障农业生产安全、农产品质量安全和生态环境安全。

为实现农药减量增效，需要坚持如下四项原则：一是坚持减量与保产并举。在减少农药使用量的同时，提高病虫害综合防治水平，做到病虫害防治效果不降低，促进粮食和其他重要农产品生产稳定发展，保障有效供给。二是坚持数量与质量并重。在保障农业生产安全的同时，更加注重农产品质量的提升，推进绿色防控和科学用药，保障农产品质量安全。三是坚持生产与生态统筹。在保障粮食和农业生产稳定发展的同时，统筹考虑生态环境安全，减少农药面源污染，保护生物多样性，促进生态文明建设。四是坚持节本与增效兼顾。在减少农药使用量的同时，大力推广新药剂、新药械、新技术，做到保产增效、提质增效，促进农业增产、农民增收。

我国农药减量不是空洞的口号，而是基于我国农业现代化建设取得明显成效和植物保护现代化技术装备研发明显进步实施的。我国农药减量的技术路径是根据病虫发生危害的特点和预防控制的实际，坚持综合治理、标本兼治，重点在"控、替、精、统"上下功夫。

一是"控"，即是控制病虫发生危害。应用农业防治、生物防治、物理防治等绿色防控技术，创建有利于作物生长、天敌保护而不利于病虫害发生的环境条件，预防控制病虫害发生，从而达到少用药的目的。

二是"替"，即是高效低毒低残留农药替代高毒高残留农药，大中型高效药械替代小型低效药械。大力推广应用生物农药、高效低毒低残留农药，替代高毒高残留农药。开发应用现代植保机械，替代跑冒滴漏落后机械，减少农药流失和浪费。

三是"精"，即是推行精准科学施药。重点是对症适时适量施药。在准确诊断病虫害并明确其抗药性水平的基础上，配方选药，对症用药，避免乱用药。根据病虫监测预报，坚持达标防治、适期用药。按照农药使用说明要求的剂量和次数施药，避免盲目加大施用剂量、增加使用次数。

四是"统"，即是推行病虫害统防统治。扶持病虫害防治专业化服务组织、新型农业经营主体，大规模开展专业化统防统治，推行植保机械与农艺配套技术，提高防治效率、效果和效益，解决一家一户"打药难""乱打药"等问题。

2.4.3 农药减施增效技术

针对农药减施增效的基本原则和技术路径，目前我国农药减施增效技术主要包括：理化诱控技术、生态调控技术、植物免疫诱导技术、低容量/超低容量喷雾技术、静电喷雾技术、种子处理技术、秧苗处理技术、颗粒撒施技术、植保无人机精准施药技术等。

2.4.3.1 理化诱控技术

理化诱控技术又称害虫理化诱控技术，指利用害虫的趋光性、趋化性，通过科学合理地采用昆虫性诱剂、杀虫灯、诱虫板、气味剂等绿色防控技术，诱集害虫集中杀灭或破坏其种群的正常繁衍，从而降低害虫的田间种群密度，达到控制害虫、减轻对作物危害的目的。理化诱控技术已经成为绿色农产品生产的必配技术，在茶园、蔬菜基地、果园、稻田等都有广泛应用。理化诱控技术主要有如下几类：一是物理诱控技术，以杀虫灯诱杀、色板诱虫和防虫网控虫应用最为广泛；二是昆虫信息素诱控技术，应用广泛的是性信息素、报警信息素、产卵信息素、取食信息素（食诱剂）等，主要通过以上具有引诱、驱避或者干扰作用的各种昆虫信息素，实现对害虫的诱杀、趋避或者干扰种群发展；三是其他诱控技术，如利用害虫对糖醋液的趋性，制成糖醋液并添加杀虫剂诱杀害虫，或者利用银灰色对蚜虫的驱避作用，在棚室风口悬挂银灰塑料条带或用银灰地膜覆盖，可减轻蚜虫的迁入或对蔬菜的危害。理化诱控技术中的诱杀技术兼具监测害虫发生的效果，可为化学防治提供指导。

2.4.3.2 生态调控技术

生态调控技术也称生态调控管理，是指选择性种植一些诱集植物，或者通过田间温度、湿度和光照等气象条件调节控制管理，人为地制造不利于害虫、病原菌等有害生物而有利于益虫的生态环境，从而影响作物生长发育和病虫发生发展的技术。生态调控技术既可以有效防控害虫，也可以有效防控病害。害虫生态调控作为害虫管理的一种"高级"策略，主要基于"预防为主、生态优先、综合治理、精准施策"的原则，通过调节和控制两个相辅相成的过程，将害虫控制在生态经济阈值水平之下。例如，在水稻田边种植显花植物，为害虫天敌提供栖息生境，保护和利用天敌，从而减少害虫危害，降低农药用量。

2.4.3.3 植物免疫诱导技术

植物免疫诱导技术是通过植物免疫诱导剂诱导或激活植物所产生的抗性物质，对某些病虫产生抗性或抑制病菌的生长的技术。当其施用在农作物上后，通过诱导农作物产生抵御或防控病虫害的物质，从而达到防治病虫害的目的。植物诱导剂作用于作物后，当植物受到外界刺激或处于逆境条件时，能够通过调节自身的防卫和代谢系统产生免疫反应，植物的这种防卫反应或免疫抗性反应可以延迟或减轻病虫害的发生和发展，减少化学农药与化学肥料的使用量，降低农产品农药残留。

因此，植物免疫诱导技术在农药减施增效行动中有着显著的优势，原因在于：①植物免疫诱导剂的推广与应用，符合国家战略需求。2017年9月30日，中共中央办公厅、国务院办公厅印发《关于创新体制机制推进农业绿色发展的意见》指出，我国农业面源污染和生态退化的趋势尚未有效遏制，绿色优质农产品和生态产品供给还不能满足人民群众日益增长的需求。植物免疫诱导剂诱导植物天然免疫，利用植物天然免疫系统防病控虫害和开发绿色农产品，减少农药使用，减少对环境和农产品的污染，更符合食品安全和农业绿色发展的要求。植物免疫诱导剂在减少农产品投入、农业污染，促进农田生态恢复，保障绿色农产品、生态农产品供给方面有着其他农药不可代替的作用。②植物免疫诱导剂的应用和推广，符合国家农业绿色发展"坚持以空间优化、资源节约、环境友好、生态稳定为基本路径"的基本原则。植物免疫诱导剂本身不直接作用于靶标，通过诱导植株产生抗性而对病虫害起作用。使用植物免疫诱导剂有利于保护病虫害天敌，恢复田间生物群落和生态链，促进动物、植物、微生物"三物"循环，有利于农业生态稳定。③植物免疫诱导剂的应用和推广，符合国家农业绿色发展"坚持以粮食安全、绿色供给、农民增收为基本任务"的基本原则。植物免疫诱导剂能够显著提高植物抗逆性，减少因气候因素引起的粮食减产，有利于保障国家粮食安全。植物免疫诱导剂符合植物病虫害绿色防控的要求，同时使用植物免疫诱导剂能够显著提升作物品质，有利于绿色优质农产品生产和有机农产品生产。植物免疫诱导剂能够促进植株健康生长，提高农药及肥料利用率，提高作物品质，增产作用明显，在减少农民使用农业投入品的同时丰产丰收，增加农民收入，助力脱贫攻坚。

2.4.3.4 低容量/超低容量喷雾技术

低容量喷雾是指每公顷施药液量为 5～200L（大田作物）或 50～500L（树木或灌木林）的喷雾方法。它具有农药利用率高、药液用量小、药液浓度大、雾滴粒径小（80～150μm）、药剂沉积在作物上的量大等特点，因而污染小、药效高，在不少国家已广泛应用。

低容量喷雾技术有比较严格的雾滴粒谱和雾滴分布，是以飘移性喷雾为主（如风送式喷雾机），兼有针对性喷雾的一种喷雾法。它广泛应用于农林作物病虫草害的化学防治，也应用于人畜的卫生防疫。由于低容量喷雾时单位面积施药液量介于常规容量和超低容量之间，因此它具有后两者不具备的优越性。优点：①它比高容量喷雾的施药液量大大减少，在单位面积有效药剂用量不变的情况下，减少稀释的水分，减少加药次数，一般可以提高工效 8～10 倍，能做到适时防治，而且低容量喷洒时药剂浓度较高，防治效果更佳。对于长效型农药，还能减少全年的防治次数，有利于降低防治费用。②低容量喷雾，平均雾滴直径在 80～150μm，喷雾对环境的污染较小。③一般情况下，低容量喷雾在作物上的附着量占总量的 60%～70%，比高容量喷雾的附着量多 20%～30%。

超低容量喷雾是指每公顷施药液量为 5L 以下（大田作物）或 50L（树木或灌木林）以下的喷雾方法。超低容量喷雾法是单位面积施药液量很少的一种施药方法。这种喷雾技术既可以在飞机喷雾中使用，也可以在地面喷雾中使用，主要用于大田虫害防治，也可用于防治蚊、蝇、虻等人畜卫生害虫。

常用的地面超低容量机包括机动风送转盘式雾化喷头超低容量喷雾机和电动手持转盘式雾化喷头超低容量喷雾器。超低容量喷雾法（ULV）雾滴直径小于 100μm，属细雾喷洒法，其雾化原理是采取离心雾化法或称转碟雾化法，雾滴直径决定于圆盘（或圆杯等）的转速和药液流量，转速越快，雾滴越细。超低容量喷雾法的施药液量极少，必须采取飘移喷雾法，雾滴不完全覆盖。机动风送喷雾机有效喷幅可达 10～20m，电动手持喷雾即使没有风送装置有效喷幅亦可达 4～6m。优点：超低容量喷雾直接使用油剂农药而不用兑水，一般有效成分含量高、挥发性小、黏度适当、闪点高不易燃、对人畜低毒、对作物安全。采用此种方法节省了大量运输水和喷洒稀释液的工时及繁重劳动，尤其适合干旱、缺水地区或山地使用。试验表明，机动背负超低容量喷雾机与高容量喷雾的手动背负喷雾器对比，工效可提高 30 多倍，节省农药 10%～20%，比机动背负弥雾机也提高了几倍，为卫生上的突击消毒，防止病毒、病菌蔓延提供了高效喷雾器具。

2.4.3.5 静电喷雾技术

农药静电喷雾技术是在超低容量喷雾技术与控制雾滴技术的理论和实践的基础上发展起

来的，它是利用高压静电在喷头与靶标间建立一种静电场，农药液体流经喷头雾化后，通过不同的方式充上电荷，形成群体荷电雾滴，然后在静电场力和其他外力的联合作用下，雾滴作定向运动而吸附在靶标的各个部位，从而具有沉积效率高、雾滴飘移散失少等优良性能的一种喷雾技术。农药静电喷雾技术主要体现在静电喷雾器械和静电喷雾制剂两个方面。

使雾滴带上电荷是静电喷雾的关键，目前使雾滴带上电荷的方式主要有3种，分别是电晕式、接触式、感应式。静电喷雾作为一种新型的喷雾技术，较之常规喷雾具有以下几个方面的特点。

1）静电喷雾具有包抄效应、尖端效应、穿透效应，对靶标植物覆盖均匀、沉积量高。在电场力的作用下，雾滴快速吸附到植物的正、反面，相比常规喷雾技术，提高了农药在靶标植物上的沉积量，改善了农药沉积的均匀性。农药在植物表面上的沉积量比常规喷雾提高了36%以上，叶子背面的农药沉积量是常规喷雾的几十倍，植物顶部、中部和底部农药沉积量分布的均匀性都有显著提高。

2）提高农药的利用率，减少农药的使用量，降低防治成本。静电喷雾雾滴体积中径一般在45μm左右，可有效地降低雾滴粒径，提高雾滴谱均匀性，符合生物最佳粒径理论，易于被靶标捕获。当静电电压为20kV时，雾滴粒径降低约10%，雾滴谱均匀性提高约5%，显著增加了雾滴与病虫害接触的机会，成倍地提高了病虫害防治效果（同样条件下比常规喷雾提高2倍以上）。

3）对水源、环境影响小，降低了农药对环境的污染。静电喷雾施药液量少，每亩仅为60～150mL，仅为常规喷雾的几百分之一，且电场力的吸附作用减少了农药的飘移，使农药利用率提高，避免了农药流失，降低了农药对环境的污染。

静电喷雾持效期长。带电雾滴在作物上吸附能力强，且全面均匀，施药效率高，农药在叶片上黏附牢靠，耐雨水冲刷，药效长久。如在野外露天场地上对自由飞翔的苍蝇进行静电喷雾和常规喷雾1h后，静电喷雾的平均杀伤率为66.6%，而常规喷雾仅为36.2%；草原灭蝗研究结果发现，静电喷雾在48h后的药效高于常规喷雾15%。

4）工效高，防治及时。手持式静电超低容量喷雾比常规喷雾提高工效10～20倍，东方红-18型背负式机动静电喷雾机每小时可喷1.5～2hm²。

2.4.3.6 种子处理技术

种子处理技术是一种典型的隐蔽施药方式，可以有效防治作物早期的病虫害，同时可减少药剂在环境中的暴露风险。种子处理技术主要包括干拌种法、浸种法、湿拌种法和包衣法。

1. 干拌种法

该方法为将药粉与种子定量混合，使药剂均匀黏附在种子表面上的处理方法。拌种用的器具有转鼓式手摇拌种器和机械化拌种机两类，种子可在连续翻滚的状态下与药剂充分均匀地接触。在螺旋推进式拌种机中，只需10s左右即可将通过的种子搅拌均匀。

2. 浸种法

该方法为用兑水稀释的农药药液浸渍种子的处理方法。药液的浓度、温度和浸渍时间与处理效果之间呈正相关。药液浓度偏低时药效较差，但可通过适当提高药液温度或延长浸渍时间来提高效果。如要求缩短浸渍处理时间，则可适当提高药液浓度或药液温度，但均需根据所用药剂的性质及种子的种类和耐药力来作具体抉择。药液浸种之前用清水进行预浸，可以减少发生药害的风险,并可促使病原菌萌动,使其更容易被药液杀死。

3. 湿拌种法

该方法为种子先用少量水湿润或浸泡,然后与药剂定量混合的处理方法。经过湿拌种的种子,当药液干燥后,药剂即在种子表面上残留一层药膜。播种后,在土壤中继续对种子和幼苗起保护作用。内吸性的药剂经过湿拌种后,药剂可被吸收进入种子中。采用转碟式喷药法的湿法拌种机可获得良好效果,而且工效很高。被处理的种子,从一锥形种子分布器上沿四周流下形成环幕状种子流,而转碟式雾化器在种子分布器的下部进行离心式喷雾,喷出的细雾滴同周围流下的种子相接触,即可在种子表面上形成均匀药膜。

4. 包衣法

该方法为用种子包衣专用药剂(种衣剂)处理种子的方法。种衣剂的配方中含有黏结剂或成膜剂,可使药液干燥后在种子表面不易脱落。包衣法根据包衣处理后种子表面包覆层的形态特征分为药膜包衣法、药壳包衣法和丸粒化包衣法。①药膜包衣法。除种衣剂外,在包衣过程中不再添加惰性固体填料来增加种子体积,包衣完成后种衣剂在种子表面形成薄的药膜。一般个体体积相对较大、外形相对规则的大田作物种子采用这种包衣方法,如玉米、小麦、大豆等。②药壳包衣法。此法适用于个体体积相对较大但外形不规则的种子。除种衣剂外,在包衣过程中需要添加惰性固体填料,包衣完成后种衣剂和惰性固体填料共同在种子表面形成薄壳状包衣层,包衣完成后包衣种子基本保持种子原有的外形。③丸粒化包衣法。此法适用于个体体积较小的种子。除种衣剂外,在包衣过程中需要添加大量惰性固体填料,包衣完成后的种子为球形或接近球形,种子位于球体中央,外表不能看出种子原有的外形。药壳包衣法和丸粒化包衣法均可以提高种子的园艺性能,使之适应于精量播种或机械化播种。

2.4.3.7 秧苗处理技术

秧苗处理技术是指育苗完成后,幼苗移栽、扦插前用农药处理作物秧苗的方法。种苗处理的主要特点是经济、省药、省工,操作比较安全,用少量药剂处理种苗表面即可防止幼苗受病虫危害。除可用于防治病虫外,种苗处理过程中还可以选用适当的植物生长调节剂促进秧苗根系生长。

育苗完成后幼苗移栽或扦插前,药剂集中施用于种苗表面,对表面的病原菌和害虫直接触杀或经害虫取食后产生胃毒作用;对于潜伏在幼苗组织内部的病原菌,施用内吸性药剂,其通过内吸传导进入组织内部对病原菌产生灭杀作用。

随着植保技术的发展,幼苗移栽前集中进行药剂处理,使幼苗带药下田很受农户欢迎。该法采用高剂量农药处理幼苗,不但对幼苗现有的病虫害产生杀灭作用,而且幼苗携带的药剂随着移栽进入移栽田,对移栽后发生的病虫害产生持续控制作用。

秧苗处理方法包括喷雾、蘸根、浸苗、颗粒撒施等。随着社会和技术的发展,其中喷雾和颗粒撒施是现在流行的处理方法。

1. 喷雾法

早期的喷雾法处理秧苗是用常规剂量的药剂喷雾处理秧苗,从而对秧苗上已经出现的病虫草害进行防治,避免苗床上发生的病虫草害随着移栽进入移栽田,现在发展为通过喷雾实现"送嫁药"。典型例子是水稻,在秧苗移栽前2~3d,用大剂量药剂喷雾处理秧苗,然后带药下田,以达到避免或推迟病虫在大田的发生为害的目的。

2. 颗粒撒施法

该法也在水稻上发展起来。水稻秧苗在育秧盘上育秧完成后，在插秧的当天或水稻秧苗移栽前1~2d将杀虫剂和杀菌剂施用到秧盘上，插秧机在插秧过程中将水稻秧苗带药下田，防治移栽后的水稻病虫害。该施药方法通常适用于水稻机插秧，具有省时、省工的优点。秧盘施药法要求所用的杀虫剂和杀菌剂具有一定的内吸性能。常规的农药制剂如乳油、可湿性粉剂、悬浮剂、水分散粒剂等均可用于水稻秧盘施药，且针对水稻秧盘施药的缓释颗粒剂也得到大力推广，使用缓释颗粒剂处理秧盘相对常规药剂可以有效提高药剂对水稻秧苗的安全性和进一步延长药剂在移栽后对病虫害防治的持效期。

2.4.3.8 颗粒撒施技术

颗粒撒施技术是抛掷或撒施颗粒状农药的施药方法。颗粒撒施技术的主要优点是施药过程受气流的影响相对较小，药剂飘移少，水田和旱地作物均可以使用。颗粒施用到田间后，农药有效成分的释放方式有3种。①快速释放。这类颗粒在田间的持效期相对较短，农药有效成分从颗粒中很快溶出后对病虫草害发挥作用。②缓慢释放。施用到田间的颗粒通过不同控制释放机制使农药有效成分逐步释放出来，药剂的持效期相对较长，如秧盘处理用缓释颗粒剂的持效期可达2~3个月。③颗粒分散后释放。这类颗粒往往应用于水田，以水田除草用Jumbo颗粒剂为典型代表。颗粒剂封装于水溶性包装袋中，抛掷于水田后水溶性包装袋立即发生溶解，颗粒在水面或水体中迅速崩解扩散，扩散完成后农药有效成分均匀分布于整个水体。

颗粒撒施根据使用方式或器械有多种：①人工徒手抛撒或撒施。对人体安全的颗粒或颗粒包装可以直接人工抛撒。②手动颗粒撒施装置撒施。手动颗粒撒施装置有不同类型，如牛角形撒粒器、撒粒管、手提撒粒箱等。有些撒粒器上有控制撒粒量的装置。③机动撒粒机抛撒。其有机动背负式撒粒机、拖拉机牵引的悬挂式颗粒撒布机以及手推式颗粒车等多种形式。少数情况下要求在植物的株冠部位使用较小的颗粒，如棉花、柑橘及其他作物，但要选用较小的颗粒，如微粒剂以及粉粒剂等。④土壤施粒机施药。拖拉机牵引的播种机或经过改装的播种装置可用于向土壤中施用颗粒，在此情况下可以单独撒颗粒或实现药种同播。⑤无人机撒施颗粒。无人机撒施颗粒随着无人机喷雾技术的发展而逐步发展起来，与无人机喷雾有其配套装置一样，无人机颗粒撒施也有其配套装置，可以实现颗粒定量撒施。

2.4.3.9 植保无人机精准施药技术

为了提高农药的有效利用率，减轻对环境的污染，许多先进的技术理论如全球定位系统（GPS）、地理信息系统（GIS）、变量喷头等技术被应用在农药使用技术领域，"精准施药"技术迅速发展起来。"精准施药"的核心是在研究田间病虫草害相关因子差异性的基础上，获取农田小区病虫草害存在的空间和时间差异性信息，采取技术上可行、经济上有效的施药方案，准确地在每一个小区上喷洒农药，使喷出的雾滴在处理小区形成最佳的沉积分布。

精准农药使用技术通常在确认识别病虫草害相关特征的差异性的基础上，充分获取目标的时空差异性信息，采取技术上可行、经济上有效的农药使用方案，仅对病虫草危害区域进行按需定位喷雾。其通常采用两种方式：基于实时传感的精准农药使用技术和基于地图的精准农药使用技术。

目前，我国植保无人机低容量施药技术是精准化、智能化施药的代表。

为保障植保无人机喷洒均匀，应实现精准定位、合理规划航线与作业参数、精准控制流量，并且还应保持植保无人机与作物的高度稳定。只有4个方面都达到要求，才能保持流量稳定、喷幅稳定、航迹稳定、不重喷漏喷，最终实现精准施药。

一是精准定位。采用全球导航卫星系统（GNSS）能够实现一般精度要求的植保作业，但是只能实现米级精度；采用网络实时动态定位（RTK）载波相位差分系统可实现厘米级定位精度，能够保障航迹的精准，只有飞行路线足够精准才能保障喷洒的均匀。RTK差分定位是指在地面建设基准站，对GNSS定位信号进行差分解算，从而实现厘米级定位精度。RTK系统分为移动RTK基站与网络RTK，目前最常见的是网络RTK，只要4G通信信号良好，即可实现RTK高精度定位。

二是合理规划航线与作业参数。通过熟悉植保无人机本身的性能，设置作业行距等同于喷幅，即可实现喷洒的均匀。否则行距设置过大则易产生漏喷，行距设置过小则易产生重喷。另外，在规划航线时，应根据地块的实际情况设置合理的内缩距离，首先要保障飞行安全，其次是增加喷洒的有效面积，避免后续扫边。

三是精准控制流量。流量精准是喷洒精准的前提，为了能够实现流量控制精准，一般植保无人机都会配有流量计。大疆T20植保无人机采用四通道流量计，这样就可以对4个水泵的流量进行精准控制，从而提高了喷洒的精准度。更换喷嘴型号、更换水泵时都应该进行一次流量校准，以保障喷洒流量准确。目前市场主流的植保无人机，以大疆T系列为例，一般可实现3%的流量控制精度。高精度的流量控制不仅保障了喷洒均匀，同时还能够实现准确的药液配置。另外，早期的植保无人机产品多采用机械式旋转流量计，现在多采用电磁流量计，寿命长而且控制更精准。

四是保持高度稳定。在实际作业的地块中，不少旱地存在高低起伏的情况，如果植保无人机保持固定高度，与作物的实际高度将会产生变化。为了与作物保持稳定高度，植保无人机一般标配有雷达，通过雷达不仅能够实现与作物保持稳定高度，还能够发现前后方的障碍物。雷达保持地形跟随的工作原理是雷达在选择的过程中持续向四周发射雷达波，雷达波遇到作物反射回来，通过计算反射回来的时间即可明确作物与雷达的高度。通过持续的测量与计算，即可实现植保无人机与作物的高度恒定，从而实现精准作业。

第 3 章 化肥农药减施增效技术推广模式研究与应用

3.1 我国农技推广体系发展和改革现状

3.1.1 农技推广体系的发展和改革历程

农业科技进步是现在和未来我国农业增长的第一驱动力（Huang and Rozelle, 1995）。农技推广是实现科技进步及农业农村现代化的重要措施。按照"产业兴旺、生态宜居、乡风文明、治理有效、生活富裕"的总要求推动乡村振兴战略实施，农技推广将发挥重要作用。中国拥有世界上规模最大的农技推广队伍，为国家粮食安全和农产品有效供给提供了强有力的保障。

20 世纪 80 年代，我国庞大的农技推广队伍给地方政府财政带来了巨大压力。在此背景下，80 年代末期开始实行农技推广体系改革，主要体现为大幅度降低政府的农技推广投资的同时，允许并鼓励基层农技推广单位和人员从事农业生产资料销售等活动（黄季焜等，2008）。2002~2003 年对全国 7 个省 28 个县 363 个农技推广站（中心）1245 位农技员和 420 个农户的调查结果表明，这轮改革后，我国农技推广体系面临着投资不足、体制不合理、推广方式方法落后、人员断层与知识老化等问题（胡瑞法等，2004）。第一，我国农技推广体系改革导致基层农技推广体系"网破、线断、人散"（胡瑞法等，2004）。在改革早期，政府农技推广投资的大幅下降和基层农技推广体系的"三权"下放，使得大量农技员由于不能获得合理的工资而退出该体系（胡瑞法等，2004）。尽管 20 世纪 90 年代早期基层农技推广体系"定性、定编、定岗"政策的实施增加了农技员数量，但是导致大量非农专业人员进入该体系，从而造成了严重的农技员年龄老化和知识断层（胡瑞法等，2004）。第二，"三权"下放的初衷是加强乡镇政府对农技员的管理，从而提高农技推广服务效率（黄季焜等，2008）。但是，乡镇政府的主要目标往往是经济发展和社会稳定，农技推广难以成为乡镇政府的核心工作。因此，大量基层农技员不得不在乡镇政府的安排下承担大量行政工作，反而极大地降低了农技推广服务效率（黄季焜等，2008）。第三，这次改革导致了化肥和农药的过量施用。部分农技员为了追求经营创收效益，误导农民施用更多的化肥和农药，从而直接导致化肥和农药的过量施用（Hu et al., 2009; Zhang et al., 2015）。同时，大量农技员把主要精力放在经营创收而非技术推广，导致其知识更新停滞，从而难以为农民提供正确及时的农业技术知识，间接地加重了化肥和农药的过量施用（Hu et al., 2009; Zhang et al., 2015）。

21 世纪初，政府在试点研究的基础上启动了新一轮农技推广体系改革以解决 20 世纪 80 年代改革给基层农技推广体系带来的问题（黄季焜等，2008；Hu et al., 2009, 2012）。第一，国务院于 2006 年颁发了《国务院关于深化改革加强基层农业技术推广体系建设的意见》（国发〔2006〕30 号），要求各地全面推进改革。第二，2011 年 3 月中共中央国务院又颁发了《中共中央　国务院关于分类推进事业单位改革的指导意见》（中发〔2011〕5 号），将现有事业单位划分为承担行政职能、从事生产经营活动、从事公益服务 3 个类别，要求各地切实做好分类推进事业单位改革工作。第三，2012 年 8 月 31 日第十一届全国人民代表大会常务委员会第二十八次会议通过的《全国人民代表大会常务委员会关于修改〈中华人民共和国农业技术推广法〉的决定》修正案，修订的《中华人民共和国农业技术推广法》已于 2013 年 1 月 1 日颁布实施。

3.1.2 改革效果和问题研究的数据来源

农技推广机构是我国最大的基层事业单位之一，其改革效果对我国现阶段及今后一个较长时期的农技推广、农业科技进步和粮食安全具有重要意义。但是，关于新一轮农技推广体系改革效果的系统分析尤其是基于大规模实地调查数据的定量比较分析仍然比较缺乏。因此，本节的主要内容是基于大规模调查数据，评估新一轮农技推广体系改革的效果，并在与2002~2003年大规模实地调查数据进行比较的基础上系统分析新一轮农技推广体系改革的效果以及我国基层农技推广体系的现状和仍然存在的问题（胡瑞法等，2004），为下一步改革的方向和政策措施提供科学依据。

本节对新一轮农技推广体系改革效果评估的数据有两个主要来源。第一是2002~2003年对全国7个省28个县84个乡的363个农技推广站（中心）、1245位农技员和420个农户的大规模实地调查数据（胡瑞法等，2004）。第二是2016年10月对贵州、广东、湖北、江苏、陕西、山东和浙江7个省28个县的基层农技推广体系以及农户开展的大规模实地调查数据。

2016年10月大规模实地调查在贵州、广东、湖北、江苏、陕西、山东和浙江7个省开展。其中，贵州、广东、湖北、江苏和浙江是分别是我国西南、华南及长江中下游地区的水稻主产省，贵州、广东同时也分别是西南和华南地区的茶叶主产省，陕西和山东分别是我国黄土高原与环渤海地区的苹果主产省，而山东同时也是环渤海地区的设施蔬菜主产省。值得说明的是，广东、湖北和浙江也是2002~2003年大规模实地调查省份。

大规模实地调查的对象包括基层农技推广机构和人员以及农户。课题组采取分层随机抽样方法对每一个省份的调查对象进行抽样。在每一个选取的省份，将所有涉农的县（区、市）按照农民人均国内生产总值的高低分成两组，从每组随机选取两个县（区、市）作为样本县。在此基础上，原则上按照同样的方法在每一个县（区、市）选取两个样本乡镇，在每一个乡镇选取两个样本村。在每一个样本村，根据村委会提供的农户花名册，随机选取20个左右的农户。共调查了7个省28个县62个乡118个行政村的2293户农户。其中，由于山东既是苹果主产区又是设施蔬菜主产区，因此在每一个县（区、市）增加了1~2个乡镇。同时，在每一个随机选取的县（区、市）和乡镇，把调查当天全部在岗、在家的农技员（含主管领导）纳入了调查对象范围，对县乡两级农技推广站（中心）及农技员的相关情况进行问卷调查。其中，参加问卷调查的包括28个县的117个县级农技推广站（中心）、67个乡级农技推广站（中心）及531位农技员，其中县级383人、乡级148人；局长及主任84人，站长138人，普通农技员309人。

3.1.3 农技推广体系改革的效果

从两轮调查数据来看，新一轮农技推广体系改革取得了多方面的积极效果，主要体现在农民接受政府农技部门技术推广服务的比例增加、政府农技员（主要为乡镇农技员）人数显著减少、政府农技员学历结构显著改善、政府农技员知识老化和人才断层现象得到根本改善、农技员身份问题得到有效解决，以及政府农技员下乡时间显著增加。

3.1.3.1 农民接受政府农技部门技术推广服务的比例增加

中央和各级地方政府启动的农技推广体系改革提高了接受政府农技部门技术推广服务的农户比例（图3-1）。2003年对全国7个省28个县的调查数据显示，2000~2002年接受过政府农技部门技术推广服务的农户比例仅为21.9%，其中浙江、广东、湖北三省为14.5%。新一轮农技推广体系改革之后，该比例得到了提高。2016年的调查结果显示，2014~2016年接受过政府农技部门技术推广服务的农户比例为25.2%，其中浙江、广东、湖北三省为24.2%，分别提高了3.3个百分点和9.7个百分点。这充分表明，一系列农技推广体系改革措施提高了政府农技推广部门为农户提供技术服务的积极性。

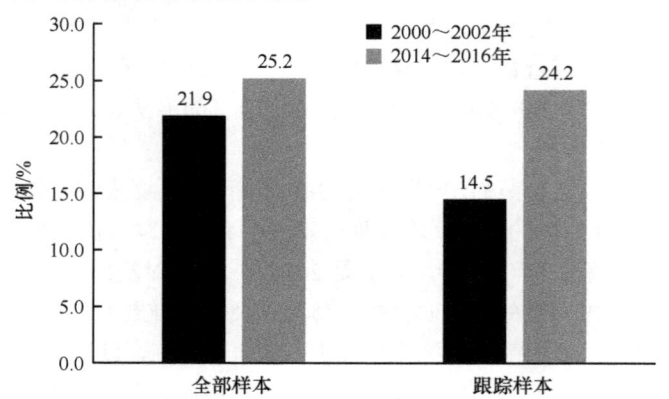

图3-1 农户接受政府农技部门技术推广服务的比例
数据来自课题组实地调查

除了接受政府农技部门提供的技术推广服务，农户也接受来自非政府部门的农技推广服务（表3-1）。2014~2016年，2293个农户接受不同部门或组织提供的技术培训合计为2462次，户均接受技术培训1.1次。其中，政府农技部门培训1578次，政府非农部门技术培训11次。农户接受农资店与企业、农民合作组织及村委会组织的技术培训次数分别为472次、135次和69次。科研单位、农广校或农业信息媒体等部门也承担了一些农技推广服务。上述结果表明，近年来，除了政府农技部门，农资店与企业、农民合作组织、村委会等非政府部门或组织也在提供农技推广服务方面扮演了重要角色。

表3-1 2014~2016年农民接受农业技术培训次数

服务部门	田间管理	植保	施肥	种苗	农机	加工	质量安全	其他	合计
政府农技部门	784	302	268	39	66	54	8	57	1578
政府非农部门	6	0	1	0	0	1	0	3	11
科研单位	25	3	6	1	0	4	0	6	45
农广校或信息媒体	10	0	4	0	1	0	0	4	19
农资店与企业	150	109	164	17	10	12	2	8	472
村委会	40	8	19	1	0	0	0	1	69
农民合作组织	63	31	28	2	2	6	0	3	135
其他	45	28	34	3	5	5	0	13	133
总计	1123	481	524	63	84	82	10	95	2462

注：数据来自课题组实地调查

值得注意的是，不同部门在向农户提供农业技术培训时表现出了较为明确的分工（表3-1）。其中政府农技部门向农户提供的农业技术培训以田间管理技术最多，培训次数占政府农技部门培训次数的49.7%，同时也占所有部门提供田间管理技术培训次数的69.8%。与此同时，政府农技部门还承担了大量的植保和施肥技术培训，累计次数分别为302次和268次，占所有部门提供的植保和施肥技术培训次数的比例分别为62.8%和51.1%。农资店与企业提供的农业技术培训也主要集中在施肥、田间管理、植保等3个方面，培训次数分别为164次、150次和109次。其中农资店与企业提供的施肥和植保技术培训次数分别占农民接受施肥和植保技术培训总次数的31.3%和22.7%；相比而言，其提供的田间管理技术培训次数仅占农民接受田间管理技术培训总次数的13.4%。不难看出，农资店与企业为了更好地推销化肥、农药等具有明显非公共品特征的农业生产资料，会自发地向农民提供相关技术服务；具有明显公共品特征的田间管理技术则更多地由政府农技部门承担。

3.1.3.2 政府农技员特别是乡镇农技员人数显著减少

在政府农技部门为农户提供了更多技术推广服务的同时，政府农技员人数显著减少（表3-2）。根据调查，2002年平均每个样本县的政府农技员为415人，其中县级118人、乡级237人、非正式编制60人。但是，2010年、2015年政府农技员分别大幅度减少至239人、238人，减少比例分别高达42.4%、42.7%。其中，县级政府农技员人数从2002年的118人，分别减少到2010年98人、2015年的96人，分别减少了16.9%、18.6%；乡级政府农技员人数从2002年的237人，分别减少到2010年的118人、2015年的121人，减少幅度均在50%左右；与此同时，非正式编制人员分别减少到23人、21人，均减少了将近2/3。

表3-2 县乡两级政府农技员人数变化

样本		县级正式编制	乡级正式编制	非正式编制	合计
全部样本	2002年	118	237	60	415
	2010年	98	118	23	239
	2015年	96	121	21	238
跟踪样本	2002年	84	293	64	441
	2010年	59	76	48	183
	2015年	59	74	42	175

注：数据来自课题组实地调查

对浙江、广东和湖北3省跟踪调查数据的分析，结果也发现了相同的趋势（表3-2）。2002年，上述3省平均每个样本县的政府农技员441人，其中县级84人、乡级293人、非正式编制64人。2010年、2015年政府农技员总数分别减少至183人、175人。其中，县级政府农技员减少到59人，减少了29.8%；乡级政府农技员分别减少到2010年的76人、2015年的74人，均减少了近3/4；非正式编制人员减少了约1/4。

3.1.3.3 政府农技员学历结构显著改善

农技推广体系改革显著改善了政府农技部门的学历结构（图3-2）。同2002年相比，政府农技员中拥有本科及以上学历的人数均稳步增加。2002年，政府农技员具有中专学历的人数最多，而中专以下学历的人数位列第二。这种局面在2010年转变为具有大专学历的农技员数量位居第一，中专学历人数次之。到了2015年，具有大专、本科及以上学历的农技员人数占绝对优势。这表明随着新一轮农技推广体系改革的不断深化和老一代农技员逐步退休，新一代农技员受教育程度不断提高，政府农技员的学历结构得到显著改善。

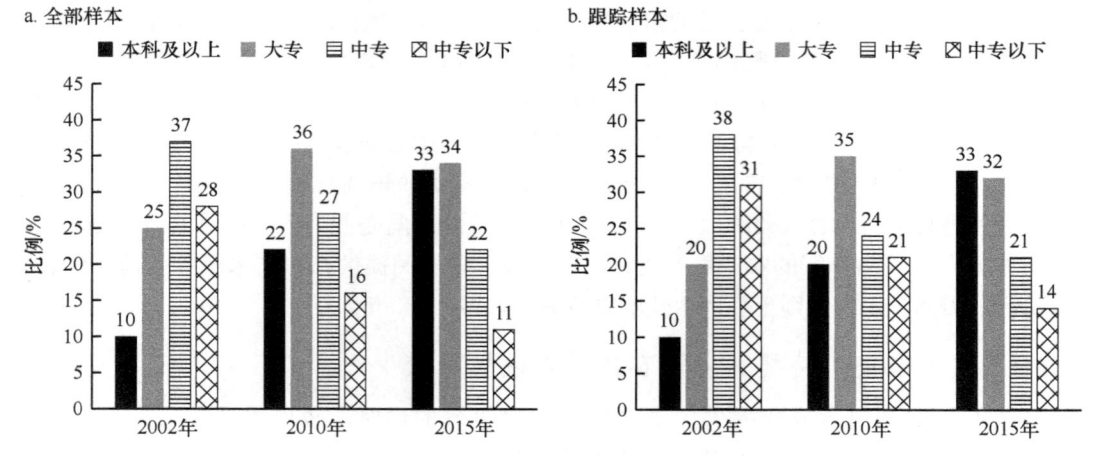

a. 全部样本　　　　　　　　　　　　b. 跟踪样本

图 3-2　政府农技员学历结构变化

数据来自课题组实地调查

3.1.3.4　政府农技员知识老化和人才断层现象得到根本改善

农技推广队伍结构得到改善的另一个显著标志是政府农技员的知识老化和人才断层现象得到根本性转变。据 2003 年调查，2002 年仅有 34.0% 的政府农技员参加了相关的技术培训或进修，而该比例在浙江、广东、湖北 3 省甚至仅为 28.0%（图 3-3）。相比而言，2016 年上述比例大幅度增加到 63.0%，而浙江、广东、湖北 3 省跟踪样本的比例则增加到 58.0%，均在 2002 年基础上增加了约 30 个百分点。

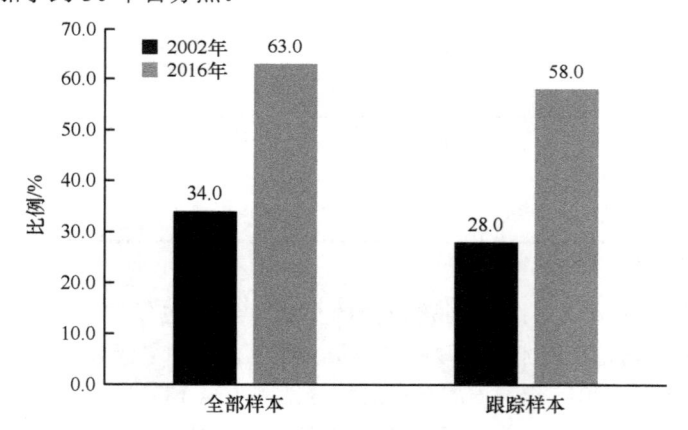

图 3-3　政府农技部门参加培训或进修人员的比例

数据来自课题组实地调查

与此同时，所调查样本县均通过考试新招了较大比例的农技员，更新了农技员队伍。据 2003 年调查，全国分别有 68% 的县级和 46% 的乡级农技推广单位在 1996～2002 年未新进本科及以上农业院校毕业生（胡瑞法等，2004）。本次调查发现，在 2010 年、2015 年，所调查农技推广站（中心）的全部农技员中分别有 8%、11% 的人员为新招录的农技员，其中通过招录考试新进人员分别占总人数的 4%、7%（图 3-4）。另外，调查还发现，2015 年农技推广站（中心）在职农技员中，30～50 岁年龄段人员占 68.5%（图 3-5），表明 2003 年调查所发现的政府农技队伍知识老化和人才断层现象得到了根本改善。

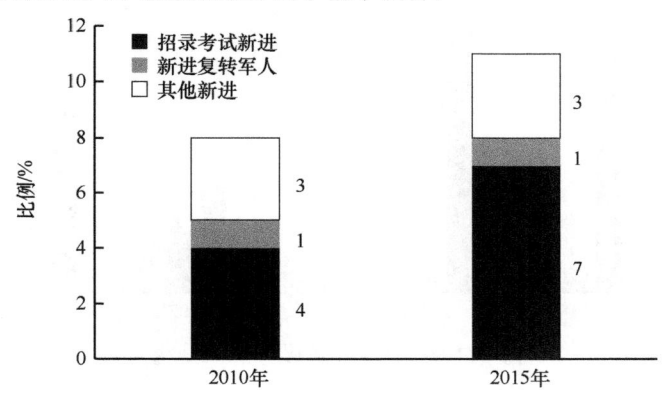

图 3-4 政府农技部门新进人员比例
数据来自课题组实地调查

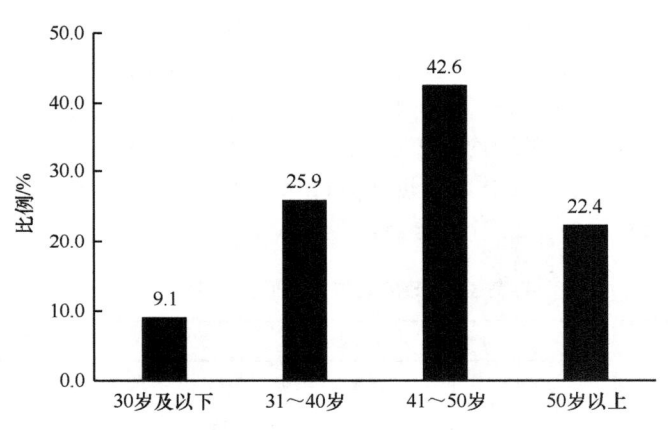

图 3-5 2015 年政府农技部门人员年龄结构
数据来自课题组实地调查

3.1.3.5 政府农技员身份问题得到有效解决

作为 20 世纪 80 年代末政府农技部门改革的配套措施之一，各地政府农技部门较多地形成了"给编制不给钱"或"少给钱"的自收自支和差额拨款人事管理制度，即将政府农技单位或人员划分为全额拨款、差额拨款和自收自支事业单位或人员，试图通过允许政府农技单位从事农业生产资料经营创收活动来维持农技单位的职工工资和日常费用（胡瑞法等，2004；黄季焜等，2008）。研究表明，上述改革是导致农民过量施用化肥、农药的重要原因之一（Zhang et al.，2015）。为了改变这一现状，自 2006 年启动的各项改革，多数将农技单位的经费分配改革作为重要内容之一，恢复国家给所有政府农技单位发放全额事业经费（黄季焜等，2008）。与此同时，对于以差额拨款和自收自支身份招收的政府农技员，国家也开始发放全额事业工资（黄季焜等，2008）。调查结果表明，这一改革得到了较好的执行（图 3-6）。全额拨款人员由 2002 年占全部人员总数的 58% 分别上升到 2010 年的 90%、2015 年的 93%；而差额拨款人员则由 2002 年的 16% 分别下降到 2010 年的 9%、2015 年的 6%；自收自支人员减少最显著，由 2002 年的 25% 减少到 2010 年和 2015 年的约 1%。

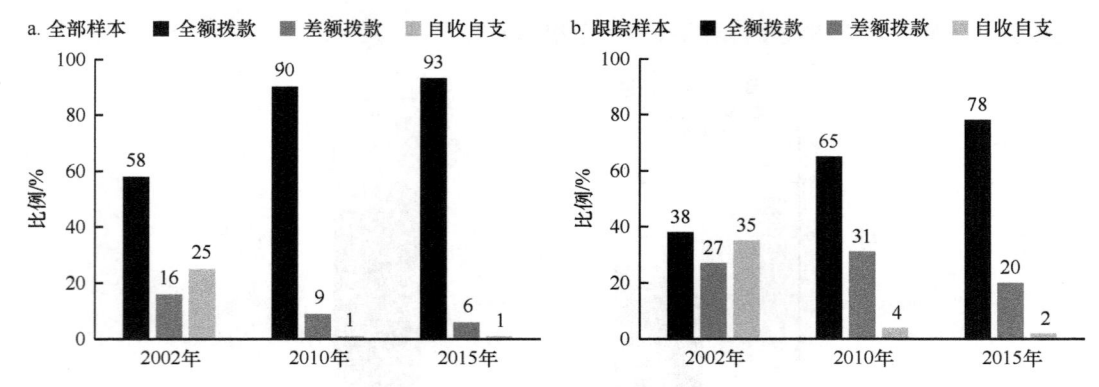

图 3-6　政府农技部门经费来源结构

数据来自课题组实地调查

3.1.3.6　政府农技员下乡时间显著增加

新一轮政府农技推广体系改革后，政府农技员下乡时间显著增加（表 3-3）。根据调查，2002 年政府农技员全年下乡时间平均仅有 81d，占全年时间的比例不足 1/4；2015 年农技员下乡时间则大幅度增加到平均 123d，占全年时间的 33.7%。与此形成鲜明对比的是，政府农技员的经营创收时间从 2002 年的平均 56d 减少到 2015 年的平均 3d 左右，几乎停止了商业化活动。类似地，农技员的办公室工作时间也从 2002 年的平均 135d 减少到 2015 年的平均 123d，占全年时间的比例相应减少了 3.3 个百分点。

表 3-3　政府农技员时间分配变化

样本			实际天数					所占比例/%				
			办公室	下乡	创收	其他	合计	办公室	下乡	创收	其他	合计
全部样本	县级	2002 年	136	86	39	104	365	37.3	23.6	10.7	28.5	100.0
		2015 年	130	105	2	128	365	35.6	28.8	0.5	35.1	100.0
	乡级	2002 年	134	73	83	75	365	36.7	20.0	22.7	20.5	100.0
		2015 年	102	172	3	88	365	27.9	47.1	0.8	24.1	100.0
	合计	2002 年	135	81	56	93	365	37.0	22.2	15.3	25.5	100.0
		2015 年	123	123	3	116	365	33.7	33.7	0.8	31.8	100.0
跟踪样本	县级	2002 年	105	91	50	119	365	28.8	24.9	13.7	32.6	100.0
		2015 年	132	111	1	121	365	36.2	30.4	0.3	33.1	100.0
	乡级	2002 年	98	79	108	80	365	26.8	21.6	29.6	21.9	100.0
		2015 年	115	147	0	103	365	31.4	40.3	0.0	28.3	100.0
	合计	2002 年	101	85	78	101	365	27.7	23.3	21.4	27.7	100.0
		2015 年	120	132	3	110	365	32.9	36.2	0.8	30.1	100.0

注：数据来自课题组实地调查。由于四舍五入，个别比例合计不等于 100%

需要说明的是，县乡两级政府农技员时间分配的变化存在较大差异（表 3-3）。县级政府农技员的下乡时间由 2002 年的平均 86d 增加到 2015 年的平均 105d，其占全年时间的比例仅增加了 5.2 个百分点；相比而言，乡镇农技员的下乡时间则由 2002 年的平均 73d 大幅度增加到 2015 年的平均 172d，在 2002 年的基础上增加了 135.6%，其占全年时间的比例增加了近 27.1 个百分点。相应地，县级政府农技员的办公室工作时间也仅平均减少了 6d，而乡级政府农技员的办公室工作时间却平均减少了 32d。对浙江、广东和湖北三省的跟踪调查也得到了类似的结论。

3.1.4 农技推广体系存在的问题

虽然政府农技推广体系改革取得了一系列成就，但是一些老问题仍然没有得到有效解决，与此同时更出现了一些新问题，主要表现在以下方面。

3.1.4.1 农技推广行政化

调查发现，最近十多年来，虽然各地农技部门均加强了对农民的农技推广服务工作，但是，其过分的行政化特征，使推广工作变成了一项基础行政工作，弱化了农技员对农民的技术服务。

乡镇农技员以开展行政工作为主，推广服务为辅。调查发现，虽然乡镇农技部门为农民提供技术服务的次数增加了，但乡镇农技员以乡镇中心工作为主的现状并未得到有效改善（胡瑞法等，2004）。只不过与 2003 年的调查发现不同，在乡镇农技员下乡执行乡镇中心行政工作（包括维稳、扶贫、环保等）的同时，采用行政手段培训农民已成为乡镇技术推广的常态。即在县乡两级政府确定了推广的技术后，乡镇政府便组织人员到所指定的行政村对农民进行培训，政府为参加培训的农民支付务工费，培训人员按照统一的讲义讲课。需要说明的是，由于这些培训活动绝大多数已列入行政工作计划，所提供的培训不一定是农民最需要的技术。而相对应的是，因农民需求而提供自发技术服务的农技员则较少。

乡镇农技单位的行政化改革。在调查样本中，有 20% 的乡镇取消了乡镇农技站的专业设置，成立了农业或农村工作办公室（图 3-7）。调查发现，这些乡镇新机构的职能已主要变为农业管理，农技员则执行行政职能（包括培训等推广活动）。没有转变为农业行政单位的乡镇，仍有 34% 的乡镇实行了综合服务机构的改革，将对农民的农技推广服务职能转变为类似于其他的行政服务职能，使推广服务弱化，推广工作转变为以采取行政手段为主的服务。事实上，从事农技推广服务的人员几乎一半为非农技专业人员，而农技员所从事的工作也多与自己所学专业不相符。因此，这一改革虽然有利于乡镇行政管理，但却使乡镇农技推广服务无法达到其应有的效果。

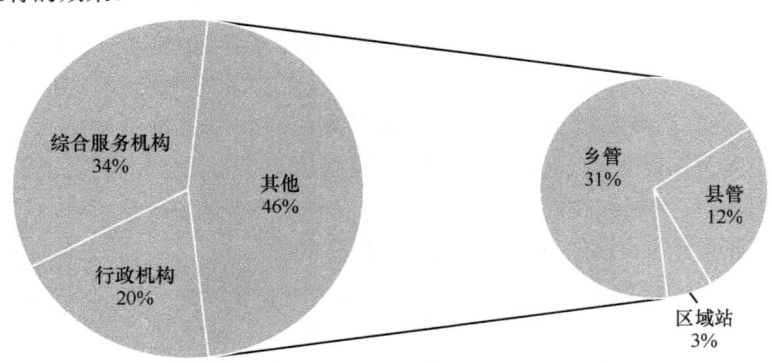

图 3-7 2016 年乡级政府农技单位性质结构

数据来自课题组实地调查

推广活动行政化失去了对农民的吸引力。调查发现,各地县级农技推广部门均加强了对农民的农业技术培训,多数县级部门为此制定了详细的农业技术培训服务计划。然而,调查也发现,68%的农业技术培训活动需要向农民付费才能吸引足够数量的农民参加培训,从而丧失了农技推广的服务性质,使农技推广服务逐渐演变成了行政行为。这表明,现有的农技推广活动缺乏对农民的吸引力,同时也表明在一些地方推广活动已流于形式。事实上,部分地区的乡镇农技人员对农业新技术的掌握程度甚至不如当地农民。

3.1.4.2 激励机制丧失,缺乏对专业人员的吸引力

目前乡级农技员工资均由县财政统一发放,保障了农技员的工资及收入。然而与此不同的是,许多地方取消了对农技员的下乡补贴,从而丧失了农技员为农民做好技术服务的激励机制(图3-8)。虽然有下乡补贴的农技员的比例由2002年的20.5%提高到2015年的23.2%,但主要是县级农技员获得了下乡补贴,由2002年的24.0%提高到2015年的28.5%;而有下乡补贴的乡级农技员则由2002年的14.7%下降到2015年的9.5%。需要指出的是,多数农技员的下乡补贴并不是对实际下乡人员的激励,而是作为一项福利对单位所有人员(包括下乡人员和未下乡人员)发放的补贴。

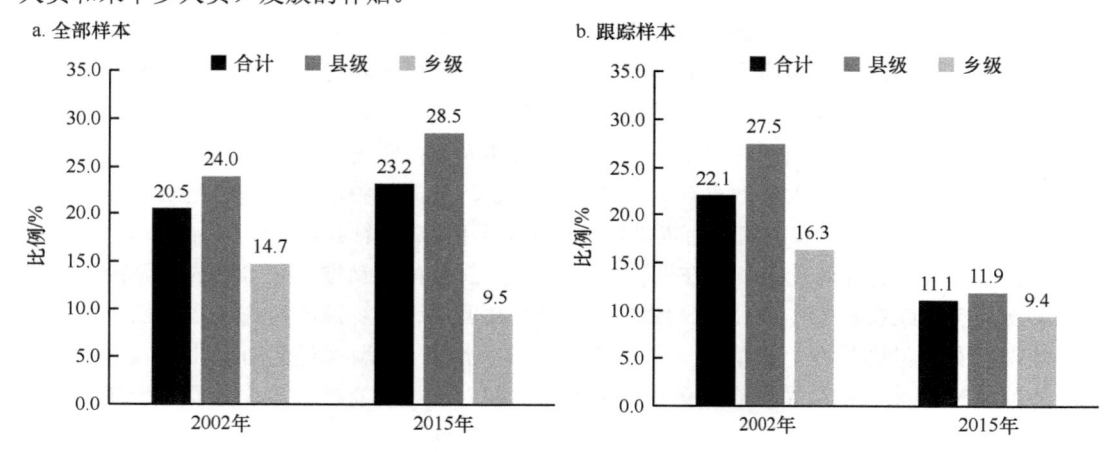

图 3-8 获得下乡补贴的政府农技员比例
数据来自课题组实地调查

激励机制的缺失和辛苦的下乡服务工作,降低了农技推广部门对专业人员的吸引力。农技推广部门专业不对口人员的比例从2002年的27%提高到2015年的36%(图3-9)。其中县级农技推广部门专业不对口人员的比例从2002年的29%提高到2015年的39%,提高了10个百分点,即目前县级农技员中,有近40%的人员为非专业对口人员;乡镇农技推广部门的专业不对口人员比例则从2002年的26%提高到2015年的29%,提高了3个百分点(图3-9)。需要指出的是,县级农技推广部门是县域农技推广服务的主要组织者,过多的非专业人员对农技推广服务的开展存在的负面影响需要引起高度注意。

非专业农技员比例较高的原因除与激励机制缺失和下乡服务工作较为辛苦有关外,也与目前的用人机制有关。一方面,新毕业农业院校大学生中,愿意从事基层一线技术推广工作的比例不高;另一方面,在同样条件下,部分农业院校毕业生未能竞争过非农院校毕业生,没有被农技推广部门招录。调查也发现,并非所有的农业院校毕业生的素质均低于非农业院校毕业生,其原因与当地招录部门未能从当地农技推广发展方面考虑有关。

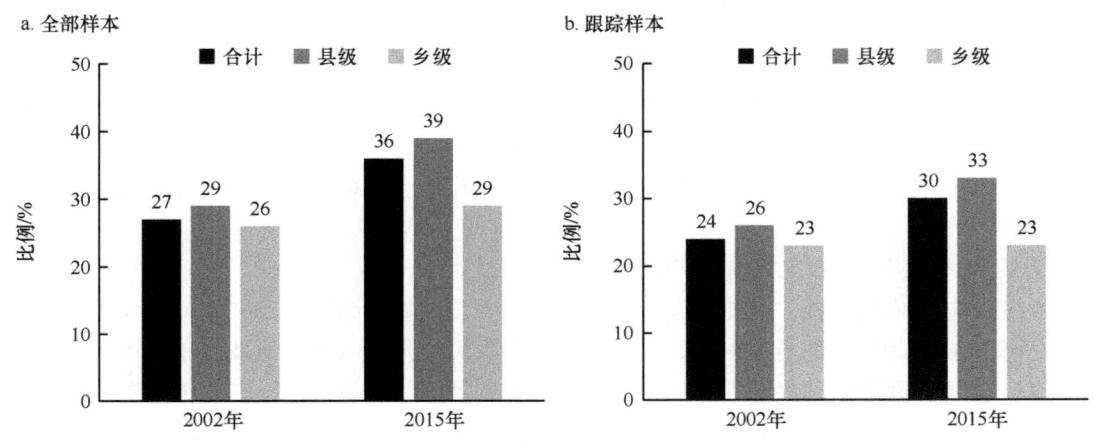

图3-9 农技推广部门专业不对口人员的比例

数据来自课题组实地调查

3.1.5 小结

调查发现，自2006年启动的新一轮农技推广体系改革效果明显。一是县级农技推广部门经费增长较快，项目费收入占比最高，解决了上一阶段农技推广投资严重不足等问题。二是农技人员下乡时间显著增加，政府农技员为农民提供了更多的技术推广服务。三是多元化的农业社会化服务体系已经逐渐形成，非政府部门也为农民提供了较多的技术服务。

然而，在改革取得了显著成效的同时，虽然解决了一些老问题，但一些新问题的出现已经成为影响农技推广体系做好为农民技术服务的重要因素。农技推广体系存在的老问题主要表现在农技推广行政化上。调查发现，不仅乡镇农技员以行政工作为主的现象未能得到改变，在许多地方甚至将推广职能完全以行政化的方式从体制上固定下来，约有20%的乡镇已取消了农技推广单位的建制，取而代之的是成立了具有行政职能的政府农业办公室，其主要工作不是面向农民的技术推广服务，而是从事农业统计等行政事务，即使进行推广活动也是以行政方式的培训，而非深入田间地头为农民提供及时的技术指导服务。推广活动行政化已失去了对农民的吸引力。调查发现，多数地方部门制定了详细的农业技术培训计划。然而，几乎有一半以上的农业技术培训活动需要向农民付费才能吸引足够数量的农民参加培训。

政府农技推广机构改革后出现的新问题包括：一是乡级农技推广机构弱化，乡级农技推广机构人数已比改革前减少了一半（Hu et al.，2012），一些地方乡镇农技员已无法保证其做好农技推广工作，似乎出现了改革矫枉过正现象。二是许多地方取消了农技员下乡为农民服务的激励机制，降低了农技员下乡为农民服务的积极性，也导致农技推广单位丧失了对专业人员的吸引力，导致农技推广单位非专业人员比例过高，降低了其为农民提供技术服务的能力。三是人事制度改革已成为影响基层政府效率提高的一个重要因素，编制管理和逢进必考的制度也限制了人才的流动。

据调查，以老年人和妇女为主要劳动力的农业经营主体结构正在或者已经发生变化。农业经营主体主要包括以下3种类型：一是长期从事农业生产活动的农户，这些农户由于从未离开过农村，对现有农业技术比较熟悉，具有较丰富的农业生产经验；二是曾经务农，但较长时间外出从事非农工作，后因年龄等各方面原因返乡务农的农户，这类农户虽然有一定的务农经验，但由于长期在外，未能及时掌握农业新技术的变化趋势；三是长期在外从事非农工作，无任何务农经验，由于各种原因返乡务农的农户。调查表明，3种类型农户中均有不低比例的农户严重缺乏农业经营理念，需要政府农技部门提供及时、全面的农业技术服务，避免由于经营不善而产生新的农村贫困户。维持一支政府公共部门的技术推广服务队伍，为这些农户提供有效的技术服务，将是未来较为长期的任务。若不对现行政府农技推广体系深化改革，在农村和农业经济结构快速变化的条件下，农村社会的稳定和国家粮食安全将不可避免地受到冲击。

根据上述分析，本研究提出以下政策建议。

加强乡镇政府农技推广队伍建设。工作地点在乡下，直接面对着众多农民的乡镇农技人员，不仅需要较为扎实的专业知识，同时也需要为农民提供技术服务的技能和吃苦耐劳的奉献精神。然而，随着农村经济的发展及多轮的改革，目前的乡镇农技推广队伍中专业技术人员严重缺乏。调查发现，农技推广体系中很多人员并非涉农专业毕业，甚至缺乏最基本的农业科技知识；而乡镇艰苦的工作环境及激励机制的缺乏，使其难以形成对新毕业的农业高校优秀毕业生的吸引力。事实上，20世纪80年代，由于国家采取了乡镇级比县级农技员工资高半级等激励措施，吸引了一大批优秀的农技员从事一线的农技推广服务工作，也有效激励了农技员主动下乡为农民提供技术服务的积极性（胡瑞法和李立秋，2004）。为此，采取有效措施重塑一支稳定的专门从事农技服务的乡镇农技推广服务队伍，已成为当务之急。

深化农技推广体系改革。调查表明，目前农技推广单位的行政化趋势已降低了农技推广服务的效率。为此，农技推广体系改革首先是要认真履行法律赋予的公益推广职能；其次是要将工作与乡村振兴战略相匹配，农技推广单位要在产业兴旺中找到属于自己的定位，不能就技术论技术，必须从农业全产业链的角度考虑。首先，应在建立一支稳定、专业的农技推广队伍的同时，进一步深化农技推广体系改革，实行农技员的县级管理（胡瑞法等，2006；黄季焜等，2008；Hu et al.，2012），使其专门从事为农民的专业技术服务工作；其次，在农技推广机构改革中，要对县级农技推广部门进一步整合，同时整合乡镇对应的农技推广机构，以适应乡村振兴的需要；最后，要建立全新的考核机制，实行技术推广服务的"责任制"（黄季焜等，2008，2009），促使其主动做好为农民的技术服务工作。

加强政府农技推广部门病虫害预测预报能力建设。调查表明，目前农户的病虫害发生信息基本来自自己的经验及农资店提供的信息，农技推广部门所提供的信息未能依据当地植物保护部门对农作物病虫害发生动态的预测预报结果，缺乏病虫害防治的准确信息，这也是目前农民过量施用农药的原因之一（Zhang et al.，2015）。为此，重建以农作物病虫害预测预报等为代表的县级公共信息服务系统已刻不容缓。事实上，目前各地财政完全有能力建设其预测预报系统。

改革现行的人事制度。给予县级农业部门考核与用人的权利，允许农技员流动到其最适合的岗位工作，在减少非专业人员的同时，精简农技员队伍；同时，在保障农技员基本工资的基础上，将服务工作量与农技员收入挂钩，避免干多干少一个样，并允许农技员跨乡镇为农民提供服务（王家年，2008，2010）。

加强农村社会化服务体系建设。调查表明，非政府农技服务组织已逐渐成为农民技术服务的重要来源，多元化的农村社会化服务体系已初显成效。为此，应该就农村社会化服务体系建设的相关内容开展研究，提出通过非政府农技服务组织为农民提供技术服务的具体政策与措施，以适应产业兴旺、生态宜居的需要。事实上，调查也发现，政府农技部门已对农资店开展了较为广泛的技术培训，然而其效果有待观察。

3.2 化肥农药减施增效技术推广模式设计、筛选和效果评估方法

3.2.1 农业社会化服务组织和农户的技术信息来源

中国具有世界上规模最大的政府农技推广体系（胡瑞法和李立秋，2004；胡瑞法等，2004）。然而，过于庞大的体系及农业行政部门对乡镇农技员管理的断层，导致农技员将更多的精力用于乡镇行政工作而非向农户提供技术服务（胡瑞法等，2004；Hu et al.，2009）。知识老化、非专业人员过多及政府对技术培训投入过少等，导致政府农技推广体系难以保障农户的技术服务需求（胡瑞法等，2004，2006；Hu et al.，2012）。同时，管理体制存在的问题使得农技员缺乏自我提高和做好为农户服务的积极性（胡瑞法等，2006；黄季焜等，2009；Hu et al.，2012）。

在政府农技推广服务减弱的同时，以市场化为主要特征的非政府的技术服务组织已初具规模，并日益发挥重要作用。种子、饲料、化肥和农药等农资企业在某些方面与领域已经超过政府农技推广部门而成为农业技术服务的重要力量，而农民合作组织和非政府的技术服务组织也开始在农村各地发展，并为农户提供各种各样的技术服务（苑鹏，2001；王曙光，2010；Ito et al.，2012；Yang and Liu，2012；Liang et al.，2015）。然而，农民合作组织的发展受到各种因素的制约，其为农业生产提供的技术服务并未达到令人满意的程度（陈淑祥，2010）；而非政府的技术服务组织虽然也在一些地区介入农业技术服务，但整体规模并不大（农业部农村经济研究中心课题组，2005）。

包括政府农技推广体系在内的农业社会化服务组织为中国的农业生产作出了重要贡献。但是，在目前中国农业社会化服务体系不断发展和农业经营主体发生深刻变化的背景下，不同农业社会化服务组织为农户提供了哪些农业技术服务？不同的社会化服务组织所提供的技术服务内容存在哪些差异？农户实际采用的农业技术都来自哪些农业社会化服务组织？科学回答上述一系列问题，尤其是比较政府农技推广体系和非政府的农业社会化服务组织的技术服务差异，对于进一步改善农业社会化服务体系的技术服务效果具有重要的政策意义。本研究根据对全国7个省2293个农户的入户调查数据，分析了农户的技术服务参与和技术信息来源，比较了政府农技推广体系和非政府的农业社会化服务组织在提供技术服务时的差异，并据此简要讨论了完善农业社会化服务体系及提高其农业技术服务效果的相关政策建议。

3.2.1.1 研究数据

本研究的数据来自对湖北、江苏、浙江、贵州、广东、陕西、山东等7个省2293个农户的调查。需要说明的是，调查主要在水稻、茶叶、苹果、设施蔬菜的主产区进行。其中，湖北、江苏、浙江是长江流域的水稻主产区，贵州、广东分别是西南、华南的茶叶主产区，陕西、山东分别是黄土高原、环渤海的苹果主产区，山东也是设施蔬菜主产区。在每一个省份，按照人均国内生产总值对所有涉农县（市）（区）（为表述方便，以下统称"县"）进行排序，然后采用等距抽样法选取4个县作为样本县。最终，选择湖北的谷城、武穴、孝昌和钟祥，江苏的大丰、靖江、射阳和响水，浙江的安吉、海盐、龙游和嵊州，贵州的凤冈、湄潭、平坝和紫云，广东的大浦、丰顺、饶平和英德，陕西的白水、淳化、富县和洛川，以及山东的东阿、胶州、寿光和招远等28个县作为样本县。

在每个样本县，采取类似于样本县的抽样方法，在按照人均国内生产总值对每个县的所

有乡镇进行排序的基础上等距抽取两个乡镇。其中,由于山东既是苹果主产区又是设施蔬菜主产区,在东阿、胶州和招远按照类似方法随机抽取了3个乡镇。类似地,每个乡镇随机抽取了两个村。在每一个选取的村,根据农户花名册随机选取20个在家从事农业生产的农户。最终,本研究共得到2293个农户的调查数据,其中水稻、茶叶、苹果、设施蔬菜种植户分别为1223个、602个、449个、208个。需要说明的是,在浙江、贵州、广东,少数农户既种植茶叶也种植水稻。

农户调查的内容涵盖范围广泛,包括农户农业决策人(实际户主)的个人特征及其务农和非农工作经历、农户家庭特征、耕地经营状况、主要农作物生产的投入产出、农业知识水平以及家庭财富等。其中,本研究所使用的数据主要包括农户参与不同类型农业社会化服务组织提供的农业技术培训及其在农业生产中的农业技术信息来源和采用等,而农业技术信息来源和采用主要以化肥与农药施用为例。具体而言,为了保证调查数据的准确性和完整性,农户调查的受访人要求为每个农户的农业决策人,同时在正式调查前对所有调查员进行统一培训并组织预调查。

3.2.1.2 不同农业社会化服务组织的技术服务差异

1. 政府农技推广体系是农业技术服务的最大提供者

为了研究农业社会化服务组织对农户提供服务的现状,本研究首先对2014～2016年样本农户参与的技术培训情况进行了调查。研究发现,调查的2293个农户共接受了2462次不同的农业社会化服务组织提供的技术培训(图3-10)。其中,政府农技推广部门提供的技术培训达1578次,占全部培训次数的64.1%(图3-10)。这表明,自从20世纪80年代末改革以后,尽管政府农技推广体系的农业技术服务职能严重弱化(胡瑞法等,2004),但是到目前为止政府农技推广体系仍然是中国农业技术服务的最大提供者,在农技推广领域扮演了十分重要的角色。

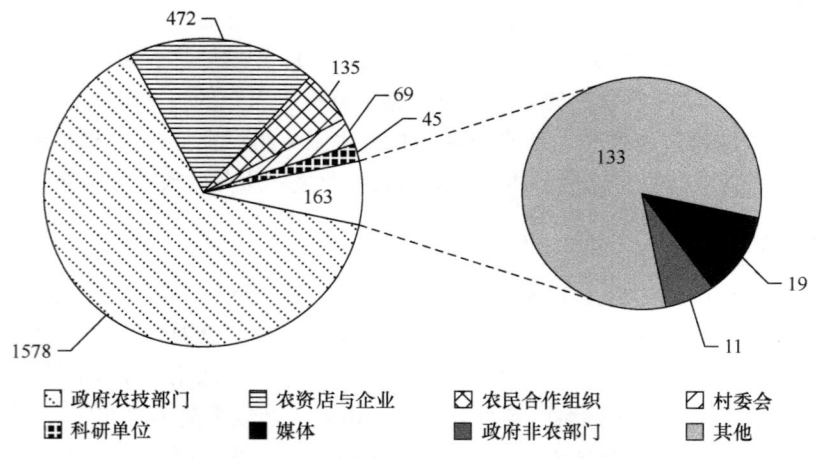

图3-10 2014～2016年农户参加各种农业社会化服务组织提供的技术培训次数
数据来自课题组实地调查

除了政府农技部门,调查发现农资店与企业、农民合作组织、村委会、科研单位、政府非农部门、媒体及其他机构也是农业技术服务的重要提供者。尤其值得注意的是,农资店与企业提供的农业技术培训次数占全部技术培训次数的19.2%(图3-10)。与此类似,农民合作组织在农业技术服务方面扮演的角色仅次于政府农技部门、农资店与企业,为农户提供的农业技术培训次数占全部技术培训次数的5.5%(图3-10)。需要说明的是,农资店与企业是现代农村市场经济的主要参与者,而农民合作组织也是市场经济的重要产物。因此,本研究的调查数据也表明,中国农业社会化服务体系的形成和发展具有重要的市场化特征。

2. 培训内容以田间管理、病虫害防治和施肥技术为主

不同农业社会化服务组织提供的技术培训以田间管理、病虫害防治、施肥技术为主,其各自的培训次数分别占所有培训次数的45.6%、19.5%、21.3%;而在改革开放后政府非常重视且一直占据农户技术培训强度前三位的种苗(新品种)技术培训(胡瑞法和路延梅,1998;乔方彬等,1999),则仅占全部培训次数的2.6%(表3-4)。此外,农机、农产品加工及质量安全等方面的技术培训也开始出现,但其所占比例很低。事实上,长期以来包括技术推广政策在内的中国农业政策体系最主要的目标是提高农产品产量(魏后凯,2017)。产量导向型的农业政策体系对维护国家粮食安全起到了十分重要的积极作用,但是也导致了农业生产的结构性矛盾,如农产品产量较高而质量问题较为突出(魏后凯,2017)。因此,加强农产品加工及质量安全等方面的技术服务,应成为农业社会化服务体系发展和改革的重要目标。

表3-4 2014~2016年参加各种农业社会化服务组织提供的技术培训的农户比例 (单位:%)

	分类	田间管理	病虫害防治	施肥	种苗	农机	农产品加工	质量安全	其他	合计	参加各种服务组织培训的农户平均比例
按培训内容分	政府农技部门	49.7	19.1	17.0	2.5	4.2	3.4	0.5	3.6	100.0	
	政府非农部门	54.5	0.0	9.1	0.0	0.0	9.1	0.0	27.3	100.0	
	科研单位	55.6	6.7	13.3	2.2	0.0	8.9	0.0	13.3	100.0	
	媒体	52.6	0.0	21.1	0.0	5.3	0.0	0.0	21.0	100.0	
	农资店与企业	31.8	23.1	34.7	3.6	2.1	2.5	0.4	1.8	100.0	
	村委会	58.0	11.6	27.5	1.4	0.0	0.0	0.0	1.5	100.0	
	农民合作组织	46.7	23.0	20.7	1.5	1.5	4.4	0.0	2.2	100.0	
	其他	33.8	21.1	25.6	2.3	3.8	3.8	0.0	9.6	100.0	
	平均	45.6	19.5	21.3	2.6	3.4	3.3	0.4	3.9	100.0	
按服务组织分	政府农技部门	69.8	62.8	51.1	61.9	78.6	65.9	80.0	60.0		64.1
	政府非农部门	0.5	0.0	0.0	0.0	0.0	1.2	0.0	3.2		0.4
	科研单位	2.2	0.6	1.1	1.6	0.0	4.9	0.0	6.3		1.8
	媒体	0.9	0.0	0.8	0.0	1.2	0.0	0.0	4.2		0.8
	农资店与企业	13.4	22.7	31.3	27.0	11.9	14.6	20.0	8.4		19.2
	村委会	3.6	1.7	3.6	1.6	0.0	0.0	0.0	1.1		2.8
	农民合作组织	5.6	6.4	5.3	3.2	2.4	7.3	0.0	3.2		5.5
	其他	4.0	5.8	6.6	4.7	5.9	6.1	0.0	13.6		5.4
	合计	100.0	100.0	100.0	100.0	100.0	100.0	100.0	100.0		100.0

注:数据来自课题组实地调查。由于四舍五入保留一位小数,个别比例合计不等于100%

3. 不同农业社会化服务组织对农户提供的技术服务内容存在较明显差异

不同农业社会化服务组织在向农户提供各种技术服务内容方面显示了各自独特的分工。

一是农作物田间管理技术培训主要由政府农技部门承担,其培训次数占该项内容全部培训次数的 69.8%,而仅次之的农资店与企业的培训次数则只占该项内容全部培训次数的 13.4%(表 3-4)。二是对病虫害防治和施肥技术的培训,虽然政府农技部门仍然占主导地位,但农资店与企业的培训次数占这两项内容各自全部培训次数的比例也分别达到了 22.7% 和 31.3%,体现了其在病虫害防治和施肥技术服务方面的重要作用(表 3-4)。上述结果表明,不同农业社会化服务组织对农户的技术服务具有比较明显的分工,农资店与企业对农户的技术培训可能主要以产品销售(化肥、农药)为目的。

特别值得注意的是,与政府农技部门的技术培训不同,虽然农资店与企业对农户的病虫害防治与施肥技术的培训次数比例较高,分别达到了其提供的全部技术培训次数的 23.1% 和 34.7%,但其对田间管理技术的培训次数的比例也高达 31.8%(表 3-4)。一方面表明农资店与企业向农户提供与其销售产品直接相关的技术培训的同时,也为农户提供配套的田间管理技术,从而更好地发挥其所销售的农药和化肥的技术效果。另一方面也表明农资店与企业对农户的技术培训,已不是单纯地销售农药和化肥,同时也赋予其技术培训活动一定的公益性质,从而可以在一定程度上成为政府农技部门的技术服务的补充,这对未来协调处理政府农技部门和农资店与企业在农业技术服务中的关系具有一定的参考价值。

3.2.1.3 农业社会化服务组织技术服务的覆盖面

1. 仅 1/3 的农户参加了各类组织的技术培训

虽然各类社会化服务组织为农户提供了大量的技术培训服务,然而仅 34.3% 的农户参加了相关的培训活动(图 3-11)。与此同时,不同省份的农户参加农业技术服务培训的比例存在明显差异。其中,2014~2016 年陕西和山东两省参加不同社会化服务组织技术培训的农户比例较高,但也仅分别为 50.6% 和 46.8%,远高于浙江的 17.5%、广东的 25.2% 和贵州的 29.6%,而湖北和江苏两省参加不同社会化服务组织技术培训的农户比例也分别仅为 39.3% 和 30.5%(图 3-11)。上述结果表明,尽管农业社会化服务体系不断发展,但是其提供的技术服务的覆盖面仍有待提高,且为农户提供技术服务的不同类型社会化服务组织在不同省份和不同作物之间的发展并不平衡。这可能主要有两个方面的原因:一是包括政府农技部门在内的农业社会化服务体系尚有较大的发展和完善空间,其为农户提供农业技术服务的潜力有待进一步挖掘。二是作为农业社会化服务体系主体的政府农技部门,向农户提供的农业技术服务与农户的实际技术需求不一致,导致广大农户参加农业技术培训的积极性有限。

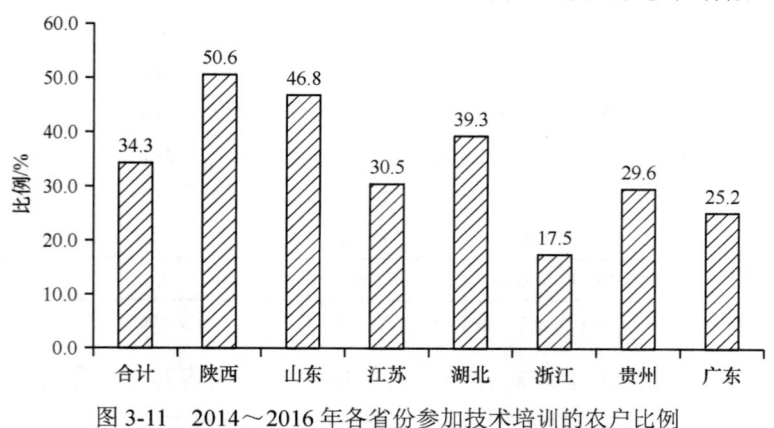

图 3-11 2014~2016 年各省份参加技术培训的农户比例

数据来自课题组实地调查

2. 政府农技部门的技术服务覆盖面最广

虽然农户接受技术培训服务的情况在不同省份间不平衡，但农户参加次数最多的技术培训仍主要来自政府农技部门。2014~2016年，尽管只有34.3%的农户参加过不同社会化服务组织提供的农业技术培训，但是参加过政府农技部门技术培训的农户比例为25.2%，约占所有参加过技术培训的农户的3/4。相比而言，参加农资店与企业、农民合作组织、村委会的技术培训的农户比例仅分别为9%、2.2%、1.4%，表明绝大部分农户参加最多的农业技术培训仍然主要由政府农技部门提供。

3.2.1.4 农户的化肥施用和病虫害防治技术采用

1. 自己经验是农户施肥和病虫害防治技术的第一信息来源

经过了近40年改革，农户采用的施肥与病虫害防治技术仍以自己经验为第一来源，分别有71.9%、53.7%的农户依据自己经验来决定如何施肥和防治病虫害（表3-5）。虽然施肥技术依据自己经验的比例仍居高不下，但农户的病虫害防治技术依据自己经验的比例则显著下降。特别需要说明的是，在苹果生产中，农户采用的病虫害防治技术来源于自己经验的比例为41.6%，低于来源于农资店与企业的43.7%（表3-5）。上述结果表明，相对于不同类型的社会化服务组织，农户更愿意根据自己经验来决定如何施用化肥和防治病虫害，这可能与政府农技推广服务长期无法满足农户的技术服务需求而使得农户不得不依据自身的务农经验来决定技术采用有密切关系。

表 3-5 2016年采用各种化肥施用和病虫害防治技术信息来源的农户比例 （单位：%）

	信息来源	全部农户	水稻种植农户	苹果种植农户	设施蔬菜种植农户	茶叶种植农户
施肥技术信息	自己经验	71.9	75.4	55.2	68.3	81.4
	父母传授	1.2	1.6	0.9	0.5	1.0
	亲戚邻居	2.7	2.6	4.9	0.5	2.3
	生产大户	0.9	1.0	1.1	0.0	0.7
	政府农技部门	9.2	10.6	8.0	9.4	6.0
	农资店与企业	10.9	6.3	25.2	20.2	5.0
	农民合作组织	0.9	0.2	0.7	0.5	2.5
	手机和电脑网络	0.2	0.1	1.1	0.0	0.0
	电视	1.2	1.8	1.1	0.0	0.2
	其他	0.9	0.6	1.8	1.0	1.0
病虫害防治技术信息	自己经验	53.7	45.9	41.6	64.4	81.9
	父母传授	0.6	0.7	0.7	0.5	0.7
	亲戚邻居	1.8	1.1	4.5	1.9	1.0
	生产大户	1.2	1.6	0.9	0.0	0.8
	政府农技部门	16.6	26.1	6.2	7.2	5.8
	农资店与企业	21.8	19.4	43.7	23.6	6.5
	农民合作组织	0.9	0.4	0.7	1.0	2.2
	手机和电脑网络	0.1	0.1	0.2	0.0	0.0

续表

信息来源		全部农户	水稻种植农户	苹果种植农户	设施蔬菜种植农户	茶叶种植农户
病虫害防治技术信息	电视	2.1	3.8	0.2	0.0	0.0
	农药说明书	0.3	0.2	0.4	0.0	0.3
	其他	0.9	0.8	0.9	1.4	0.8

注：数据来自课题组实地调查

2. 农资店与企业超过政府农技部门成为农户施肥和病虫害防治技术的重要信息来源

总体而言，虽然政府农技部门对农户的技术培训次数均远超过农资店与企业，但农户采用的施肥和病虫害防治技术来源于农资店与企业的比例却分别达到了10.9%和21.8%，分别高于来自政府农技部门的9.2%和16.6%（表3-5）。其中，苹果和设施蔬菜的施肥技术来源于农资店与企业的比例（分别为25.2%和20.2%）分别远高于来自政府农技部门的比例（分别为8.0%和9.4%）；但是，水稻和茶叶的施肥技术来源于农资店与企业的比例（分别为6.3%和5.0%）则分别略低于来自政府农技部门的比例（分别为10.6%和6.0%）（表3-5）。苹果、设施蔬菜的病虫害防治技术来源于农资店与企业的比例（分别为43.7%和23.6%）分别远高于来自政府农技部门的比例（分别为6.2%和7.2%）；但水稻的病虫害防治技术来源于农资店与企业的比例（19.4%）则低于来自政府农技部门的比例（26.1%），茶叶的病虫害防治技术来源于农资店与企业及政府农技部门的比例则差不多，分别为6.5%和5.8%（表3-5）。事实上，在政府农技推广服务无法满足农户的技术服务需求的背景下，农户获取农业技术服务面临较高的信息成本（李君甫，2003）。因此，农户在购买化肥、农药等具体农资产品时可以通过向农资店与企业直接询问与所购买农资产品相关的技术信息来规避信息成本（左两军等，2013）。

3. 农药说明书是农户决定农药施用量的重要信息来源

调查发现，除了在水稻生产中是第四大农药施用量信息来源，农药说明书是农户在苹果、茶叶、设施蔬菜生产中农药施用量的第三大信息来源，分别为15.4%、17.8%、5.8%，仅次于自己经验以及农资店与企业。但是，与施用量信息来源不同，针对农户防治病虫害所施用的农药品种，农户依据说明书施用农药的比例则极低，仅为0.7%。需要说明的是，无论是所施用的农药品种、防治时期及施用量，其来源于农药说明书的比例均远低于农资店与企业，这也许是目前农户过量施用农药的原因之一（Zhang et al., 2015），从而表明农药说明书目前未能在农户的病虫害防治中发挥足够的作用。在当前农药使用量零增长和负增长的要求下，除了加强农户的病虫害防治和农药施用技术培训，探索如何更好地引导和方便农户自行根据农药说明书来决定农药施用，从而更好地发挥农药说明书作用的技术推广模式，应该成为将来农药科学使用推广服务的目标之一。

4. 生产大户及农民合作组织的示范作用不强

近十多年来，各级政府试图将当地的种植大户培养和树立为可以向广大农户推广农业新技术的示范户。然而，本研究调查发现，农户的施肥技术与病虫害防治技术信息来源于生产大户的比例仅分别为0.9%和1.2%（表3-5）。虽然该比例在不同作物间略有差异但均不高，表明在目前条件下依靠生产大户示范并推广新技术的措施难以奏效。与生产大户示范类似，各地农业行政部门也试图通过农民合作组织向农户扩散新技术（郑义等，2012；魏立国，2016）。但同样的调查结果表明，农户的施肥技术与病虫害防治技术信息来源于农民合作组织的比例均低于1%（表3-5），表明在目前条件下依靠农民合作组织推广新技术的效果也极其有限。导致上述结果的原因，可能是生产大户和农民合作组织并不具有广泛性，且在不同地区和不同作物间的发展具有明显差异。因此，除了大力推动生产大户与农民合作组织形成和发展，还应着力加强生产大户和农民合作组织在农技推广方面的作用。

5. 手机和电脑网络并未成为农户施肥与病虫害防治技术的重要信息来源

值得一提的是，近年来一些学者对网络新媒体在农技推广方面的作用寄予较高期望（马九杰等，2008；林少丽和方平平，2010；闫贝贝等，2020；Zhu et al.，2021）。不过调查发现，农户的施肥与病虫害防治技术信息来源于手机和电脑等网络新媒体的比例仅分别为0.2%和0.1%，甚至远低于来自传统的电视媒体的1.2%和2.1%（表3-5），这可能与目前农户仍缺乏主动通过手机和电脑查找相关农业技术信息的能力有关。因此，如果未形成技术信息对农户手机和电脑的有效推送方式，依靠农户自己通过手机和电脑等新媒体学习农业新技术难以取得理想的效果。不可否认，网络新媒体可以大幅降低农户获取农业技术信息的成本，但需加强网络新媒体在农技推广方面的服务平台和载体建设，同时充分引导广大农户从平台建设业已成熟的网络新媒体中获取农业技术信息。

3.2.1.5 讨论

虽然多元的农业社会化服务组织已给农户提供了大量的技术培训，但无论是从为农户提供技术培训的次数还是从接受各种类型技术服务的农户比例来看，政府农技部门主导农业技术培训服务的局面未曾改变。与此同时，农户接受的农业技术服务的信息来源不仅包括农资店与企业，也包括科研单位、政府非农部门、媒体、村委会、农民合作组织等非政府的技术服务组织，表明多元化的农业社会化技术服务体系已逐渐发展并开始为农户提供农业技术服务，且农业社会化服务体系的形成和发展具有明显的市场化特征。

不同类型农业社会化服务组织对农户提供的技术服务多元化且存在着分工。不同类型农业社会化服务组织对农户的培训仍以田间管理、病虫害防治和施肥技术为主，而对农机、农产品加工及质量安全的培训尽管开始出现，但仍然远远不足。与此同时，调查结果也发现，虽然政府农技部门对农户的施肥和病虫害防治技术培训次数均远超过农资店与企业，但农户采用的施肥和病虫害防治技术来源于农资店与企业的比例却高于来自政府农技部门的比例，表明不同农业社会化服务组织对农户的技术培训服务具有一定分工，而农资店与企业对农户的培训主要以产品销售为目的。自21世纪初开始，一些地方政府投入经费将当地的生产大户和农民合作组织作为示范户培养，并期望其向农户推广新技术。然而，本次调查发现，农户的技术信息来源于生产大户或者农民合作组织的比例极低，表明在目前条件下依靠生产大户示范及农民合作组织向农户推广新技术的措施不一定有效。另外，网络新媒体在农技推广领域被寄予厚望，但调查表明，农户所采用的技术信息来源于手机及电脑网络的比例仍非常低。

根据上述调查结果分析，本研究认为在发展和完善农业社会化服务体系方面，需要分类施策，充分考虑不同农业社会化服务组织的特点及其在为农户提供技术服务方面扮演的角色。其中，政府农技推广体系作为农业技术服务的最大提供者，应充分结合广大农户的技术需求，发挥其在公益性技术服务领域的重要作用，同时在农机、农产品加工及质量安全等方面加强对农户的技术服务支持。农资店与企业提供的技术服务与其销售的农资产品相关，在当前化肥农药使用量零增长和负增长的要求下，应加强对农资店与企业的科学引导、市场监管和激励，使其在向农户提供科学正确的化肥农药施用技术信息方面发挥更大、更积极的作用。此外，应着力加强生产大户和农民合作组织在农技推广方面的作用，加快网络新媒体在农技推广方面的服务平台和载体建设。

3.2.2 化肥农药减施增效技术推广模式的设计

从上述调查分析来看，除了政府农技推广部门，近年来非政府性质的个体户和新型经营组织也逐渐承担起越来越多的农技推广服务。例如，农资店及企业在较多地区向农户提供化肥农药施用技术信息，且对农户的化肥农药施用存在着显著的影响。与此同时，以互联网为主要代表的信息通信技术也在农技推广服务中扮演着越来越重要的角色。在这种情况下设计适应于不同农业经营主体和农作物特点的化肥农药减施增效技术推广新模式，有必要充分考虑这些非政府性质的个体和组织以及互联网的作用。本课题的主要目的是筛选出若干促进化肥农药减施增效的技术推广新模式，因此首先应该设计出一些候选方案。

需要说明的是，设计化肥农药减施增效技术推广新模式的候选方案时应遵循以下3个原则。第一，所有的技术推广模式主体应该是农户获取农业技术尤其是化肥农药施用技术的主要来源。如前所述，农户的化肥农药施用技术信息来源存在明显的多元化特点，包括政府农技推广部门、政府非农部门、科研单位、网络及媒体、农资店与企业、村委会、农民合作组织等不同的个体与机构，都在不同程度上成为农户获取化肥农药施用技术信息的来源。但是，不同技术信息来源的重要性存在较大差异。因此，在设计化肥农药减施增效技术推广新模式的候选方案时应充分考虑不同技术信息来源的差异。第二，设计化肥农药减施增效技术推广新模式时应注重不同技术信息来源的有机组合。传统农技推广模式的技术推广方式单一、内容单调、组织形式缺乏吸引力，因此在一定程度上导致技术推广效率难以达到预期的效果。因此，在设计化肥农药减施增效技术推广新模式的候选方案时，应该把不同技术信息来源进行有机地结合，创设一些可供研究和筛选的新模式，从而充分发挥不同技术信息来源的优势。第三，设计化肥农药减施增效技术推广新模式的候选方案时，应充分考虑研究经费的限制和执行难度。本课题是一项探索性研究课题，研究经费有一定限制，因此设计的化肥农药减施增效技术推广新模式必须在研究经费允许的条件下实行。同时，课题研究具有时间期限，因此应避免设计一些需要反复试验以及需要进行长期试验效果评估的候选方案。

在上述3个原则的指导下，针对长江流域的水稻、黄土高原和环渤海地区的苹果、西南地区的茶叶和设施蔬菜生产，分别设计了若干化肥农药减施增效技术推广新模式候选方案，具体如表3-6和表3-7所示。

表3-6 化肥农药减施增效技术推广新模式候选方案

化肥/农药	农作物	名称	定义
化肥	水稻	农技员+农户	政府农技员定期对农户进行现场技术培训
		农技员+微信	政府农技员把相关技术信息通过微信发送给农户
		农技员+农资店	政府农技员对农资店进行技术培训
		农技员+大户	政府农技员定期对生产大户进行现场技术培训
		企业+农户	化肥企业对农户进行现场技术培训
		企业+大户	化肥企业对生产大户进行现场技术培训
	苹果	农技员+农户	政府农技员定期对农户进行现场技术培训
		农技员+微信	政府农技员把相关技术信息通过微信发送给农户

续表

化肥/农药	农作物	名称	定义
化肥	苹果	农技员+示范户	政府农技员定期对示范户进行现场技术培训
		企业+农户	化肥企业对农户进行现场技术培训
	茶叶	农技员+农户	政府农技员定期对农户进行现场技术培训
		农技员+微信	政府农技员把相关技术信息通过微信发送给农户
		农技员+明白纸	政府农技员把技术信息明白纸发放给农户
		农技员+基地企业+农户	政府农技员对茶叶基地企业进行技术培训，基地企业负责农户技术培训
	设施蔬菜	农技员+农户	政府农技员定期对农户进行现场技术培训
		农技员+微信	政府农技员把相关技术信息通过微信发送给农户
		农技员+农资店	政府农技员对农资店进行技术培训
		企业+农户	化肥企业对农户进行现场技术培训
农药	水稻	农技员+农户	政府农技员定期对农户进行现场技术培训
		农技员+微信	政府农技员把相关技术信息通过微信发送给农户
		农技员+农资店	政府农技员对农资店进行技术培训
		农技员+大户	政府农技员对生产大户进行现场技术培训
		企业+农户	农药企业对农户进行现场技术培训
		企业+大户	农药企业对生产大户进行现场技术培训
	苹果	农技员+农户	政府农技员定期对农户进行现场技术培训
		农技员+微信	政府农技员把相关技术信息通过微信发送给农户
		农技员+示范户	政府农技员定期对示范户进行现场技术培训
		农技员+农资店	政府农技员对农资店进行技术培训
	茶叶	农技员+农户	政府农技员定期对农户进行现场技术培训
		农技员+微信	政府农技员把相关技术信息通过微信发送给农户
		农技员+明白纸	政府农技员把技术信息明白纸发放给农户
		农技员+基地企业+农户	政府农技员对茶叶基地企业进行技术培训，基地企业负责农户技术培训
	设施蔬菜	农技员+农户	政府农技员定期对农户进行现场技术培训
		农技员+微信	政府农技员把相关技术信息通过微信发送给农户
		农技员+农资店	政府农技员对农资店进行技术培训
		科研人员+农户	科研人员对农户进行现场技术培训

3.2.3 化肥农药减施增效技术推广模式的筛选方法

3.2.3.1 随机干预试验

本研究的根本目标是从设计的化肥农药减施增效技术推广模式中筛选出有效的技术推广新模式。但是，筛选出有效的技术推广模式，关键在于科学、准确地识别不同推广模式对水稻、苹果、茶叶和设施蔬菜种植农户化肥农药施用的影响。通常来说，随机干预试验（randomized controlled trial，RCT）是进行影响评估的前沿方法，得到了越来越广泛的应用。

一个合理的随机干预试验的设计需要注意以下3个方面。第一，准确区分干预组和对照组；第二，确保干预组和对照组的被解释变量满足平行变化趋势，即在没有干预的条件下两

表 3-7 水稻化肥农药减施增效技术推广模式分配

地区		江苏射阳		地区		湖北钟祥		地区		江西弋阳	
		化肥	农药			化肥	农药			化肥	农药
海河镇	革新村	农技员+农户	农技员+农户	张集镇	斋公岭村	农技员+农户	农技员+农户	清湖乡	龙山村	农技员+农户	农技员+农户
	永坛村	农技员+微信	农技员+微信		万金湖村	农技员+微信	农技员+微信		栗塘村	农技员+微信	农技员+微信
	新运村	农技员+农资店	农技员+农资店		包畈村	农技员+农资店	农技员+农资店		胡琳村	农技员+农资店	农技员+农资店
	宏丰村	对照	对照		罗庄村	对照	对照		庙脚村	对照	对照
新坍镇	新集村	农技员+农户	农技员+农户	洋梓镇	龙泉村	农技员+农户	农技员+农户	港口镇	鉴山村	农技员+农户	农技员+农户
	卢公祠社区	农技员+大户	农技员+大户		肖山村	农技员+大户	农技员+大户		小店村	农技员+大户	农技员+大户
	四烈村	企业+农户	企业+农户		花山村	企业+农户	企业+农户		上坊村	企业+大户	企业+农户
	安家洼社区	对照	对照		白陵村	对照	对照		港口村	对照	对照
千秋镇	民新村	农技员+微信	农技员+微信	石牌镇	胡冲村	农技员+微信	农技员+微信	中畈乡	下范村	农技员+微信	农技员+微信
	渠东村	企业+农户	企业+农户		勤劳村	企业+农户	企业+农户		芳墩村	企业+农户	企业+农户
	鲍墩社区	企业+大户	企业+大户		肖店村	企业+大户	企业+大户		中畈村	企业+大户	企业+大户
	滨兴村	对照	对照		汉景村	对照	对照		杉山村	对照	对照
兴桥镇	南庄村	农技员+大户	农技员+大户	双河镇	杨坪村	农技员+大户	农技员+大户	葛溪乡	马鞍村	农技员+大户	农技员+大户
	青华村	农技员+农资店	农技员+农资店		石龙村	农技员+农资店	农技员+农资店		港渡村	农技员+农资店	农技员+农资店
	西移村	企业+大户	企业+大户		大桥村	企业+大户	企业+大户		过港村	企业+大户	企业+大户
	幸福社区	对照	对照		林坪村	对照	对照		雷兰村	对照	对照

组的被解释变量具有同向、同幅度的变化趋势；第三，干预组和对照组之间不存在溢出效应，即对干预组进行干预的效果不会扩散到对照组。

一般，随机干预试验的执行主要有以下 3 个步骤（张林秀，2013）。第一，开展基线调查。在进行随机干预试验之前，需要对全部干预组和对照组研究对象的基本信息、核心变量以及可能的控制变量等进行一对一的问卷调查。第二，开展干预试验。采用随机原则对不同研究对象分配干预方案，即明确要对哪些研究对象进行干预，对哪些研究对象不进行干预。然后，对干预组研究对象进行干预，并记录核心变量和可能的控制变量。与此同时，也要对对照组研究对象进行相应的记录。第三，开展效应评估。结合基线调查数据和随机干预试验过程中的记录数据，采用计量经济方法建立实证模型，评估干预效应。

3.2.3.2 试验地区和样本选取

为了考察不同推广模式对化肥农药施用的影响，2018 年和 2019 年，课题组分别对长江流域水稻、苹果、茶叶和设施蔬菜种植户进行了两轮随机干预试验。其中，水稻生产随机干预试验在江苏射阳、湖北钟祥和江西弋阳进行，苹果生产随机干预试验在山东栖霞和陕西淳化进行，茶叶生产随机干预试验在贵州湄潭进行，设施蔬菜生产随机干预试验在山东寿光进行。需要说明的是，上述省份均为相应农作物的主产地，因此本研究具有较好的代表性。

为了保证随机干预试验的随机性，在每个省都采用多阶段随机抽样方法选取样本农户。其中，水稻农户在 2018 年春季水稻播种之前选取，苹果、茶叶和设施蔬菜农户在 2017 年底选取。在每个水稻、苹果和茶叶试验县随机选取 4 个试验乡镇，在每个水稻试验乡镇随机选取 4 个试验村，在每个苹果、茶叶试验乡镇随机选取 3 个试验村；在设施蔬菜试验县随机选取 2 个试验乡镇，在每个试验乡镇随机选取 6 个试验村，在每个试验村随机选取约 20 个农户。为了保证不同村的农户之间不产生溢出效应，同一个乡镇的试验村不能是邻村。最终，1002 个水稻农户、481 个苹果农户、240 个茶叶农户、244 个设施蔬菜农户参加了随机干预试验。在后续随机干预试验执行过程中，有少数农户因为各种原因主动或被动退出试验。

3.2.3.3 推广模式分配原则

在每个水稻试验县共有 4 个试验乡镇 16 个试验村，其中 12 个试验村为干预组、4 个试验村为对照组；每个水稻试验乡镇的 4 个试验村中，有 3 个试验村为干预组、1 个试验村为对照组。在每个苹果和茶叶试验县有 4 个试验乡镇 12 个试验村，其中 8 个试验村为干预组、4 个试验村为对照组；其中，每个苹果和茶叶试验乡镇的 2 个试验村为干预组、1 个试验村为对照组。在设施蔬菜试验县有 2 个试验乡镇 12 个试验村，其中 8 个试验村为干预组、4 个试验村为对照组；其中，每个设施蔬菜试验乡镇的 4 个试验村为干预组、2 个试验村为对照组。每个试验县内推广模式分配必须满足以下两个要求：第一，在每个试验县每一种推广模式方案都必须重复 2 次，从而保证每个干预组的试验村都被分配一个推广模式；第二，每两个试验乡镇必须有一个同样的推广模式，从而保证同一试验县内不同试验乡镇的不同推广模式对化肥农药施用的影响具有可比性。

为便于表述，全部试验乡镇和试验村以及技术推广模式都被随机编码。以水稻的化肥施用随机干预试验为例，每个试验县内的试验乡镇分别编码为试验乡镇 A、试验乡镇 B、试验乡镇 C、试验乡镇 D。此外，水稻化肥施用随机干预试验的 6 种推广模式分别编码为模式Ⅰ、模式Ⅱ、模式Ⅲ、模式Ⅳ、模式Ⅴ、模式Ⅵ。在水稻化肥施用随机干预试验的例子中，推分配将按照以下 5 个步骤进行。第一，在每个试验乡镇随机选取一个试验村作为对照组，不失一般性，假设每个试验乡镇的第 1 个试验村即试验村 A1、试验村 B1、试验村 C1 和试验村 D1 为对照组。第二，给试验乡镇 A 分配推广模式。具体而言，在 6 种推广模式中随机地选取 3 种分配（假设为模式Ⅰ、模式Ⅱ和模式Ⅲ）给试验乡镇 A 的其他 3 个村，假设把模式Ⅰ分配给试验村 A2、模式Ⅱ分配给试验村 A3、模式Ⅲ分配给试验村 A4。第三，给试验乡镇 B 分配推广模式。由于试验乡镇 A 和试验乡镇 B 必须有一个相同的推广模式，按照随机原则，假设随机地把模式Ⅰ分配给试验村 B2。此外，也随机地把模式Ⅳ、模式Ⅴ分别分配给试验村 B3 和试验村 B4。第四，给试验乡镇 C 分配推广模式。类似地，试验乡镇 C 必须和试验乡镇 A、试验乡镇 B 分别有一个相同的推广模式。因此，不失一般性，把模式Ⅱ、模式Ⅳ分别分配给试验村 C2 和试验村 C3。此外，把模式Ⅵ随机地分配给试验村 C4。第五，给试验乡镇 D 分配推广模式。由于模式Ⅰ、模式Ⅱ、模式Ⅳ已经在试验乡镇 A、试验乡镇 B 和试验乡镇 C 均已经重复了 2 次，把模式Ⅲ、模式Ⅴ、模式Ⅵ分别分配给试验村 D2、试验村 D3 和试验村 D4。需要说明的是，整个推广模式分配均遵照随机原则。

以水稻化肥施用随机干预试验为例，具体推广模式的分配如图 3-12 所示。

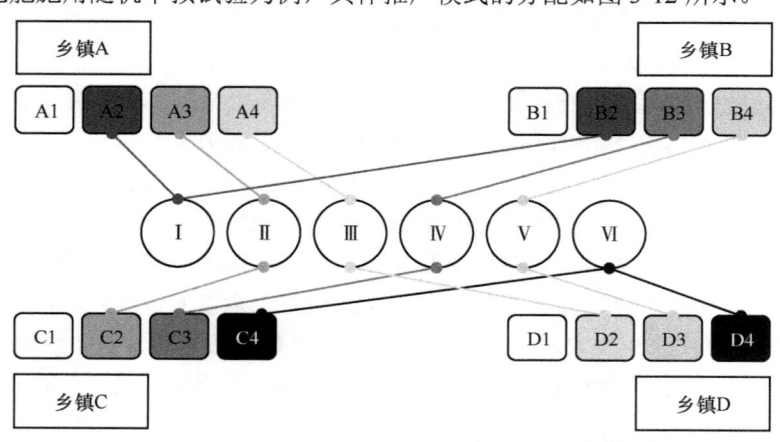

图 3-12　随机干预试验中推广模式的分配原则

3.2.3.4　试验数据收集

通过两种方法收集随机干预试验数据。第一，在基线调查时采用一对一的问卷调查获取相关信息。对每一位调查员进行统一的调查技巧培训。问卷调查信息包括农户基本特征、非农工作经历、农作物生产、化肥农药施用等。第二，在随机干预试验执行过程中定期对试验农户进行多次跟踪调查，从而收集农户的农作物生产尤其是化肥农药施用的详细信息。为了提高数据的准确性，向每一位试验农户提供了一份订制的挂历，在其中插入了农作物生产和化肥农药施用的信息记录表。因此，调查员定期检查和修订农户的信息记录。

3.2.4　双重差分模型

双重差分模型是进行基于随机干预试验的效应评估的重要方法。本部分在忽略其他解释变量的条件下简要介绍双重差分模型的基本原理。计量经济模型如下。

$$y_{it} = \beta_0 + \beta_1 \times \text{Treat}_i + \beta_2 \times \text{Post}_t + \beta_3 \times \text{Treat}_i \times \text{Post}_t + u_{it} \tag{3-1}$$

式中，y_{it} 表示因变量，$\beta_0 \sim \beta_3$ 为系数，u_{it} 为随机误差项，i 表示第 i 个个体，t 表示第 t 期，

Treat$_i$为干预组虚拟变量（=1 代表干预组，=0 代表对照组），Post$_t$为干预后虚拟变量（=1 表示干预后，=0 表示干预前），Treat$_i$×Post$_t$为干预组虚拟变量和干预后虚拟变量的交叉项。因此，干预组、对照组在干预前和干预后的因变量平均水平分别为

$$\bar{y}_{i=1,t=0} = \beta_0 + \beta_1 \times 1 + \beta_2 \times 0 + \beta_3 \times 1 \times 0 = \beta_0 + \beta_1 \tag{3-2}$$

$$\bar{y}_{i=1,t=1} = \beta_0 + \beta_1 \times 1 + \beta_2 \times 1 + \beta_3 \times 1 \times 1 = \beta_0 + \beta_1 + \beta_2 + \beta_3 \tag{3-3}$$

$$\bar{y}_{i=0,t=0} = \beta_0 + \beta_1 \times 0 + \beta_2 \times 0 + \beta_3 \times 0 \times 0 = \beta_0 \tag{3-4}$$

$$\bar{y}_{i=0,t=1} = \beta_0 + \beta_1 \times 0 + \beta_2 \times 1 + \beta_3 \times 0 \times 1 = \beta_0 + \beta_2 \tag{3-5}$$

在此基础上，进一步计算干预组、对照组在干预前后的因变量平均水平一重差分。

$$\Delta \bar{y}_{i=1} = \bar{y}_{i=1,t=1} - \bar{y}_{i=1,t=0} = (\beta_0 + \beta_1 + \beta_2 + \beta_3) - (\beta_0 + \beta_1) = \beta_2 + \beta_3 \tag{3-6}$$

$$\Delta \bar{y}_{i=0} = \bar{y}_{i=0,t=1} - \bar{y}_{i=0,t=0} = (\beta_0 + \beta_2) - \beta_0 = \beta_2 \tag{3-7}$$

在式（3-6）和式（3-7）的基础上，进一步计算干预组和对照组的因变量平均水平一重差分的差值，即双重差分量（difference-in-differences，DID）。

$$\text{DID} = \Delta \bar{y}_{i=1} - \Delta \bar{y}_{i=0} = (\beta_2 + \beta_3) - \beta_2 = \beta_3 \tag{3-8}$$

干预组虚拟变量和干预后虚拟变量交叉项的系数 β_3，即随机干预对因变量的影响。实证研究过程中有以下 3 个问题需要注意：一是其他变量对因变量的影响；二是根据研究需要对式（3-1）进行拓展，如三重差分模型可进一步分析随机干预对因变量的影响是否因其他因素而异；三是采用分位数回归方法替代普通最小二乘估计法考察随机干预对因变量影响的分布效应。

3.3 化肥农药减施增效技术推广模式的效果评估

3.3.1 水稻化肥农药减施增效技术推广模式的效果

3.3.1.1 随机干预试验执行

水稻的化肥农药减施增效技术推广模式的随机干预试验在江苏射阳、湖北钟祥和江西弋阳同时进行。课题组在每个县随机选取 4 个乡镇，在每个乡镇随机选取 4 个村，在每个村随机选取 20 个左右农户，最终水稻的化肥农药减施增效技术推广模式的随机干预试验共有 1002 个农户。为了确保同一个县内的试验结果具有可比性，每一种推广模式在同一个县内重复 2 次，而且每两个乡镇必须有一个相同的推广模式。具体的推广模式分配如表 3-7 所示。

3.3.1.2 干预前后化肥农药施用情况的比较

表 3-8 展示了干预组和对照组农户在干预前后的化肥施用量的变化情况。经过一年培训，农户氮肥施用量都有所增加，农技员培训大户（农技员+大户）的氮肥施用量增加最少，农技员发送微信（农技员+微信）的增加最多。相比于对照组，农技员+大户、农技员培训农资店（农技员+农资店）、企业培训农户（企业+农户）3 个模式中农户氮肥施用量的增量更小。其中，农技员+大户减少的最多，为 17.13kg/hm²；农技员+农资店模式减少了 13.76kg/hm²；企业+农户减少了 4.25kg/hm²。而农技员培训农户（农技员+农户）、农技员+微信、企业培训大户（企业+大户）3 个模式，农户氮肥施用量的增加要大于对照组农户氮肥施用量的增加，分别增加了 2.66kg/hm²、18.29kg/hm²、15.69kg/hm²。

表 3-8　样本农户干预前后化肥施用量变化　　　　　　　　（单位：kg/hm²）

化肥施用		农技员+农户	农技员+大户	农技员+微信	农技员+农资店	企业+农户	企业+大户	对照组
干预前（2017年）	氮肥	261.58	251.23	247.49	252.36	240.00	221.74	253.97
	磷肥	78.13	79.74	88.19	86.53	91.96	91.11	96.62
	钾肥	83.21	75.10	94.12	77.98	97.50	93.92	103.13
干预后（2018年）	氮肥	288.98	258.84	290.52	263.34	260.49	262.17	278.71
	磷肥	79.60	74.67	89.93	81.05	103.09	94.48	94.65
	钾肥	78.75	77.85	92.65	81.01	107.97	98.61	93.37
干预后（2019年）	氮肥	193.14	201.60	207.77	195.6	215.95	215.74	207.49
	磷肥	74.08	80.83	90.82	74.12	116.40	102.38	98.52
	钾肥	82.87	87.91	93.38	82.01	122.78	107.00	104.86
2018年−2017年	氮肥	27.4	7.61	43.03	10.98	20.49	40.43	24.74
	磷肥	1.47	−5.07	1.74	−5.48	11.13	3.37	−1.97
	钾肥	−4.46	2.75	−1.47	3.03	10.47	4.69	−9.76
2019年−2018年	氮肥	−95.84	−57.24	−82.75	−67.74	−44.54	−46.43	−71.22
	磷肥	−5.52	6.16	0.89	−6.93	13.31	7.90	3.87
	钾肥	4.12	10.06	0.73	1.00	14.81	8.39	11.49

注：数据来自课题组实地调查

相比对照组变化，农技员+农资店和农技员+大户模式下农户减少了磷肥的施用量（表 3-8）。农技员+大户、农技员+农资店和对照组的农户经过一年的干预后磷肥施用量都有减少，其他组的农户磷肥施用量都有增加。农技员+农资店相对于对照组减少的最多，为 3.51kg/hm²；农技员+大户相对于对照组减少了 3.1kg/hm²；其他干预组相对于对照组的农户磷肥施用量都有所增加。

在农户的钾肥施用量变化中，相比对照组都有所增加（表 3-8）。其中，企业+农户增加的最多，增加了 20.23kg/hm²；农技员+农户增加的最少，增加了 5.3kg/hm²。农技员+大户与对照组相比增加了 12.51kg/hm²，农技员+微信与对照组相比增加了 8.29kg/hm²，农技员+农资店与对照组相比增加了 12.79kg/hm²，企业+大户与对照组相比增加了 14.45kg/hm²。

表 3-8 表明，第二年干预后相比第一年，相比对照组的变化，氮肥施用量增加的有农技员+大户、农技员+农资店、企业+农户、企业+大户，分别增加了 13.98kg/hm²、3.48kg/hm²、26.68kg/hm²、24.79kg/hm²，氮肥施用量减少的有农技员+农户、农技员+微信，分别减少了 24.62kg/hm²、11.53kg/hm²；磷肥施用量增加的有农技员+大户、企业+农户、企业+大户，分别增加了 2.29kg/hm²、9.44kg/hm²、4.03kg/hm²，磷肥施用量减少的有农技员+农户、农技员+微信、农技员+农资店，分别减少了 9.39kg/hm²、2.98kg/hm²、10.80kg/hm²；钾肥施用量增加的有企业+农户，增加了 3.32kg/hm²，钾肥施用量减少的有农技员+农户、农技员+大户、农技员+微信、农技员+农资店、企业+大户，分别减少了 7.37kg/hm²、1.43kg/hm²、10.76kg/hm²、10.49kg/hm²、3.10kg/hm²。

表 3-9 是 2017～2019 年不同推广模式下干预组和对照组农户的平均农药施用情况，包括农药施用总量、杀虫剂施用量、杀菌剂施用量、除草剂施用量。2018～2019 年试验期内，各个样本组农户的平均农药施用总量及杀虫剂、杀菌剂和除草剂平均施用量相较于基期均明显

减少,其中农技员+大户模式对农户减少农药施用量的效果最明显。经过2年干预后,农技员+农户、农技员+农资店、农技员+大户、农技员+微信、企业+农户、企业+大户模式下的农户平均农药施用量分别减少了7.99kg/hm²、8.58kg/hm²、8.99kg/hm²、7.76kg/hm²、7.25kg/hm²、6.62kg/hm²,而对照组的农户平均农药施用量也减少了8.65kg/hm²,与对照组相比,只有农技员+大户的农户组农药减少量较大,其他各组农药减少量相对于对照组则比较少,这说明对农户进行农药知识培训、农技部门对大户培训进行农药技术扩散的这一模式可能是相对最有效的。干预后对于不同种类的农药,农户的平均农药施用量减少有较大差异,其中杀虫剂平均施用量的减少最多、杀菌剂次之、除草剂最少。

表3-9 样本农户干预前后农药施用量变化 （单位：kg/hm²）

农药施用		农技员+农户	农技员+农资店	农技员+大户	农技员+微信	企业+农户	企业+大户	对照组
干预前（2017年）	农药	9.05	10.17	10.16	9.55	9.00	8.08	10.17
	杀虫剂	4.31	5.61	4.48	4.93	3.95	4.22	5.33
	杀菌剂	2.71	2.73	3.58	2.30	2.60	2.10	2.87
	除草剂	1.99	1.82	1.99	2.15	2.40	1.74	1.92
干预后（2018年）	农药	5.85	6.17	5.39	6.37	5.34	5.25	5.75
	杀虫剂	2.32	3.08	3.02	3.54	2.35	2.72	2.65
	杀菌剂	1.61	1.88	1.46	0.98	1.26	1.08	1.43
	除草剂	1.92	1.22	0.91	1.85	1.73	1.37	1.70
干预后（2019年）	农药	1.06	1.59	1.17	1.79	1.75	1.46	1.52
	杀虫剂	0.41	0.97	0.59	0.94	0.69	0.65	0.68
	杀菌剂	0.09	0.19	0.10	0.11	0.15	0.08	0.12
	除草剂	0.56	0.42	0.47	0.75	0.91	0.73	0.71
2018年-2017年	农药	-3.20	-4.00	-4.77	-3.18	-3.66	-2.83	-4.42
	杀虫剂	-1.99	-2.53	-1.46	-1.39	-1.60	-1.50	-2.68
	杀菌剂	-1.10	-0.85	-2.12	-1.32	-1.34	-1.02	-1.44
	除草剂	-0.07	-0.60	-1.08	-0.30	-0.67	-0.37	-0.22
2019年-2018年	农药	-4.80	-4.58	-4.22	-4.58	-3.59	-3.79	-4.23
	杀虫剂	-1.91	-2.11	-2.43	-2.60	-1.66	-2.07	-1.97
	杀菌剂	-1.52	-1.69	-1.36	-0.87	-1.11	-1.00	-1.31
	除草剂	-1.36	-0.80	-0.44	-1.10	-0.82	-0.64	-0.99

注：数据来自课题组实地调查

2019年相较于2018年农户的平均农药施用量减施效果,整体上高于2018年相较于基期的减施效果（表3-9）。经过2018年一年的干预,6种干预模式下的农户平均农药施用量分别减少了3.20kg/hm²、4.00kg/hm²、4.77kg/hm²、3.18kg/hm²、3.66kg/hm²、2.83kg/hm²,而2019年相比2018年则分别减少了4.80kg/hm²、4.58kg/hm²、4.22kg/hm²、4.58kg/hm²、3.59kg/hm²、3.79kg/hm²,对比之下,在大多数培训模式下2019年干预对农户减少农药施用的效果比2018年更明显。干预后对于不同种类的农药,农户的平均农药施用量减少有较大差异,其中杀虫剂平均施用量的减少最多、杀菌剂次之、除草剂最少。

3.3.1.3 计量经济模型

为了评估不同推广模式对水稻农户化肥农药施用量的影响,将在3.2.4部分的基础上建立具体的双重差分模型。由于水稻农户存在过量、适量、不足施用化肥3种不同的实践行为,因此为了进一步考察不同推广模式对不同类型农户化肥施用量影响的差异性,在传统的双重差分模型基础上进行拓展,建立模型如下。

$$y_{it} = \alpha + (\beta_0 + \beta_1 \times Over_{it} + \beta_2 \times Under_{it}) \times Treat_i + (\gamma_0 + \gamma_1 \times Over_{it} + \gamma_2 \times Under_{it}) \\ \times Post_t + (\delta_0 + \delta_1 \times Over_{it} + \delta_2 \times Under_{it}) \times Treat_i \times Post_t + \varphi \times X' + u_{it}$$

（3-9）

式中,y_{it}为化肥施用量,$Over_{it}$、$Under_{it}$分别为过量、不足施肥者虚拟变量,$Treat_i$为干预组虚拟变量,$Post_t$为干预后虚拟变量,X'为其他控制变量向量,α、β、γ、δ、φ为待估系数,u_{it}为随机误差项,i表示第i个农户,t表示第t期。

对于农药施用干预效果评估,把农户按照基期农药施用量等分为高施用组、中施用组、低施用组。类似地,也建立了一个拓展的双重差分模型,如下。

$$y_{it} = \alpha + (\beta_0 + \beta_1 \times High_{it} + \beta_2 \times Low_{it}) \times Treat_i + (\gamma_0 + \gamma_1 \times High_{it} + \gamma_2 \times Low_{it}) \\ \times Post_t + (\delta_0 + \delta_1 \times High_{it} + \delta_2 \times Low_{it}) \times Treat_i \times Post_t + \varphi \times X' + u_{it}$$

（3-10）

式中,y_{it}为农药施用量,$High_{it}$、Low_{it}分别为高施用组、低施用组农户虚拟变量,$Treat_i$为干预组虚拟变量,$Post_t$为干预后虚拟变量,X'为其他控制变量向量,α、β、γ、δ、φ为待估系数,u_{it}为随机误差项,i表示第i个农户,t表示第t期。

采用普通最小二乘法估计不同推广模式的平均效应,然后采用分位数回归估计不同推广模式对化肥农药施用量影响的分布效应。

3.3.1.4 不同推广模式对化肥施用影响的结果分析

从表3-10可知,经过一年干预后,如果不区分过量、适量、不足施肥者,随机干预对化肥施用量的影响不显著。但是,如果把农户分为过量、适量、不足施肥者,随机干预显著降低了过量施肥者的化肥施用量,而显著提高了不足施肥者的化肥施用量;而对于适量施肥者,则显著提高了磷肥施用量,对氮肥和钾肥施用量的影响不显著。

表3-10 随机干预对水稻农户化肥施用影响的平均效应

农户类型		氮肥对数	磷肥对数	钾肥对数
2018年-2017年	全部农户	0.01（0.04）	-0.03（0.05）	0.01（0.07）
	过量施肥者	-0.29（0.04）***	-0.25（0.08）***	-0.28（0.09）***
	适量施肥者	0.05（0.08）	0.62（0.14）***	-0.08（0.15）
	不足施肥者	0.47（0.09）***	0.32（0.12）**	0.67（0.15）***
2019年-2018年	全部农户	-0.02（0.09）	0.04（0.06）	0.02（0.09）
	过量施肥者	-0.08（0.07）	0.01（0.07）	-0.06（0.08）
	适量施肥者	0.14（0.15）	-0.13（0.18）	0.32（0.25）
	不足施肥者	-0.07（0.12）	-0.26（0.32）	0.05（0.19）

注：表中数据为平均值,括号内数据为标准误；**、*** 分别表示在0.05、0.01水平差异显著

表 3-10 表明，随机干预总体使得氮肥过量施肥者减少了 29% 的氮肥施用量（约 94.7kg/hm²），使得磷肥过量施肥者减少了 25% 的磷肥施用量（约 26.8kg/hm²），以及使得钾肥过量施肥者减少了 28% 的钾肥施用量（约 32.7kg/hm²）。相比之下，随机干预总体使氮肥不足施肥者增加了 47% 的施用量，约 72.4kg/hm²；磷肥不足施肥者增加了 32% 的施用量，约 13.3kg/hm²；钾肥不足施肥者增加了 67% 的施用量，约 28.7kg/hm²。随机干预总体会使磷肥适量施肥者增加 62% 的施用量，约 30.8kg/hm²。但是，干预后第二年同干预后第一年相比，不同农户之间化肥施用量变化没有显著差异（表 3-10）。

表 3-11 显示分位数回归估计结果。随机干预一年后，对于氮肥过量施肥者随着其过量程度的增加，干预产生减量的效果有着变弱的趋势，从 20 分位点到 80 分位点，干预的效果分别是-41%、-35%、-29%、-26%、-23%、-16%、-17%。类似的趋势同样在钾肥过量施肥者中得以体现，从 20 分位点的-30% 变为 70 分位点的-12%，而在 80 分位点时影响变为不显著。而对于磷肥过量施肥者，仅对处在 20~40 分位点的过量施肥者有着减少其用量的影响，其他农户效果不显著。

表 3-11 表明，对于适量施肥者，干预对氮肥适量施肥者仅在 50 分位点、80 分位点阶段有显著影响，分别使得氮肥增加了 13%、26%。对于钾肥适量施肥者，仅在高分位点有显著正向影响，即 70 分位点的 34%、80 分位点的 63%。而对于磷肥适量施肥者，所有分位点都显著，从 20 分位点到 80 分位点，分别为 34%、45%、49%、56%、70%、66%、96%，总体上呈现随着分位点增高而变大的趋势。

对于不足施肥者，干预总体使得化肥施用量都得到了显著的提高，但是在氮、磷和钾肥上的趋势却不尽相同（表 3-11）。具体地，对于氮肥不足施肥者，在 20 分位点到 80 分位点之间，干预的效果分别为 50%、54%、50%、46%、33%、41%、47%，总体上呈现先减后增的趋势，在中间分位点达到了最小值，而在两端分位点时影响较大。对于磷肥不足施肥者，在 20 分位点干预显著提高了 38% 的施用量，而 30 分位点不显著，从 40 分位点到 80 分位点，影响依次为 29%、31%、40%、36%、44%，总体上也是呈现先减再增、两端较大的趋势。对于钾肥不足施肥者，同样呈现先减再增、两端较大的趋势，在 20 分位点到 80 分位点上，干预的效果依次是 61%、58%、50%、43%、60%、72%、80%。干预后两年和干预后一年之间并无显著的差异。

表 3-12 表明，不同推广模式对过量施肥者的减施效果是不同的。其中，农技员+农户、农技员+微信、农技员+农资店、农技员+大户在 2018 年分别减少了 22%、21%、36%、33% 的氮肥施用量。同时，企业+农户、企业+大户对氮肥过量施肥者的减施效果分别为 36%、28%。在磷肥过量施肥者中，农技员+农户、农技员+农资店、农技员+大户分别使得农户减少了 28%、36%、38% 的磷肥施用量。以企业为主体的推广模式对磷肥过量施肥者并无显著的减施效果。在钾肥过量施肥者中，农技员+农户、农技员+微信、农技员+农资店、农技员+大户都显著减少了农户的钾肥施用量，分别减少了 41%、32%、34%、38%。同样，以企业为主体的干预模式对钾肥过量施肥者并无显著减施的效果。

对于适量施肥者，所有推广模式都显著增加了磷肥施用量，而对于氮肥和钾肥适量施肥者，这些干预并没有使得他们增加氮肥和钾肥的施用量（表 3-12）。具体而言，以政府为主体的推广模式会导致磷肥适量施肥者增加 54% 的磷肥施用量，其中，农技员+微信的增加效应最大，其他 3 种模式的增加效应为 34%~51%。而以企业为主体的推广模式则会导致磷肥适

表 3-11 随机干预对水稻农户化肥施用影响的分布效应

化肥施用			20分位点	30分位点	40分位点	50分位点	60分位点	70分位点	80分位点
2018年—2017年	过量施肥者	氮肥对数	-0.41 (0.06)***	-0.35 (0.04)***	-0.29 (0.06)***	-0.26 (0.04)***	-0.23 (0.04)***	-0.16 (0.04)***	-0.17 (0.05)***
		磷肥对数	-0.20 (0.11)*	-0.21 (0.09)**	-0.20 (0.09)**	-0.12 (0.07)	-0.09 (0.08)	-0.11 (0.09)	-0.02 (0.13)
		钾肥对数	-0.30 (0.11)***	-0.23 (0.08)***	-0.16 (0.08)*	-0.15 (0.06)**	-0.13 (0.06)**	-0.12 (0.06)*	-0.09 (0.05)*
	适量施肥者	氮肥对数	-0.20 (0.12)*	-0.03 (0.08)	0.05 (0.07)	0.13 (0.07)**	0.09 (0.08)	0.12 (0.09)	0.26 (0.08)***
		磷肥对数	0.34 (0.12)***	0.45 (0.11)***	0.49 (0.09)***	0.56 (0.13)***	0.70 (0.08)***	0.66 (0.13)***	0.96 (0.21)***
		钾肥对数	-0.14 (0.34)	-0.05 (0.23)	0.16 (0.21)	0.19 (0.22)	0.23 (0.19)	0.34 (0.21)*	0.63 (0.20)***
	不足施肥者	氮肥对数	0.50 (0.10)***	0.54 (0.07)***	0.50 (0.13)***	0.46 (0.14)***	0.33 (0.12)***	0.41 (0.08)***	0.47 (0.09)***
		磷肥对数	0.38 (0.20)*	0.30 (0.22)	0.29 (0.16)*	0.31 (0.15)**	0.40 (0.21)*	0.36 (0.20)*	0.44 (0.16)***
		钾肥对数	0.61 (0.28)**	0.58 (0.18)***	0.50 (0.14)***	0.43 (0.10)***	0.60 (0.13)***	0.72 (0.15)***	0.80 (0.12)***
2019年—2018年	过量施肥者	氮肥对数	-0.09 (0.10)	0.01 (0.06)	-0.06 (0.08)	0.00 (0.07)	-0.02 (0.07)	-0.04 (0.08)	-0.10 (0.10)
		磷肥对数	0.03 (0.13)	0.02 (0.09)	-0.06 (0.07)	-0.00 (0.05)	-0.04 (0.05)	0.00 (0.07)	-0.12 (0.09)
		钾肥对数	-0.14 (0.11)	-0.02 (0.05)	-0.04 (0.06)	-0.01 (0.08)	-0.01 (0.10)	0.01 (0.09)	-0.02 (0.11)
	适量施肥者	氮肥对数	0.15 (0.28)	0.28 (0.24)	0.07 (0.21)	0.07 (0.19)	0.09 (0.20)	0.21 (0.18)	0.13 (0.15)
		磷肥对数	-0.21 (0.21)	-0.14 (0.12)	-0.08 (0.12)	0.01 (0.16)	-0.05 (0.18)	0.04 (0.15)	-0.19 (0.23)
		钾肥对数	0.08 (0.51)	0.27 (0.34)	0.09 (0.29)	0.21 (0.35)	0.19 (0.36)	0.32 (0.33)	0.17 (0.27)
	不足施肥者	氮肥对数	-0.13 (0.23)	-0.13 (0.18)	-0.12 (0.21)	-0.24 (0.17)	-0.06 (0.12)	-0.07 (0.09)	0.01 (0.11)
		磷肥对数	-0.34 (0.27)	-0.46 (0.33)	-0.26 (0.23)	-0.17 (0.31)	0.04 (0.33)	0.29 (0.34)	0.02 (0.29)
		钾肥对数	-0.05 (0.35)	-0.10 (0.25)	0.12 (0.20)	0.14 (0.17)	0.14 (0.16)	0.07 (0.13)	0.08 (0.14)

注：表中数据为平均值，括号内数据为标准误；***、**、* 分别表示在 0.01、0.05、0.1 水平差异显著。下同

表3-12 不同推广模式对水稻农户化肥施用影响的平均效应

	化肥施用		农技员+农户	农技员+微信	农技员+农资店	农技员+大户	企业+农户	企业+大户
2016年—2017年	过量施肥者	氮肥对数	-0.22 (0.07)***	-0.21 (0.09)**	-0.36 (0.04)***	-0.33 (0.05)***	-0.36 (0.07)***	-0.28 (0.11)**
		磷肥对数	-0.28 (0.14)*	-0.31 (0.21)	-0.36 (0.12)***	-0.38 (0.14)**	-0.13 (0.13)	-0.11 (0.14)
		钾肥对数	-0.41 (0.13)***	-0.32 (0.10)***	-0.34 (0.15)**	-0.38 (0.14)***	-0.12 (0.09)	-0.16 (0.17)
	适量施肥者	氮肥对数	0.12 (0.08)	0.11 (0.26)	0.01 (0.13)	0.02 (0.16)	-0.02 (0.12)	0.08 (0.08)
		磷肥对数	0.51 (0.17)***	0.86 (0.14)***	0.34 (0.18)*	0.49 (0.11)***	0.86 (0.18)***	1.10 (0.18)***
		钾肥对数	0.03 (0.16)	-0.40 (0.56)	-0.15 (0.17)	-0.13 (0.23)	0.09 (0.18)	0.02 (0.23)
	不足施肥者	氮肥对数	0.45 (0.10)***	0.46 (0.16)***	0.40 (0.14)***	0.38 (0.11)***	0.54 (0.14)***	0.55 (0.11)***
		磷肥对数	0.38 (0.15)**	0.30 (0.12)**	0.44 (0.23)*	0.13 (0.20)	0.34 (0.25)	0.38 (0.11)***
		钾肥对数	0.72 (0.24)*	0.47 (0.24)*	0.68 (0.16)***	0.62 (0.16)***	0.99 (0.17)***	0.70 (0.16)***
2018年—2019年	过量施肥者	氮肥对数	-0.11 (0.07)*	-0.12 (0.17)	-0.02 (0.08)	-0.22 (0.17)	0.01 (0.11)	-0.02 (0.14)
		磷肥对数	-0.12 (0.09)	0.11 (0.14)	-0.20 (0.08)**	0.05 (0.14)	0.19 (0.11)*	-0.01 (0.12)
		钾肥对数	-0.04 (0.07)	-0.09 (0.13)	-0.24 (0.18)	0.06 (0.17)	0.02 (0.11)	-0.09 (0.17)
	适量施肥者	氮肥对数	-0.11 (0.24)	0.09 (0.22)	0.13 (0.22)	0.37 (0.19)*	0.20 (0.17)	0.13 (0.19)
		磷肥对数	0.03 (0.18)	-0.56 (0.17)***	0.14 (0.17)	-0.22 (0.18)	-0.11 (0.19)	-0.17 (0.30)
		钾肥对数	0.42 (0.18)**	0.10 (0.76)	0.53 (0.38)	-0.10 (0.19)	0.44 (0.21)**	0.48 (0.25)*
	不足施肥者	氮肥对数	-0.27 (0.15)*	-0.00 (0.22)	-0.02 (0.16)	-0.15 (0.21)	0.03 (0.17)	-0.05 (0.16)
		磷肥对数	-0.92 (0.60)	0.52 (0.23)**	-0.25 (0.21)	-0.19 (0.29)	0.04 (0.21)	0.52 (0.16)***
		钾肥对数	-0.12 (0.20)	0.19 (0.33)	0.21 (0.24)	-0.01 (0.23)	0.12 (0.19)	0.35 (0.26)

量施肥者增加 96% 的施用量，其中企业+大户甚至导致磷肥适量施肥者增加了 110% 的磷肥施用量。

2018 年所有的推广模式大体上显著增加了不足施肥者的化肥施用量（表 3-12）。以政府为主体的推广模式使得氮肥不足施肥者增加了 42% 的氮肥施用量，磷肥不足施肥者增加了 30% 的磷肥施用量，而钾肥不足施肥者增加了 62% 的钾肥施用量。其中，农技员+农户、农技员+微信、农技员+农资店、农技员+大户使氮肥不足施肥者分别增加了 45%、46%、40%、38% 的氮肥施用量；除农技员+大户以外，农技员+农户、农技员+微信、农技员+农资店使磷肥不足施肥者分别增加了 38%、30%、44% 的磷肥施用量；使钾肥不足施肥者分别增加了 72%、47%、68%、62% 的钾肥施用量。另外，在以企业为主体的推广模式中，除了企业+农户对磷肥不足施肥者无显著影响，其他都显著提高了不足施肥者的化肥施用量。

表 3-12 也表明在 2019 年不同推广模式对肥料施用的影响方向和大小与 2018 年基本一致。其中，农技员+农户在第二年的干预中，对氮肥过量施肥者的减施效果增强了 11%，农技员+农资店在第二年的干预中，对磷肥过量施肥者的减施效果增强了 20%。同时，农技员+微信、企业+大户两种推广模式在第二年都使得磷肥不足施肥者多增加了 52% 的磷肥施用量。另外，农技员+微信在第二年使得磷肥适量施肥者减少了 56% 的磷肥施用量，使磷肥不足施肥者增加了 52% 的施用量，而农技员+农户在第二年使钾肥适量施肥者增加了 42% 的氮肥施用量，使得氮肥不足施肥者减少了 27% 的氮肥施用量。但总而言之，农技员+农户、农技员+微信这两种模式在第二年干预后对磷肥适量施肥者和氮肥不足施肥者有显著的增加效果。此外，两种以企业为主体的推广模式在 2019 年使钾肥适量施肥者显著增加了施用量，而在 2018 年没有显著的影响。类似的情况在农技员+大户模式下也有发生，该模式在 2019 年对氮肥适量施肥者有着显著的增施效果，而在 2008 年无显著影响。另外，企业+农户在 2019 年对过量施用磷肥的农户相比 2018 年有着提高的影响，但该系数仅在 10% 水平差异显著。总的来说，2019 年不同推广模式对化肥施用的效果与 2018 年基本一致。

3.3.1.5 不同推广模式对农药施用影响的结果分析

表 3-13 显示了农户农药施用量随机干预试验的计量经济估计结果。经过一年干预后，如果不把农户划分为高施用组、中施用组、低施用组，则干预对农户农药施用的影响是不显著的；如果将农户根据基期农药施用量分为高施用组、中施用组、低施用组，则干预使得高施用组农户显著减少了农药施用量，而使低施用组农户显著增加了农药施用量，而对中施用组农户的农药施用量则没有显著影响。其中，干预使得高施用组农户减少了 12% 的农药施用量（1.14kg/hm^2）、6% 的杀虫剂用量（0.29kg/hm^2）、4% 的杀菌剂用量（0.11kg/hm^2）、4% 的除草剂用量（0.08kg/hm^2）。对于低施用组农户，干预使其增加了 13% 的农药施用量（1.23kg/hm^2）、9% 的杀虫剂用量（0.43kg/hm^2）、3% 的杀菌剂用量（0.08kg/hm^2）、3% 的除草剂用量（0.06kg/hm^2）。这意味着，利用农药施用技术培训给农户提供科学、合理的农药信息和知识，对于原本农药施用量较高的农户可以减少农药施用，而原本农药施用量较低的农户可以增加农药施用，对不同农药施用行为的农户趋于做出更合理的农药施用决策。推进农药减施增效，针对不同农药施用行为的农户需要制定不同的培训方案可能效果会更明显，尤其是针对原本施药过多的农户。

第 3 章　化肥农药减施增效技术推广模式研究与应用

表 3-13　随机干预对水稻农户农药施用影响的平均效应

	农户类型	农药总量对数	杀虫剂对数	杀菌剂对数	除草剂对数
2018 年-2017 年	全部农户	0.01（0.02）	0.01（0.01）	0.00（0.01）	-0.01（0.01）
	高施用组	-0.12（0.04）***	-0.06（0.02）***	-0.04（0.02）**	-0.04（0.01）**
	中施用组	0.02（0.02）	0.01（0.16）	0.01（0.01）	-0.01（0.01）
	低施用组	0.13（0.02）***	0.09（0.12）	0.03（0.01）**	0.03（0.01）***
2019 年-2018 年	全部农户	0.01（0.02）	0.01（0.01）	0.00（0.01）	-0.00（0.01）
	高施用组	-0.12（0.03）***	-0.05（0.02）***	-0.04（0.02）**	-0.05（0.02）**
	中施用组	0.30（0.02）	0.02（0.01）	0.01（0.01）	0.00（0.00）
	低施用组	0.12（0.02）***	0.08（0.01）***	0.03（0.01）**	0.03（0.01）***

表 3-13 表明，干预后第二年同干预后第一年的效果相比没有明显变化。具体而言，结果发现干预使得高施用组农户显著减少了农药施用量，而使低施用组的农户显著增加了农药施用量，而对中施用组农户的农药施用量则没有显著影响。其中，干预使得高施用组农户减少了 12% 的农药用量、5% 的杀虫剂用量、4% 的杀菌剂用量、5% 的除草剂用量；对于低施用组农户，干预使其增加了 12% 的农药用量、8% 的杀虫剂用量、3% 的杀菌剂用量、3% 的除草剂用量。经过第二年的干预，基期施用量较高的农户依然会继续减少农药施用，而基期施用量较低的农户依然继续增加，说明持续农药技术培训对农户的施药行为有进一步的影响，改善农户施药行为需要不断地推广农业技术信息。

表 3-14 显示了不同推广模式对不同类型农户农药施用量影响的计量经济估计结果。对于高施用组农户，以企业为主体的推广模式比以农技员为主体的推广模式的减施效果更明显。一年干预后，在农技员+农资店、农技员+大户、农技员+微信 3 种模式下，高施用组农户分别显著减少了 10%、16%、11% 的农药施用总量；而农技员+农户的模式并没有显著影响农户减少农药施用总量；在企业+农户、企业+大户 2 种模式下，高施用组农户分别显著减少了 19%、13% 的农药施用总量。2019 年干预后相比 2018 年，在农技员+农户、农技员+农资店、农技员+大户、农技员+微信 4 种模式下，高施用组农户农药施用总量分别比对照组显著减少了 9%、11%、11%、11%；在企业+农户、企业+大户 2 种模式下，高施用组农户农药施用总量分别比对照组显著减少 18%、13%。两年干预效果都显示企业作为技术服务主体时，对高施用组农户农药减施有更明显的效果。

不同推广模式对高施用组农户不同种类农药施用量变化的影响有所差异（表 3-14）。经过一年干预后，在农技员+农资店、农技员+大户、企业+农户、企业+大户的模式下，高施用组农户杀虫剂施用量分别显著减少了 8%、7%、9%、6%；而农技员+农户、农技员+微信对高施用组农户的杀虫剂用量没有显著影响。经过两年培训后，在农技员+农资店、企业+农户、企业+大户模式下，高施用组农户杀虫剂施用量分别显著减少了 6%、7%、7%；而农技员+农户、农技员+大户、农技员+微信对高施用组农户的杀虫剂用量没有显著影响。对于杀菌剂，第一年干预后，农技员+大户、企业+农户 2 种模式下高施用组施用量显著减少；第二年干预后，只有农技员+大户模式的施用量显著减少，其他模式对高施用组农户的杀菌剂施用行为没有显著影响。对于除草剂，第一年干预后，农技员+农资店、农技员+大户、企业+农户、企业+大户模式高施用组施用量显著减少，其他 2 种无显著影响；第二年干预后，除农技员+农户、企业+大户模式外，其他 4 种模式下施用量均显著减少，但整体来说，高施用组农户对除

表3-14 不同推广模式对水稻农户农药施用影响的平均效应

农药施用			农技员+农户	农技员+农资店	农技员+大户	农技员+微信	企业+农户	企业+大户
2018年-2017年	高施用组	农药总量对数	-0.05 (0.05)	-0.10 (0.03)***	-0.16 (0.04)***	-0.11 (0.04)***	-0.19 (0.03)***	-0.13 (0.04)***
		杀虫剂对数	-0.01 (0.03)	-0.08 (0.02)***	-0.07 (0.04)*	-0.04 (0.03)	-0.09 (0.04)**	-0.06 (0.03)**
		杀菌剂对数	-0.03 (0.04)	-0.00 (0.02)	-0.07 (0.03)**	-0.04 (0.04)	-0.07 (0.03)**	-0.06 (0.05)
		除草剂对数	-0.01 (0.02)	-0.03 (0.01)**	-0.04 (0.02)***	-0.03 (0.02)	-0.06 (0.03)*	-0.03 (0.02)*
	中施用组	农药总量对数	0.04 (0.03)	-0.00 (0.03)	0.03 (0.03)	-0.02 (0.03)	0.05 (0.02)**	0.01 (0.03)
		杀虫剂对数	0.01 (0.02)	0.01 (0.02)	0.04 (0.01)***	0.01 (0.02)	0.04 (0.02)**	-0.01 (0.03)
		杀菌剂对数	0.02 (0.02)	0.00 (0.02)	0.02 (0.02)	-0.00 (0.01)	0.01 (0.02)	0.03 (0.02)**
		除草剂对数	0.01 (0.02)	-0.01 (0.02)	-0.03 (0.01)***	-0.02 (0.01)	0.01 (0.02)	-0.01 (0.01)*
	低施用组	农药总量对数	0.13 (0.03)***	0.13 (0.03)***	0.12 (0.02)***	0.18 (0.02)***	0.14 (0.02)***	0.11 (0.02)***
		杀虫剂对数	0.09 (0.01)***	0.08 (0.03)***	0.07 (0.02)***	0.12 (0.01)***	0.09 (0.02)***	0.08 (0.01)***
		杀菌剂对数	0.02 (0.01)*	0.03 (0.01)***	0.03 (0.01)***	0.03 (0.01)***	0.04 (0.01)***	0.03 (0.01)***
		除草剂对数	0.03 (0.02)	0.03 (0.01)***	0.02 (0.01)**	0.04 (0.02)**	0.02 (0.01)*	0.01 (0.01)*
2019年-2018年	高施用组	农药总量对数	-0.09 (0.04)*	-0.11 (0.03)***	-0.11 (0.04)***	-0.11 (0.04)***	-0.18 (0.04)***	-0.13 (0.04)***
		杀虫剂对数	-0.02 (0.02)	-0.06 (0.02)***	-0.03 (0.02)	-0.03 (0.03)	-0.07 (0.04)*	-0.07 (0.02)***
		杀菌剂对数	-0.04 (0.03)	-0.02 (0.01)	-0.05 (0.03)*	-0.03 (0.03)	-0.05 (0.03)	-0.04 (0.03)
		除草剂对数	-0.03 (0.02)	-0.05 (0.02)***	-0.04 (0.02)**	-0.04 (0.04)	-0.09 (0.04)**	-0.03 (0.02)
	中施用组	农药总量对数	0.04 (0.03)	0.03 (0.02)	0.02 (0.02)	0.02 (0.03)	0.05 (0.03)*	0.02 (0.03)
		杀虫剂对数	0.02 (0.01)*	0.03 (0.02)*	0.02 (0.01)*	0.01 (0.02)	0.04 (0.02)	-0.01 (0.02)
		杀菌剂对数	0.02 (0.02)	0.00 (0.02)	0.02 (0.01)	0.01 (0.01)	0.01 (0.01)	0.02 (0.02)
		除草剂对数	0.00 (0.01)	-0.00 (0.02)	-0.02 (0.01)	0.00 (0.01)	-0.00 (0.01)	0.01 (0.01)
	低施用组	农药总量对数	0.11 (0.02)***	0.11 (0.03)***	0.12 (0.02)***	0.14 (0.02)***	0.13 (0.02)***	0.12 (0.02)***
		杀虫剂对数	0.07 (0.02)***	0.07 (0.02)***	0.07 (0.01)***	0.09 (0.02)***	0.08 (0.01)***	0.07 (0.01)***
		杀菌剂对数	0.02 (0.01)*	0.03 (0.01)***	0.03 (0.01)***	0.03 (0.01)***	0.03 (0.01)***	0.03 (0.01)***
		除草剂对数	0.02 (0.01)	0.02 (0.01)	0.02 (0.01)	0.03 (0.01)	0.03 (0.01)	0.03 (0.01)***

草剂施用减少的幅度低于杀虫剂和杀菌剂。

对于低施用组农户,无论是以政府为主体还是以企业为主体的推广模式,农户的农药施用总量都有显著增加(表3-14)。一年干预后,在农技员+农户、农技员+农资店、农技员+大户、农技员+微信4种模式下,低施用组农户农药施用总量分别比对照组增加了13%、13%、12%、18%;而企业+农户、企业+大户2种模式下低施用组农户分别显著增加了14%、11%的农药施用总量。2019年干预后,在农技员+农户、农技员+农资店、农技员+大户、农技员+微信4种模式下,低施用组农户农药施用量相比于2018年比对照组分别增加了11%、11%、12%、14%;在企业+农户、企业+大户2种模式下,低施药组农户农药施用量相比于2018年分别比对照组增加13%、12%。两年干预效果显示,农技员+微信对低施用组农户的农药施用行为有最明显的影响。

3.3.2 苹果化肥农药减施增效技术推广模式的效果

3.3.2.1 随机干预试验执行

苹果的化肥农药减施增效技术推广模式随机干预试验在山东栖霞和陕西淳化同时进行。在栖霞和淳化分别随机选取4个乡镇,在每个乡镇随机选取3个村,在每个村随机选取20个左右农户,最终苹果的化肥农药减施增效技术推广模式随机干预试验共有481个农户参与。为了确保同一个县内的试验结果具有可比性,每一种推广模式在同一个县内重复2次,而且每两个乡镇有且仅有一个相同的推广模式。具体推广模式分配如表3-15所示。

表3-15 苹果化肥农药减施增效技术推广模式分配

地区		山东栖霞		地区		陕西淳化	
		化肥	农药			化肥	农药
杨础镇	太平庄村	农技员+微信	农技员+微信	卜家镇	薛家村	农技员+微信	农技员+微信
	东李家庄村	农技员+示范户	农技员+示范户		白庙村	农技员+示范户	农技员+示范户
	西柳村	对照	对照		东庄村	对照	对照
观里镇	衣林庄村	农技员+微信	农技员+微信	胡家庙镇	胡家庙村	农技员+微信	农技员+微信
	乔家村	企业+农户	农技员+农资店		上罗村	农技员+示范户	农技员+示范户
	孟家村	对照	对照		井村	对照	对照
蛇窝泊镇	南台村	农技员+农户	农技员+农户	铁王镇	相屋村	农技员+农户	农技员+农户
	东院头村	农技员+示范户	农技员+示范户		铁王村	企业+农户	农技员+农资店
	东荆夼村	对照	对照		南塬村	对照	对照
唐家泊镇	后野村	农技员+农户	农技员+农户	十里塬镇	马家山村	农技员+农户	农技员+农户
	田里村	企业+农户	农技员+农资店		北城堡村	企业+农户	农技员+农资店
	李家庄村	对照	对照		庄子村	对照	对照

3.3.2.2 干预前后化肥农药施用情况的比较

表3-16是对照组农户与不同推广模式下农户在基期和试验期的化肥平均施用具体情况,包括化肥施用总量、氮肥施用量、磷肥施用量、钾肥施用量。总体而言,农技员向农户发送技术信息微信(农技员+微信)、化肥企业直接培训农户(企业+农户)使得农户减少的化肥

施用量较大。其中，受到化肥企业直接培训的农户在随机干预试验前后的化肥施用量减少了 458.01kg/hm², 而农技员+微信使得这部分农户的化肥施用量减少了 667.94kg/hm²，这与对照组的农户减少 114.95kg/hm² 相比有了巨大的提升。但是，农技员定期直接对农户进行化肥施用技术培训（农技员+农户）、培训农业示范户并通过示范户进行化肥技术扩散（农技员+示范户）的推广模式对农户减少化肥使用的效果并不明显。其中，农技员+农户、农技员+示范户的农户平均化肥施用量分别减少了 54.63kg/hm²、148.11kg/hm²，这与对照组的 114.95kg/hm² 相比减少量并无太大变化。因此，不同推广模式对农户化肥施用的影响可能存在明显差异。

表 3-16 样本农户干预前后化肥施用量变化　　　　　　　　　（单位：kg/hm²）

	化肥施用	农技员+农户	农技员+微信	企业+农户	农技员+示范户	对照组
干预前	化肥总量	1736.86	1961.69	1642.10	1810.22	1802.91
	氮肥	631.52	738.79	594.27	683.69	664.02
	磷肥	489.91	596.42	457.48	537.54	511.33
	钾肥	617.13	728.00	591.82	589.63	628.25
干预后	化肥总量	1682.23	1293.75	1184.09	1662.11	1687.96
	氮肥	717.13	511.00	468.23	689.90	678.18
	磷肥	484.26	378.31	314.32	496.59	467.58
	钾肥	564.58	405.39	403.35	476.38	543.46
干预后−干预前	化肥总量	−54.63	−667.94	−458.01	−148.11	−114.95
	氮肥	85.61	−227.79	−126.04	6.21	14.16
	磷肥	−5.65	−218.11	−143.16	−40.95	−43.75
	钾肥	−52.55	−322.61	−188.47	−113.25	−84.79

注：数据来自课题组实地调查

不同推广模式主要减少农户的钾肥和氮肥施用量（表 3-16）。其中，4 种推广模式中钾肥施用量的变化最大，其次是氮肥和磷肥。在钾肥施用上，4 种推广模式下农户分别减少了 52.55kg/hm²、322.61kg/hm²、188.47kg/hm²、113.25kg/hm²。与对照组减少 84.79kg/hm² 相比，农技员+微信、企业+农户、农技员+示范户使得农户的钾肥施用量都有了明显减少。在氮肥施用方面，对照组农户氮肥施用量在试验期比基期多了 14.16kg/hm²，农技员+农户、农技员+示范户的农户氮肥施用量也有所增长，分别增加了 85.61kg/hm²、6.21kg/hm²。而企业+农户、农技员+微信的农户平均氮肥施用量则都比基期有所下降，分别减少了 227.79kg/hm²、126.04kg/hm²。而在磷肥施用方面，除了农技员+微信、企业+农户的农户分别减少了 218.11kg/hm²、143.16kg/hm²，与对照组减少的 43.75kg/hm² 相比有所提升；农技员+示范户的农户提升不大，减少了 40.95kg/hm² 的磷肥施用量；而农技员+农户的农户仅减少了 5.65kg/hm² 的磷肥施用量。

表 3-17 是对照组农户与不同推广模式下农户在基期和试验期的农药平均施用具体情况。试验期各个干预组和对照组农户的平均农药施用量明显减少，农技员+微信对农户减少农药施用量的效果最显著。农技员+农户、农技员+微信、农技员+农资店、农技员+示范户使得农户的农药施用量分别减少了 9.64kg/hm²、18.51kg/hm²、12.17kg/hm²、14.69kg/hm²，而对照组的农户平均农药施用量也减少了 15.29kg/hm²。与对照组相比，只有农技员+微信的农户农药减少量

提升较大，其他各组农户的农药减少量相对于对照组则比较少，这说明对于农户的农药知识培训，农技员+微信的模式可能是最有效的。

表 3-17　样本农户干预前后农药施用量变化　　　　　　　　　　　　（单位：kg/hm²）

农药施用	农技员+农户	农技员+微信	农技员+农资店	农技员+示范户	对照组
干预前	39.72	41.09	36.16	46.77	40.49
干预后	30.08	22.58	23.98	32.08	25.20
干预后−干预前	−9.64	−18.51	−12.17	−14.69	−15.29

注：数据来自课题组实地调查

3.3.2.3　计量经济模型

为了评估不同推广模式对苹果农户化肥农药施用量的影响，在考虑其他因素的条件下建立了双重差分模型。具体农户在不同时期的化肥施用量模型如下。

$$y_{it} = \alpha + \beta \times \text{Treat}_i + \gamma \times \text{Post}_t + \delta \times \text{Treat}_i \times \text{Post}_t + \varphi \times X' + a_i + u_{it} \tag{3-11}$$

式中，y_{it} 为化肥或农药施用量，Treat_i 为干预组虚拟变量，Post_t 为干预后虚拟变量，X' 为冻灾、地区等其他控制变量向量。α、β、γ、δ、φ 为待估系数，a_i 为不随时间变化的个体效应，u_{it} 为随机误差项，i 表示第 i 个农户，t 表示第 t 期。

3.3.2.4　不同推广模式对化肥施用影响的结果分析

采用固定效应模型估计不同推广模式对苹果农户化肥施用量的影响，表 3-18 显示了计量经济估计结果。由于部分农户在随机干预试验执行过程中，因各种原因被剔除了研究样本，最终有效的农户样本为 437 个，因此共有 874 个观察值。研究表明，农技员+微信、企业+农户的化肥减施效果较为显著。在其他因素不变的情况下，农技员+微信、企业+农户能够有效降低苹果种植户的化肥施用量。具体而言，化肥企业培训对减少农户化肥施用量的效果最大，经过化肥企业培训的农户平均每公顷显著减少了 37% 的化肥施用量。经过微信获取技术信息的农户每公顷施肥量显著减少了 28%。农技员+农户、农技员+示范户这两种推广模式对农户减少化肥施用量均不显著，甚至在磷肥的施用上这两种推广模式的农户反而增加了施用量。尽管我国政府农技部门是农民生产技术的主要提供者，但结果表明政府农技部门的农技推广效果并不理想。

表 3-18　不同推广模式对苹果农户化肥施用影响的估计结果

变量	化肥总量对数	氮肥对数	磷肥对数	钾肥对数
干预后（1=是，0=否）	−0.23（0.10）**	−0.14（0.10）	−0.27（0.12）**	−0.34（0.12）***
农技员+农户（1=是，0=否）	0.02（0.16）	0.07（0.16）	0.08（0.20）	0.03（0.19）
农技员+微信（1=是，0=否）	−0.28（0.16）*	−0.30（0.17）*	−0.30（0.20）	−0.35（0.19）*
企业+农户（1=是，0=否）	−0.37（0.16）**	−0.35（0.17）**	−0.41（0.20）**	−0.24（0.19）
农技员+示范户（1=是，0=否）	0.21（0.15）	0.22（0.16）	0.20（0.19）	0.19（0.19）
遭受冻灾程度/%	0.28（0.14）**	0.34（0.15）**	0.36（0.18）**	0.25（0.17）
常数项	7.26（0.04）***	6.21（0.04）***	5.93（0.05）***	6.13（0.04）***
观察值/个	874	874	874	874
农户数	437	437	437	437

企业+农户主要影响农户氮肥和磷肥的施用，农技员+微信对农户的氮肥和钾肥施用均有影响（表3-18）。在对单一元素化肥的估计中，企业+农户对农户氮肥和磷肥的施用均有显著影响，经过化肥企业培训的农户平均每公顷氮肥施用量减少了35%，而磷肥施用则减少了41%。而农技员+微信对氮肥和钾肥施用都有显著影响，通过微信获取技术信息的农户平均每公顷减少了30%的氮肥施用量和35%的钾肥施用量。

当前化肥技术培训主要对氮肥和钾肥施用具有显著影响（表3-18）。虽然农技员+农户、农技员+示范户在氮肥和钾肥的施用量模型估计中的系数差异并不显著，但是4种模式在模型估计中的系数均为负数，而在磷肥施用模型中农技员+农户、农技员+示范户的系数却都为正数，说明当前培训的重点可能更多地是对农户氮肥和钾肥的施用培训。企业+农户对氮肥和磷肥的施用估计系数均显著为负，可能是由于化肥企业在培训中更多地提到了氮肥和磷肥施用的技术。而农技员+微信对氮肥和钾肥的估计系数都显著为负，且氮肥、钾肥施用量分别减少了30%、35%。

对农户合理施用氮肥的培训仍然需要进一步加强（表3-18）。在时间虚拟变量4个回归结果中，除了对氮肥的回归系数不显著，其他均显著为负。这说明在控制其他变量后，农户正在逐渐减少钾肥和磷肥的施用量，但对氮肥的施用仍有一定的依赖性。所以要实现化肥使用量零增长目标，对苹果种植户的氮肥施用培训是未来化肥技术推广的重要内容。同时，回归结果中冻灾显著增加了化肥用量，遭受冻灾完全减产的农户比没有受到影响的农户要多使用28%的化肥总量，主要原因可能是农户为了避免更大损失而出现加大化肥用量的心理作用，其中磷肥用量增加的主要作用就是加强果树的抗冻能力。

3.3.2.5 不同推广模式对农药施用影响的结果分析

表3-19是不同推广模式对苹果农户农药用量影响的计量经济估计结果。农技员+微信对农户减少农药施用量的效果最为显著。从回归结果来看，4种推广模式中只有农技员+微信的农户农药施用量显著减少了，其他3种推广模式农户的农药施用量并没有显著变化。农技员+微信在10%统计水平使得农户的农药施用量平均减少了21%。农技员+农户的推广模式在统计学意义上并不能显著减少农户的农药施用量。这种模式是农技员对整个苹果生产过程中的防治技术体系培训，由于农户本身的知识水平有限，农户在进行培训后很难具有长期的记忆，因此农户往往在生产中又开始按照经验将所有农药套餐一次性全部使用，所以没能有效减少农户的农药施用量。农技员+示范户的推广模式是农技员将整个苹果生产过程的防治知识交给各村示范户，再由他们对村民进行技术指导。这种模式同样是整个体系的培训，同时对示范户自身的要求又比较高，所以这种推广模式的实际效果也不理想。农技员+农资店这种模式虽然希望能在农药源头上减少农户的农药购买和使用，但是这种模式对农资店的要求同样较高，同时农资店往往是以利益为先，因此该模式也没有起到实际效果。

表3-19 不同推广模式对苹果农户农药施用影响的估计结果

变量	农药总量对数
干预后（1=是，0=否）	−0.29（0.07）***
农技员+农户（1=是，0=否）	−0.097（0.12）
农技员+微信（1=是，0=否）	−0.21（0.123）*
农技员+农资店（1=是，0=否）	0.01（0.12）

续表

变量	农药总量对数
农技员+示范户（1=是，0=否）	−0.08（0.12）
遭受冻灾程度	−0.52（0.10）***
常数项	3.49（0.03）***
观察值/个	874
农户数	437

自然灾害对农户的农药施用量影响最大（表3-19）。从模型回归结果来看，在控制其他变量后，遭受冻灾完全减产的农户比未受影响的农户多施用了52%的农药，这说明自然灾害情况是决定农户农药施用量的主要因素。施药本身就是农户为了控制病虫害而减少生产损失，自然灾害条件决定了作物经受灾害情况，因此自然条件对农户生产中农药的施用具有最大的影响。

3.3.3 茶叶化肥农药减施增效技术推广模式的效果

3.3.3.1 随机干预试验执行

茶叶化肥农药减施增效技术推广模式随机干预试验在贵州湄潭进行。课题组在湄潭随机选取4个乡镇，在每个乡镇随机选取3个村，在每个村随机选取20个左右农户，最终茶叶化肥农药减施增效技术推广模式随机干预试验共240个农户。为了确保同一个县的试验结果具有可比性，每一种推广模式在同一个县重复2次，而且每两个乡镇有一个相同的推广模式。具体推广模式分配如表3-20所示。

表3-20 茶叶化肥农药减施增效技术推广模式分配

地区		贵州湄潭	
		化肥	农药
洗马镇	梅子坝村	农技员+基地企业+农户	农技员+基地企业+农户
	双合村	农技员+明白纸	农技员+明白纸
	潘家寨村	对照	对照
兴隆镇	前进村	农技员+微信	农技员+微信
	兴隆村	农技员+明白纸	农技员+明白纸
	梁桥村	对照	对照
西河镇	西河村	农技员+农户	农技员+农户
	乐园村	农技员+基地企业+农户	农技员+基地企业+农户
	仁合村	对照	对照
马山镇	马山村	农技员+微信	农技员+微信
	长安村	农技员+农户	农技员+农户
	双龙村	对照	对照

3.3.3.2 干预前后化肥农药施用情况的比较

表 3-21 是对照组农户与不同推广模式下农户在基期和试验期的化肥平均施用具体情况。经过一年干预，农技员发送技术微信（农技员+微信）、发放明白纸（农技员+明白纸）使农户氮肥施用量分别下降了 58.04kg/hm²、51.17kg/hm²，而对照组农户的氮肥施用量略有减少。在其他推广模式下，农户的氮肥施用量分别增加了 107.61kg/hm²（农技员培训农户，即农技员+农户）、53.86kg/hm²（企业培训农户，即农技员+基地企业+农户）。另外，农技员+微信、对照组的农户减少了磷肥和钾肥的施用量，农技员+明白纸干预组农户的钾肥施用量也减少了 6.83kg/hm²。其他模式农户的化肥施用量都增加了。

表 3-21　样本农户干预前后化肥施用量变化　　　　　　　　　　（单位：kg/hm²）

化肥施用		农技员+微信	农技员+农户	农技员+明白纸	农技员+基地企业+农户	对照组
干预前	氮肥	241.5	134.54	185.60	99.88	214.92
	磷肥	31.12	16.72	17.78	14.42	31.46
	钾肥	32.20	17.94	24.75	13.32	28.66
干预后	氮肥	183.46	242.15	134.43	153.74	214.69
	磷肥	25.61	37.21	21.17	20.92	28.69
	钾肥	24.46	32.29	17.92	20.50	28.63
干预后-干预前	氮肥	-58.04	107.61	-51.17	53.86	-0.23
	磷肥	-5.51	20.49	3.39	6.50	-2.77
	钾肥	-7.74	14.35	-6.83	7.18	-0.03

注：数据来自课题组实地调查

不同推广模式可能使得农户的化肥施用量发生差异性变化（表 3-21）。其中，农技员+农户、农技员+基地企业+农户这两类干预都提高了农户化肥的施用量。具体而言，这两类推广模式分别使得氮肥施用量提高了 107.61kg/hm²、53.86kg/hm²，磷肥施用量提高了 20.49kg/hm²、6.50kg/hm²，钾肥施用量提高了 14.35kg/hm²、7.18kg/hm²。相比农技员+基地企业+农户模式，农技员+农户会导致农户更多地增加化肥施用量，而农技员+微信则会全面减少化肥施用量，其中氮肥、磷肥、钾肥的施用量分别减少了 58.04kg/hm²、5.51kg/hm²、7.74kg/hm²。农技员+明白纸减少了氮肥、钾肥的施用量，减施量分别为 51.17kg/hm²、6.83kg/hm²。

表 3-22 是干预试验前后不同推广模式下的干预组和对照组农户的平均农药施用情况。干预后，各个组农户的平均农药施用总量相较于基期均明显减少，其中农技员+农户模式对农户减少农药施用量的效果最明显。其中，在农技员+微信、农技员+农户、农技员+明白纸、农技员+基地企业+农户 4 种推广模式下，农户平均农药施用量分别减少了 5.46kg/hm²、9.92kg/hm²、4.38kg/hm²、2.42kg/hm²，而对照组的农户平均农药施用量减少了 2.78kg/hm²。相比而言，只有农技员+基地企业+农户模式的农户农药减少量低于对照组，其他各组农药减少量都明显高于对照组，这说明对农户进行农药知识培训，政府部门对农户进行农药技术扩散的效果可能好于企业，而政府农技员直接培训农户这一模式可能是相对最有效的。

表 3-22　样本农户干预前后农药施用量变化　　　　　　　　　　（单位：kg/hm²）

农药施用	农技员+微信	农技员+农户	农技员+明白纸	农技员+基地企业+农户	对照组
干预前	8.92	12.04	6.58	3.58	6.10
干预后	3.46	2.12	2.20	1.16	3.32
干预后−干预前	−5.46	−9.92	−4.38	−2.42	−2.78

注：数据来自课题组实地调查

3.3.3.3　计量经济模型

为了评估不同推广模式对茶叶农户化肥农药施用量的影响，考虑茶叶农户存在过量、适量、不足施用化肥 3 种不同的实践行为，因此在传统的双重差分模型基础上进行拓展，建立如下形式的模型。

$$y_{it} = \alpha + (\beta_0 + \beta_1 \times \text{Over}_{it} + \beta_2 \times \text{Under}_{it}) \times \text{Treat}_i + (\gamma_0 + \gamma_1 \times \text{Over}_{it} + \gamma_2 \times \text{Under}_{it}) \\ \times \text{Post}_t + (\delta_0 + \delta_1 \times \text{Over}_{it} + \delta_2 \times \text{Under}_{it}) \times \text{Treat}_i \times \text{Post}_t + \varphi \times X' + u_{it} \quad (3\text{-}12)$$

式中，y_{it} 为化肥施用量，Over_{it}、Under_{it} 分别为过量、不足施肥者虚拟变量，Treat_i 为干预组虚拟变量，Post_t 为干预后虚拟变量，X' 为其他控制变量向量。α、β、γ、δ、φ 为待估系数，u_{it} 为随机误差项，i 表示第 i 个农户，t 表示第 t 期。

对于农药施用干预效果评估，把农户按照基期农药施用量等分为高施用组、中施用组、低施用组。类似地，也建立了一个拓展的双重差分模型，如下。

$$y_{it} = \alpha + (\beta_0 + \beta_1 \times \text{High}_{it} + \beta_2 \times \text{Low}_{it}) \times \text{Treat}_i + (\gamma_0 + \gamma_1 \times \text{High}_{it} + \gamma_2 \times \text{Low}_{it}) \\ \times \text{Post}_t + (\delta_0 + \delta_1 \times \text{High}_{it} + \delta_2 \times \text{Low}_{it}) \times \text{Treat}_i \times \text{Post}_t + \varphi \times X' + u_{it} \quad (3\text{-}13)$$

式中，y_{it} 为农药施用量，High_{it}、Low_{it} 分别为高施用组、低施用组农户虚拟变量，Treat_i 为干预组虚拟变量，Post_t 为干预后虚拟变量，X' 为其他控制变量向量。α、β、γ、δ、φ 为待估系数，u_{it} 为随机误差项，i 表示第 i 个农户，t 表示第 t 期。

3.3.3.4　不同推广模式对化肥施用影响的结果分析

表 3-23 显示了随机干预对茶叶农户化肥施用影响的平均效应。可以看出，随机干预促使过量施肥者减少的氮肥、磷肥、钾肥施用量分别为 527.63kg/hm²、117.87kg/hm²、111.98kg/hm²，同时促使适量施肥者减少的氮肥、磷肥、钾肥施用量分别为 74.53kg/hm²、54.38kg/hm²、17.66kg/hm²。同时，随机干预也使得不足施肥者增加了化肥施用量，其中氮肥、磷肥、钾肥施用量分别增加了 109.34kg/hm²、18.99kg/hm²、13.98kg/hm²。研究结果证明，如果不把农户区分为过量、适量、不足施肥者，则随机干预对氮肥、磷肥、钾肥施用量的影响都不显著。但是，如果将农户区分为过量、适量、不足施肥者，则干预效果十分明显且呈现较大差异。

表 3-23　随机干预对茶叶农户化肥施用影响的估计结果　　　　　　　（单位：kg/hm²）

农户类型	氮肥	磷肥	钾肥
全部农户	11.58（41.94）	8.76（6.28）	1.54（5.59）
过量施肥者	−527.63（92.48）***	−117.87（20.66）***	−111.98（17.49）***
适量施肥者	−74.53（114.38）	−54.38（10.35）***	−17.66（9.39）*
不足施肥者	109.34（41.47）***	18.99（6.20）***	13.98（5.52）**

表 3-24 显示了不同推广模式对茶叶农户化肥施用影响的估计结果。总体而言，不同推广模式对过量施肥者具有显著的化肥减施效果。其中，农技员+明白纸对 3 种化肥的减施效果最强，使过量施肥者分别显著地减少了 763.04kg/hm² 的氮肥、177.90kg/hm² 的磷肥、162.65kg/hm² 的钾肥施用量。农技员+微信的减施效果明显，使过量施肥者分别显著地减少了 597.44kg/hm² 的氮肥、97.88kg/hm² 的磷肥、105.58kg/hm² 的钾肥施用量。另外，农技员直接培训农户对氮肥、磷肥过量施肥者的减施效果最小，分别为 300.58kg/hm²、42.33kg/hm²。农技员+基地企业+农户对钾肥过量施肥者的减施效果最小，为 65.17kg/hm²。

表 3-24　不同推广模式对茶叶农户化肥施用影响的估计结果　　　　（单位：kg/hm²）

化肥施用		农技员+微信	农技员+农户	农技员+明白纸	农技员+基地企业+农户
过量施肥者	氮肥	−597.44（111.83）***	−300.58（105.88）***	−763.04（222.36）***	−350.10（111.27）***
	磷肥	−97.88（14.75）***	−42.33（13.69）***	−177.90（14.64）***	−44.61（13.67）***
	钾肥	−105.58（16.71）***	−86.47（11.54）***	−162.65（31.46）***	−65.17（21.28）***
适量施肥者	氮肥	−96.31（100.28）	14.72（176.29）	−216.61（75.87）***	103.55（49.28）**
	磷肥	−72.23（10.75）***	−42.33（13.69）***	−23.71（13.45）*	−44.61（13.67）***
	钾肥	−24.49（10.27）**	−7.41（14.63）	−21.86（10.60）*	−34.13（17.78）*
不足施肥者	氮肥	89.75（56.62）	175.74（53.99）***	77.28（44.38）*	103.55（49.28）**
	磷肥	14.53（7.86）*	29.69（7.94）***	13.16（7.49）*	18.18（8.06）**
	钾肥	11.35（7.55）	23.17（7.27）***	9.04（5.94）	13.67（6.59）**

表 3-24 也表明，农技员+明白纸模式也使得适量施肥者显著地减少了相应的化肥施用量，其中氮肥、磷肥、钾肥施用量分别减少了 216.61kg/hm²、23.71kg/hm²、21.86kg/hm²。同样，农技员+微信、农技员+农户也促进适量施肥者显著减少了化肥施用量，前者使得磷肥、钾肥施用量分别显著减少了 72.23kg/hm²、24.49kg/hm²，后者使得磷肥施用量显著减少了 42.33kg/hm²。另外，农技员+基地企业+农户模式使得适量施肥者的氮肥施用量显著增加了 103.55kg/hm²，而使得适量施肥者的磷肥、钾肥施用量分别显著减少了 44.61kg/hm²、34.13kg/hm²。

对于不足施肥者，不同推广模式显著提高了其相应的化肥施用量（表 3-24）。具体来说，农技员+微信提高了不足施肥者的磷肥施用量，使其磷肥施用量增加了 14.53kg/hm²。农技员+农户对不足施肥者的增施效果最强，使得氮肥、磷肥、钾肥施用量分别显著增加了 175.74kg/hm²、29.69kg/hm²、23.17kg/hm²。农技员+明白纸对不足施肥者的化肥增施效果最弱，使得不足施肥者的氮肥、磷肥施用量分别增加了 77.28kg/hm²、13.16kg/hm²。农技员+基地企业+农户同样也提高了不足施肥者的化肥施用量。

3.3.3.5　不同推广模式对农药施用影响的结果分析

表 3-25 显示了不同推广模式对茶叶农户农药施用量影响的计量经济估计结果。经过技术干预后，如果把全部农户视为整体，则随机干预对茶叶农户农药施用量的效果是不显著的。如果把全部农户根据基期农药施用量分为高施用组、中施用组、低施用组，则随机干预总体使得农药施用量较高的农户显著减少了其农药施用量，而使农药施用量中等和较低的农户显著增加了其农药施用量。

表 3-25 不同推广模式对茶叶农户农药施用影响的估计结果 （单位：kg/hm²）

农户类型	农技员+微信	农技员+农户	农技员+明白纸	农技员+基地企业+农户
全部农户	−2.64（2.40）	−7.21（2.75）***	−1.59（2.81）	0.35（1.80）
高施用组	−12.33（3.57）***	−16.35（3.86）***	−14.23（6.58）**	−9.92（2.66）***
中施用组	3.88（1.85）**	1.90（1.67）	4.65（1.85）**	2.69（1.65）
低施用组	6.17（2.33）***	5.10（2.25）**	2.35（1.93）	2.66（1.95）

表 3-25 表明，在农技员+微信、农技员+明白纸、农技员+基地企业+农户 3 种推广模式下，经过一年干预后 3 种模式对不分组农户没有显著影响。但是，将农户根据基期农药施用量分为高施用组、中施用组、低施用组时，农技员+微信、农技员+明白纸相比农技员+基地企业+农户模式，对农户农药施用行为的影响更大。具体而言，上述模式使得高施用组农户显著减少了其农药施用量，而使中施用组和低施用组农户显著增加了农药施用量。其中，农技员+微信、农技员+明白纸、农技员+基地企业+农户使得农药施用量较高农户的农药施用量分别显著减少了 12.33kg/hm²、14.23kg/hm²、9.92kg/hm²。同时，农技员+微信使得低施用组农户的农药施用量显著增加了 6.17kg/hm²。除此以外，农技员+农户也显示出了明显的农药施用影响。其中，这种推广模式总体上使得农户的农药施用量减少了 7.21kg/hm²。在此条件下，农技员直接培训农户对不同类型农户的影响存在较大差异。具体而言，农技员+农户可以使得高施用组农户的农药施用量显著地降低了 16.35kg/hm²，而使得低施用组农户的农药施用量显著提高了 5.10kg/hm²。

3.3.4 设施蔬菜化肥农药减施增效技术推广模式的效果

3.3.4.1 随机干预试验执行

设施蔬菜的化肥农药减施增效技术推广模式随机干预试验在蔬菜主产区山东寿光进行。采用随机抽样的方法选择 2 个乡镇，在每个乡镇随机选取 6 个村，在每个村随机选取 20 个左右的设施蔬菜农户。每个镇有 2 个对照村，4 个干预村。具体推广模式分配如表 3-26 所示。

表 3-26 设施蔬菜化肥农药减施增效技术推广模式分配

地区		推广模式	
乡镇	村	化肥	农药
稻田镇	东丹河村	农技员+微信	农技员+微信
	崔岭西村	农技员+农资店	农技员+农资店
	德胜张村	对照	对照
	西稻田村	农技员+农户	农技员+农户
	官路村	企业+农户	科研人员+农户
	东刘营村	对照	对照
古城镇	前王村	对照	对照
	贺家西村	企业+农户	科研人员+农户
	前瞳村	农技员+农资店	农技员+农资店
	赵家庄村	农技员+微信	农技员+微信
	北冯村	对照	对照
	刘官庄村	农技员+农户	农技员+农户

3.3.4.2 干预前后化肥农药施用情况的比较

表3-27是各组农户基期与试验期的化肥用量的变化情况。在化肥施用量上，干预组和对照组的化肥施用量均有降低的趋势。其中企业培训农户（企业+农户）干预组的化肥减施效果最好，农技部门培训农资店（农技员+农资店）干预组的化肥减施效果不明显。以总的化肥施用量（化肥总量）为例，对照组的基期至试验期平均化肥施用量减少了189.43kg/hm²，企业+农户干预组的两期平均化肥施用量减少了236.17kg/hm²，而农技员+农资店干预组中，两期平均化肥施用量仅减少了40.21kg/hm²。

表3-27 样本农户干预前后化肥施用量变化 （单位：kg/hm²）

	化肥施用	农技员+微信	农技员+农资店	农技员+农户	企业+农户	对照组
干预前	化肥总量	890.21	949.59	1047.75	798.27	939.15
	氮肥	279.18	273.22	317.92	254.60	277.05
	磷肥	282.34	300.64	305.75	221.17	286.98
	钾肥	328.69	375.73	424.08	322.50	375.11
干预后	化肥总量	674.06	909.38	837.58	562.10	749.72
	氮肥	204.05	286.88	254.87	180.57	220.39
	磷肥	205.58	284.41	273.61	139.89	229.51
	钾肥	264.44	338.09	309.10	241.64	299.82
干预后-干预前	化肥总量	-216.15	-40.21	-210.17	-236.17	-189.43
	氮肥	-75.13	13.66	-63.05	-74.03	-56.66
	磷肥	-76.76	-16.23	-32.13	-81.28	-57.47
	钾肥	-64.25	-37.64	-114.98	-80.86	-75.29

注：数据来自课题组实地调查

对于春茬番茄的化肥施用量，除农技员+农资店干预组的农户化肥施用量有所上升外，其余干预组和对照组的化肥施用量均有降低趋势（表3-28）。其中，企业+农户干预组的化肥减施效果最好。以总的化肥投入为例，对照组春茬番茄的基期至试验期平均化肥施用量减少了70.80kg/hm²，而企业+农户干预组的两期平均化肥施用量减少了318.64kg/hm²，而在农技员+农资店干预组中，两期春茬番茄平均化肥施用量却增加了36.57kg/hm²。这表明，农技员+农资店模式对农户化肥减施的效果并不理想。

表3-28 样本农户干预前后化肥施用量变化（春茬番茄） （单位：kg/hm²）

	化肥施用	农技员+微信	农技员+农资店	农技员+农户	企业+农户	对照组
干预前	化肥总量	938.47	952.41	1037.04	845.03	932.73
	氮肥	293.81	276.39	320.10	277.94	281.09
	磷肥	305.96	300.99	303.94	228.86	291.29
	钾肥	338.70	375.03	413.00	338.22	360.34
干预后	化肥总量	757.88	988.98	855.47	526.39	861.93
	氮肥	232.69	315.87	261.55	166.19	250.37
	磷肥	235.43	303.55	279.97	136.43	260.31
	钾肥	289.76	369.56	313.95	223.77	351.25

续表

化肥施用		农技员+微信	农技员+农资店	农技员+农户	企业+农户	对照组
干预后-干预前	化肥总量	-180.59	36.57	-181.57	-318.64	-70.80
	氮肥	-61.12	39.48	-58.55	-111.75	-30.72
	磷肥	-70.53	2.56	-23.97	-92.43	-30.98
	钾肥	-48.94	-5.47	-99.05	-114.45	-9.09

注：数据来自课题组实地调查

干预组和对照组的化肥施用量均有降低的趋势，但干预组的化肥施用减少量小于对照组的化肥施用减少量（表3-29）。以总的化肥施用为例，对照组秋茬番茄的基期至试验期平均化肥施用量减少了313.08kg/hm²，而在干预组中最高、最低化肥施用减少量分别为255.12kg/hm²、126.67kg/hm²，均小于对照组化肥施用减少量。

表 3-29 样本农户干预前后化肥施用量变化（秋茬番茄）   （单位：kg/hm²）

化肥施用		农技员+微信	农技员+农资店	农技员+农户	企业+农户	对照组
干预前	化肥总量	855.22	947.27	1058.46	757.22	945.64
	氮肥	268.58	270.63	315.75	234.10	272.95
	磷肥	265.21	300.34	307.56	214.42	282.62
	钾肥	321.43	376.30	435.16	308.70	390.08
干预后	化肥总量	600.10	820.60	820.24	599.98	632.56
	氮肥	178.78	254.55	248.39	195.83	189.10
	磷肥	179.23	263.05	267.45	143.56	197.34
	钾肥	242.10	303.00	304.39	260.59	246.12
干预后-干预前	化肥总量	-255.12	-126.67	-238.22	-157.24	-313.08
	氮肥	-89.80	-16.08	-67.36	-38.27	-83.85
	磷肥	-85.98	-37.29	-40.11	-70.86	-85.28
	钾肥	-79.33	-73.30	-130.77	-48.11	-143.96

注：数据来自课题组实地调查

表3-30是各组农户基期与试验期的农药施用量的变化情况。在农药施用量上，干预组和对照组的农药施用量均有所降低，其中科研机构培训农户（科研人员+农户）干预组的农户农药减施效果最好，农技员+农资店干预组的农户农药减施效果不明显。对照组基期至试验期春秋茬设施番茄农药施用量减少2.84kg/hm²，科研人员+农户干预组的两期农药施用量减少了9.56kg/hm²，而农技员+农资店干预组中两期农药施用量仅减少了1.70kg/hm²。

表 3-30 样本农户干预前后农药施用量变化   （单位：kg/hm²）

农药施用		农技员+微信	农技员+农资店	农技员+农户	科研人员+农户	对照组
春秋茬	干预前	15.37	8.75	10.12	16.03	10.41
	干预后	6.90	7.04	7.51	6.47	7.57
	干预后-干预前	-8.47	-1.70	-2.61	-9.56	-2.84
春茬	干预前	18.93	9.32	10.42	18.64	10.72
	干预后	8.20	6.91	9.04	6.42	8.40
	干预后-干预前	-10.73	-2.41	-1.38	-12.22	-2.32

续表

	农药施用	农技员+微信	农技员+农资店	农技员+农户	科研人员+农户	对照组
秋茬	干预前	12.79	8.28	9.82	13.74	10.10
	干预后	5.75	7.19	6.02	6.53	6.71
	干预后−干预前	−7.04	−1.09	−3.80	−7.21	−3.39

注：数据来自课题组实地调查

由于农户春茬设施番茄的农药施用量显著高于秋茬，因此需要分别分析农户春茬设施番茄、秋茬设施番茄的农药施用量（表3-30）。干预组和对照组的农药施用量均有所降低，其中科研人员+农户干预组的农药减施效果最好。对照组基期至试验期春茬设施番茄农药施用量减少了 2.32kg/hm²，科研人员+农户干预组的两期农药施用量减少了 12.22kg/hm²。

表3-30也反映出秋茬设施番茄农药施用量的变化。干预组和对照组的农药施用量均有所降低，其中农技部门向农户定时发微信（农技员+微信）干预组和科研人员+农户干预组的农药减施效果较好，并且两组区别不大。对照组基期至试验期农药施用量减少 3.39kg/hm²，农技员+微信干预组的两期农药施用量减少 7.04kg/hm²，科研人员+农户干预组的两期农药施用量减少 7.21kg/hm²。

3.3.4.3 计量经济模型

本文使用双重差分模型分析不同推广模式对设施蔬菜农户化肥农药施用量的影响。单个农户不同时期化肥农药施用量的计量模型如下：

$$y_{it} = \alpha + \beta \times \text{Treat}_i + \gamma \times \text{Post}_t + \delta \times \text{Treat}_i \times \text{Post}_t + \varphi \times X' + a_i + u_{it} \quad (3\text{-}14)$$

式中，y_{it} 为第 i 个农户第 t 期的化肥或农药施用量，其中化肥施用量包括化肥施用总量、氮肥施用量、磷肥施用量和钾肥施用量，并对化肥或农药施用量取对数形式。Treat_i 为干预组虚拟变量，Post_t 为干预后虚拟变量，X' 为冻灾、地区等其他控制变量向量。α、β、γ、δ、φ 为待估系数，a_i 为不随时间变化的个体效应，u_{it} 为随机误差项。

3.3.4.4 不同推广模式对化肥施用影响的结果分析

表3-31是不同推广模式对春秋茬设施番茄化肥施用量影响的估计结果。农技员+微信对减少农户化肥施用量的效果显著，其中对单一的氮肥或钾肥有显著的减施效果，但对单一磷肥的化肥减施效果不显著。农技员+微信虚拟变量在对化肥施用量影响的回归结果中系数在10%水平显著为负，其回归系数为−0.245，表明通过农技员+微信可以使得化肥施用总量降低24.5%。农技员+微信虚拟变量在对氮肥折纯用量的回归结果中系数在10%水平显著为负，其回归系数为−0.293，表明通过这种方式能够减少农户29.3%的氮肥施用量。在农技员+微信虚拟变量对钾肥施用量的回归结果中，其回归系数在5%水平显著，回归系数为−0.305，表明这种方式能够减少农户30.5%的钾肥施用量。

表3-31 不同推广模式对设施番茄化肥施用影响的估计结果（春秋茬）

变量	化肥总量对数	氮肥对数	磷肥对数	钾肥对数
干预后（1=是，0=否）	−0.194（0.083）**	−0.209（0.085）**	−0.197（0.091）**	−0.120（0.084）
农技员+微信（1=是，0=否）	−0.245（0.148）*	−0.293（0.152）*	−0.197（0.164）	−0.305（0.151）**
农技员+农资店（1=是，0=否）	0.207（0.155）	0.443（0.159）***	0.235（0.171）	0.112（0.158）

续表

变量	化肥总量对数	氮肥对数	磷肥对数	钾肥对数
农技员+农户（1=是，0=否）	0.161（0.147）	0.145（0.151）	0.247（0.162）	0.003（0.150）
企业+农户（1=是，0=否）	-0.246（0.144）*	-0.190（0.148）	-0.310（0.159）*	-0.344（0.147）**
番茄生长期/d	0.001（0.001）	0.000（0.001）	0.001（0.001）	0.001（0.001）
滴灌施肥（1=是，0=否）	-0.100（0.107）	-0.155（0.110）	-0.118（0.118）	-0.111（0.109）
品种（1=果用，0=菜用）	-0.074（0.128）	-0.025（0.132）	-0.121（0.142）	-0.090（0.131）
茬口（1=春茬，0=秋茬）	0.093（0.050）*	0.108（0.052）**	0.113（0.056）**	0.074（0.051）
常数项	6.443（0.171）***	5.249（0.175）***	5.160（0.189）***	5.412（0.174）***
观察值/个	836	836	836	836
农户数	237	237	237	237

农技员+农资店的推广模式对农户减少化肥施用量的效果最差，甚至增加了氮肥施用量（表3-31）。农技员+农资店虚拟变量在对化肥折纯用量、磷肥折纯用量和钾肥折纯用量的回归结果中，其系数尽管在经济上显著为正，但在统计上均不显著，表明这种通过培训农资店来间接培训农户的培训方式与对照组相比，对农户化肥施用量以及磷肥和钾肥施用量没有明显影响。在氮肥施用量的回归结果中，其系数在1%水平显著为正，说明这种对农资店的培训不仅不能减少农民的氮肥施用量，反而会增加农民的氮肥施用量，且与对照组相比增加了44.3%。从上述可知，尽管农技部门对农资店进行了培训，但信息并不能全部传导至农户，对农资店的培训可能会增加农资店与农民之间的信息不对称，从而提高农资店的信息优势。农资店只会告诉农户对自身销量有利的信息（如在某些时期应该增加化肥的施用量），并不会告诉农户可能减少自己销量的信息（如减少化肥施用量）。

农技员+农户的推广模式对农户减少化肥施用量的效果并不显著（表3-31）。可以看出，在农技员+农户虚拟变量对化肥总量及氮肥、磷肥、钾肥施用量的回归结果中，其系数均不显著，说明这种推广模式与对照组相比不仅对总的化肥用量没有显著的影响效果，而且对单一元素化肥的施用也没有显著的影响效果。这从一定程度上表明，尽管我国政府是农民生产技术的主要提供者，但是其对农户的直接培训效果并不理想，在一定程度上证明了探索更有效的农技推广模式的必要性。

企业+农户的推广模式对农户减少化肥施用量的效果最好（表3-31）。在企业+农户虚拟变量对化肥施用量的回归结果中，其系数在10%水平显著为负，且系数为-0.246，说明企业+农户这种模式与对照组相比能够减少农户24.6%的化肥施用量。在氮肥施用量的回归结果中，其系数在统计上不显著，说明这种模式对农户氮肥施用量的减少效果并不明显，这可能是因为在企业+农户干预组内，其基期氮肥平均施用量与其他干预组和对照组相比较小，从而导致其氮肥减施效果不理想，同时，企业+农户对照组的基期氮肥施用量与其他组相比最少。在磷肥和钾肥施用量的回归结果中，其系数在统计上均显著为负，分别为-0.310和-0.344，说明这种模式对农户磷肥、钾肥施用量能够分别减少了31%、34.4%。虽然企业也是以营利为目的的经济单位，但与农资店不同的是，企业对农户的培训过程可以显著减少农户的化肥用量。这可能是因为企业比农资店更具有前瞻性，尽管化肥企业是通过生产销售化肥产品来实现盈利，但与农资店不同的是，企业更加注重长期营利能力。随着国家对化肥农药使用量零增长行动的不断推进，使得越来越多的化肥企业从原来生产单一的化肥产品转型成研制生产更加高效的有机肥和生物制剂,这也使得企业从原来只是向农户培训推销单一的化肥产品,转变为培训推销多种化肥、有机肥料和生物制剂等土肥产品,从利润角度来说,新型的有机肥和生物制剂比传统的氮磷钾复合肥价格更高,对企业来说这种产品从长期来看利润空间也更大。另外,与农资店相比,企业具有更专业的知识,能够更容易地让农户接受施用其他更高效且对环境更有益的土肥产品,从而增加了这种产品的销量。

表3-32是不同推广模式对春茬设施番茄化肥施用量影响的估计结果。在其他因素不变的情况下,企业+农户、农技员+微信显著减少了农户春茬设施番茄化肥施用量,其他模式对农户的化肥施用量没有显著影响。

表3-32 不同推广模式对设施番茄化肥施用影响的估计结果(春茬)

变量	化肥总量对数	氮肥对数	磷肥对数	钾肥对数
干预后(1=是,0=否)	−0.024(0.120)	−0.055(0.129)	−0.060(0.136)	0.078(0.130)
农技员+微信(1=是,0=否)	−0.522(0.238)**	−0.470(0.256)*	−0.444(0.270)	−0.610(0.258)**
农技员+农资店(1=是,0=否)	0.117(0.225)	0.400(0.243)	0.165(0.257)	0.0211(0.245)
农技员+农户(1=是,0=否)	−0.132(0.216)	−0.128(0.233)	−0.0335(0.246)	−0.252(0.235)
企业+农户(1=是,0=否)	−0.606(0.212)***	−0.516(0.229)**	−0.527(0.241)**	−0.727(0.230)***
番茄生长期/d	0.003(0.002)	0.004(0.003)	0.003(0.003)	0.003(0.003)
滴灌施肥(1=是,0=否)	−0.168(0.165)	−0.279(0.178)	−0.166(0.188)	−0.176(0.179)
品种(1=果用,0=菜用)	−0.011(0.243)	0.088(0.262)	0.029(0.276)	−0.102(0.264)
常数项	6.169(0.401)***	4.814(0.433)***	4.822(0.456)***	5.255(0.436)***
观察值/个	360	360	360	360
农户数	180	180	180	180

农技员+微信的模式在春茬设施番茄种植中能够显著减少农户的化肥施用量(表3-32)。农技员+微信虚拟变量在对化肥施用量的回归结果中显著,且在5%水平显著为负,系数为−0.522,说明通过这种模式与对照组相比能够减少52.2%的化肥施用量。在氮肥施用量的回归结果中,其系数在10%水平显著,系数为−0.470,表明这种模式与对照组相比能够减少农户47%的氮肥施用量。在磷肥施用量的回归结果中,其系数为−0.444,但在统计上不显著,说明这种模式在春茬设施番茄种植中对减少农户磷肥施用量的效果不显著,这与对化肥施用量进行回归时的结果相同。最后在钾肥施用量的回归结果中,其系数在5%水平显著,系数为−0.610,说明这种模式在春茬番茄种植中与对照组相比能够减少农户61%的钾肥施用量。

由表3-32也发现,农技员+农资店模式在春茬设施番茄种植中对农户化肥用量的影响,不论是对化肥施用量还是对氮肥、磷肥和钾肥施用量来说,在经济上都为正,但统计上不显著,说明这种推广模式在春茬设施番茄种植中对农户的化肥施用量与对照组相比没有显著的差别。

农技员+农户的推广模式在春茬设施番茄种植中对农户减少化肥施用量的效果并不显著(表3-32)。在农技员+农户虚拟变量对化肥施用量和氮肥、磷肥和钾肥施用量的回归结果中,其系数均不显著,说明这种模式不仅对总的化肥施用量没有显著的影响,而且对单一元素化肥施用量也没有显著的影响。这与对总的化肥施用量的分析结果基本相同。

企业+农户的推广模式在春茬设施番茄种植中对农户减少化肥施用量的效果最好(表3-32)。

企业+农户虚拟变量在对化肥施用量的回归结果中，其系数在 1% 水平显著为负且系数为-0.606，说明企业+农户模式与对照组相比能够减少农户春茬设施番茄化肥施用量的 60.6%。在对氮肥施用量的回归结果中，其系数在 5% 水平显著为负，说明这种推广模式能够显著降低农户春茬设施番茄生产中 51.6% 的氮肥施用量。在磷肥施用量的回归结果中，其系数在 5% 水平显著为负，系数为-0.527，说明这种模式能够降低 52.7% 的农户春茬设施番茄的磷肥施用量。在对钾肥施用量的回归结果中，系数在 1% 水平显著为负，为-0.727，说明与对照组相比，能够降低 72.7% 的农户春茬设施番茄钾肥施用量。

表 3-33 是不同推广模式对农户秋茬设施番茄生产中化肥施用量影响的估计结果。农技员+微信的推广模式在秋茬设施番茄种植中与对照组相比并不能够显著减少农户化肥施用量。农技员+微信虚拟变量的系数在 4 个模型中均不显著，说明这种推广模式在秋茬阶段，即在化肥施用量较小时不能显著减少农户总的化肥施用量和单一元素化肥施用量。这与对春茬设施番茄的回归结果不同，说明这种推广模式在化肥施用量较大时具有显著的减施效果，但在化肥施用量较小时减施效果并不显著。

表 3-33　不同推广模式对设施番茄化肥施用影响的估计结果（秋茬）

变量	化肥总量对数	氮肥对数	磷肥对数	钾肥对数
干预后（1=是，0=否）	-0.325（0.134）**	-0.327（0.138）**	-0.282（0.156）*	-0.299（0.131）**
农技员+微信（1=是，0=否）	-0.127（0.228）	-0.238（0.233）	-0.146（0.265）	-0.083（0.222）
农技员+农资店（1=是，0=否）	0.222（0.254）	0.469（0.259）*	0.193（0.295）	0.149（0.247）
农技员+农户（1=是，0=否）	0.272（0.239）	0.287（0.244）	0.357（0.278）	0.107（0.232）
企业+农户（1=是，0=否）	0.044（0.230）	0.057（0.236）	-0.207（0.268）	-0.009（0.224）
番茄生长期/d	0.000（0.003）	-0.003（0.003）	0.000（0.004）	0.001（0.003）
滴灌施肥（1=是，0=否）	0.026（0.176）	0.021（0.180）	-0.015（0.205）	0.025（0.171）
品种（1=果用，0=菜用）	-0.261（0.334）	-0.128（0.341）	-0.250（0.388）	-0.317（0.325）
常数项	6.516（0.481）***	5.744（0.492）***	5.207（0.560）***	5.387（0.468）***
观察值/个	376	376	376	376
农户数	188	188	188	188

农技员+农资店的推广模式在秋茬设施番茄种植中对农户总的化肥施用量的影响不显著，但对氮肥施用量的影响显著为正（表 3-33）。农技员+农资店虚拟变量在对化肥、磷肥和钾肥施用量的回归结果中，其系数在统计上均不显著，表明通过农技部门培训农资店从而间接培训农户的推广模式与对照组相比，对农户总的化肥用量与磷肥和钾肥施用量的影响没有明显的差别。在氮肥施用量的回归结果中，其系数在 10% 水平显著为正，系数为 0.469，说明通过对农资店的培训，进一步扩大了农资店与农户之间的信息不对称，从而增加了农户 46.9% 的氮肥施用量。与春茬设施番茄相比，这种培训方式在秋茬设施番茄种植中显著增加了农户的氮肥施用量，说明农技员+农资店的推广模式在化肥施用量较小时会增加农户的氮肥施用量，而在化肥施用量较大时对农户的化肥施用量没有显著影响。

农技员+农户的推广模式在秋茬设施番茄种植中对农户化肥施用量的影响不显著（表 3-33）。农技员+农户虚拟变量在上述 4 个模型中的系数均不显著，说明这种推广模式与对照相比，并不会显著减少或是增加农户总的化肥施用量和单一元素化肥施用量，这与春茬设施番茄的回归结果相同。

企业+农户的推广模式对农户秋茬设施番茄种植中的化肥施用量没有显著影响（表3-33）。企业+农户虚拟变量对化肥总量及氮肥、磷肥和钾肥施用量的回归结果中，其系数在统计上均不显著，说明这种推广模式在秋茬设施番茄种植中，即在化肥施用量较小时并不能显著减少农户总的化肥施用量或是单一元素化肥施用量。与春茬设施番茄相比，这种推广模式显著减少了春茬设施番茄的化肥施用量。这表明企业+农户的推广模式在化肥施用量较大时能够减少农户的化肥施用量，但是在化肥施用量较小时对农户化肥施用量的影响与对照组相比差别不大。

3.3.4.5 不同推广模式对农药施用影响的结果分析

表3-34显示了不同推广模式对设施番茄生产过程中农户的农药施用影响的估计结果。农技员+微信的推广模式与对照组相比，不能显著减少农户的农药施用量。农技员+微信虚拟变量对农药施用量的回归结果在经济上显著，但在统计上不显著，表明这种推广模式与对照组相比，尽管有降低农户农药投入量的趋势，但并不能显著减少农户的农药投入量。鉴于其与对照组相比没有显著降低农药投入量，说明这种推广模式在一定程度上提高了农户的农药施用强度。由于农技部门通过微信向农户发送技术信息的推广模式主要以预防为主，即告知农户什么时候该防治什么病虫害，因此这种推广模式可以减少农户的施药次数。与此同时，由于每个农户接收到的微信技术信息均相同，而不同农户的设施番茄种植情况不同，遇到的病虫害在同一时间段不可能完全相同，尽管告知了农户在某些时期对某些特定病虫害的防治方法，但并不能对每个农户遇到的病虫害进行针对性的防治，因此使得农户的农药施用量没有显著减少。

表3-34 不同推广模式对设施番茄农药施用影响的估计结果

变量	春秋茬农药总量对数	春茬农药总量对数	秋茬农药总量对数
干预后（1=是，0=否）	−0.317（0.114）***	−0.264（0.186）	−0.312（0.180）*
农技员+微信（1=是，0=否）	−0.313（0.205）	−0.350（0.370）	−0.490（0.306）
农技员+农资店（1=是，0=否）	0.178（0.214）	0.117（0.351）	0.292（0.340）
农技员+农户（1=是，0=否）	0.100（0.203）	0.120（0.336）	0.114（0.319）
科研人员+农户（1=是，0=否）	−0.586（0.199）***	−0.855（0.330）**	−0.518（0.309）*
番茄生长期/d	0.003（0.001）*	0.002（0.004）	−0.008（0.004）**
品种（1=果用，0=菜用）	0.236（0.178）	0.358（0.377）	0.277（0.447）
茬口（1=春茬，0=秋茬）	0.148（0.069）**		
常数项	5.623（0.235）***	5.835（0.623）***	7.301（0.643）***
观察值/个	836	360	376
农户数	237	180	188

农技员+农资店的推广模式与对照组相比，对农户农药施用量的影响并不显著（表3-34）。在农技员+农资店虚拟变量对农药施用量的回归中，其系数在统计上不显著，说明这种培训方式对农户农药施用的影响与对照组相同。这从一定程度上表明，把农资店作为农药施用技术信息服务主体向农户提供技术信息，可能对降低农药施用量不会产生显著的效果。从表3-34

可以发现，农技员+农户的推广模式在农药施用量的回归中，其系数均不显著，这说明其在降低农户农药施用量方面与对照组相比均没有显著的差别。

科研人员+农户的推广模式与对照组相比，能够显著降低设施番茄农户的农药施用量（表3-34）。估计结果表明，科研人员+农户虚拟变量的估计系数在1%水平显著为负，系数为−0.586，说明这种推广模式与对照组相比能够降低农户58.6%的农药施用量。就不同茬口而言，科研人员+农户虚拟变量在春茬农药施用量模型中的回归系数在5%水平显著为负且为−0.855，说明这种推广模式与对照组相比能够显著减少农户85.5%的春茬农药施用量。科研人员+农户虚拟变量在秋茬农药施用量模型中的回归系数在10%水平显著为负且为−0.518，说明这种推广模式与对照组相比能够显著减少农户51.8%的秋茬农药施用量。一方面，科研机构对农户有关病虫害防治的培训针对性较强，且并不提倡过多地施用化学农药，有时对于某些病虫害，甚至不推荐使用化学农药进行防治；另一方面，科研机构由于没有营利性质，因此其农技培训行为没有利益相关性。从这一角度来说，科研机构可以毫无保留地对农户进行合适的农技培训。上述两个方面在一定程度上解释了科研机构能够更有效地降低农户农药施用量。

3.3.5 适应不同生产特点的化肥农药减施增效技术推广新模式

我国幅员辽阔，不同地区的农业生产特点迥异，因此对化肥农药减施增效技术推广模式提出了不同的要求。除了本研究设计的若干化肥农药减施增效技术推广模式，近年来也有一批推广模式在不同地区得到了不同程度的应用，如农民田间学校、政企农协同的技术推广、植物医院以及专业化统防统治等。

农民田间学校，是由联合国粮食及农业组织提出和倡导并为了促使农民掌握有害生物综合治理（integrated pest management，IPM）技术的农民培训方法与农业推广方式，主要以启发式、参与式教学为主要技术培训途径，通过组织农民参与分析、研究和解决农民生产中的实际问题，提高其自信心和决策能力的新型农技推广方式（张明明等，2008）。在亚洲、非洲以及拉丁美洲地区，这种方式已经广泛运用于水稻、棉花、茶叶、咖啡、蔬菜等生产（张明明等，2008）。1993年，我国湖南省宁乡县开办第一所农民田间学校（张明明等，2008）。截至目前，农民田间学校已经在全国大部分省份开设。关于农民田间学校的农药减施效果，已有研究尚未得到一致结论。尽管有研究认为农民田间学校在减少化学农药施用及其费用上具有显著效果，但是也有研究指出其农药减施效果并不明显（张明明等，2008；胡瑞法等，2011；肖长坤等，2011）。

政企农协同的技术推广，是指政府农技推广部门、企业和农户共同参与的农业技术推广模式。该模式借鉴了公私合作（public-private-partnership，PPP）关系的融资模式概念。其主要做法是基层农技部门加派人员担任相关农产品收购企业的推广专员，为企业提供农业技术推广具体方案，并为企业制定化肥农药等农资配送方案。在此基础上，通过农产品收购企业与农户之间的链接关系，实现农作物病虫害的有效防治等农业技术推广（田新湖，2007）。政企农协同的农业技术推广模式在茶叶种植领域的应用比较广泛，主要是因为茶叶种植大户与茶商企业之间存在比较紧密的合作关系。

植物医院，是指将农作物病虫害预测预报、防治、检疫和经营结合为一体的农作物病虫害防治与植物保护的服务性机构（杨光安，1996）。我国第一批植物医院在江西瑞昌开办，因其在农作物植保方面的优势，受到广泛欢迎。之后，较多县乡两级农技和植保部门陆续开办了植物医院，其业务范围涵盖植保咨询、诊断、开方、配药、巡诊和防治等服务，使得植物医院逐渐成为农作物病虫害防治技术和产品相结合的有偿植保服务模式（潘立高，1993）。在事业单位经费紧张的情况下，植物医院一方面可以为农民提供更个性化的农作物植保服务，另一方面也能够通过有偿服务方式缓解基层植保部门的经费压力，取得了较好的社会效益和经济效益。但是，近年来植物医院的发展有减弱的趋势，同时国家不再允许基层农技部门参与商业化经营，使得植物医院的开办主体逐渐由政府基层农技机构向私人部门转移（潘立高，1993）。

专业化统防统治，是指具备相应植物保护专业技术和设备的服务组织开展社会化、规模化与集约化农作物病虫害防治服务的行为。专业化统防统治是近年来农作物病虫害防治模式的一种重要创新，其根本目的在于提高病虫害防治的效果、效率和效益（危朝安，2012）。专业化统防统治的不断发展，得益于我国农业生产方式的不断变革。近年来，我国农村劳动力外出从事非农劳动，致使农村劳动力出现严重短缺，给农作物病虫害防治带来了严峻挑战。传统的植保方式已经很难满足农村劳动力结构性变化条件下的植保需求。在此背景下，专业化统防统治是转变农业发展方式的有效途径，不仅具有很强的公益性质，而且符合现代农业的发展方向，对保障国家粮食安全和促进农民增收作用重大（赵清和邵振润，2014）。在农业植保实践中，专业化统防统治在服务主体方面表现出较大差异，总体而言，大致有以政府为主体的公益性模式、以乡村为主体的村级服务站模式、以植保合作社为主体的协会托管模式以及以农资店与企业为主体的企业服务模式（潘巨文等，2011）。近年来，随着无人机等技术的不断进步，专业化统防统治得到了广泛应用，并取得了积极效果。

本研究在对我国长江流域水稻生产、黄土高原和环渤海地区苹果生产、西南地区茶叶生产以及设施蔬菜生产过程中农户的化肥农药施用行为及其影响因素、化肥农药施用技术信息来源进行调查分析的基础上，采用试验经济学方法设计了一系列化肥农药减施增效技术推广模式，并逐一对这些技术推广模式的化肥农药减施增效的效果进行了评估。基于上述研究，本研究筛选出一批适应不同生产特点的化肥农药减施增效技术推广新模式。与此同时，结合近几年我国化肥农药减施增效技术推广新模式的发展现状和趋势，本研究提出了一个化肥农药减施增效技术推广新模式。具体情况如表 3-35 所示。

表 3-35 不同农作物化肥农药减施增效技术推广新模式

农作物类型	化肥减施增效技术推广新模式	农药减施增效技术推广新模式
水稻	农技员+农户	/
	农技员+微信	农技员+微信
	农技员+农资店	农技员+农资店
	农技员+大户	农技员+大户
	企业+农户	企业+农户
	企业+大户	企业+大户
苹果	农技员+微信	农技员+微信
	企业+农户	/
茶叶	农技员+农户	农技员+农户
	农技员+微信	农技员+微信
	农技员+明白纸	农技员+明白纸
	农技员+基地企业+农户	农技员+基地企业+农户

续表

农作物类型	化肥减施增效技术推广新模式	农药减施增效技术推广新模式
设施蔬菜	农技员+微信	/
	企业+农户	科研人员+农户

注:"/"表示相关模式在农药减施增效技术推广新模式中无效

对于长江流域水稻生产,本研究基于试验经济学研究结果发现,政府农技员直接培训水稻农户、政府农技员通过微信向农户发送技术信息、政府农技员通过培训农资店把技术信息扩散给农户、政府农技员通过培训水稻种植大户把技术信息扩散给农户、化肥或农药企业直接培训农户、化肥或农药企业通过培训水稻种植大户把技术信息扩散给农户等6种技术推广模式,对促进长江流域水稻生产过程中的化肥农药减施增效具有显著效果。

对于黄土高原和环渤海地区的苹果生产,本研究发现政府农技员通过微信向苹果农户发送技术信息、化肥企业直接培训农户等2种技术推广模式,对促进黄土高原和环渤海地区苹果生产中的化肥农药减施增效具有显著效果。

对于西南茶叶生产,本研究发现政府农技员直接培训茶叶农户、政府农技员通过微信向农户发送技术信息、政府农技员向农户发送化肥农药施用技术信息明白纸以及政府农技员、茶叶生产基地企业和农户协同等4种推广模式,对促进西南茶叶生产过程中的化肥农药减施增效具有显著效果。

对于设施蔬菜生产,本研究发现政府农技员通过微信向设施蔬菜农户发送技术信息、化肥企业直接培训农户、科研人员直接培训农户等3种推广模式,对促进设施蔬菜生产过程中的化肥农药减施增效具有显著效果。

课题组在表3-35的基础上提出了重复的化肥农药减施增效技术推广新模式,同时加上了近几年快速发展并取得积极效果的无人机化肥农药施用模式。本研究提炼出10项适应不同生产特点的化肥农药减施增效技术推广新模式,如图3-13所示。

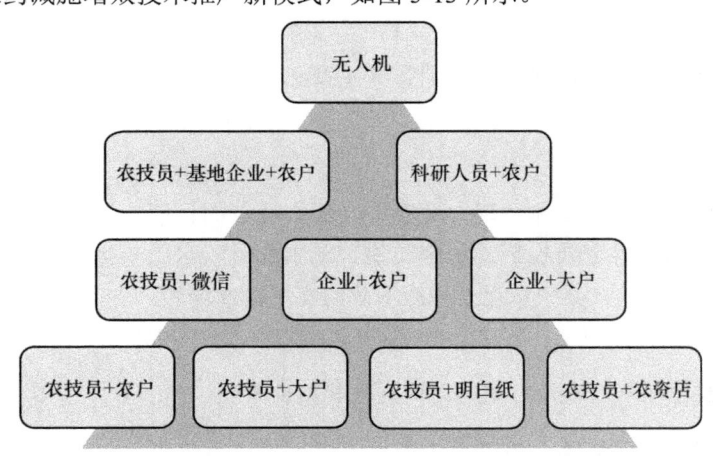

图3-13 适应不同生产特点的化肥农药减施增效技术推广新模式

第 4 章　化肥农药减施增效技术培训模式研究与应用

4.1　适应不同生产特点的化肥农药减施增效技术培训模式的创建

4.1.1　培训模式内涵及构成要素

适应不同生产特点的化肥农药减施增效技术培训主要是由培训目的、培训目标、培训主体、培训客体、培训内容、培训规则等要素构成。减施增效技术培训模式的形成过程，实际上是各构成要素优化组合的过程。

1. 培训目的

开展适应不同区域、不同种植制度、不同经营主体的化肥农药减施增效技术培训模式，来促进农业面源污染防治工作的开展，为实现"产出高效、产品安全、资源节约、环境友好"的目标提供有力支撑。

2. 培训目标

通过化肥农药减施增效技术培训，培养一批懂技术、善经营，掌握减施增效技术，能从事农业绿色生产的农民群体，逐步营造重视农业绿色种植的社会氛围和政策环境，建立一个适应社会和市场发展需求、服务农民的技术培训体系。

3. 培训主体

培训主体即培训机构和培训者。化肥农药减施增效技术培训以各级农业广播电视学校（后简称"农广校"）和农民科技教育培训中心为主，还包括农业技术机构、农村经济合作组织、农业专业大户等。

4. 培训客体

化肥农药减施增效技术培训中的培训客体主要包括普通大户、专业大户、家庭农场主以及合作社骨干等。

5. 培训内容

培训内容是培训目标的具体体现，适应不同生产特点的化肥农药减施增效技术培训以培训目标为核心。培训内容主要包括病虫害防治、测土配方、水肥一体化应用、有机肥替代化肥、生物农药实用技术等，其中重点是减施增效的实用技术培训。

6. 培训规则

培训规则主要包括培训教育方式、培训程序和培训管理。

4.1.2　培训模式创建方法

1. 以政府为主体

加快构建、实施化肥农药减施增效技术培训体系，是推动农业绿色发展的重要的基础性工作。因此，政府首要发挥主体作用，政府及相关主体部门要为减施增效技术培训提供服务供给、协调各方面资源，建立适应农业农村发展新形势需求的技术培训模式。

2. 以市场机制为导向

化肥农药减施增效技术培训作为一种准公共产品,决定了"看不见的手"为技术培训的重要补充。在市场的带动下,农民会选择适合自身发展的技术培训,同时也促进了减施增效技术培训模式的多样性和有效性。

3. 以多中心治理为方向

多中心治理强调公共物品供给结构的多元化,把多元竞争机制引入到公共物品供给过程中,公共部门、社会组织都作为公共物品供给者。由于适应不同生产特点的化肥农药减施增效技术培训供给结构多元化,通过实行多中心治理模式,发挥各类主体的主观能动性。减施增效技术培训的多中心治理方式由政府、学校、社会组织、企业单位、农业合作社等多元主体,为化肥农药减施增效技术培训提供一种更为有效的资源供给方式,实现农民培训工作的效益、效果最大化。

4.1.3 化肥农药减施增效技术培训模式

自 2015 年农业部制定《到 2020 年化肥使用量零增长行动方案》和《到 2020 年农药使用量零增长行动方案》后,选取山东省牟平区、莒南县,湖北省夷陵区、钟祥市及安徽省南陵县作为化肥农药减施增效技术培训模式的示范试验点,为大力推进化肥减量提效、农药减量控害,积极探索产出高效、产品安全、资源节约、环境友好的现代农业发展道路,提供科学、可行的化肥农药减施增效技术培训模式。

农民培训模式是指一定社会经济和农业发展时期,针对农民进行技能培训或短期再教育活动的标准样式和规范体系,是一个地区社会、经济、资源、文化等特点在农民培训活动中的反映,是培训活动过程及其制度、方法的固化和规范。根据培训方式、内容的不同,我国典型的农民培训模式包括农民田间学校模式、现场传导型培训模式、典型示范型培训模式、项目推动型培训模式、能人培育型培训模式及媒体传播型培训模式。课题组结合过往农民培训工作经验,在传统培训模式的基础上,共创建了 13 种化肥农药减施增效技术培训模式,具体如表 4-1 所示。

表 4-1 化肥农药减施增效技术培训模式

地区	产业	培训模式	培训对象
夷陵区	茶叶	"理念引领 集成示范"型	从事茶叶生产经营具有一定规模的专业大户、家庭农场主和农民合作社骨干
		田间小课堂现场传导型	
		"专家+指导员"双主体协同型	茶叶示范基地从事茶叶生产的农民
钟祥市	水稻	"校站联合 基地带动"型	从事水稻产业生产经营的专业大户、家庭农场主和农民合作社骨干,且对化肥农药减施增效技术有学习需求的农户
		企业技术传导型	
		多项目协同型	
莒南县	蔬菜	"农民合作社引领 小农户参与"型	从事农业生产经营的农民合作组织成员
		"校企联动 示范引领"型	从事蔬菜产业生产经营的专业大户、家庭农场主以及农民合作社骨干
		"企业服务 广校协同"型	
牟平区	苹果	融媒体伴随式	新型经营主体带头人、高素质农民、普通农户
		能人示范带动型	具有适度生产经营规模的农业经营主体带头人和不同种植规模、学习意愿强的农户
		"专家+龙头企业+农户"三元联合示范带动型	

地区	产业	培训模式	培训对象
南陵县	水稻	多项目协同型 "专家+龙头企业+农户"三元联合示范带动型 "农广校+农技中心"双主体型	遴选对化肥农药减施增效技术兴趣较大的不同的水稻种植农户

首先，5个试验点的农广校在2018年和2019年，采用普遍与个别培训相结合的方式，针对不同的培训对象设定不同的培训模式，着力强化培训种植大户、合作社骨干、从事农业生产3年以上的家庭农场主，形成参加培训农户辐射带动周边农户学习的技术扩散效应；其次，灵活安排、科学合理制订减施增效技术培训实践。2018年和2019年化肥农药减施增效技术培训主要集中在7~9月，处于农忙之前，有利于专家开展田间现场指导，增强接受培训农民的应用水平与能力；再次，各试验点农广校结合当地实际情况选择合适的培训内容和授课方式，以达到"科学性、实用性、专业性、时效性"，帮助参加培训农户迅速掌握自己所从事农业产业的化肥农药减施增效技术。

4.1.4 化肥农药减施增效技术培训模式实施情况

各试验点在开展化肥农药减施增效技术培训模式过程中，紧紧围绕当地产业经济发展布局，坚持"实用、实际、实效"的原则，统一制订培训模式计划、落实培训任务。各试验点面向不同类型经营主体，每种培训模式选择从事农业经营的产业大户、家庭农场主、农民合作社骨干等30人参加减施增效技术培训。在结合现有的农民田间学校、现场观摩、典型示范、能人培训、媒体传播等传统培训模式的基础上，进行模式创新（表4-2）。

表4-2 化肥农药减施增效技术培训模式（2018年）

地区	培训模式	培训内容
夷陵区	"理念引领 集成示范"型 田间小课堂现场传导型 "专家+指导员"双主体协同型	新型职业农民素养、生态农业与美丽乡村、茶叶化肥农药减施增效技术、茶叶机械耕种施肥技术、农民手机应用、茶叶病虫害识别及绿色防控技术
钟祥市	"校站联合 基地带动"型 企业技术传导型 多项目协同型	水稻标准化生产、化肥减施增效技术、农药减施增效技术、生态循环农业、稻虾高效种养模式、农药的合理安全使用
莒南县	"农民合作社引领 小农户参与"型 "校企联动 示范引领"型 "企业服务 广校协同"型	化肥农药减施增效技术、现代蔬菜产业安全生产经营技能、农资的功能与效果、特定环境下作物需肥量等
牟平区	融媒体伴随式	建立信息化资源发布平台和传播渠道，制作、储备一批信息化培训教育资源。针对重点媒体受众，开展全方位、无缝隙的信息轰炸，根据需求利用传统方式进行培训补充
	能人示范带动型	组织一批有学习意愿的农户参加培训，在能人的生产经营主体中开展试验示范、成果展示、教育培训，并通过能人的影响力、带动作用辐射周围农户
	"专家+龙头企业+农户"三元联合示范带动型	企业按照专家的化肥农药使用配方要求，提供给农户使用。专家对选择化肥农药使用品种、施肥施药时间点和用量等进行培训。企业与农民签订合作协议，指导农民施肥施药

续表

地区	培训模式	培训内容
南陵县	多项目协同型 "专家+龙头企业+农户"三元联合示范带动型 "农广校+农技中心"双主体型	化肥农药减施技术、稻渔综合种养技术、富万钾使用技术等

夷陵区参加培训的共91人，其中男性44人、女性47人。基地"专家+指导员"双主体协同型培训模式中共有男性15人、女性15人，其中初中学历的人数为18人，占该培训模式总人数的60%；大专及以上学历的学员共3人，占该培训模式总人数的10%。在"理念引领　集成示范"型培训模式中，男性6人、女性25人，共计31人参加培训，初中学历的农民占该培训模式总人数的64.5%，高中与中专学历的农民共计10人，占培训模式总人数的32.3%。

钟祥市参加培训的共90人，其中普通农户65人，家庭农场主、专业大户25人。参加培训的人中男性占据3种培训模式总人数的87.7%。培训的人中高中学历的人数达到70人，占全部总人数的77.8%。在多项目协同型培训模式中，参训学员全部为男性，其中初中学历1人，其余29人为高中学历。在"校站联合　基地带动"型培训模式中男性学员同样占据绝大多数，共计28人。在企业技术传导型培训模式中，女性学员比例达到30%，且以高中学历为主。

莒南县参加化肥农药减施增效技术培训的学员共有71人，其中男性学员59名、女性学员12名。参加培训的71名学员中52名为初中学历，占到培训总人数的73.2%，高中与中专学历的参训学员达到13人，大专学历农户为2人。共有30人参加了"企业服务　广校协同"型培训，其中以初中学历农户为主，占该培训模式总人数的66.7%，参加培训学员中具有高中及以上学历的有9人。共有25人参加了"校企联动　示范引领"型培训，其中初中文化水平的学员20人、高中学历学员3人、大专及以上学历和小学文化水平学员各1人。共有16名男性学员参加了"农民合作社引领　小农户参与"型培训，其中小学学历学员2人、初中学历学员12人、高中与中专学历2人。

牟平区参加培训的共78人，其中男性学员55人、女性学员23人。参加融媒体伴随式培训的共有29人，其中男性学员19人、女性学员10人；29名学员中初中学历的人数占据了绝大多数，共25人。23名学员参加了能人示范带动型培训，且全部为初中学历，包括男性学员13名、女性学员10名。参加"专家+龙头企业+农户"三元联合示范带动型培训的学员中有男性23名、女性3名，其中初中学历的22人、高中学历4人。

参加南陵县培训的农户中男性学员所占比例高达96.2%，女性学员仅占3.8%。参加培训的学员以初中学历、年龄在40~50岁的农民为主，高中及以上学历的农户所占比例为15.4%，所占比例相对较少。

2018年通过各地实践经验，从13个培训模式中筛选出11个培训模式，并进行了进一步的完善。2019年进行了新一轮的化肥农药减施增效技术培训。具体11种培训模式为"理念引领　集成示范"型、田间小课堂现场传导型、"专家+指导员"双主体协同型、"校站联合　基地带动"型、企业技术传导型、"农民合作社引领　小农户参与"型、"校企联动　示范引领"型、融媒体伴随式、能人示范带动型、"政府主导　项目联动"型、"专家+龙头企业+农户"三元联合示范带动型。

4.2 适应不同生产特点的化肥农药减施增效技术培训模式效果评价

4.2.1 化肥农药减施增效技术培训模式实施效果

4.2.1.1 化肥施用量总体上呈现减少趋势

对参加培训农户2017~2019年施肥用药变化进行持续跟踪调研，各培训模式化肥施用量的变化情况如表4-3所示。

表4-3 不同培训模式化肥施用量与施用结构

培训模式	施肥种类	化肥施用量/(kg/亩) 2017年	2018年	2019年
田间小课堂现场传导型	氮肥	91.07	63.21	83.93
	复混肥	103.57	104.29	64.82
"理念引领 集成示范"型	氮肥	67.74	48.39	40.97
	复混肥	100.97	77.09	61.29
"专家+指导员"双主体协同型	氮肥	81.00	46.40	72.5
	磷肥	3.34	3.83	0.00
	复混肥	69.17	59.17	72.67
企业技术传导型	氮肥	12.07	8.40	3.48
	复混肥	48.97	44.57	28.25
"校站联合 基地带动"型	氮肥	10.21	4.50	2.50
	复混肥	50.34	43.83	29.83
"农民合作社引领 小农户参与"型	氮肥	4.31	2.83	0.00
	复混肥	123.14	113.10	110.59
"校企联动 示范引领"型	氮肥	15.33	13.90	13.37
	磷肥	2.47	2.37	1.80
	钾肥	10.65	10.33	10.27
	复混肥	63.83	62.67	62.17
能人示范带动型	复混肥	96.13	96.07	93.40
融媒体伴随式	氮肥	1.17	0.62	0.77
	复混肥	88.83	88.67	83.00
"政府主导 项目联动"型	氮肥	4.45	4.32	3.56
	钾肥	1.95	2.22	1.53
	复混肥	24.36	25.32	26.20
"专家+龙头企业+农户"三元联合示范带动型	复混肥	26.00	24.00	21.70

各培训模式化肥施用量总体上都呈现出减少趋势，参加培训农户的施肥结构以氮肥、复混肥为主。以水稻种植为主的农户氮肥、复混肥施用量远低于茶叶、苹果、蔬菜种植农户；

参加能人示范带动型培训的农户肥料施用以有机肥和复混肥为主，在 2019 年有机肥施用量基本与复混肥施用量持平。"专家+龙头企业+农户"三元联合示范带动型培训多为稻渔、稻虾综合种养农户，化肥施用量很少，且基本为复混肥，2019 年参加"专家+龙头企业+农户"三元联合示范带动型培训的农户化肥施用量为 21.7kg/亩，为 11 种化肥农药减施增效技术培训模式中施用量最少的模式。

4.2.1.2 有机肥施用量呈不断增长趋势

在有机肥施用方面，2017 年夷陵区参加田间小课堂现场传导型培训的农户有机肥施用量仅为 5.36kg/亩，有机肥费用为每亩 11.43 元，2019 年经过两年培训的农户有机肥施用量增加至较为合理的水平，平均施用量为 68.57kg/亩，施用费用增加至 166.68 元/亩（表 4-4）。夷陵区参加"理念引领　集成示范"型培训的茶叶种植农户在 2017 年时没有施用有机肥，2018 年开始施用有机肥。2018～2019 年有机肥施用量分为 85.16kg/亩、80.65kg/亩，施用费用分别为 150.97 元/亩、142.68 元/亩。莒南县参加"农民合作社引领　小农户参与"型培训的农户 2017 年有机肥施用量为 108.79kg/亩，2019 年有机肥施用量增加至 152.24kg/亩，相较于 2017 年增长 39.94%。莒南县参加"校企联动　示范引领"型培训的蔬菜种植农户 2019 有机肥施用量达 70.00kg/亩，有机肥费用增加至 126.00 元/亩，相较于 2017 年增长幅度分别为 35.48%、36.47%。牟平区参加能人示范带动型培训的农户有机肥施用量、费用呈现逐年上涨趋势，即施用量由 2017 年的 86.50kg/亩增加到 2019 年的 92.17kg/亩，施用费用由 525.00 元/亩增加到 563.00 元/亩，增加幅度分别为 6.55%、7.24%。牟平区参加融媒体伴随式培训的农户有机肥施用量由 2017 年的 75.17kg/亩增加至 2019 年的 88.40kg/亩，增加幅度为 17.60%；有机肥费用由 2017 年的 492.00 元/亩增加至 2019 年的 644.33kg/亩，增加幅度为 30.96%。

表 4-4　参加培训农户有机肥施用量变化

培训模式	有机肥施用情况	2017 年	2018 年	2019 年
田间小课堂现场传导型	有机肥施用量/(kg/亩)	5.36	88.92	68.57
	有机肥施用费用/(元/亩)	11.43	159.07	166.68
"理念引领　集成示范"型	有机肥施用量/(kg/亩)	0	85.16	80.65
	有机肥施用费用/(元/亩)	0	150.97	142.68
"专家+指导员"双主体协同型	有机肥施用量/(kg/亩)	8.3	57.5	52.5
	有机肥施用费用/(元/亩)	5	102.83	95.17
"农民合作社引领　小农户参与"型	有机肥施用量/(kg/亩)	108.79	150.00	152.24
	有机肥施用费用/(元/亩)	300.34	295.86	266.21
"校企联动　示范引领"型	有机肥施用量/(kg/亩)	51.67	61.33	70.00
	有机肥施用费用/(元/亩)	92.33	107.00	126.00
能人示范带动型	有机肥施用量/(kg/亩)	86.50	89.67	92.17
	有机肥施用费用/(元/亩)	525.00	542.00	563.00
融媒体伴随式	有机肥施用量/(kg/亩)	75.17	79.67	88.40
	有机肥施用费用/(元/亩)	492.00	568.50	644.33

由表 4-4 可以看出，有机肥施用都集中在以经济作物为基础的培训模式上，其中以设施蔬

菜为基础的"农民合作社引领　小农户参与"型培训模式农户有机肥施用量最多,参加该培训模式的农户以种植设施番茄为主,番茄产量大,生长周期长,对有机肥的需求量相对大。

综合夷陵区、钟祥市、牟平区等地开展的共计11种培训模式的农户化肥施用量的变化情况,对比农户2017~2019年单位面积化肥施用情况,其具体化肥施用变化情况如表4-5所示。钟祥市开展的企业技术传导型培训模式、"校站联合　基地带动"型培训模式的化肥施用量减少较多,分别达到48.02%、46.61%。"理念引领　集成示范"型培训模式的茶叶种植农户的化肥施用量减少达到39.39%。"专家+指导员"双主体协同型、"校企联动　示范引领"型、能人示范带动型、融媒体伴随式培训模式的单位面积化肥施用量减少在10%以下。11种培训模式中仅"政府主导　项目联动"型培训模式的化肥施用量较2017年增加了1.43%。

表4-5　参加培训农户单位面积化肥施用情况

培训模式	一级指标	二级指标	评价标准	化肥施用量变化/%
田间小课堂现场传导型				−23.58
"理念引领　集成示范"型				−39.39
"专家+指导员"双主体协同型				−5.43
企业技术传导型				−48.02
"校站联合　基地带动"型				−46.61
"农民合作社引领　小农户参与"型	有效性	化肥施用量	学员培训后单位面积化肥施用情况	−13.23
"校企联动　示范引领"型				−5.06
能人示范带动型				−2.84
融媒体伴随式				−6.92
"政府主导　项目联动"型				1.43
"专家+龙头企业+农户"三元联合示范带动型				−16.54

4.2.1.3　农药施用次数减少明显

对夷陵区茶叶种植户、南陵县和钟祥市水稻种植户、牟平区苹果种植户、莒南县蔬菜种植户的农药施用次数进行跟踪调查,具体内容如下。

参加田间小课堂现场传导型培训的农户农药施用次数从2017年的10.5次减少至2019年的5.21次。参加"理念引领　集成示范"型培训的农户农药施用次数从2017年的5.55次下降至2019年的2.45次。参加"专家+指导员"双主体协同型培训的农户农药施用次数从2017年的2.77次下降至2019年的1.93次。参加企业技术传导型培训的农户农药施用次数从2017年的4.03次下降至2019年的2.60次。参加"校企联合　基地带动"型培训的农户农药施用次数从2017年的3.48次下降为2019年的1.72次。参加"农民合作引领　小农户参与"型培训的农户农药施用次数从2017年的10.17次减少至2019年的9.07次。参加"校企联动　示范引领"型培训的农户2017年平均农药施用次数为6.21次,2019年农药施用次数减少到5.31次。参加能人示范带动型培训的农户农药施用次数从2017年的9.67次下降至2019年的8.93次。参加融媒体伴随式培训的农户农药施用次数由2017年的9.80次减少至2019年的8.33次。参加"政府主导　项目联动"型培训的农户农药施用次数从2017年的4.12次下降至2019年的3.52次(表4-6)。

表 4-6 参加培训农户农药施用次数

培训模式	农药施用次数 2017 年	2018 年	2019 年
田间小课堂现场传导型	10.5	6.53	5.21
"理念引领 集成示范"型	5.55	2.97	2.45
"专家+指导员"双主体协同型	2.77	2.33	1.93
企业技术传导型	4.03	3.53	2.60
"校站联合 基地带动"型	3.48	2.59	1.72
"农民合作社引领 小农户参与"型	10.17	9.50	9.07
"校企联动 示范引领"型	6.21	5.76	5.31
能人示范带动型	9.67	9.00	8.93
融媒体伴随式	9.80	9.27	8.33
"政府主导 项目联动"型	4.12	3.80	3.52

由表 4-6 可以看出，蔬菜种植农户、苹果种植农户参加的"农民合作社引领 小农户参与"型培训、能人示范带动型培训、融媒体伴随式培训的农药施用次数较多，大幅度高于其他培训模式农户的农药施用次数。2019 年参加 3 种培训模式的农户农药施用次数分别达到 9.07 次、8.93 次、8.33 次。

4.2.2 化肥农药减施增效技术培训模式评价指标构建

在培训模式评价过程中发现，定量类分析方法对于各项目县基层工作人员应用难度大，计算过程烦琐，且对样本需求数量大。而单纯的主观赋值具有随意性，容易导致化肥农药减施增效技术培训模式的评判结果不唯一。

考虑到培训模式评价的操作便捷性、客观准确性，在科学性、适用性、有效性、创新性主观评价指标基础上，设置经济效益、社会效益、生态效益等一级评价指标，利用对参加培训农户的持续跟踪调研数据，对农户化肥施用量、农药施用次数，肥料、农药、机械、水电支出变化，亩产量，亩产值一级农民收入等指标进行量化打分，对参加培训农户以及邻近未参加培训农户土壤进行有机质含量检测，观测参加培训农户与未参加培训农户土壤有机质的差异情况，从而减少专家赋权打分的主观性，将培训模式评价与实际相结合，使培训模式评价结果客观、科学。对于各级指标权重分布，采用专家咨询法对每一指标结合各自的产业特点由农民培训、土肥、植保三方面的专家进行讨论，对各个指标进行权重赋分。

通过对上述指标权重的确定，共构建了 7 个一级指标、22 个二级指标，详见表 4-7。

表 4-7 化肥农药减施增效技术培训模式的评价指标体系

一级指标	权重	二级指标	权重	评价标准
1 科学性	10%	1.1 培训目标	20%	目标合理、全面、切题
		1.2 培训设计与流程	10%	培训方案可行性
			10%	培训流程操作性
		1.3 培训条件	10%	与培训目标、方案关联度
		1.4 培训能力	25%	职责明确、分工合理、保障有力（组织者）
			25%	理论授课、实践实训、跟踪服务、教师结构

续表

一级指标	权重	二级指标	权重	评价标准
2 适用性	15%	2.1 培训对象	40%	参加培训学员满意度
		2.2 培训内容	30%	政策法规、理论基础、技能知识、考核评测模块化教学与培训设计契合度
		2.3 复制推广	30%	培训条件、能力、流程等可复制性
3 有效性	15%	3.1 知识理解	15%	参加培训学员知识理解能力
		3.2 技术应用	15%	参加培训学员培训结束后技术应用情况
		3.3 化肥农药施用情况	20%	学员培训后单位面积化肥施用情况
			20%	学员培训后单位面积农药施用次数
		3.4 受益群体数量	30%	实际受益群体数量与目标受益群体数量比较
4 创新性	10%	4.1 培训机制	35%	培训要素结构与运行创新性
		4.2 培训组织	35%	培训组织制度与实施创新性
		4.3 培训方式	30%	培训环节、手段、工具创新性
5 经济效益	30%	5.1 成本变化	25%	肥料、农药、机械以及水、电等支出变化情况
		5.2 亩均产量	25%	亩均产量变化情况
		5.3 亩均产值	25%	亩均产值变化情况
		5.4 亩均效益	25%	亩均效益变化情况
6 社会效益	15%	6.1 农民收入	60%	农民收入变化情况
		6.2 辐射能力	20%	参加培训学员带动其他农户应用情况
		6.3 发展引领	20%	培训模式对农业绿色发展方式的引领作用
7 生态效益	5%	7.1 耕地生产能力	100%	土壤有机质含量变化

采用李克特量表对二级指标进行评价，对每个指标进行"非常可行""可行""一般""不可行""非常不可行"定义，对每个评价情况进行赋值，如表 4-8 所示。

表 4-8　五级打分法标度定义

标度	定义
100	非常可行
80	可行
60	一般
40	不可行
20	非常不可行

学员参加培训后单位面积化肥施用情况等量化指标评价分级根据各地跟踪调研情况以及咨询土肥、植保专家意见，将评价指标划分为减少量 20% 以上、减少量 10%~20%、减少量在 10% 以内、不变、增加量在 10% 以内这 5 级指标。成本变化、亩均产量、亩均产值、亩均效益以及土壤有机质含量变化等量化指标也按此方法进行分级。

4.2.3　化肥农药减施增效技术培训模式综合性评价

各地区开展的 11 项化肥农药减施增效技术培训模式评价指标共有 7 个一级指标，科学性指标所占权重为10%，适用性、有效性指标所占权重都为15%，创新性指标所占权重为10%，经济效益所占权重为30%，社会效益、生态效益所占权重分别为15%、5%。

由此，各培训模式综合得分如表4-9所示。11种培训模式中夷陵区开展的"理念引领　集成示范"型培训模式得分最高，为85.22分，其次是田间小课堂现场传导型培训模式，综合评价得分为81.68分；钟祥市开展的企业技术传导型培训模式得分为80.81，综合得分在培训模式中排名第三位。

表4-9　各培训模式综合得分

地区	培训模式	综合得分
夷陵区	田间小课堂现场传导型	81.68
	"理念引领　集成示范"型	85.22
	"专家+指导员"双主体协同型	79.81
钟祥市	企业技术传导型	80.81
	"校站联合　基地带动"型	77.17
莒南县	"农民合作社引领　小农户参与"型	80.36
	"校企联动　示范引领"型	71.09
牟平区	能人示范带动型	70.88
	融媒体伴随式	63.78
南陵县	"政府主导　项目联动"型	72.10
	"专家+龙头企业+农户"三元联合示范带动型	73.71

聚类分析是研究将对象按照多个方面特征进行综合分类的一种统计方法。在以往分类中主要依靠经验和专业知识作定性分类处理，因而不可避免地带有主观性，不能很好地反映各模式之间的联系和差异。聚类分析方法能够有效地解决科学研究中多指标分类的问题。因此，借助SPSS软件进行聚类分析，将各地区开展的培训模式中科学性、适用性、有效性、创新性以及经济效益、社会效益、生态效益7个指标作为特征对象，将11种培训模式进行分类分析（表4-10）。

表4-10　化肥农药减施增效技术培训模式指标得分

培训模式	科学性	适用性	有效性	创新性	经济效益	社会效益	生态效益
田间小课堂现场传导型	91.2	90.8	86.8	82.4	80	71.2	60
"理念引领　集成示范"型	89.2	81.2	84.4	73.4	90	80.8	100
"专家+指导员"双主体协同型	88.8	78.0	84.2	81.6	80	69.6	80
企业技术传导型	84.8	91.6	92.2	89.4	75	68.8	60
"校站联合　基地带动"型	90.2	95.2	92.2	86.0	70	49.6	60
"农民合作社引领　小农户参与"型	88.0	90.8	80.0	74.0	85	73.6	40
"校企联动　示范引领"型	87.8	81.2	79.0	84.6	55	68.8	60
能人示范带动型	87.4	82.4	69.6	83.8	60	66.4	60
融媒体伴随式	74.8	70.8	73.6	74.6	45	71.2	60
"政府主导　项目联动"型	88.6	84.8	65.6	78.2	65	68.8	60
"专家+龙头企业+农户"三元联合示范带动型	85.0	83.6	84.6	89.6	55	76.8	60

通过聚类分析，由图 4-1 可知，将开展的 11 套化肥农药减施增效技术培训模式分为三类。第一类培训模式包括"理念引领 集成示范"型、"专家+指导员"双主体协同型，这两种培训模式在各项指标得分中都取得了较高分数，在资源禀赋上有较明显优势，参加培训农户所在区域较早形成了茶叶品牌，农户茶叶种植经验丰富。第二类培训模式包括田间小课堂现场传导型、企业技术传导型、"校站联合 基地带动"型以及"农民合作社引领 小农户参与"型，这 4 种培训模式在培训方式上具有现场实践指导性强的特点，在培训中以农广校、农业企业及农业合作社作为培训主体，以此为基础对参加培训农户进行理论集中讲解与示范田参观实践，提高化肥、农药减施技术应用率。第三类培训模式包括能人示范带动型、"政府主导 项目联动"型、"校企联动 示范引领"型、"专家+龙头企业+农户"三元联合示范带动型、融媒体伴随式，主要分布在山东、安徽两地。由于当地苹果、水稻市场竞争相对激烈，苹果、蔬菜、水稻在各自主产区都属于优势农作物，产业发展稳定，经济效益、社会效益增加幅度相对较缓。

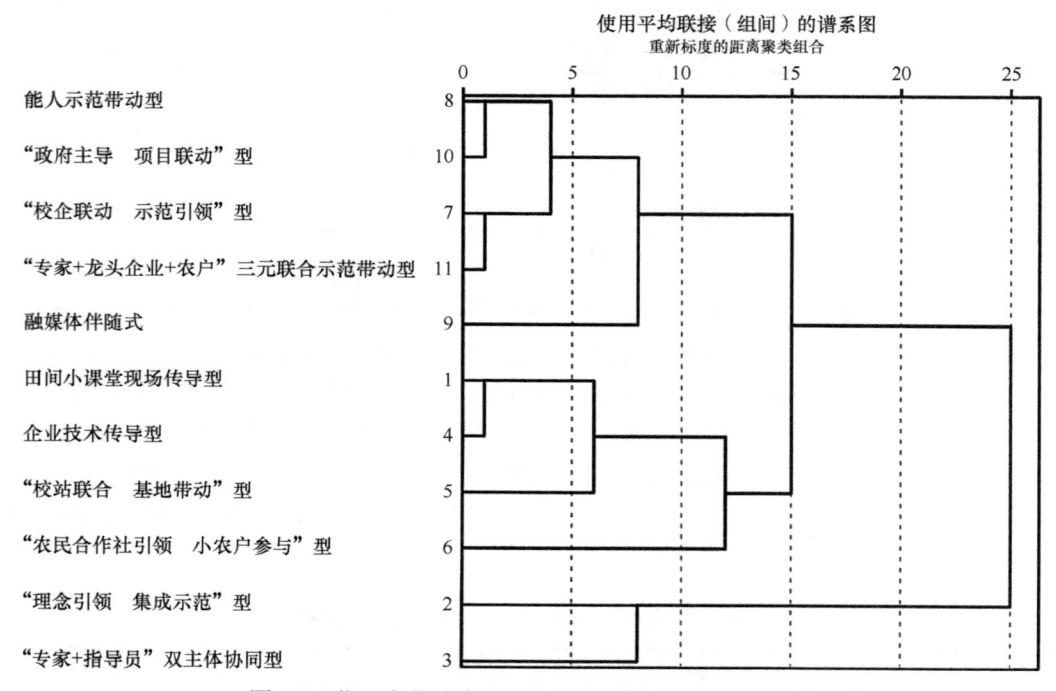

图 4-1 化肥农药减施增效技术培训模式聚类分析结果

4.3 化肥农药减施增效技术培训模式应用实例

田间小课堂现场传导型化肥农药减施增效技术培训模式由夷陵区农广校搭建合作平台，将本地先进实用的减肥减药技术与从事茶叶生产经营并具有一定生产规模、接受新生事物能力强、愿意使用新技术的新型农业经营主体带头人对接，以田间课堂进行实践，利于农民亲自参与，提高动手能力。该模式是面向新型农业经营主体，通过在田间地头开展化肥农药施用交流、示范、操作和解答的化肥农药减施增效技术培训模式。每名授课教师负责 10 名农户，通过田间"参与式""互动式"的教学、培训方法，综合学员意见提出针对性技术方案。田间小课堂现场传导型培训模式是在培训方式上由简单的命令式、权威性教学转变为农民与专家相互参与、相互讨论、相互分享的培训模式。该模式在重视指导农民采用化肥农药减施增效技术的同时，也兼顾农业绿色生产信息的传递，针对农民的文化进行指导，促进农民施肥、用药行为的改变。田间小课堂现场传导型化肥农药减施增效技术培训模式适用于教师综合能力强、农民参与度高的地方，方法简单易行，复制推广性强。

"理念引领　集成示范"型化肥农药减施增效技术培训模式是由培训机构联合技术研发或推广单位，利用集成示范的带动效应，开展技术培训的模式。"理念引领　集成示范"型培训模式能够有效发挥农广校的桥梁作用，将科研单位与农民直接联系、对接，解决新技术推广应用的路径问题及农民获得新技术的渠道问题。"理念引领　集成示范"型培训模式通过"精、调、改、替"4种方式，推进精准施肥、调整化肥施用结构、改进施肥方式进而达到减施目标。此类模式适用于推广机构健全，主导产业发展稳定，农民对新技术接受运用能力较强的地方。

"专家+指导员"双主体协同型化肥农药减施增效技术培训模式，是一种面向普通农户、依托"专家+指导员"协同培训指导、基地试验示范的培训模式。"专家+指导员"按照1∶10的比例培训指导基地农民，二者协同在基地开展培训、共同进行茶叶化肥农药减施增效技术的示范推广。该种培训模式对培训师资有较高要求，首先要有国家级或省级茶叶专家、学者对技术指导员进行技术培训、指导。同时，要有具备较强理论知识、农业生产实践经验以及农民培训技巧的农技推广人员或优秀职业农民担任技术指导员，并要求接受培训的技术指导员能运用所学知识对农民进行技术培训和指导。

企业技术传导型化肥农药减施增效技术培训模式，是以湖北省钟祥市水稻产业为基础开展，农资企业人员在田间地头为从事农业生产一线的农民传授、讲解有机肥、生物农药功效和作用等减施增效技术，并进行现场施用、示范，从而使企业生产或销售的有机肥、生物农药等得到快速推广、应用的一种培训模式。企业技术传导型培训模式以农资企业为培训主体，以高素质农民为培训客体，形成一种新的共同体。农资企业在培训过程中形成"讲授—施用—推广"全程服务的培训机制，实现了化肥农药减施增效、农业生态环保、农产品质量安全的目标。企业技术传导型培训模式以田间现场教学、示范、实训为主，打破了以往的"理论填鸭式"培训模式，并让农资企业作为培训主体，作为新技术、新产品的提供方，农民作为新技术的接纳方，共同实现现代农业减施增效的目标。

湖北省钟祥市开展的"校站联合　基地带动"型化肥农药减施增效技术培训模式，是以农广校与乡镇农技推广中心为共同培训主体，围绕产业发展需要，选择具有一定规模的农业合作组织、农业龙头企业、农业园区等作为培训基地，由乡镇农技推广中心进行配合，共同来完成对农民减施增效的培训。该培训模式围绕化肥农药减施增效关键技术，通过传授测土配方施肥、水稻病虫害防治、水稻绿色高效生产技术、水肥一体化技术，创新实施"农广校+农技推广中心"的教学实践模式，做到"短期+长期""农闲+农忙""培训+指导"的相互结合。各乡镇农技推广中心工作人员能根据所负责的村庄、家庭农场、农业专业合作社生产过程中存在的问题进行精准到户，对各个农户施肥、用药中遇到的问题进行分类指导；农技推广中心工作人员能够按照水稻不同生育期采取不同的施肥、用药技术。同时，农技推广中心人员能够24h跟踪服务当地农民，解决农户生产过程中遇到的问题。

"农民合作社引领　小农户参与"型化肥农药减施增效技术培训模式是由农广校组织培训，农民合作社负责化肥农药减施增效相关技术的试验示范，辐射带动周边小农户的一种培训模式。该类培训模式充分发挥农民合作社"统一引进优良品种、统一育苗供苗、统一栽培技术、统一病虫害防治、统一收购加工、统一对外销售"的优势，提高蔬菜生产者的安全意识和安全生产技术水平，从而带动周边小农户利用化肥农药减施增效技术，进而促进蔬菜产业的绿色发展。该类培训模式的培训对象以农民合作社成员为主，小农户为辅，培训对象更加精准、产业更加统一。该类培训模式的辅导员承担学员课堂的组织管理，组织学员开展实践教学、培训评估。该类培训模式适用于实施高素质农民培育工程、农技推广改革与建设补助项目及承担农药经营许可管理工作的蔬菜产区。

"校企联动 示范引领"型化肥农药减施增效技术培训模式，是以农业龙头企业、农资生产经营企业为培训主体，农广校组织协调专家、教师与企业进行对接，针对企业生产经销的化肥农药减施增效产品，采取培训与试验示范相结合的培训方式，对特定群体开展培训的一种模式。通过对比试验示范，企业经营者能了解产品在应用过程中存在的问题，蔬菜生产者能够及时学习、应用到化肥农药减施增效的新技术、新产品，提升农产品质量。

能人示范带动型化肥农药减施增效技术培训模式以牟平苹果产业为基础，以发挥能人示范带动为目标，通过示范、成果展示推广应用化肥农药减施增效技术，培育出具有绿色发展理念的农业能人，推动绿色防控技术、水肥一体化技术等现代农业科技和无人机、滴管等现代农业机械装备在农业中得到普及。能人示范带动型培训模式整合多种资源搭建各类服务平台，通过倾斜技术资源、培训资源、专家资源、市场资源，全方位培育能人，带动产业提质增效。该类培训模式突破传统的"老师+学员"的培训途径，充分发挥能人的带动作用，通过试验示范、成果展示，开展教育培训，加强教育培训的现场感、代入感。

融媒体伴随式化肥农药减施增效技术培训模式是以搭建融媒体平台为手段，以伴随广大人民群众生产、生活全过程为目标，全领域、全空间、全天候传播化肥农药减施增效知识和技术的培训模式。融媒体伴随式培训模式不仅培训农民化肥农药减控技术，而且要让全社会了解化肥农药减控的迫切性和必要性，营造全社会共同关注绿色生产的大环境。同时，该种培训模式覆盖面大、实效性强，通过融媒体平台，将化肥农药减控技术和理念面向全社会，形成全社会关注化肥减施增效、农业绿色发展的良好氛围。融媒体伴随式培训将培训资源广泛传播与定向传播相结合，突破了培训资源单向传播的限制，除重点培训对象外，也能有效影响周边群众。该类培训模式突破了教育培训空间和时间的限制，形成全天候、无缝隙、伴随式的培训方法，适用于政策法规类、基础知识类、科普知识类等教育培训和推广。

"政府主导 项目联动"型化肥农药减施增效技术培训模式以培训一项综合技术为核心，整合农民培训、农技推广改革与建设补助项目、农药经营许可管理等项目的资源与优势。该培训模式面向水稻产业中具有从业经验、发展状况良好的农民，开展化肥农药减施增效示范培训。

"专家+龙头企业+农户"三元联合示范带动型稻渔综合种养培训模式是以农民增收为目的，县农广校、现代农业产业技术体系专家选择有基础、有条件的稻渔综合种养农业龙头企业围绕产业制定技术操作规程。利用稻渔共生、稻渔互补的生态种养模式，实现在同一稻田既种水稻又进行渔业养殖，实现稻渔双收入的目标。该模式打破传统的"教师+学员"培训模式，引入龙头企业作为培训监督方，专家作为新技术提供方，农户作为技术接纳方，充分发挥各方的资源优势，促进培训目标的实现。

第 5 章　化肥减施增效技术信息化服务系统建设与应用

5.1　化肥减施增效技术信息化服务系统建设的目的和意义

节肥增效（也称为可持续集约化，sustainable intensification）是当前国际上针对粮食安全和环境安全提出的热门论题。其中节肥技术需要同时实现合理的肥料用量、施用时间、施用位置和恰当的产品，这也称作 4R 理论。进一步增产需要协调肥料与作物品种、栽培管理、土壤管理等措施的配合，这也称为综合管理。技术措施的复杂性决定了其应用的难度非常大，因为有 20 多项因素制约技术的扩散，如农户的知识水平决定了其能否制订出合理的技术方案，农户经营规模以及专业化程度决定了其追求节肥增效的意愿和态度，农资市场供应决定了肥料产品的选择以及施用效果，政府和市场的服务能力决定了农户需求的满足程度。因此，节肥增效技术的大面积应用需要通过知识集成、技术本地化、教育和服务系统优化等多个环节协同创新。

我国农户多达 2.2 亿，而国家技术服务力量仅 80 万人左右，而且面临人员老化、组织模式僵化、经费保障不足等问题，利用信息化服务平台提高技术集成度、降低服务成本、带动多元化服务主体参与、提高服务精度是推进科学施肥的必要措施。与发达国家相比，我国科学施肥仍处于初级阶段，但是任务紧迫，不仅需要快速解决农户盲目施肥的问题，也需要为推进精准施肥做好准备。自 2005 年全国测土配方施肥项目启动以来，利用大样本的土壤测试数据、田间实验数据，逐渐建立了全国测土配方施肥基础数据库，为实现技术的信息化奠定了基础。依赖于大样本数据、采用信息化手段的技术开始应用，如充分应用卫星遥感（RS）、全球定位系统（GPS）、田间观测仪器等现代技术，开展耕地资源的数字化管理，初步探索了技术信息化。在全国尺度上，随着大规模农场的出现，基于大样本数据的精准化信息技术需求会越来越大，基于地块信息的土壤信息和施肥意见查询系统（如扬州市土壤肥料站研发的"测土配方施肥短信通"软件），以及基于作物体系大样本试验数据的作物施肥查询系统逐步发展。

与发达国家相比，我国土地经营规模小、分散度高、农民基数大、劳动者素质低，对科学施肥的认识不够，以及农户信息获取渠道严重不足的问题，决定了我国科学施肥技术信息化必须与服务有效结合起来，这与发达国家重视技术信息化、而轻视服务平台建设有所不同。过去十年中，我国探索了针对不同用户的信息服务平台，全国大部分地市在过去十年探索了以手机信息平台、微信服务、触摸屏查询系统、智能手机、智能化配肥系统等为依托的服务平台。

但面对化肥使用量零增长的战略需求，已有的科学施肥技术信息化服务平台逐渐暴露出不足之处，如农户对信息化技术的认知不足、农户的技术内容需求与信息化技术不匹配、农户的科技素质与技术应用不匹配、农户的信息化技术应用效果不稳定。因此，进一步修正信息化技术内容使之满足节肥增效的目标，改善信息化技术展现方式使之提高农户信息渠道获取能力，都是信息化服务发展的必由之路。同时，针对农户对信息化服务平台认知不足的现状，加强信息化服务平台的推广工作，积极引入农户、企业等主体参与信息化服务平台的建设，扩展服务队伍，提高技术精准度，从而提高农户采用信息化服务的兴趣。将实地试验示范培训与信息化平台对接，校正信息化技术的农田应用效果，提高信息化服务的针对性和有效性，将有利于进一步提高减肥增效数据应用水平，深化减肥增效技术，扩大技术覆盖面，满足农业生产和社会经济发展的需要，更好地为现代化农业服务。

5.2 化肥减施增效技术信息化服务系统建设现状

5.2.1 国外化肥减施增效技术信息化服务发展情况

国外农业信息化的发展大致可以分为以下4个阶段：① 20世纪60年代以前，是信息化发展的初步阶段，信息技术初步应用到农业中，以传统的电话、广播等方式与农业结合起来；② 20世纪60～70年代，计算机开始作为促进农业发展的主要手段，通过数据处理、程序开发，实现了农场生产的智能化管理；③ 20世纪80年代以后，计算机开始广泛应用到农业发展的生产控制与技术处理中，如农业专家系统、决策支持系统、知识处理系统和自动控制系统等，成为农业智能化发展的主要方式；④ 20世纪90年代以后，随着互联网的迅速发展，农业信息化也开始进入智能化、现代化的阶段，农业数据库的开发、自动控制技术的应用、农业信息平台的搭建，使农业信息化开始进入农业智能阶段。

在知识集成方面，欧美发达国家主要采用了基于大样本土壤和作物数据建立的大数据库，进行基于地块和作物体系的精准作物施肥方案的集成，同时依赖于信息化的手段将技术集成与地块应用进行紧密连接，大大提高了科学施肥水平。例如，英国综合全国的土壤测试和作物试验，每年发布《施肥推荐》(*Fertilizer Recommendation*)，同时针对全国主要作物和区域提出了适宜的16个配方，大部分农户可以便捷地查阅到适合当地的施肥建议。美国农户规模大，每个农户通过专业的土壤测试，可以获得更个性化的施肥建议和产品，同时开始普遍使用基于车载GPS的精准施肥方式，为每一个地块施用恰当的肥料，大大提高了养分效率和劳动生产效率，降低了环境风险。美国在1998年就有77%的农户采用精准农业技术，其中有82%的农户应用GIS技术开展土壤采样，有74%的农户应用GIS制图。据研究，美国未来农业收入增加超过30%是由于精准农业技术的采用。

1950～1960年，美国在农村普及电子设备，逐渐形成完善的信息收集整合基础，20世纪70年代美国建立了第一代数据库，标志着信息化发展的开端，美国农业进入数据收集处理和数据库开发阶段。在这一阶段，美国形成了以政府为主导，大型公司、科研机构等多元主体共存的农业信息收集系统，加之法规的完善，促使农民积极上报生产和销售信息。此外，美国国家农业图书馆和美国农业部联合建立了农业文献联机检索数据系统（AGRICultural OnLine Access，AGRICOLA），随后联合国粮食及农业组织于1975年创建了国际农业科学和技术信息系统（International System for the Agricultural Science and Technology，AGRIS），截至目前AGRIS已经成为国际公认的世界农业数据库系统之一，成为检索世界各国农业生产、科研、教育和推广情况的权威工具。1980年，美国开始了知识处理、农业决策支持和自动控制的研究。1990年以后，随着互联网技术和"3S"技术的逐步成熟，美国开始朝基于物联网控制和信息化决策的精准农业方向发展，电子商务也已经建立并逐步完善，农化服务信息化已进入政府、州立大学、企业和农场主四元化、精准化决策及服务阶段。2012年，美国政府已经建立完成世界最大的农业计算机网络系统AGNET，覆盖美国国内46个州，连通美国农业部、15州的农业署、36所大学和众多企业，信息资源能够在同一平台进行共享和互传，同时在很大程度上分担了政府繁重的农化服务推广和农业信息采集工作。截止到 2013 年，美国农场使用数字用户专线（digital subscriber line, DSL）的比例为 6.0%，农化服务信息化水平达 89.6%。信息化技术的快速发展，为美国养分投入的精量化提供了重要支撑。随着农业信息化技术的不断进步，诸多信息化技术如产量地图、地理土壤地图、遥感地图及全球定位系统等全面运用到农业生产中，多条信息的实时记录与分析为养分精量投入提供了有效的数据支持，从而减少肥料资源浪费和环境污染。美国农技推广体系组成呈多元化发展，美国农业技术推广体系由农业部、州立大学、县级推广部门和社会咨询机构等构成。机构之间有机结合，农业部提供财政支持，州立大学提供智力支持与培训，县级推广部门负责技术示范与咨询，社会咨询机构负责专业化服务。但是，发达国家发现进一步降低肥料用量并实现增产需要强化技术的本地化创新，尤其是农户的参与，英国和美国等国家已掀起一场农户参与式协同创新的热潮，即通过农户内部交流确定需要解决的关键问题，通过共同研究找到方案，再进行联网试验，最终选择恰当的方式，这种农户参与式研究主要通过互联网组织。

由于农户规模较大，发达国家技术的传播主要通过面对面交流的培训，以及由养分管理咨询师或者肥料经销商针对农户特有问题进行个性化服务。随着信息化技术的不断发展，通过信息平台提高技术集成度、降低技术服务成本、带动多元化服务主体参与的服务模式日渐增多。例如，美国建立了国家土壤调查数据库，以 Web GIS 作为支撑平台，在互联网上进行土壤数据的发布，为农业生产提供成果应用服务（http://websoilsurvey.nrcs.usda.gov 和 http://www.nrcs.usda.gov）。1996 年，美国国会通过新的农业法案，要求政府部门、涉农产品的运销机构、农业生产资料供应公司等都要在互联网上无偿地向农民提供信息服务，已形成国家、地区、州三级农业信息网。随着信息化的发展，化肥减施增效技术通过信息化进行应用的同时，也促进了机械的精准化作业（图 5-1），目前美国的大型农业机械都配备有 GPS 和相应传感器，在机械化作业的同时，可完成产量信息的收集，上传到卫星数据库后，专家系统会根据产量和土壤信息制订出田间管理方案，通过精准的信息处理以及分析，将播种量、播种密度、施肥量和农药用量进行了精准的调控。有了精准的数据支撑，使得美国拥有了最完善的测土配方施肥技术，通过定期的土壤养分测定，明确土壤养分的丰缺状况，并结合作物养分需求实现肥料的科学化投入。与此同时，美国肥料产品也在不断升级，来满足特定作物的养分需求和施肥条件。机械施肥-信息化技术-测土配方技术的相互协调是美国降低化肥投入、实现科学施肥的主要措施。

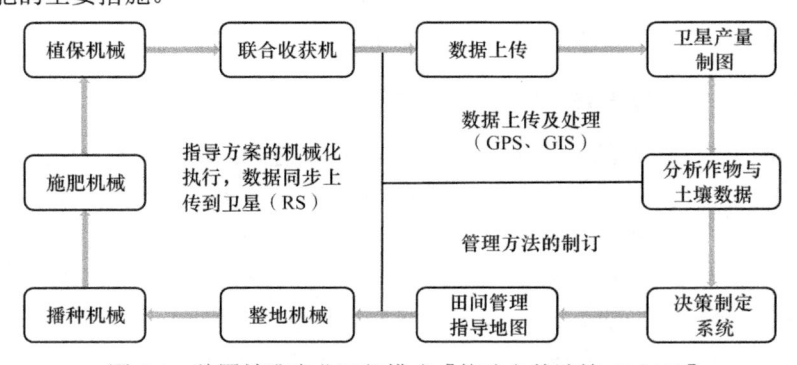

图 5-1 美国精准农业运行模式［修改自姜靖等（2018）］

1947 年，日本就粮食生产状况成立了农林水产统计情报组织，之后在农产品中央批发市场联合会和日本农协的共同努力下逐渐完善多类别的信息情报收集系统，将各地批发市场设立为经营性的法人，制定相关法律来要求各批发市场及时将农产品销售量、价格等市场信息上网公布，到 2000 年已经建成农业市场信息服务系统。日本自 1970 年开始建立农化服务推广信息系统，并于 1975 年建立农业推广信息中心。1980 年，政府提供补贴并开展培训班来推动农民学习使用基础电子设备，农民逐渐接受信息化的服务方式。1990 年，日本开始在各县建立覆盖全国的电信电话事实管理系统，通过每个县的系统结合电话网、通信网等方式将农业相关的信息进行联网上传，搭建起不同系统之间实时交换信息的渠道，不同主体可随时查询使用。1994 年日本实施"高度信息化农村系统"计划，将生产者、经营者、专家等不同主体进行连接，农民可以和自己所在区域的研究机构进行互动，根据建议进行符合实际情况的农业生产。1997 年日本制定《生鲜食品电子交易标准》，通过制定农产品交易的各类标准来实现电子交易改革，逐步完善农用物资网上交易系统。利用信息技术和互联网，实现了政府、农协互补的二元化农化服务信息化，在耕地资源短缺、经营规模小和老龄化问题突出等不利背景下实现了农化服务的成功变革。

信息化进程的不断加快促成一批以信息技术为核心力量的平台适用于农业生产。美国等发达国家的农化服务平台网络中，特别是大农场更为广泛地利用信息化手段来完成生产决策。FarmLogs、Cropx 等各类型辅助决策和田间监控系统帮助农户进行生产决策；Strider、CropZilla 等软件通过对土壤、气候等自然资源数据的搜集处理，及时准确地为农户提供种植决策；之后，农户可以通过 AgroStar、YAGRO 等公司提供的移动化电子商务平台（M-commerce）购买质量可靠并附带技术指导的农资产品。在生产过程中，PYCNO、SPENSA 等公司的传感器设备帮助农户及时了解作物的生长状态；CiBO、TRACE 等公司则为农户提供数据分析软件；HORTAU、EDYN 等公司的系统则能够智能化控制灌溉过程。截止到 2017 年，FarmLogs 已经覆盖全美国 15% 的农场，解决了美国中西部农场生产中玉米、大豆、甜菜等多种作物的管理问题。企业建立的众多服务平台实现了各生产要素的协调运行，帮助农业生产效益最大化。

美国等发达国家的农业信息化进程较早，依托政府支持逐步完善了硬件设备和信息化服务方式。而我国农业信息化服务的发展晚于西方国家，基础设施改善和信息化服务方式齐头并举的局面已经形成，我国政府部门在主导农业数字化改革、提升农村硬件条件改善的同时，支持化肥减施增效技术信息化服务方式的不断变革，目前处于快速发展阶段，通过总结分析美国等国家农化服务信息化发展历程和现状，借鉴国外发展过程中的经验和教训，有助于我国农业化肥减施增效技术信息化服务更好更快发展。

5.2.2 国内信息化服务平台构建类型及特点

我国目前正处于从传统农业向现代化农业转型的关键时期，推广农业信息化是建立现代化农业的一项基础工作，推广农业信息化最重要的就是将有用的农业生产信息通过信息化手段推送到农民身边，使农民更加方便快捷地获取到有用的生产知识，从而提高农业生产效率、降低生产成本。建立农业信息化服务平台是推广农业信息化的一个重要的途径，农业信息化服务平台的服务内容贯穿产前、产中到产后整个产业链，产前环节涉及金融、种子、肥料、农药、保险、土壤资源等，产中环节涵盖气候信息、灌溉、施肥、病虫害防治技术、机械等，产后环节包括农产品的储存、运输、加工和销售等。当前各类农业信息化服务平台数量繁多，从信息功能上划分可以分为生产管理信息功能、科学技术信息功能、资源环境信息功能、市场信息功能四大类。生产管理信息功能主要包括以种植业为主要服务对象的综合软件管理决策助手,通过将种植模型、农事指导、生产管控等生产细节进行综合服务,实现生产管理的简便化和数字化;科学技术信息功能是指通过平台建立各类作物生产关键管理技术,实现科学生产技术落地产生效益和提高生产水平;资源环境信息功能指的是在平台中设计天气预报预警、农业气象指导的功能,为农户生产提供水、天气、土壤、耕地、生态环境等资源环境信息指导和查询,整合构建农业资源与决策系统,为农业生产管理和产业布局等提供决策支持服务;市场信息功能指的是通过平台发布农资价格、市场供求信息等帮助生产或销售企业进行市场决策,规避风险。

目前我国农业信息化服务平台从服务主体上来看大致可以分为政府主导型和企业主导型两类,不同类型的服务平台各有其特点。

5.2.3 政府为主体的信息化服务平台

政府建立各种公益性质的数据库和资源平台,以公共服务为目的提供农化服务,服务的受体包括企业、农户、科技工作者等。这一类服务平台受众范围广,能够为其他多种信息化服务模式的发展提供支撑,具有人才、技术和管理方面的优势。我国政府高度重视农化服务信息化的发展,农业信息网站和平台发展非常迅速,服务内容包括先进生产科学技术,如"全国农业科教云平台""全国农技推广网""中国农业科技推广网"等开辟了集学习、交流、办公、管理和考核于一体的农技推广平台,发布生产基本要素信息的平台如"中国测土配方施肥网",发布市场供需信息的平台如农业农村部的"中国农业信息网"等。除此之外,全国各地基层农业管理部门借助这些平台正努力构建综合、高效的农业知识服务平台,为培育"智慧农民"提供多方位的农业知识及农业技术推广服务。例如,北京市为发展"都市型现代农业"而建设的"221农业综合信息服务平台"(简称"221信息平台"),整合市级农业资源数据共238项,其中涉及地貌、水、气象、土壤等各种自然资源,农业管理者、生产者和消费者都可以通过该平台进行信息查询、决策及获得服务。其中全国农业科教云平台主要为服务受体提供农业资讯、农技问答、在线学习等服务;全国农技推广网为农民服务的内容主要涉及种子种业、节水技术、农资肥料、植检植保等;中国农业科技推广网主要提供一些农业资讯、政策法规、农业科技以及科普博览;中国农业信息网主要为服务受体提供农业资讯、农事指导以及农产品的市场价格。从以上几个平台服务的内容中可以看出,政府主导的农业信息化平台大多数是为农户提供农业资讯信息、生产技术指导、种子农资信息等科普性的知识,这些信息都是无偿为农户提供的,这对于收入低微的农民,以零成本获取对自己有价值的信息是一件好事,而且以政府为主体的农业信息化服务平台可以充分发挥各级农业及涉农部门的人才资源和其他基础设备优势,并且信息来源可靠、权威性较强。

然而,想要实现农业信息化发展,我们需要做好基础设施建设和农民信息化素养同步提升,硬件设备开发和软件实力齐头并进的双局面,仅仅依靠政府主导的农业信息化服务平台并不能够完全满足我国农业的现实需求。截止到2017年,我国主要从事农业生产的农民有5.77亿,基层信息采集工作难度较大,政府部门组建信息化平台需要大量的信息采集员,如农业农村部的市场与经济信息司需要诸多人力来负责跟踪采集、分析主要农产品和农业生产资料的市场价格、供求与运行情况,仅仅依靠政府的单独力量来推行平台发展,困难大、效率低。政府主导的信息化平台主要为Web端的服务平台,对于接触电脑较多的用户使用较为频繁,但对于缺乏硬件设备的小农种植者,Web端并无优势。智能移动设备逐渐在农村普及,微信已经成为中国使用用户最多的软件,因此,考虑当前种植农户文化程度低,缺少电脑等硬件设备的基础背景，尝试构建移动端的信息化服务平台或利用已有的移动端交流平台进行信息化服务是促进化肥减施增效技术有效推广的另一途径。

5.2.4 企业为主体的信息化服务平台

企业主导的化肥减施增效技术信息化服务平台是我国目前农业技术服务中的另外一类方式。企业以经济效益为目的，采用商业化的平台运行，为吸引更多的客户群体而提高企业的市场份额，在服务渠道和服务手段上不断推陈出新。当前企业主导开发的农业信息化服务平台呈现井喷式发展，目前市面上已有的信息化平台（APP）已超过200多个，涉及产业链各个环节，如"云农场""农一网""农商1号""微农商""小农人""益农宝"提供产前环节种子、肥料、农药等产品供给，搭配提供产中环节的农业技术信息等服务；"农管家""我会种""云种养""农医生"则主要提供产中环节的病虫害防治技术等服务；"智慧农业"和"智慧农业气象"提供的是产前和产中环节气象数据的服务。我国以企业为主导的农化服务平台发展较快，在生产消费、生产管理、科学技术、资源环境、市场流通方面均有涉足，涉及的农业生产链条长，现有的商业模式主要包括B2B（business to business）、B2C（business to customer）、O2O（online to offline）等三类。上游生产企业与下游零售商铺链接即B2B模式，而上游生产企业和购买者链接则称为B2C模式。B2C模式在一定程度上解决了传统市场流通环节冗余和中间商加价的问题。B2B模式经过优化发展为B2B2C模式，即企业到经销商再到农户，让利给影响力较大的经销商或代购员，由他们对农户进行农资购买指导，并在实际的生产中提供作物生产技术和市场信息，信息服务和生产技术服务作为产品的附加品，提高用户的信任度和体验。O2O模式指的是线上到线下（online to offline），是指将线下的商务机会与互联网结合，让互联网成为线下交易的平台，侧重的是线上交易线下体验的综合模式。尽管各平台的商业模式略有差异，但提升用户体验是平台发展良好的最终评价指标。

但目前商业化的农业信息化服务平台发展缺乏指导和规范，在我国小农户数量占据农业生产绝大部分的背景下目标定位仍在摸索中，缺乏合作共赢思维。此外，虽然创投资本在农化服务领域活跃度增强，但投资力度相对较弱。在农业信息化服务方面，与发达国家物联网应用相比，当前我国各服务平台缺乏系统性、多样化的工具系统，在农户知识付费服务的增值上困难较大，限制了平台的发展能力。当前一些服务平台的服务质量水平参差不齐，缺乏必要的监督机制，导致信息准确性和权威性降低，进而导致农户对科学技术信息化产生不信任和排斥，不同服务平台未能将不同方向的专业化技术和服务进行连接与整合，在面对服务需求多元化和综合化的问题时往往顾此失彼。此外，通过信息化进行技术应用和传播时面临的受体群众分散，不利于科学技术的高效传播。

综合来看，我国农化服务信息化发展应借鉴发达国家的经验，以市场为导向，坚持以市场机制提供社会公共服务。我国农化服务信息化领域新兴的科技创业主体活跃度增强，逐渐成为改造传统农业的创新力量。政府应该对具有纯公共产品特性与影响市场公平性的信息和服务起到主导作用，而对具有非公共产品属性的农化服务应大力鼓励，引导企业、科研机构、中介组织等按照市场化的规则建设农化服务平台，为政府部门农化服务体系减压。农化服务的市场化主体虽然具有创新活力，但是数据行业性强、产业性弱，缺乏协同。因此，政府在创新协同方面可以发挥重要作用，但是应仍然坚持市场化机制。美国和日本的经验告诉我们，农化服务信息化的发展依赖于基础设施的建设。但是，我国农村电脑、光纤等信息化设备和基础建设仍呈现出"东强西弱"的不平衡状态，沿海各省份的信息化发展要远远超过中西部地区。政府首先应加大信息化硬件的基础建设，如光纤宽带、农田基本监测传感器设施、农用智能机械设施等，其次需促进基层政府农技员和农民的信息化教育培训，促进农化服务信息化的普及和推广，缩小不同区域间信息化发展的不均衡性，避免城乡、区域"数字鸿沟"加深。政府、企业、科研单位等服务主体间缺乏信息共享机制，当前农化服务信息化平台协调性和质量较差。我国农业发展迫切需要各个主体的协作，促使信息化发展向控制和集成阶段过渡。

政府应建立农化服务信息化标准政策法规来强化宏观和行政管理职能，减少企业、科研单位两方重复性和单独性平台建设，如政府推广体系主要负责农化服务相关资源信息的整合和发布，保证准确性和权威性；企业负责具体农化服务内容和产品的提供，并建立产品服务团队，建立企业农化服务考核指标来提升农民通过信息化渠道获得的服务体验；科研单位负责对农民进行技术普及和信息化教育，提高农民对信息化知识的受教育水平。农化服务信息化离不开每一个环节，只有减少重复建设、加强协作，才能打通信息化各部分的内容，为实现全面、协调、可持续的农化服务信息化创造良好的条件。

5.3 化肥减施增效技术信息化服务平台研发及应用

针对科学施肥技术信息扩散效率低的问题，建设减肥增效技术的信息化服务系统并探索系统运行机制非常必要。在当前化肥减施增效的背景下，政府需要利用权威性的平台来统计土壤养分数据，为制定农业政策提供借鉴和依据；化肥企业作为减肥增效技术应用的核心主体，需要根据平台权威性的土壤养分数据、作物配方数据为区域性的作物专用配方生产提供依据；经销商作为链接企业和农户的中枢，其技术水平的高低影响减肥增效技术的落地，因此需要掌握和了解肥料产品及其施用技术、病虫害诊断与对策指导，对技术和产品的匹配需求高，目的是实现产品销售；农技人员包含政府单位、企业和科研单位人员，需要获取土壤养分数据、作物配方数据、技术规程数据，提升知识水平以完成技术推广活动；农民是减肥增效技术应用的实操者，需要掌握实用性强的技术，获取放心便宜的肥料产品和及时的生产问题诊断与解决方案。因此，针对不同主体，课题组将不同平台的机制和主体需求进行匹配，课题组以扩大用户群体、提高信息传播效率、提高技术采纳率、降低运行成本、提高技术集成度、提高参与式程度六大目标为核心，结合当前已有的网站、微信、APP、短信4种方式构建不同的平台来进行数据和知识产品的搭载，推动减肥增效技术的大面积推广应用。

5.3.1 全国科学施肥网 Web 端

由于网站可以提供全国性的展示服务窗口，提供的内容权威性较强，内容可以涵盖土壤、作物配方、技术规程和肥料产品等多种类型，用户可以通过网站实时查询相关的内容。课题组设计了服务于政府和肥料生产企业的全天候开放公益性网站——全国科学施肥网 Web 端查询系统（https://kxsf.soilbd.com/）。

5.3.1.1 平台内容及运行机制分析

全国科学施肥网网站搭载的减肥增效技术包括六大版块内容，分别是土壤养分数据查询库、作物配方数据查询库、全国主要作物技术规程查询库、科普知识展示库、应用软件库。其中土壤养分数据查询库来源于课题组收集的2005～2014年全国测土配方施肥项目中获取的全国土壤养分数据；作物配方数据查询库来源于全国 6476 个县域作物配方数据；全国主要作物技术规程查询库来源于全国 684 个技术规程；科普知识展示库则包含了前期整理的肥料物理外观图片数据库、肥料基础特性数据库，还包括 17 个肥料试验和评价结果、42 个肥料科普知识。目前，该网站已经实现全国范围内的查询服务功能，覆盖 31 个省份，作物类型覆盖 8 种常见作物。在平台的应用过程中，采用后台管理员审核制度，保证数据的安全性和用户使用的规范性。用户必须提出注册申请，在管理员审核通过后才能进行查询。

全国科学施肥网的用户主要为科研机构和企业人员。根据自己的需求，用户可以自主随时随地进入施肥网 Web 端，查询精确到镇一级的土壤养分情况，并查询适合当地作物的技术规程，并可以根据作物肥料配方与肥料产品信息获取对应的肥料产品和配方。全国科学施肥网的具体运行机制如图 5-2 所示。

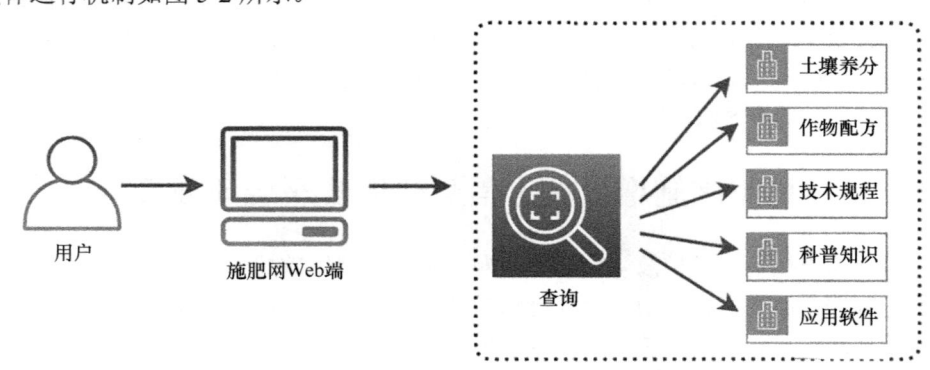

图 5-2　全国科学施肥网 Web 端的运行机制

该平台运行机制的优点：①平台信息权威性高，覆盖面全。由于网站可以提供全国性的展示服务窗口，提供的内容权威性较强，宣传方式比较正式，内容可以涵盖区域土壤、作物施肥配方、技术规程和肥料产品等多种类型，用户可以通过网站实时查询相关的内容。通过网站的持续性运营，其已经累计发布信息数量达到 59 390 条，近 3 年阅读点击量达到 223 万次，平均访问频次达 2040 次/d。②信息传播效率较高。目前该网站用户涉及企业、科研单位和农户，注册用户已达 550 人，包含 41 个大型肥料企业、88 个科研单位，为 14 个政府单位提供政策制定服务，为 11 家科研机构的产品技术研发提供基础数据支撑，为 31 家化肥企业的配方制定和服务提供支撑，同时网站可实现全天 24h 开放，宣传内容更新频率较快。③运行成本低。网站作为技术推广应用的科普平台，可容纳的信息量多，易于维护，运行维护成本仅为每年 1 万元。同时，网站内所有的信息都是完全免费的。

该平台运行的缺点：①用户之间交流程度弱。虽然全国科学施肥网提供的公共信息提高了信息的传播效率和覆盖面，但科研单位、农资经销企业、农技推广员等之间的信息需求差异大，该平台并没有建立用户间讨论或学习的机制。②用户与专家互动的时效性略差。虽然全国科学施肥网也开通了专家解答模块，但专家回答用户提出的问题与难题仅通过非实时回复留言的方式进行，而没有专家实时在线，双方互动性存在信息延时。③用户群体相对狭窄。该平台用户只能是具有相对较高文化程度的政府人员、农技推广人员，同时需要有电脑、笔记本等上网设备，而对于年龄普遍较大、文化程度并不高的广大农户并不适用。

5.3.1.2 平台效果及应用评价

2021年1月采用随机抽样的方法对全国科学施肥网Web端用户的满意度进行了调研，共收回遍布全国10个省份的15个用户的有效问卷（表5-1）。这些用户中，农技推广人员是主要用户群体，占总用户的73%，而且大学教育程度以上的用户占93.3%。该平台服务作物绝大多数为粮食类，服务面积平均为81.3万亩。从用户使用习惯来看，用户平均使用该平台4.3个月，月平均使用2.7次，每次0.9h。

表5-1 全国科学施肥网Web端用户基本信息

基本信息		总体（n=15）	农户（n=3）	科研机构/高校人员（n=1）	农技推广人员（n=11）
性别比例/%	男	86.7	100	100	81.8
	女	13.3	0	0	18.2
年龄/岁		39.7	38.3	27	41.3
教育程度/%	小学	0	0	0	0
	初中	0	0	0	0
	高中	6.7	33.3	0	0
	大学	33.3	0	0	45.5
	研究生	60	66.7	100	54.5
省份/个		10	3	1	8
种植/推广作物面积/万亩		81.3	0.0337	0	110.9
作物类别/%	粮食类	93.3	66.7	100	100
	蔬菜类	33.3	33.3	0	36.4
	水果类	13.3	0	0	18.2
	其他经济作物	33.3	33.3	0	44.4
平台使用习惯	总时长/月	4.3	10.3	0	3
	频率/(次/月)	2.7	2	0	3.2
	平均时长/(h/次)	0.9	1.2	0	0.9

注：数据来源于课题组调查

从用户对全国科学施肥网Web端的整体评价来看，所有用户对该平台的整体评分在可接受范围，而其中农技推广人员对其评分最高。课题组在调查问卷中从用户对该系统可用性和易用性的角度设计了一些题目与指标，来综合反映用户对该平台的评价。从图5-3可知，用户对该平台的整体打分平均为59.8，并且他们认为网站有用性相较网站易用性更好，二者相差15.4分。同时，在所有用户中农技推广人员对该网站的评分最高，其对网站有用性的评分比总体平均分数高出5.3分，其对网站易用性的评分比总体平均分数低出0.9分。

从对平台的满意度和继续使用意愿来看，各类型用户对全国科学施肥网感到满意的比例较高，而且有极高意愿将平台继续推广和使用。如图5-4所示，平均来说不但近93.3%的用户对该平台感到满意，而且表示会继续使用该平台以及会将该平台推广的比例均高达100%。同时，科研机构/高校人员和农技推广人员甚至对该平台以上3个指标的比例均为100%。

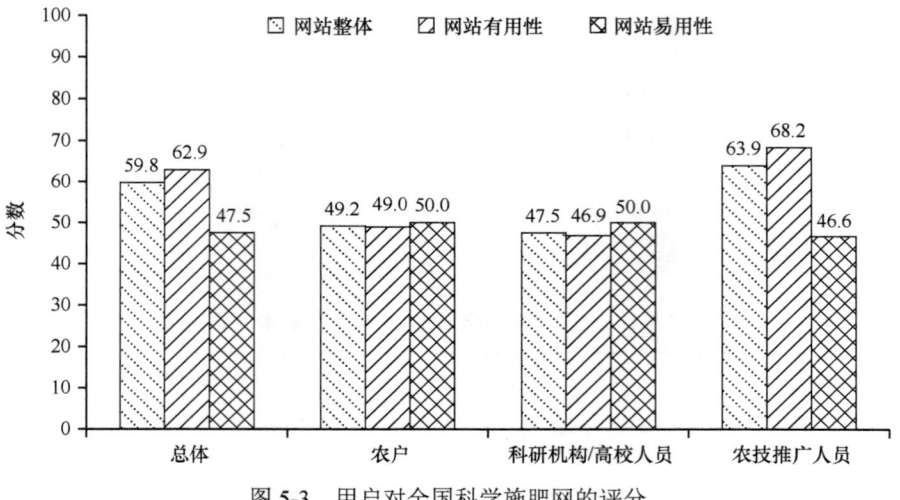

图 5-3　用户对全国科学施肥网的评分

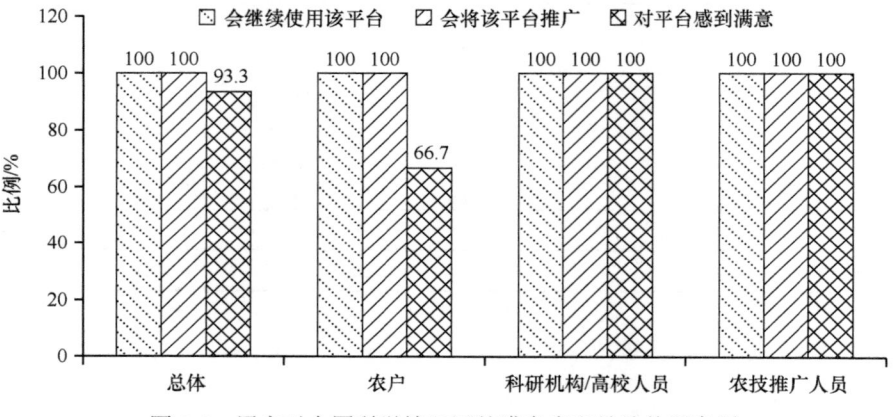

图 5-4　用户对全国科学施肥网的满意度和继续使用意愿

5.3.2 "全国科学施肥网"微信公众号

随着智能手机的普及，微信已经成为生活中必不可少的通信平台，而微信公众号作为微信的一大主要功能具有巨大的宣传和科普优势。为解决农户文化程度低，缺少电脑等硬件设备，无法使用 Web 端的全国科学施肥网的问题，课题组进一步开通了"全国科学施肥网"微信公众号。

5.3.2.1 平台内容及运行机制分析

开发的"全国科学施肥网"微信公众号同样具备了与全国科学施肥网 Web 端一样的完整查询功能，如用户可以通过公众号查询土壤养分、作物技术规程、作物配方和肥料产品。除此之外，系统还会通过微信公众号定期为用户推送肥料的科普小知识，具体的运行机制见图 5-5。

该平台运行的优点：①是全国科学施肥网的补充，扩大了用户群体。微信公众号受众范围广、便捷、效率高，利用公众号服务进一步完善了科学施肥网的服务功能，同时，对于没有电脑而无法使用 Web 端的用户，可以使用微信公众号进入全国科学施肥网。虽然普通农户对 Web 端的适用度不高，但是对于微信公众号却可以便捷地接入，用户操作使用不受时间、空间的限制。用户数量从网站的 550 个用户增加到 942 个,用户类型从以大型肥料企业、科研单位为主体转变为以农技人员为主体。②用户使用更加便捷高效。"全国科学施肥网"微信公众号与 Web 端的功能相同,但嵌入微信端口使用户可以随时随地进行信息接入。③运行成本低。相较于 Web 端的全国科学施肥网,微信公众号的运行和维护成本更加低廉。

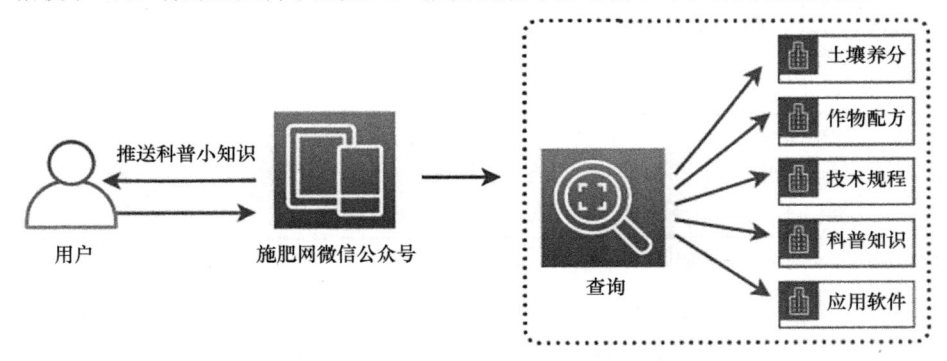

图 5-5 "全国科学施肥网"微信公众号的运行机制

该平台运行的缺点:①用户之间交流程度弱。与 Web 端全国科学施肥网相类似,虽然微信公众号扩大了平台用户群体的范围,但是用户之间仍然缺乏交流学习的平台。②用户与专家互动的时效性较差。微信公众号并没有用户与专家互动的端口。用户只有通过链接,打开 Web 端全国科学施肥网将遇到的问题以留言的方式与专家进行交流,不能面对面,沟通的时效性略差。

5.3.2.2 平台效果及应用评价

在"全国科学施肥网"微信公众号的应用过程中,2021 年 1 月对课题组采用随机抽样的方法对全国科学施肥网用户进行了调研,共收回遍布全国 20 个省份的 84 个用户的有效问卷(表 5-2)。这些用户中,农技推广人员和科研机构/高校人员是主要用户群体,占总用户的 85%,而且大学教育程度以上的用户占 91.7%。该平台服务作物绝大多数为粮食类,服务面积平均为 62.6 万亩。从用户使用习惯来看,用户平均使用该平台 4.4 个月,月平均使用 5.2 次,每次 0.9h。

表 5-2 "全国科学施肥网"微信公众号用户基本信息

基本信息		总体(n=84)	农户(n=7)	科研机构/高校人员(n=9)	政府人员(n=6)	农技推广人员(n=62)
性别比例/%	男	64.3	57.1	55.6	83.3	64.5
	女	35.7	42.9	44.4	16.7	35.5
年龄/岁		42.9	44	27.6	36.5	45.6
教育程度/%	小学	2.4	28.6	0	0	0
	初中	1.2	14.3	0	0	0
	高中	4.8	28.6	11.1	16.7	0
	大学	76.2	28.6	33.3	66.7	88.7
	研究生	15.5	0	55.6	16.7	11.3
种植/推广作物面积/万亩		62.6	0.0028	111.1	62.8	62.6

续表

基本信息		总体（n=84）	农户（n=7）	科研机构/高校人员（n=9）	政府人员（n=6）	农技推广人员（n=62）
种植作物类别/%	粮食类	90.5	85.7	55.6	100	95.2
	蔬菜类	50	28.6	44.4	50	53.2
	水果类	8.3	14.3	22.2	16.7	4.8
	其他经济作物	44.1	14.3	33.3	50	48.4
网站使用习惯	总时长/月	4.4	2	1.9	7.5	4.7
	频率/(次/月)	5.2	4	3.1	8.8	5.3
	平均时长/(h/次)	0.9	0.9	1.1	0.7	0.9

注：数据来源于课题组调查。百分比之和不为100%是因为数据进行过舍入修约，下同

从用户对"全国科学施肥网"微信公众号的整体评价来看，所有用户对该平台的整体评分较高，而其中农技推广人员对其评分最高。课题组在调查问卷中从用户对该系统有用性和易用性的角度设计了一些题目与指标，来综合反映用户对该平台的评价。从图5-6可知，用户对该平台的整体打分平均为67.5分，并且他们认为系统有用性相较系统易用性更好，二者相差19.5分。同时，在所有用户中农技推广人员对系统的评分最高，其对系统有用性的评分比平均分数高出2.4分，其对系统易用性的评分比平均分数高出2.1分。

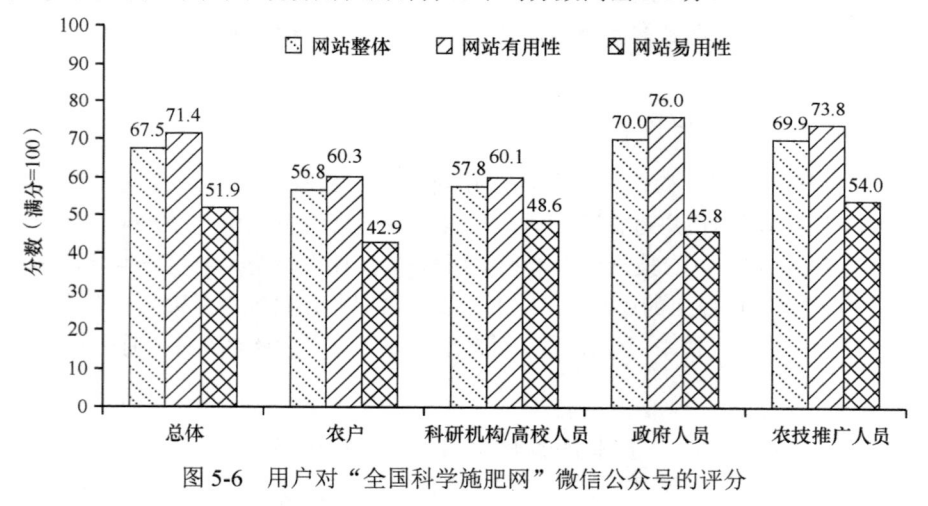

图5-6 用户对"全国科学施肥网"微信公众号的评分

从对平台的满意度和继续使用意愿来看，各类型用户对"全国科学施肥网"微信公众号均感到满意的比例较高，而且有极高意愿将平台继续推广和使用。平均来说，不但近97.6%的用户对该平台感到满意，而且表示会继续使用该平台、会将该平台推广的比例分别高达92.9%、98.8%。同时，政府人员甚至对该平台以上3个指标的比例均为100%，100%的农技推广人员对平台感到满意而且会将该平台推广给其他人（图5-7）。

5.3.3 "神农说一说"平台

"神农说一说"微信小程序是依托微信体系内部的巨大流量以及小程序使用便捷、无需安装、高效传播的特点而设计的，可以解决农户生产中的农技问题并且降低农户使用门槛，提供农业技术服务。线上社区将种植能手、农业专家结合起来，用户可以与种植能手通过社区

进行讨论以及咨询常驻的 15 名专家来得到准确的种植问题解决方案和防治方法。此外，利用线上的技术咨询服务可以提供一对一的准确技术指导和产品服务。

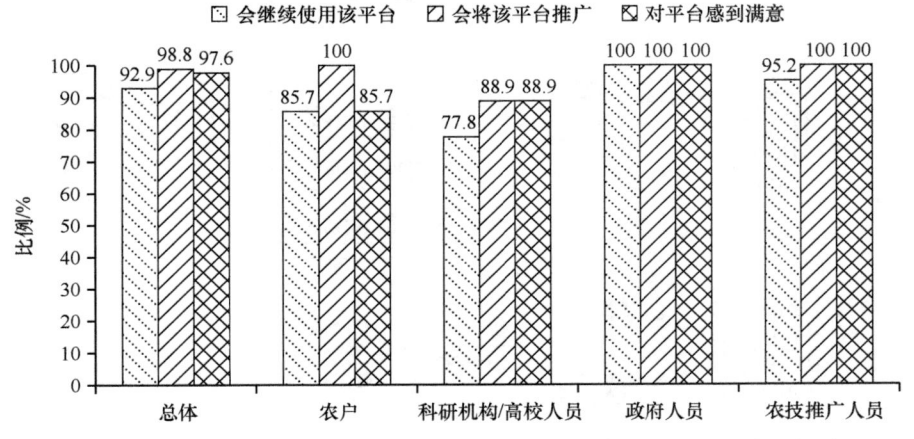

图 5-7　用户对"全国科学施肥网"微信公众号的满意度和继续使用意愿

平台内容及运行机制分析如下。

课题组联合北京乐农道农业科技服务有限公司建立的"神农说一说"微信小程序是社区型技术交流平台，用户主要以农户、农资经销商、科研机构/高校人员为主。"神农说一说"可以借助微信联合登录，用户可以在使用"神农说一说"微信小程序的过程中快速返回微信聊天界面，方便快捷。用户可以进入"神农说一说"微信小程序的交流广场板块，交流广场板块内包括神农谈、神农技、济南先行区、围炉夜话、神农讯和农资团购等话题区，用户可以通过发帖（图片、文字、视频等）的方式加入自己感兴趣的话题区进行讨论。同时，为了方便用户就同一区域同种作物进行交流，"神农说一说"后台专门建立了分类微信群（如"山东神农苹果交流群"），用户可根据自己区域和作物选择加入微信群，在微信群里通过发送语音短信、视频、图片和文字方式进行技术交流讨论，将技术本地化，微信群内有常驻专家 15 名。"神农说一说"的具体运行机制如图 5-8 所示。目前，"神农说一说"微信小程序社区覆盖 585 个活跃微信群、50 个微信社区，谈论作物包括苹果、桃、西瓜、蔬菜等 50 多种作物，涉及 20 万人，产生互动交流问题 10 万个，浏览量超过 100 万。

该平台运行的优点：①用户之间的交流互动性好。"神农说一说"平台的性质为社区学习型平台，对用户的知识管理和学习信息传递进行了功能设计，所以用户之间可以讨论和相互学习交流，用户的活跃度也较高。②用户和专家的互动性也较好。在针对区域和作物的分类微信群中，每个微信群都有常驻专家，用户可以直接在微信群中进行提问，专家也可直接在微信群中进行真人答疑，双方互动效率高、效果好。③信息传播效率高。通过微信群的方式构建的小型社区，用户具有社会关系链的连接，包括人际关系、亲缘关系、地域关系等相同属性的关系链，群内种植同一作物的用户具备足够的信任基础，私域流量特征较强，关系相对稳定，对于相同问题和共同的技术需求，用户可以通过转发产生指数级的传播速度。技术推广具有较好的扩散效应。

该平台运行的缺点：①运行成本高。目前，"神农说一说"每年的运行维护成本在 15 万元，基本上用户的费用为 0.3 元/人。②技术集成度低。课题组所做的用户调查结果显示，用户希望"神农说一说"的功能板块再丰富多样化，目前的平台社区交流方式和入口较为简单。

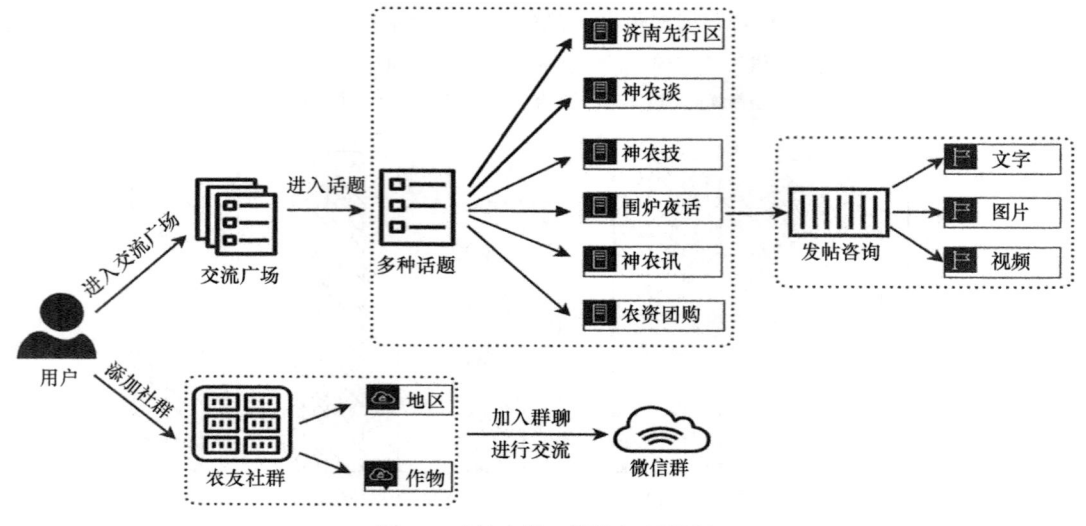

图 5-8 "神农说一说"运行机制

5.3.4 "一堂好课"平台

为了满足专业种植大户、农资经销商、农技人员等具有较高技术需求的用户的需要，课题组联合北京乐农道农业科技服务有限公司又开发了服务与专业化付费技术课程——"一堂好课"，来满足专业化的技术服务需求。

5.3.4.1 平台内容及运行机制分析

"一堂好课"主要服务于苹果和西甜瓜，课题组组建的包括山东农业大学、青岛农业大学、中国农业科学院等权威专家团/组已经录制包括苹果和西甜瓜相关课程视频 300 余节、总时长超过 2800min 的详细全套综合技术课程。苹果课程主要包括 13 类关键技术，如苹果的品种、果园建设及整形修剪、肥料基础及肥水管理、新型肥料及中微量元素、水肥一体化技术、花果管理及嫁接技术、花果管理提升技术、病害防治、虫害防治、农药施用基础技术、采集与储藏、品牌创建与现代销售提升、苹果关键综合技术等。西甜瓜课程主要包括 11 类关键技术知识，如西瓜品种与砧木介绍、定植管理综合技术、栽培管理综合技术、土肥管理综合技术、病虫害与农药综合防治、生理病害综合防治、种植茬口时间安排、种植管理综合技术、网纹瓜种植管理综合技术等。

课题组将专家录制的苹果和西甜瓜视频嵌入"千聊"、"小鹅通"和"今日头条"等平台，用户可以付费观看自己关注的课程。大部分课程的费用为 10 元/节，时长约为 15min/节。当用户有问题时，可以联系客服人员，客服人员将问题反馈给平台常驻专家，专家在平台为用户答疑解惑。"一堂好课"的具体运行机制如图 5-9 所示。

该平台运行的优点：①信息内容更加丰富和直观。相对于文字、图像等表达方式，视频课程有其自身独特优势。因为农业技术视频课程可以还原或构造场景，内容的生动性、直观性、丰富性显著优于文字和图片展示技术方式。②用户群体更加广泛。"一堂好课"的用户并不需要有较高的文化程度，也不需要具备良好的计算机知识就可以充分使用该平台。

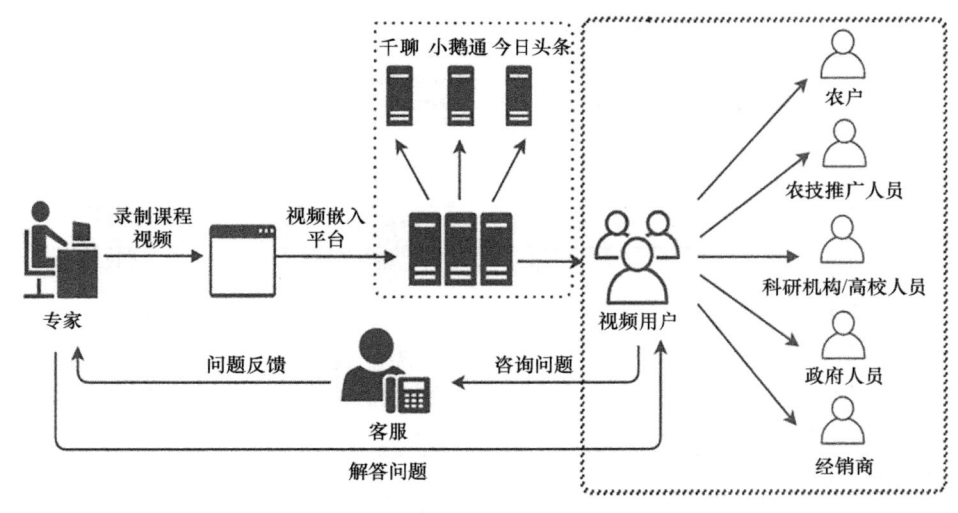

图 5-9 "一堂好课"的运行机制

该平台运行的缺点：①运行成本较高。"一堂好课"需要提前请专家进行课程录制，同时平台本身也需要进行维护，费用为 10 万/年，因此运行成本较高。②用户与专家的互动性具有延迟性。"一堂好课"的课程内容虽然丰富，但是用户仅是"看"课。当用户遇到问题时，需要向客服人员进行咨询，即使专家解决了问题也存在滞后性，不能以直播的形式当场解决问题。③信息传播的精准性不足。目前，"一堂好课"的课程内容仍然以普适性技术为主，缺乏针对性。同时，随着用户数量的增多，用户呈现明显的区域性特点，但是目前课程仍然以山东苹果、西甜瓜等为主。

5.3.4.2 平台效果及应用评价

"一堂好课"通过线上授课、学员线上听课的方式进行技术的分享和传播，点击量超过 10 万次，分享次数达 5000 次，极大地促进了作物全程管理技术的应用和推广，不同作物的视频数量及点击量情况见表 5-3。

表 5-3 "一堂好课"视频点击分享情况

作物	视频数量/个	点击量/次	分享次数	累计时长
苹果	180	60 000	3 000	1 905min+30s
西瓜	105	30 000	1 300	784min+1s
甜瓜	9	6 000	500	58min+59s
网纹瓜	6	4 000	200	42min+49s

2021 年 1 月课题组采用随机抽样的方法对"一堂好课"APP 用户进行了调研，共回收遍布全国 22 个省份的 124 个用户的有效问卷。由表 5-4 可知，这些用户中农户和科研机构/高校人员是主要用户群体，占总用户的 75.8%，而且高中教育程度及以上的用户占 77.4%。该应用程序惠及作物绝大多数为水果类，推广面积平均为 11.1 万亩。从用户使用习惯来看，用户平均使用该应用程序 7.5 个月，月平均使用 20.6 次，每次 0.7h。

表 5-4 "一堂好课"APP 用户基本信息

基本信息		总体 (n=124)	农户 (n=60)	农资经销商 (n=18)	科研机构/高校人员 (n=34)	农资生产商 (n=9)	农技推广人员 (n=3)
性别比例/%	男	56.5	55.0	61.1	67.7	33.3	0
	女	43.6	45.0	38.9	32.4	66.7	100
年龄/岁		30.8	34.0	33.8	24.6	28.4	24.3
教育程度/%	小学	4.8	10.0	0	0	0	0
	初中	17.7	21.7	11.1	14.7	11.1	33.3
	高中	26.6	33.3	55.6	2.9	11.1	33.3
	大学	49.2	35.0	33.3	76.5	77.8	33.3
	研究生	1.6	0	0	5.9	0	0
种植/推广作物面积/万亩		11.1	11.4	8.6	12.1	10.4	11.0
作物类别/%	粮食类	21.8	31.7	5.6	17.7	11.1	0
	蔬菜类	9.7	11.7	16.7	2.9	11.1	0
	水果类	66.9	55.0	72.2	79.4	77.8	100
	其他经济作物	1.6	1.7	0	0	0	0
平台使用习惯	总时长/月	7.5	7.4	8.3	7.1	7.9	7.7
	使用频率/(次/月)	20.6	20.8	20.8	20.6	17.8	23.3
	平均时长/(h/次)	0.7	0.7	0.6	0.7	0.6	0.7

注：数据来源于课题组调查

从用户对"一堂好课"APP 的整体评价来看，所有用户对该应用程序的整体评分较高，而其中农资经销商对其评价最高。课题组在调查问卷中从用户对该应用程序有用性、易用性的角度设计了一些题目和指标，来综合反映用户对该应用程序的评价。如图 5-10 所示，用户对该平台的整体打分平均为 84.7，并且他们认为系统易用性相较系统有用性更好，两者相差 0.9 分。同时，在所有用户中农资经销商的系统评分最高，其对系统有用性的评分比平均分数高出 0.1 分，其对系统易用性的评分比平均分数高出 1.6 分。

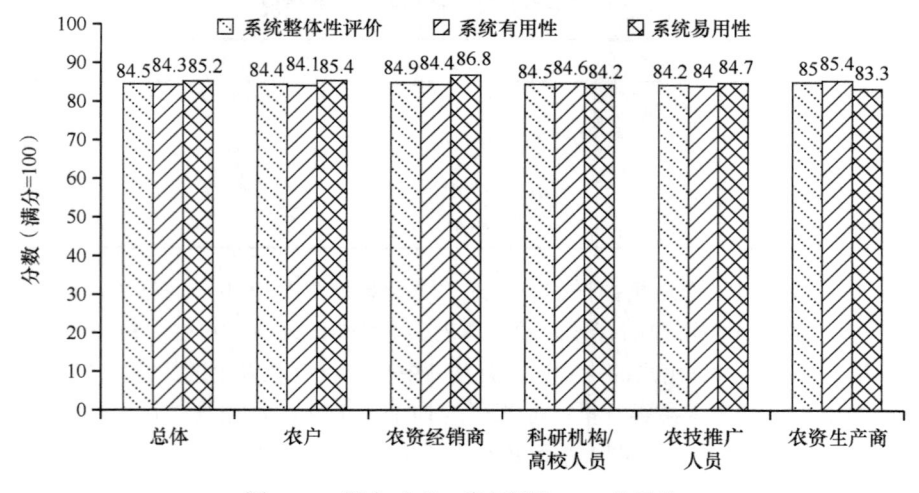

图 5-10 用户对"一堂好课"APP 的评分

从满意度和继续使用意愿来看，各类型用户对"一堂好课"APP均感到满意的比例较高，而且有较高的意愿会继续使用该应用程序。如图5-11所示，有100%的用户对此应用程序感到满意，而且有85.5%的用户表示会继续使用该应用程序。同时，100%的农资生产商对该应用程序感到满意而且会继续使用该应用程序。

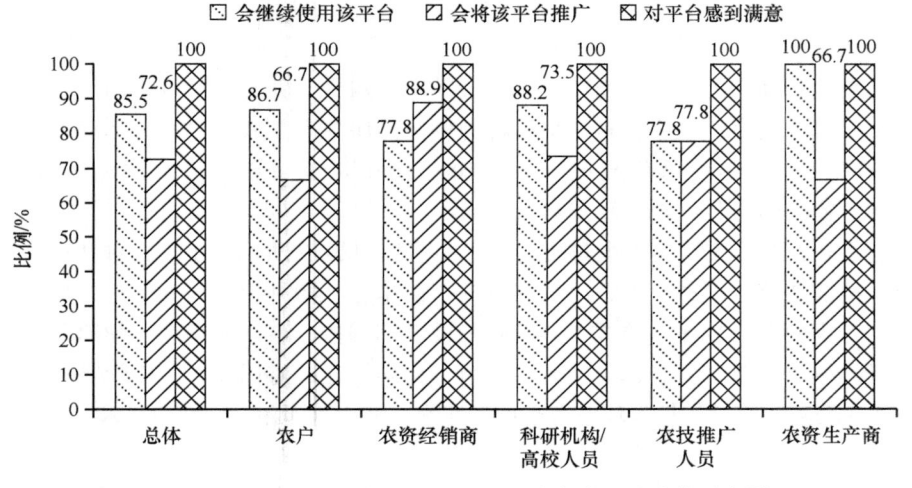

图5-11 用户对"一堂好课"APP的满意度和继续使用意愿

5.3.5 小麦-玉米信息化服务平台

随着我国农业产业升级和农业现代化发展的不断深入，广大农民对农业技术的需求越来越迫切。农技推广部门和研究者积极探索与尝试了各种信息服务手段，解决农村农业技术服务进村入户"最后一公里"问题。其中，手机短信业务（short message service，SMS）作为一种方便、实用的信息服务业务，获得了快速的发展。近年来，农业领域陆续开展了基于手机短信的应用服务，为农民提供实时、有效的信息。

例如，中国移动推出了"农信通"农村信息化业务，该业务基于手机等移动终端，通过短信、语音等多种无线接入方式，满足农户对农产品的产供销、农村政务管理和其关注的民生问题等的需求，帮助农民增加收入。中国联通推出了"农业新时空"农村信息化业务，将乡镇信息员、农业信息采编人员以及各内容提供商提供的农业信息以手机短信息、语音服务和移动互联网等方式及时传递到农民的手中。目前，也有研究对手机信息服务效果进行评估，郑风田等（2012）对"农信通"手机信息服务效果的调查表明，"农信通"服务存在信息滞后、信息量少、信息针对性不强、农业技术信息偶尔才有等问题，无法充分满足农户对农业生产技术的需求。

我们从小农户冬小麦-夏玉米生产的实际生产需求出发，设计全生育期农技信息服务方案，在农户需要的时候为农户提供相应的农业技术信息，探索以区域主要粮食作物为主的作物全程短信息推送服务的可行性、运行效果和服务机制。

根据冬小麦-夏玉米轮作系统不同生育阶段的高产管理要求，遵循"需要的时间提供需要的知识"的原则，借助发送手机短信息将冬小麦-夏玉米轮作系统周年34项管理技术节点在12个生育阶段分别发送给农户，以期为农民提供及时的集成科学技术和生产管理知识。

5.3.5.1 高产冬小麦-夏玉米关键技术环节

适宜的小麦群体既是高产的保障条件，也是水、肥、药等高效管理的重要参考指标。现代小麦高产技术要求收获期多穗型品种收获穗数达到 750 万/hm², 大穗型品种收获穗数达到 450 万/hm²。然而，冬小麦在长达 240d 的生育期中，经历冬、春、夏 3 个季节中光温水变化的历练，群体数量要经历增长、稳定、下降 3 个阶段，合理控制每一个阶段的群体才能确保收获穗数达到高产的要求，而在群体发展动态中水分、养分的吸收、消耗和利用也极大地制约着小麦资源效率。以中、多穗型品种为例，确保高产高效需求的群体动态为：基本苗 225 万~300 万/hm², 冬前总茎数 900 万~1200 万/hm², 返青期—拔节期总茎数 1500 万~1650 万/hm², 收获期总茎数 675 万~750 万/hm²。

冬小麦不同生育阶段群体大小与相关技术环节如图 5-12 所示。小麦播种期的技术环节有品种选择、播前造墒、播种日期、科学拌种、平衡施肥、播种量、精细整地、精量播种和播种镇压；小麦播种期至越冬期的技术环节有冬前群体调控、科学冬灌和化学除草；小麦返青期到拔节期的技术环节有早春镇压、肥水运筹、化学控旺、防倒春寒、化学除草和病虫害防治；小麦开花期到收获期的技术环节有孕穗扬花水、病虫害防治、一喷三防和适时收获。

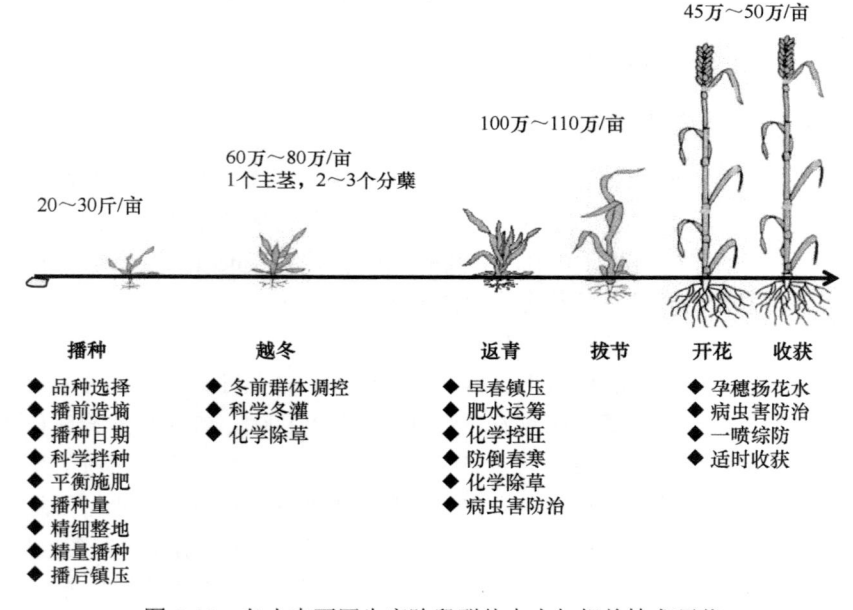

图 5-12　冬小麦不同生育阶段群体大小与相关技术环节

1 斤=500g，下同

小麦具有分蘖特性，是群体生长和发育的作物，为了使小麦群体达到高产群体的要求，在不同生育阶段需要采取冬前划锄、冬前镇压、越冬水和时间调整、春季水肥时间调整、早春镇压、化学控旺等多种调控途径，必须对每一个环节精细调控才能确保有效的群体。以'济麦22'为例，为达到收获穗数 675 万~750 万/hm², 在适宜播期内应将播量控制在 187.5~225kg/hm², 小麦出苗后到越冬前总茎数应达到 900 万~1200 万/hm², 若总茎数大于 900 万/hm², 则应采取适期内晚浇冬水、深耕、镇压等措施控制无效分蘖，防止群体过大（王月福等，1998）；若返青期—拔节期群体大于 1650 万/hm², 则应采取推迟春季水肥至拔节中

第 5 章　化肥减施增效技术信息化服务系统建设与应用

后期、返青期镇压、起身期喷施矮壮素等控旺措施，防止群体过大和后期倒伏。上述针对性肥水管理等农艺措施是促使群体沿着预定高产目标方向发展的有力保障。合理的群体发育动态是小麦高产高效的关键，麦田管理是一项系统工程，须以构建合理的群体结构为目标制订一套全生育期综合管理技术方案。

冬小麦全生育期不同时间的田间管理措施如图 5-13 所示。冬小麦 9 月底至 10 月初播种准备期需进行决策的管理措施有选择适宜品种、正确进行种子处理、选择适宜的基肥配方和确定适宜的基肥用量；10 月上旬小麦播种期需进行决策的管理措施有正确应用整地技术、是否播前造墒、正确应用播种技术、确定播种日期、确定播种量和正确进行播后镇压；11 月初至 12 月初需进行决策的管理措施有是否冬前除草、是否冬前镇压、科学进行冬灌等；3 月上旬至 4 月上旬需进行决策的管理措施有是否早春镇压、正确进行水肥运筹、正确进行化学除草、是否化学控旺和科学预防倒春寒；4 月下旬至 5 月上旬需进行决策的管理措施有一喷三防、病虫害防治和孕穗扬花水；6 月上旬需进行决策的管理措施为确定适宜的收获时间。冬小麦全生育期从 9 月底到第二年 6 月上旬共计有 14 个生育阶段的 22 项管理措施。

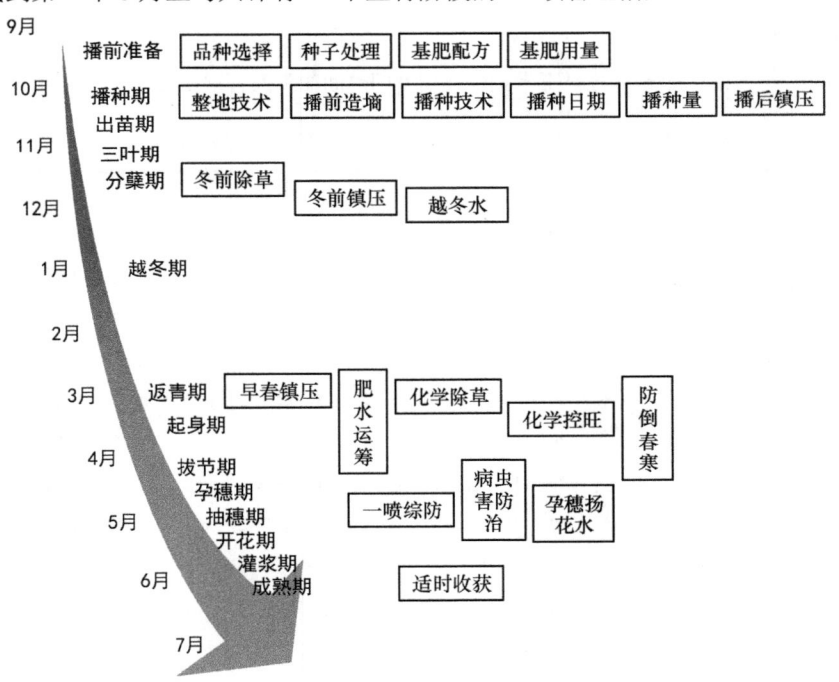

图 5-13　全生育期不同时间的田间管理措施

同冬小麦相比，夏玉米生育期短，相应的种植管理环节和需决策的管理措施也较少，如图 5-14 所示。在夏玉米种植管理中，播种期需决策的管理措施较多，包括品种选择、种子处理、抢时早播、播种密度、科学施肥等。其他生育阶段的种植管理环节较少，具体管理措施如下：苗期，化学除草、病虫害防治；6~8 叶期，化学控旺、病虫害防治；大喇叭口期，玉米追肥；抽雄期—灌浆期，病虫害防治；收获期，适时晚收。

冬小麦生育期长达 240d 以上，在长达 8 个多月的 14 个生育阶段中有多达 22 项关键管理技术要点，包括品种选择、种子处理、基肥配方、基肥用量、整地技术、播前造墒、播种技术、播种日期、播种量、播后镇压、冬前除草、冬前镇压、越冬水、早春镇压、肥水运筹、化学除草、化学控旺、防倒春寒、一喷综防、病虫害防治、孕穗扬花水和适时收获（表 5-5）。

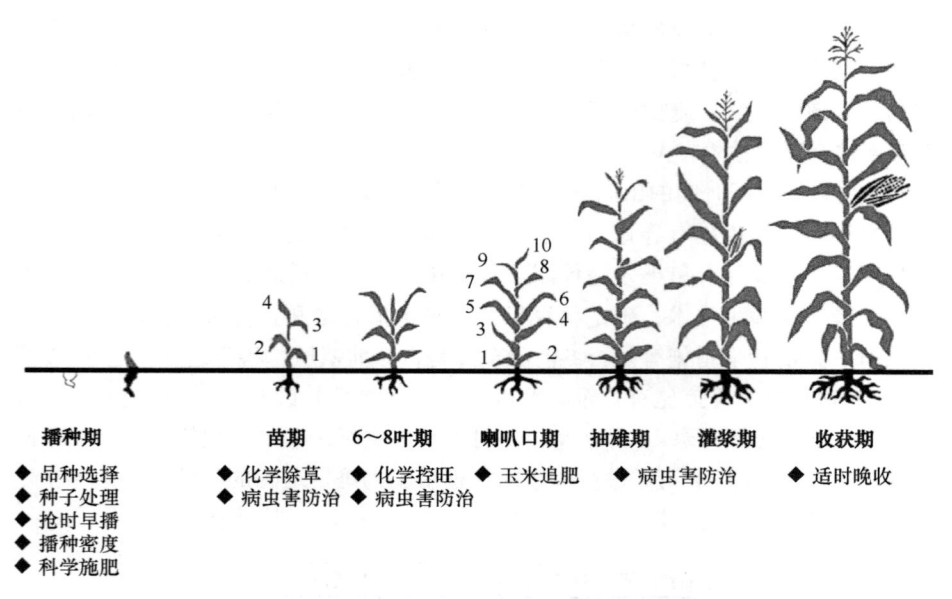

图 5-14 夏玉米全生育期不同时间的田间管理措施

表 5-5　2017～2018 年冬小麦-夏玉米轮作系统周年信息推送方案

序号	生育期	推送时间	技术要点	关键信息
1	小麦播种前	2017-09-28	小麦底肥	配方和用量
	小麦播种前	2017-09-28	品种选择	本地适应性品种
2	小麦播种前	2017-10-02	科学拌种	拌种药剂及注意事项
3	小麦播种前	2017-10-03	播期和播量	播期和播量
4	播种期	2017-10-07	播后镇压	镇压方法及其优点
5	分蘖期	2017-11-15	冬前除草	除草剂和注意事项
6	越冬期	2017-11-16	科学冬灌	冬灌时机及注意事项
7	返青期	2018-03-13	春季水肥	春灌时间，追肥配方、用量
8	返青期	2018-03-16	春季除草	除草剂和注意事项
9	拔节期	2018-04-11	病虫害防治	药剂及注意事项
10	抽穗期	2018-05-03	一喷三防	药剂及注意事项
	灌浆期	2018-05-21	一喷三防	药剂及注意事项
11	玉米播种期	2018-06-10	播种密度	株行距、注意事项
	玉米播种期	2018-06-10	玉米底肥	配方和用量
12	玉米收获期	2018-09-21	玉米适时晚收	玉米成熟的三大标志

夏玉米生育期短，相应的田间管理措施也较少。在夏玉米播种期、苗期、喇叭口期、抽雄期、灌浆期、收获期等 6 个生育阶段中共计有 10 项管理技术要点，包括品种选择、种子处理、抢时早播、播种密度、科学施肥、化学除草、病虫害防治、化学控旺、玉米追肥、适时晚收。因夏玉米生育期短、管理措施简单，且后期不易进行田间管理等因素，本研究主要针对夏玉米播种环节和收获环节进行指导，即品种选择、播种密度、玉米底肥、适时晚收 4 项技术要点。

5.3.5.2 小麦-玉米短信服务平台内容

为了扩大非智能手机用户的服务面积,课题组依托上海助通信息科技有限公司的短信群发系统(http://mix2.zthysms.com),开发了针对非智能手机小农户的集成化技术短信息服务系统(图 5-15)。小规模种植户一般年龄普遍较大、受教育水平低、数字化技能薄弱,不懂得如何操作智能手机和上网,而阅读短信方式可以为他们带来及时的技术服务指导。

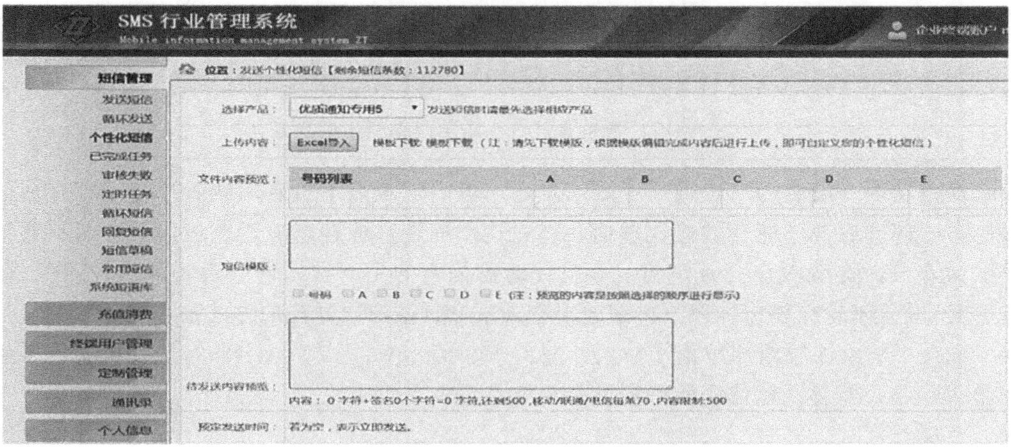

图 5-15 SMS 短信发送系统

课题组利用短信平台发送的全程管理技术服务信息主要是根据各个数据库整理形成的作物生育期关键技术规程进行精简化而形成的农事管理月历产品(图 5-16)。流程是先根据地块信息、农户姓名等数据建立非智能手机小农户数据库。然后在作物种植前对农户的土壤进行检测(如氮、有机质、有效磷、有效钾等含量),同时根据小麦实际群体数量在返青期和拔节期进行了小麦群体诊断。之后根据冬小麦全生育期具有指导意义的 10 项关键技术难点建立短信推送方案(图 5-17),每个环节的技术推送内容不超过 400 字,农户可以在 1min 内阅读完成,在农户进行田间管理前 3~15d 进行批量发送。

管理期信息			农事管理月历产品	制订依据
农事管理期	时间段	管理项	农事月历内容(部分示例)	
播种期	9.1-10.30	推荐品种	【中国农大】(科技服务-推荐品种)…	技术规程、专家推荐
		底肥配方及用量	【中国农大】(科技服务-小麦底肥)…	土壤养分数据、作物县域配方数据
		科学拌种	【中国农大】(科技服务-科学拌种)…	技术规程、专家推荐
		播期播量	【中国农大】(科技服务-播期播量)…	技术规程、专家推荐
		播后镇压	【中国农大】(科技服务-播后镇压)…	技术规程、专家推荐
冬前管理	11.1-11.25	科学冬灌	【中国农大】(科技服务-科学冬灌)…	技术规程、专家推荐
春季管理	12.20-4.20	春季除草	【中国农大】(科技服务-春季除草)…	技术规程、专家推荐
		春季水肥	【中国农大】(科技服务-苗情诊断)…	返青期群体数量
病虫害防治期	4.20-5.5	病虫害防治	【中国农大】(科技服务-病虫害防治)…	技术规程、专家推荐
收获期	5.5-6.10	一喷三防	【中国农大】(科技服务-一喷三防)…	技术规程、专家推荐

图 5-16 小麦农事管理月历

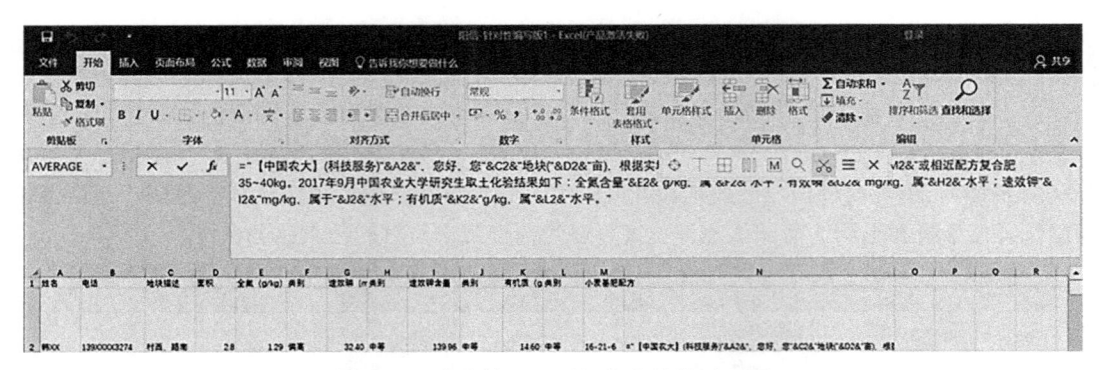

图 5-17　农事管理月历短信息编辑示意图

课题组发现，虽然为农户进行了短信发送，但由于农户手机老旧或农户忘记打开短信等原因，有一部分农户不能有效接收短信。针对这个问题，课题组专门在村内派一名驻村技术人员回访农户，提醒农户打开短信，并且针对短信内的生产技术内容现场为农户答疑解惑。在冬小麦-夏玉米轮作耕作体系下，课题组也为玉米种植户用同样的方法发送了玉米关键技术短信。截至目前，课题组通过该平台累计向山东、河北两省 12 905 名非智能手机农户推送短信 19.2 万余次。具体的短信服务机制见图 5-18。

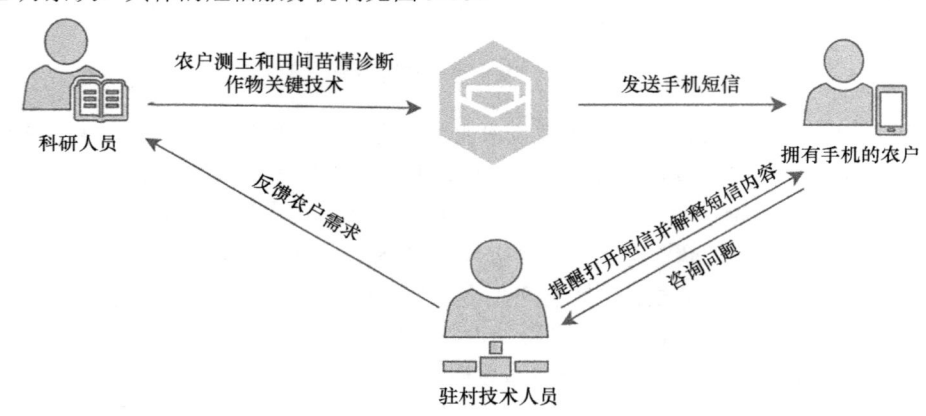

图 5-18　短信服务机制

该平台运行的优点：①用户可以覆盖无智能手机的小农户。对于农业生产中占据较大部分的小规模农户，这些用户年龄普遍较大、受教育水平低，往往不懂得如何操作智能手机，短信方式可以为他们带来及时的技术服务指导。②信息的传播效率高。短信息传播农技知识不受时间和地域的限制，有较强的公众性，可以实现一对一的信息传递，用户具有较高的重视度，强制性的阅读方式使得信息的传递率达到最高。③运行成本低。

该平台运行的缺点：①信息展现方式单一。短信息传播农业技术信息的方式只能通过"读"来进行学习，没有办法嵌入图片、视频等更加生动、直观的传播方式。②对于没有阅读能力的农户，信息传递失效。若农户是文盲，没有阅读能力，则发送短信息的方式无法进行。

课题组自 2016 年起，陆续对山东、河北两个示范省的非智能手机小农户以小麦/玉米作物为对象展开农事管理月历短信服务，截止到项目结题前，累计为山东、河北两省 8 个县（市、区）的 12 905 户小农户提供短信技术服务，累计发送技术短信数量为 192 010 条（表 5-6）。

表 5-6　短信服务农户数量及次数情况

年份	推送省市	推送农户数	推送次数
2016	山东阳信	43	645
2017	山东阳信、乐陵	864	12 960
2018	山东阳信、乐陵，河北曲周、邢台、鸡泽、肥乡、邱县、滦南	3 946	59 190
2019	山东阳信、乐陵，河北曲周、邢台、鸡泽、肥乡、邱县、滦南	3 946	59 190
2020	山东阳信、乐陵，河北曲周、邢台、鸡泽、肥乡、邱县、滦南	4 106	60 025
总计	山东阳信、乐陵，河北曲周、邢台、鸡泽、肥乡、邱县、滦南	12 905	192 010

5.3.5.3　短信平台服务效果评价

课题组于 2016 年 11 月中旬通过面对面问卷调查进行了小麦短信服务效果的基线调查，目的是调查 2015~2016 年小麦生长季节，即农户接受短信服务之前的氮肥管理。2017 年底，研究人员对同样的农户进行了追踪回访调研，构建家庭和地块层面的面板数据集（表 5-7）。为了确保数据集在基线和干预期间的平衡，只保留两期都有数据的样本，最终数据包括山东省滨州市 4 个县 161 个农户和 612 块地，共有 31 个农户的 58 个地块进行了小麦生产技术科普与针对性技术指导短信服务，以下称为"试验组"，农户的特征如表 5-7 所示。

表 5-7　冬小麦农户的基本特征

基本特征	试验组（n=31）	对照组（n=130）
农户耕地面积/hm²	4.5***	0.9
户主的年龄/岁	52.1**	56.1
户主的受教育程度/年	7.5	6.8
户主家庭非农就业劳动力比例/%	32.5	32.6

数据来源：作者调查

注：t 检验以对照组农户作为基础组，*、**、*** 分别表示在 10%、5%、1% 的显著性水平下是统计显著的。下同

接收短信服务的农户在小麦种植中的氮肥施用量相较未收到短信的农户有显著降低，同时接收短信服务后农户在底肥和追肥阶段的氮肥分配结构也更加合理。表 5-8 显示，农户平均施用两次氮肥，这在试验组和对照组间差异不显著。在 2016~2017 年冬小麦生长季接收了短信服务后，试验组农户的氮肥施用明显优化。首先，从氮肥的绝对使用量来看，试验组农户在冬小麦全生长季共减少 41.7kg/hm²（减施氮肥 15.7%），而对照组农户平均减氮量仅为 32.9kg/hm²。其次，从氮肥施用的不同阶段来看，接收短信后试验组农户在冬小麦的底肥和追肥阶段的氮肥施用量接近施用结构更为优化的 1:1（分别为 109.8kg/hm²、114.1kg/hm²），而对照组农户的该比例为 1:1.2。最后，从减施氮肥的农户比例来看，约 65.5% 的试验组农户实行了氮肥减施，而对照组农户仅为 60%。

表 5-8　2015~2016 年和 2016~2017 年两类农户种植冬小麦的氮肥施用

氮肥施用		试验组农户（接受服务）（n=116）	对照组农户（未接受服务）（n=496）
氮肥施用次数	2015~2016 年	2.1***	2.2
	2016~2017 年	2.0	2.1
	△	−0.1*	−0.1

续表

氮肥施用		试验组农户（接受服务）(n=116)	对照组农户（未接受服务）(n=496)
总氮肥施用量/(kg/hm²)	2015～2016 年	265.6**	290.8
	2016～2017 年	223.9***	257.9
	△	−41.7	−32.9
底肥期氮肥施用量/(kg/hm²)	2015～2016 年	105.1	99.4
	2016～2017 年	109.8	117.0
	△	4.7*	17.7
追肥期氮肥施用量/(kg/hm²)	2015～2016 年	160.5***	191.4
	2016～2017 年	114.1***	140.9
	△	−46.4	−50.5
减施肥料的农户比例/%	总氮肥施用	65.5	60.1
	底肥期氮肥施用	48.3***	35.1
	追肥期氮肥施用	60.3	65.7

数据来源：课题组调查

注：表中氮肥施用量为氮肥折纯量，△表示氮肥减施量

短信服务不但帮助农户实现了氮肥减施，而且促使农户的施肥技术知识得分提高了 10.6%，小麦产量提高了 5.4%。图 5-19 显示，课题组通过技术专家整合了在小麦生产中关键的 14 个施肥知识，并应用它们对农户进行测试。结果显示，在基期年份试验组和对照组农户的施肥技术知识得分均较低，接收了短信服务后试验组农户的施肥知识提高了 3.2 分，而对照组农户在两年内分数仅变化 0.9 分。从小麦产量来看（表 5-9），接收了短信服务后试验组农户小麦产量增加了 0.4t/hm²，而对照组农户小麦产量仅增加 0.3t/hm²。

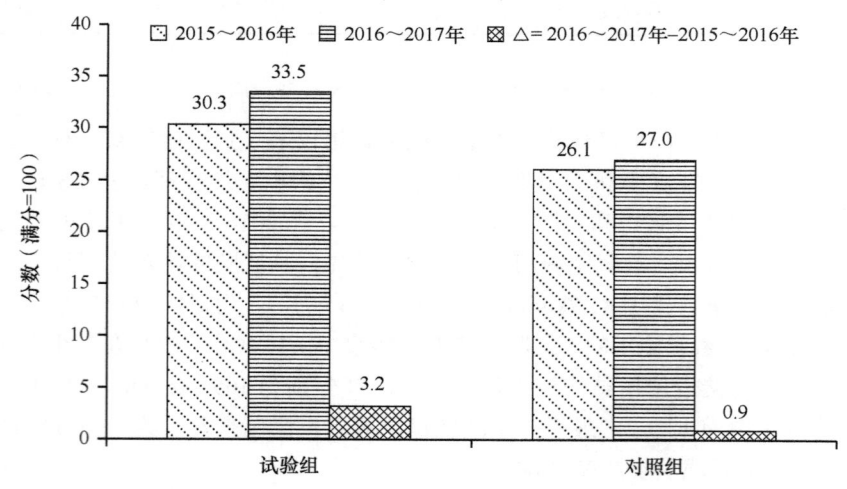

图 5-19　2015～2016 年和 2016～2017 年两组农户的冬小麦施肥技术知识得分

表 5-9　2015～2016 年和 2016～2017 年两组农户的冬小麦产量　　（单位：t/hm²）

	试验组（n=116）	对照组（n=496）
2015～2016 年	7.4	7.2
2016～2017 年	7.8***	7.5
△	0.4*	0.3

课题组人员选择2017年山东省阳信县玉米全生育期具有指导意义的10项关键技术建立短信推送方案，为一部分玉米种植户发送生产普适性技术，为另一部分农户发送针对性技术指导。同时，村内有一个驻村研究生，其指导和督促农户及时收取短信，并就短信的技术要点为农户进行答疑和咨询互动，以下被称为"创新推动者"。采用与小麦相同的调研区域和方法，保留两期都存在的农户，最终数据包括来自山东省阳信县的24个村150个农户574个地块（表5-10）；共有101个农户接收了短信服务，其中21户（80个地块）接收针对性技术短信、80户（304个地块）接收普适性技术短信，在接收短信的农户中有大学生驻村指导的涉及30户（116个地块）。玉米关键技术短信对农户肥料施用的影响见表5-10。

表 5-10　玉米农户的基本特征

基本特征	接收普适性技术短信农户 (n=21)	接收针对性技术短信农户 (n=80)	无服务农户 (n=49)
农户耕地面积/hm²	6.07***	0.99	0.74
户主的年龄/岁	51.10**	55.94	56.00
户主的受教育程度/年	8.05	6.31	7.31
户主家庭非农就业劳动力比例/%	34.34	35.18**	26.06

数据来源：作者调查

注：t检验以无服务农户作为对照组

玉米技术短信服务可以有效减少农户的氮肥施用，而且在接收短信的同时若有学生驻村服务指导则减肥效果更加显著。由表5-11可知，在2016年三类农户的氮肥施用量都比较大，而在接收短信服务后有学生驻村服务即有创新推动者服务的地块平均共减肥38.6kg/hm²（减施氮肥13.8%），主要体现在追肥阶段（减施氮肥32.6%），而仅有短信服务的农户地块同样存在着35.6kg/hm²的氮肥减施，但无任何服务的地块减肥仅24.9kg/hm²，这说明玉米技术服务短信的发送对农户减肥起到了一定效果，而若有创新推动者辅助对农户查看和使用短信及时督促与解析，则农户减肥的绝对量更加理想。从减施氮肥的农户比例看，有创新推动者+短信服务的农户组中氮肥减施的农户占比（62.1%）远高于另外两组农户。

表 5-11　三类农户在玉米生产季的氮肥施用（2016~2017 年）

氮肥施用		创新推动者+短信服务 (n=116)	仅短信服务 (n=268)	无任何服务 (n=190)
总氮肥用量/(kg/hm²)	2016	279.8	226.4***	290.0
	2017	241.2	190.8***	265.1
	△	−38.6	−35.6	−24.9
底肥期氮肥用量/(kg/hm²)	2016	85.8	90.7	92.5
	2017	110.3	99.7	104.1
	△	24.5	9.0	11.7
追肥期氮肥用量/(kg/hm²)	2016	194.0	135.7***	197.5
	2017	130.8**	91.1***	161.0
	△	−63.2**	−44.6	−36.5

续表

氮肥施用		创新推动者+短信服务 (n=116)	仅短信服务 (n=268)	无任何服务 (n=190)
减施氮肥的农户比例/%	总氮肥施用	62.1	56.0	53.7
	底肥期氮肥施用	36.2	38.1	40.0
	追肥期氮肥施用	74.1***	56.7	57.9

数据来源：项目组调查

注：表中氮肥施用量为氮肥折纯量，t 检验以无任何服务的农户为对照组

同时我们发现，针对性技术短信相较普适性技术短信传递玉米关键技术信息对玉米减施氮肥的效果更好。由表 5-12 可知，虽然三类农户在 2017 年比 2016 年都使用更少的氮肥，但是接收针对性技术短信的农户总氮肥用量减施最大，达到 46.8kg/hm²，其次是接收普适性技术短信的农户，减施氮肥 45.8kg/hm²。接收针对性技术短信农户的氮肥减施量主要发生在追肥阶段，减少了 56.0kg/hm²。然而，从减施氮肥的农户比例来看，接收短信的农户发生减肥行为的比例比未接受短信服务的农户高，但是两类接收短信农户间的平均比例差异不大。这表明，玉米的短信服务会促进农户在生产中发生氮肥减施行为，但是从减施的绝对量来看接收针对性技术短信的农户减肥效果更好。

表 5-12　不同短信类型下农户在玉米生产季的氮肥施用（2016~2017 年）

氮肥施用		试验组农户		对照组农户（未接受服务）(n=190)
		针对性技术短信 (n=52)	普适性技术短信 (n=74)	
总氮肥用量/(kg/hm²)	2016	243.0***	277.6	290.0
	2017	196.2***	231.8	265.1
	△	−46.8	−45.8	−24.9
底肥期氮肥用量/(kg/hm²)	2016	105.7	101.4	92.5
	2017	114.9	105.0	104.1
	△	9.2	3.6	11.6
追肥期氮肥用量/(kg/hm²)	2016	137.3***	176.2	197.5
	2017	81.3***	126.8**	160.6
	△	−56.0	−49.4	−36.9
减施氮肥的农户比例/%	总氮肥施用	61.5	62.2	53.7
	底肥期氮肥施用	38.5	46.0	40.0
	追肥期氮肥施用	61.5	62.2	57.9

数据来源：项目组调查

注：表中氮肥施用量为氮肥折纯量，t 检验以对照组农户为对照组

第6章　农药减施增效技术信息化服务系统建设与应用

6.1　农药减施增效技术信息化服务系统建设的目的和意义

为有效链接和整合数据资源，提高农药减施增效技术集成度和精准化，为不同用户提供技术支持，为政策创设提供数据支撑，开发了基于现代"互联网+"模式的多种服务终端，探索了数据库、信息平台的开放服务与管理运行机制，提高了技术信息物化效率，促进了技术落地。本章主要介绍全国农药使用情况调查与统计分析系统、减施增效技术信息化服务平台及开发的基于现代"互联网+"模式的服务终端"植保家"APP的建设与应用。

为系统归纳农药减施增效技术的研发成果，有效整合国家监管信息和各类市场主体的应用数据，以水稻、茶叶、设施蔬菜、苹果4种作物为试点，探索完善整理、分析、集合农药实地应用方案的效果评价，为更精准、科学地农药监管提供信息数据基础，为更有效地进行农药研发创新提供知识服务平台，建设农药减施增效技术信息化服务系统。

开发建设农药减施增效技术信息化服务系统，是课题"农药减施增效技术信息化服务系统建设研究"的重要组成部分，具有重要的科研意义和应用价值，主要表现在以下3个方面。

一是信息化服务系统是农药减施增效新技术的"集中展示台"。根据农药减施增效项目的总体构想，课题为项目研发农药有关新技术提供信息集成平台。信息化服务系统从方案设计、数据库开发到系统建设，始终围绕服务项目要求和课题任务，充分考虑对各类在研新技术、新用药方案的整合，注重构建不同来源信息数据间的连接关系，推动建成统一化的查询服务前台窗口，为农药减施增效新技术进行集中展示提供了信息平台基础。

二是信息化服务系统首次探讨提出农药综合解决效果评价。传统农药监管、指导以及效果评价，主要围绕单一产品展开，缺乏农作物全生长周期安全用药的整体评价。对基层用药整体解决方案日渐兴起的趋势，还缺乏针对性研究。本次信息化服务系统建设，依托课题合作单位，注重深入挖掘基层创新，以4种作物为试点，探索引入作物整体用药方案评价，初步回答了基层迫切需要解决的关于如何在农作物一个生长季内系统完成病虫害防治的问题，对基层科学用药、企业合理研发药物等具有更加显著的指导意义。

三是信息化服务系统为农药多领域数据有效共享和持续创新探索了新机制。信息化服务系统对农药登记生产经营等许可、农药使用量、作物生长阶段及病虫害、作物综合用药解决方案等多领域的数据进行了有效整合，并设立了分级管理、逐级审核把关制度，巧妙地创设了数据使用权利和分享义务相称的机制。这一机制的建立有利于基层实用数据获得科学审核、提升科技含量，也有利于引导使用者持续分享信息、维持系统长期有效运转。

6.2　全国农药使用情况调查与统计分析系统

我国不仅幅员辽阔、地理环境复杂，而且还处于季风气候区，气候条件多变，气温、雨量变化大，农作物病虫害不仅发生重，而且主要病虫害每年的发生情况不尽一致，特别是发生和防治面积变化比较大，而每年需要投入的农药种类和数量都有变化。

随着我国人口的不断增加，有效耕地面积的日益减少，要提高粮食产量、保障农产品有效供给，一方面对单位面积的农作物产量提出了越来越高的要求，另一方面对农产品的质量安全、环境安全提出了更高的要求。因此，作为农业人，既要金山银山，又要绿水青山，两者如何有机地结合起来是现阶段面临的根本问题。而农药主要是化学农药作为防治和抵御农作物病虫草鼠害中最为快速、最为有效、最为经济的重要手段，在我国农业农村领域得到了广泛的大面积应用。

国家统计局统计数据显示，近年来，我国农药年生产量已达到370多万吨，居世界第一位，按销售额统计则居世界第4位。

据全国农业技术推广服务中心统计，仅2015年，我国通过采取防治措施，全国挽回粮食损失达9882万t。但农药是一把双刃剑，不当、过量地使用农药也带来了一些负面问题，主要是农副产品安全问题、水、土壤等农业资源污染问题以及对有益生物的影响等。随着国民经济的发展和人民生活水平的提高，人们对农药的生产和使用有了更高的要求，保证农业可持续发展成为农药生产、使用和管理的主题。因此，在应对我国农作物病虫草鼠害频繁发生，以持有足够农药满足病虫草鼠害防治需求的同时，努力减少不必要的过量生产、盲目生产，对节约资金、保护环境、保障粮食安全和人畜安全都具有十分重要的意义。

近年来，我国农药品种结构矛盾突出。我国生产的农药原药品种与世界农药的组成结构相比，杀虫剂比重偏大，除草剂比重偏小。国内市场上对农药的类别、药效、毒性、残留性、品牌、质量、包装和售后服务提出了新的要求。准确的农药需求市场预测，在宏观上可以调控农药产量，达到农药生产量既能满足农业病虫防治的需求，又避免了产量过大造成积压，而最终污染环境的不良后果；同时，对加速高毒高残留农药品种的淘汰，研制、生产、推广畅销新产品，具有重要的指导作用。

随着形势的发展和科学技术的进步，一些发达国家正在实施精确农业。作为病虫防治的重要物资，农药的需求量也必须更加细化、更加精确。为此，进行农药需求预测新方法研究，确保预测的数量更加符合实际，对保证生产需要、有效控制病虫害意义重大。

准确的农药需求市场预测对保证国家粮食生产安全、科学制定农药政策、农药企业科学决策、合理调整农药产品和产业结构均有重要意义。而国内外现有的预测方法满足不了农药需求量预测的准确性和科学性的需要，迫切需要开发一套农药需求量预测的新方法。

因此，开展基于终端的农药使用量调查是任何一个国家都必须要履行的义务。全面了解和掌握我国农药使用量，对保证国家粮食生产安全、科学制定农药政策、农药企业科学决策、合理调整农药产品和产业结构均有重要意义。

但现有的理论方法无法清晰明了地展示新形势下农药使用情况，因此研究了一系列的统计、评价农药减施增效实施成效的相关理论或方法。

6.2.1 农药田间用量统计方法

调查取得的原始数据录入到数据管理系统之后，需要对原始调查资料进行整理以及汇总统计分析。因为根据农药调查原始数据，采用抽样统计处理方法，只能计算出每亩商品用量、每亩成本这两个指标的相关信息。更多的农药使用统计指标需要借助农药属性的基础数据，如农药登记数据、农药手册等，折算成相应的统计量。对所收集到的众多农药品种资料，采用科学方法归纳分析，揭示农作物田间农药用量水平。农药田间用量统计过程见图6-1。

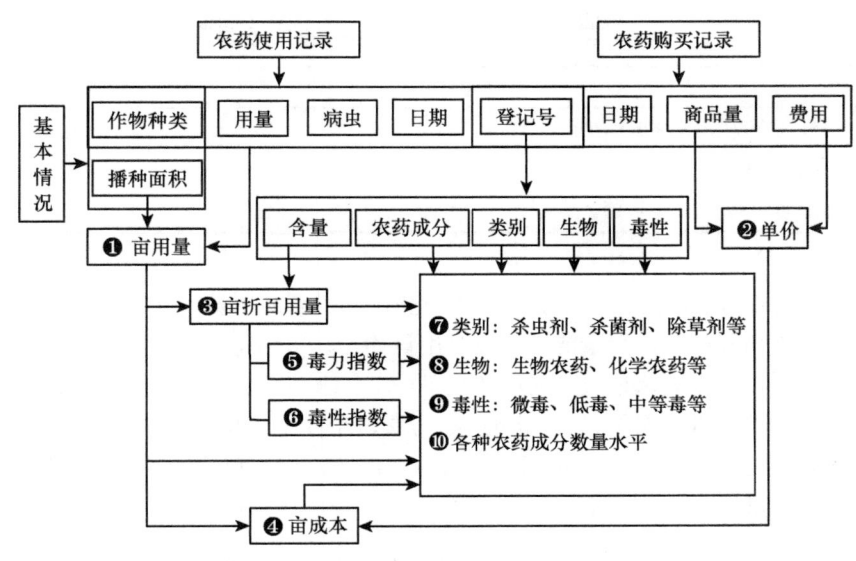

图 6-1 农药田间用量统计过程示意图

6.2.1.1 农药用量的基本指标

调查多种（类）作物，并覆盖全国 30 个省份和全国 90% 的农作物种植面积的农户终端用药调查数据。农药用量指标的定义是，以作物采收年份，包括作物从种到收（包括播前除草）的全过程用药实况。某农户（种植大户、专业合作社、专业化防治组织）某作物上单位面积农药用量为

$$某作物单位面积农药用量 = \frac{某作物从种到收全程用药量}{某作物种植（播种）面积} \tag{6-1}$$

在统计中，农药用量基本指标包括单位商品用量、单位折百用量、单位农药成本、用药次数、用药指数等。

1. 单位商品用量和单位折百用量

单位商品用量，这里的农户（大户）单位面积农药商品用量是每个农户（或种植大户、专业合作社、专业化防治组织）某种作物从种到收使用的农药实际用量，除以该作物的播种（种植）面积。

单位折百用量，这里的农户（大户）单位面积农药折百用量是每个农户（或种植大户、专业合作社、专业化防治组织）某种作物从种到收使用的各种农药，按农药的有效成分来计算，有效成分合计后除以该作物的播种（种植）面积。

2. 单位农药成本

单位农药成本，农户（或种植大户、专业合作社、专业化防治组织）某种作物从种到收全程的农药成本费用。即用在该作物上的农药的金额，除以该作物的播种（种植）面积。

6.2.1.2 当量系数（equivalent coefficient）及用药指数

前面介绍的几个指标都可用于衡量农药使用水平。然而，由于不同种类的农药品种对靶标生物的生物活性不一样，每亩商品用量、有效成分用量也有很大的差别。例如，为防治甘蓝上的菜青虫，某农户在自己的 1 亩甘蓝地上施用了 3 次农药，每次施用农药的种类、用量见表 6-1。

表 6-1　某农户在甘蓝上防治菜青虫的 3 次用药

用药次数	农药品种	稀释倍数	商品用量/(g/亩)	有效成分用量/(g/亩)
第一次	0.5% 甲氨基阿维菌素苯甲酸盐	2000	25	0.125
第二次	15% 茚虫威	3000	37.5	5.625
第三次	48% 毒死蜱	2000	25	12

注：每亩用水量 50kg

在表 6-1 中，防治甘蓝上的菜青虫的 3 次用药，其亩商品用量、有效成分用量都不相同。因此，如果将 3 次用药的商品用量或有效成分用量相加，得到每亩农药商品用量 87.5g、有效成分用量 17.75g，以此来表达该农户的用药水平，不尽合理。例如，我们这里记 0.5% 甲氨基阿维菌素苯甲酸盐为农药品种 A，15% 茚虫威为农药品种 B，48% 毒死蜱为农药品种 C。假定这 3 种农药对菜青虫的防治效果相同，这时这 3 次防治用药可采用不同农药组合，一亩地所用的有效成分用量可如表 6-2 所示。

表 6-2　不同农药组合时 3 次用药的农药有效成分用量　　　（单位：g/亩）

第一次	第二次	第三次 A	第三次 B	第三次 C
A	A	0.375	5.875	12.250
A	B	5.875	11.375	17.750
A	C	12.250	17.750	24.125
B	A	5.875	11.375	17.750
B	B	11.375	16.875	23.250
B	C	17.750	23.250	29.625
C	A	12.250	17.750	24.125
C	B	17.750	23.250	29.625
C	C	24.125	29.625	36.000

从表 6-2 可以看出，不同农药品种组合，其有效成分用量相差甚大（从 0.375g/亩到 36g/亩，相差 90 多倍）。因此，用有效成分用量来衡量农户防治菜青虫的用药水平，显然是不科学的。

从表 6-2 可见，各种农药的生物活性不同，或者说对靶标生物的毒力不一样。为使表 6-2 中的各种农药成分具有可比性，即亩有效成分用量具有可加性，我们提出了当量系数的概念。当量系数的定义是在田间自然农业生产条件下，对于不同农药种类，为防治农作物病虫草害而使用农药的单位面积的等效剂量系数。

在上面例子中，我们可以以茚虫威为标准，令其当量系数为 1，其他两种农药的当量系数可以以其有效成分用量作为除数进行计算。

$$某种农药的当量系数 = \frac{标准品种（茚虫威）的亩有效成分用量}{某种农药的亩有效成分用量} \qquad (6-2)$$

例如，这里的甲氨基阿维菌素苯甲酸盐的当量系数公式为

$$甲氨基阿维菌素苯甲酸盐的当量系数 = \frac{5.625}{0.125} = 45$$

而毒死蜱的当量系数公式为

$$毒死蜱的当量系数 = \frac{5.625}{12} = 0.46785$$

不难理解，当量系数直观的专业意义是以茚虫威生物活性（或毒力）为1，那么，甲氨基阿维菌素苯甲酸盐的毒力是茚虫威的45倍；而毒死蜱的毒力仅是茚虫威的46.8%。

用药指数的定义为每种农药亩有效成分用量乘以相应的当量系数，然后求和。上面例子中，甘蓝上的用药指数为

$$\begin{aligned}用药指数 &= \sum(亩有效成分用量 \times 该农药品种当量系数) \\ &= 0.125 \times 45 + 5.625 \times 1 + 12 \times 0.46785 \\ &= 16.876\end{aligned} \quad (6-3)$$

采用用药指数衡量用药水平时，在本例中，选用任意的农药组合来防治菜青虫3次，其用药指数相等（均等于16.876），不会因农药种类的不同组合导致用药指数不同。

应用当量系数概念于全国农药使用水平的评价，关键是公式里面的标准品种的定义。标准品种不同，计算出来的当量系数不一样。在这里，设计当量系数的算法是

$$某种农药的当量系数 = \frac{标准品种的亩有效成分用量}{某种农药的亩有效成分用量} \quad (6-4)$$

因每个农药品种会使用很多次，因此从农药使用监测数据库中检索、统计每一种农药的有效成分用量和每次按防治面积计算的田间施用量，并按大小排序，取其中位数，作为每个农药品种有效成分的实际用量水平，即代表每种农药对生物靶标活性大小的经验值。如表6-3中三环唑在2015年农户调查中共使用了1982次，有效成分用量中位数是18g/亩。这里即以18g/亩作为三环唑对生物靶标活性大小的经验值。

表 6-3 部分农药有效成分用量中位数

年份	三环唑 使用次数	中位数/(g/亩)	氟苯虫酰胺 使用次数	中位数/(g/亩)
2015	1982	18.00	176	13.9
2016	2411	18.75	325	12.5
2017	2266	22.50	124	12.5

从表6-3可以看出，每年农药有效成分用量中位数大小不尽相等。这里，对于每个农药种类，取2015~2017年这3年农药有效成分用量中位数的中位数作为该农药品种计算当量系数的代表值。如表6-3中，三环唑取18.75g/亩、氟苯虫酰胺取12.5g/亩分别作为2015~2017年农药有效成分用量中位数的代表值，再计算某农药成分的当量系数。

$$某农药成分当量系数 = \frac{标准农药有效成分用量 K}{某农药有效成分田间亩用量的中位数} \quad (6-5)$$

上面计算当量系数公式中的标准农药有效成分用量 K 值，设定的标准是：当 K 值设定为某一常数时，2015~2017年农户用药调查31万多个记录统计计算，全国20多种主要农作物2015~2017年3年的农药亩平均用药指数均值为100。

实际计算时，将农药有效成分的当量系数约束在0.05~200.0。即如果计算出来的当量系数小于0.05，则当量系数等于0.05；如果计算出来的当量系数大于200.0，则当量系数等于200.0。

这可以避免某些用得较少的农药有效成分亩用量过小或过大而产生的极端（异常值）的影响。

为寻找标准农药有效成分用量的 K 值，对逐个年份取不同 K 值时进行大量计算。结果发现当 $K=10$ 时，2015 年、2016 年和 2017 年全国 20 多种作物亩平均用药指数分别为 103.73、96.19 和 99.58，三年亩用药指数的平均值为 99.83，非常接近于设定的理论目标值（100）。因此，设定标准农药的有效成分亩用量是 $K=10$。

这时，苯丁锡、丙环唑、虫酰肼、丁硫克百威、啶菌噁唑、啶酰菌胺、噁唑酰草胺、氟吗啉、甲氰菊酯、腈菌唑、井冈霉素、联苯肼酯、咪鲜胺、嗪草酮、氰氟草酯、噻嗪酮、噻唑锌、三唑酮、硝磺草酮、溴菌腈、仲丁威和唑嘧菌胺等 20 余种农药的有效成分亩用量为 10g，它们相当于是"标准"的农药有效成分，其当量系数等于 1。

不同农药品种的年度间有效成分用量或多或少会有变化，同时，每年都会有新的农药投入使用。这对 2017 年之后应用当量系数进行农药用量水平的评价造成了困难。因此，2017 年之后农药当量系数的计算亦需定义。

这里规定对于现有的或新投入应用的农药品种，用其当量系数计算的农药有效成分用量，3 年中抽样调查农户样本量达到 30 个以上的，取进入评价体系的前 3 年的中位数作为该农药的代表值，即 3 年之后某农药当量系数的计算不再随年份的变化而变化。

但是，对那些使用频次较低的农药种类，抽样调查农户样本数较少。如果前 3 年抽样调查农户数量达不到 30 个以上，规定取该农药从开始投入应用（进入评价体系）起的前若干年，抽样调查农户样本数累计达到 30 个时，取各个年度用量的中位数作为该农药种类有效成分用量的代表值，在此以后该农药的当量系数的计算不再随年份的变化而变化，以保障评价体系年度间的稳定性、可比性。

2015～2017 年这 3 年共有 137 种农药使用频次的累计农户数少于 30 个，占农药种类总数的 29.46%。这些农药种类在 2017 年之后仍需调整。但这 137 种农药使用频次仅为 1652 次，占农药使用总频次的 0.53%，对农药用量总体水平影响并不大。

6.2.1.3 农药毒性当量及毒性指数

前面根据各种农药对其靶标生物的毒力大小，提出了农药用量的当量系数和用药指数概念，以使得不同种类的农药的用量水平具有可比性。

这里从农药对环境生物毒性的影响来探讨不同种类农药对环境生物毒性的可比性。农药对环境生物（人和高等动物）的毒性，一般采用农药对高等动物的毒力来测定，并常以大鼠经口、经皮、吸入等方法给药测定农药的毒害程度，推测其对人、畜潜在的危险性。农药对高等动物的毒性通常分为急性毒性、亚急性毒性和慢性毒性三类。其中急性毒性，即农药一次大剂量或 24h 内多次小剂量对供试动物（如大鼠）作用的性质和程度，常作为农药毒性的指标。

经口毒性和经皮毒性均以致死中量 LD_{50} 表示，单位为 mg/kg，而吸入毒性则以致死中浓度 LC_{50} 表示，单位为 mg/L 或 mg/m³，显然，某种农药的 LD_{50} 值或 LC_{50} 值越小，则这种农药的毒性越大。我国目前规定的农药急性毒性分级暂行标准如表 6-4 所示。

表 6-4 中国农药急性毒性分级标准

毒性分级	经口致死中量/(mg/kg)	经皮致死中量/(mg/kg)	吸入致死中浓度/(mg/m³)
剧毒	<5	<20	<20

续表

毒性分级	经口致死中量/(mg/kg)	经皮致死中量/(mg/kg)	吸入致死中浓度/(mg/m^3)
高毒	5～50	20～200	20～200
中等毒	50～500	200～2000	200～2000
低毒	500～5000	2000～5000	2000～5000
微毒	>5000	>5000	>5000

根据这个标准，可将每种农药分为剧毒、高毒、中等毒、低毒、微毒共5个类别。在农药使用的毒性统计中，一般根据农药登记证号中的各个农药品种毒性类别，列出各种毒性农药的商品用量、折百用量和所占比例。这样分级的结果是没有一个综合的衡量农药对高等动物毒性的定量指标。本文研究为解决农药毒性总体评价的问题，提出了农药毒性当量（agrichemicals toxic equivalence，ACTE）的概念。

根据农药对环境、生物影响的特性，定义当农药有效成分为中等毒性时，其毒性当量因子取值为1。其他毒性等级的农药的毒性折算成相应的相对毒性强度。从表6-4可以看出，农药对环境生物的急性毒性分级标准中，其致死中量无论是经口、经皮还是吸入在每个等级之间都是呈等比级数增长趋势，那么不同毒性等级之间的农药毒性强度代表值相应为等比级数增加。因此，我们定义其中等毒性的农药毒性当量因子取值为1时，其他不同农药毒性等级分别用1表示微毒、2表示低毒、3表示中等毒、4表示高毒、5表示剧毒时，每个等级农药毒性当量因子（ACTEF）取值可用下面的公式来表达。

$$\text{ACTEF} = 2^{t-3} \tag{6-6}$$

即当各个毒性等级值用 t（t=1、2、3、4、5）表示，各个等级农药毒性当量因子的值分别为0.25、0.5、1.0、2.0、4.0。

然后，可根据该种农药的有效成分含量（active ingredient content，AIC）计算农药毒性当量（ACTE）。

$$\text{ACTE} = \text{AIC} \times \text{ACTE} \tag{6-7}$$

在数据分析时，可以计算单位面积农药毒性当量与农药折百用量（AIC）的比值，作为农药毒性强度（toxic level，TL）指标。

$$\text{TL} = \frac{\text{ACTE}}{\text{AIC}} \tag{6-8}$$

该指标和农药毒性当量一起反映了农药使用对环境生物的影响。但是毒性强度指标的大小与防治农作物病虫草害使用的农药种类关系密切，选用对环境友好的农药种类可使得毒性强度指标下降。而农药毒性当量的大小，不仅与植保水平有关，还和农作物上的病虫发生程度有关，当病虫大量暴发时，尽管我们通过技术进步降低农药毒性强度指标，但仍有可能发生农药毒性当量指标较高。

值得注意的是，这里的农药毒性指数和前面提出的当量系数、用药指数是不同的概念。当量系数是衡量农药的施用对靶标生物的影响大小，而这里的毒性指数是衡量农药的施用对环境中非靶标生物的影响大小。农药毒性指数的大小是施用到农田中的农药对环境（潜在）中生物，尤其是对人类影响大小的一个度量。例如，阿维菌素和井冈霉素对靶标生物都是高效的，但对环境生物（非靶标生物）的毒性相差很大，阿维菌素是高毒，井冈霉素是微毒。

因此，对农药的减施增效效应的评价，从生态环境保护的角度来看，应该是农药在保障农作物增产增收的前提下,农药毒性指数尽可能地下降,而不仅仅是农药使用量水平的下降。

6.2.1.4 用药面积及用药次数

用药面积:该指标量化了农药产品在农作物上覆盖使用的面积,该指标融合了每一次的用药,并将桶混的农药品种分别计算。如某农户种植了10亩早稻,根据主治对象,前后用了3次农药,每次农药桶混情况见图6-2。

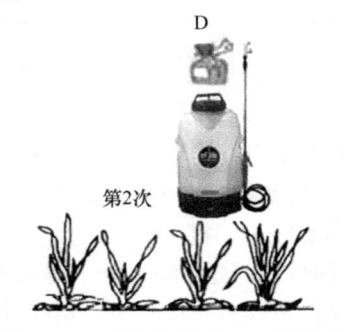

图6-2 农药桶混次数定义示意图

第一次A、B、C三种农药桶混,施药防治面积7亩;第二次施用农药D,施药防治面积8亩;第3次C、E两种农药桶混,施药防治面积9亩。那么整个作物生长季节的用药面积为3×7+1×8+2×9=47(亩次)。

用药次数:农户(大户)用药次数是每个农户(或种植大户、专业合作社、专业化防治组织)某种作物从种到收的用药面积除以该作物播种(种植)面积。上面例子中,用药次数等于47/10,即4.7次。

6.2.1.5 混剂中商品农药单剂用量的估计

目前,为提高病虫防治效果,农药生产企业将两种或两种以上的农药种类混配成复配制剂的情形较多。在用药调查用药量统计过程中,很多农药品种是复配制剂。但是农药使用情况在分农药种类统计时,需要将复配制剂中的各个农药种类予以分解。

对于有效成分用量,可以直接根据其制剂中各种农药成分的含量计算。但对于商品用量,需要较"合理"地将一个复配制剂的总用量分解到各组成农药种类上。这里分以下两种情形。

复配制剂商品农药用量分解到各个农药种类上,一个直观的想法是均等分解,即如果是二元复配,那么复配制剂里面的每种农药的商品量均按50%计算;如果是三元复配,则每种农药商品量各占1/3……但是,如果某一农户使用了某一复配制剂10kg,该复配制剂为登记证号是PD20183706的戊唑·丙森锌,里面各种单剂的有效成分含量分别是:丙森锌65%、戊唑醇10%。如果按均等方式,即各占50%计算,则丙森锌用量为5kg。但是如果计算两种成分的有效成分用量,这时得到的是丙森锌6.5kg、戊唑醇1.0kg。丙森锌的有效成分用量比商品用量反而还大,显然采用均等分配的方法是不合理的。

复配制剂商品农药用量另一种可能的方法是按里面有效成分的比例进行分解:如上面的戊唑·丙森锌复配剂,里面两种单剂的有效成分丙森锌占65%,戊唑醇占10%;两者比例是65:10,计算两种成分的商品用量时按65:10来计算,即丙森锌的商品用量按65/(65+10)=86.67%,戊唑醇的商品用量按10/(65+10)=13.33%来计算。这样不会出现有效成分用量大于商品用量的情形。

但是对于某些高效农药,这样计算似乎也不尽合理。例如,登记号为PD20181438的二元复配制剂阿维·稻丰散,有效成分中阿维菌素含量占0.5%,稻丰散含量占44.5%。两者比例是0.5∶44.5,计算两种成分的商品用量时如果按0.5∶44.5,即阿维菌素按0.5/(0.5+44.5)=1.11%,稻丰散按44.5/(0.5+44.5)=98.89%计算。但这样阿维菌素商品用量和它在复配制剂中所起的作用显然不相适应。

在系统中,为解决复配制剂中单剂商品用量统计的问题,提出了以混剂中单剂百分位数75的浓度为"标准"的比数比方法,该方法首先根据历年农药登记证号,查找里面的单剂,列出每种单剂历年农药登记的有效成分浓度,将其从小到大排列,取其百分位数为75时的该单剂的有效成分浓度。以此作为标准,然后按下述公式计算复配制剂中每种单剂占商品用量的比例。

$$某单剂商品用量的比例(\%)=\frac{某单剂有效成分(\%)/该单剂标准浓度(\%)}{\sum 各单剂有效成分(\%)/各单剂标准浓度(\%)}\times 100\% \quad (6-9)$$

例如,在这里提到的两个复配制剂,其中各单剂的标准浓度分别是:阿维菌素为3%,稻丰散为60%,丙森锌为70%,以及戊唑醇为43%。在复配制剂阿维·稻丰散中,先计算制剂浓度和单剂标准浓度之比:阿维菌素与其单剂标准浓度为0.5/3=16.67%,稻丰散为44.5/60=74.17%,然后按混剂里面各单剂的比率,计算各单剂的比例。这里两者比例是16.67∶74.17,即阿维菌素在混剂中的商品用量比例是16.67/(16.67+74.17)=18.35%,稻丰散在商品用量中比例是74.17/(16.67+74.17)=81.65%。

而戊唑·丙森锌复配制剂中,丙森锌与其单剂标准浓度之比为65/70=92.86%,戊唑醇为10/43=23.26%。两单剂比例是92.86∶23.26,即丙森锌在混剂中的商品用量比例是92.86/(92.86+23.26)=79.97%,戊唑醇在商品用量中比例是23.26/(92.86+23.26)=20.03%。

针对混剂中各单剂在商品用量中所占比例的分解,提出的比数比法具有一定的合理性。例如,如果是二元复配,两个单剂品种都是按标准浓度的某一相同的浓度,如50%或35%混合,那么这两种单剂所占商品用量的比例也是相同的,即各为50%。但如果某一单剂浓度较大,接近标准浓度,另一单剂添加用量较小,那么前者在商品农药计量时所占比例较大,这也比较合理。

6.2.1.6 生物农药有效成分用量估算

农药有效成分用量计算,对于化学农药,可按用量百分率直接计算。但对于生物农药,其有效成分用量没有百分比。为此,搜集尽可能多的生物农药母药,按其母药的相关有效成分数据作为100%(表6-5),以此推算商品农药里面有效成分的用量。

表6-5 生物农药母药含量表

生物农药种类	母药含量(折百100%)
D型肉毒梭菌毒素	2亿ITU/g
C型肉毒梭菌毒素	2亿ITU/g
白僵菌	600亿孢子/g
球孢白僵菌	1 000亿孢子/g
菜青虫颗粒体病毒	1亿PIB/mg 原药
茶尺蠖核型多角体病毒	200亿PIB/g

续表

生物农药种类	母药含量（折百100%）
大孢绿僵菌	250亿孢子/g
淡紫拟青霉菌	200亿孢子/g
地衣芽孢杆菌	80亿活芽孢/mL
短稳杆菌	300亿孢子/g
多粘类芽孢杆菌	50亿CFU/g
甘蓝夜蛾核型多角体病毒	200亿PIB/g
寡雄腐霉菌	500万孢子/g
哈茨木霉菌	300亿CFU/g
海洋芽孢杆菌	50亿芽孢/g
核型多角体病毒	20亿PIB/g
厚孢轮枝菌	25亿孢子/g
甲基营养型芽孢杆菌	1 000亿芽孢/g
解淀粉芽孢杆菌B7900	1 000亿芽孢
金龟子绿僵菌	250亿孢子/g
坚强芽孢杆菌	1 000亿芽孢
枯草芽孢杆菌	10 000亿芽孢/g
绿僵菌	500亿孢子/g
蜡质芽孢杆菌	90亿活芽孢/g
棉铃虫核型多角体病毒	5 000亿PIB/g
木霉菌	25亿活孢子/g
苜蓿银纹夜蛾核型多角体病毒	1 000亿PIB/mL
球形芽孢杆菌	2 000 ITU/mg
甜菜夜蛾核型多角体病毒	2 000亿PIB/g
小菜蛾颗粒体病毒	300亿OB/mL
斜纹夜蛾核型多角体病毒	1 500亿PIB/g
松毛虫质型多角体病毒	100亿PIB/g
荧光假单胞杆菌	6 000亿个/g
苏云金芽孢杆菌	晶体蛋白含量7%，IU为50 000
苏云金芽孢杆菌（以色列亚种）	IU为50 000

注：PIB表示多角体，CFU表示菌落形成单位，ITU或IU表示毒力效价，OB表示包涵体

对于没法量化的生物活体，如赤眼蜂，在中国农药信息网上登记的用量是以袋和卡为单位；还有一些，如巴氏钝绥螨和异色瓢虫等甚至还未登记，中国农药信息网上查不到。这些种类折算成生物农药用量，按农药使用当量系数的定义，每亩10g折百用量时的当量系数为1。因此，对不能量化的生物活体，一律以每亩10g折百用量计入。以目前农药折百用量约是商品用量的30%，商品用量按每亩30g计入。

6.2.1.7 农药使用基础数据

第一级：整理出进入我国农药登记体系的 800 多种农药成分（含生物农药）。整理的主要依据是根据分子量、CAS 号、英文名称一致的原则，确认有效成分的中文名称，并整理其用途、作用方式等特征，以及近两年在我国农作物上使用的频率。

第二级：基于第一级农药成分的农药登记证数据库（目前在用及过期的），共 6 万多个数据库建立。内容包括登记证号、农药有效成分及各成分的含量、毒性、剂型等。这部分工作虽然工作量较大，但只是农业农村部农药检定所农药登记信息数据库的重复。

第三级：农户田间用药调查数据库，包括何时购买、何时在何种作物使用、使用面积、防治对象及用量基础数据（目前已记录数百万条）。内容涵盖主要农作物种植全周期内的用药情况（包括农药产品名称、用量、价格等）。

第四级：根据农户田间用药调查数据库，结合第一级、第二级基础数据，生成各个县（市、区）、各种作物按种植面积的亩商品农药用量、折合有效成分用量、用药成本、防治亩次、亩平均用药次数的二维数据库。

第五级：编制出反映我国各地区、各种作物、各种类型（杀虫、杀菌、除草等）、各种毒性农药施用水平的数据报表，为各地农药用量趋势零增长评价提供了基础数据。

6.2.1.8 以省级区域为总体的农药田间用量统计方法

在县（市、区）（抽样基础单位）层次上对农作物农药用量估计，采用按每个农户种植面积的平方根值进行加权处理，计算加权平均值。即各个农户某作物种植面积权重定义为按作物种植面积的平方根值加权，如第 i 个农户种植面积（X_i）权重（W_i）为

$$W_i = \frac{\sqrt{X_i}}{\sum \sqrt{X_i}} \tag{6-10}$$

这样计算是基于如下考虑：例如，某县调查 30 个农户共 1800 亩，其中大户 5 个共 1500 亩（每户 300 亩）、普通农户 25 个共 300 亩（每户 12 亩），分 3 种情形计算该县（市、区）农药用量估计值。

1）不考虑面积，按各个农户的用量水平、等权重相加、汇总：这时 5 个大户种植面积虽然占了 83%，但用药水平权重只占 16.67%（5/30）。这种方法主要反映了普通农户的用药水平，而对大户农药用量的考虑比较少。每个大户与普通农户一样，农药用量比例权重都是 3.33%。

2）考虑面积，按面积的权重汇总统计：5 个大户的比例权重占了 83.3%，每一个大户占 16.7%；而 25 个普通农户的农药用量权重加起来才占 1/6，每个普通农户只占 0.67%（12/1800）。因此，这种方法主要反映了大户的用药水平，而对普通农户的用药水平考虑较少。

3）按各个农户（大户）种植面积的平方根加权：做法是先计算每个农户（种植大户）该作物的种植面积的平方根，这里每个大户种植面积 300 亩，平方根值是 17.32；每个普通农户种植面积 12 亩，平方根值是 3.4646。再计算每个农户（种植大户）种植面积的平方根值之和，这里等于 17.32×5+3.464×25=173.2。然后计算每个农户该作物农药用量的比例权重：大户=17.32/173.2=10%，普通农户=3.464/173.2=2%。

比较上述 3 种情形，第 3 种方法考虑较为全面，因此汇总统计时，采用第 3 种方法，汇总县（市、区）某作物农药用量（g/亩、mL/亩）数据。

全国农药用量的估计从统计原理角度来看，以国家为总体，推算全国的总量及抽样精度，目前项目所安排的抽样点，对于大多数作物，抽样农户数可以达到理论上需要的样本数。

但实际上，更需要了解各省份的农药用量水平，即以省（自治区、直辖市）不同作物为总体进行总量估计。

因我国幅员辽阔，作物种类繁多，某一县（市、区）难以全面调查当地的几十种农作物。因此，估计各省农药用量水平时，我们采用分4个层次、分区域地进行统计。对于某省某作物农药用量指标，首先根据该省项目县用量水平进行估计；如果该作物在某省没有布点调查，则根据该省所在的农业生态区内，其他省份项目县的用量指标均值来估计该省的农药用量指标；如果这种作物在该省所在的农业生态区内也没有调查数据，则根据该省是处于我国南方或北方，使用我国南方或北方所有项目县在该作物上的用量指标均值予以估计；如果这种作物在该省所在南方或北方区域内也没有调查数据，则根据全国所有项目县该指标用量均值予以估计。项目设计的我国农业生态区、南北方的定义如表6-6所示。

表 6-6　全国各省份农药用量水平估计区域层次划分表

Ⅰ. 省级	Ⅱ. 农业生态区	Ⅲ. 南北方	Ⅵ. 全国
黑龙江、吉林、辽宁	东北	北方	全国
北京、天津、河北、河南、山西、山东、陕西	黄河中下游		
内蒙古、甘肃、宁夏、新疆	西北		
西藏、青海	青藏高原		
安徽、江苏、上海、湖北	长江中下游北	南方	
浙江、福建、江西、湖南	长江中下游南		
四川、重庆、贵州、云南	西南		
广西、广东、海南	华南		

6.2.2　全国农药械信息管理系统简介

1）全国农药械信息管理系统作为植物保护工作的基础工程，应能在整个农作物病虫综合治理过程中，综合反映我国农药用量实际水平、绿色防控对农药用量结构调整的影响、农药使用量零增长行动实施中农药械使用技术的变化，全面提供我国农药械使用基础信息，提高我国农药械管理信息化工作水平。

基于互联网，全国农药械信息管理系统的数据采集录入界面采用Java语言开发的B/S模式；该系统的大数据分析、具人工智能的机器学习的数据报告生产模块采用C/S模式，C/S模式在Delphi平台上，应用面向对象的Pascal开发。数据存放物理地址为农业农村部信息中心计算机房；数据库管理采用MS SQL Server数据库；操作系统为Windows操作系统。全国农药械信息管理系统总体设计框架如图6-3所示。

在开发研制全国农药械信息管理系统过程中，我们综合运用计算机、网络通信、机器学习、人工智能、地理信息、自动化处理，以及近年来快速发展的大数据技术，研发应用系统，构建承载工作平台，建立健全高效有序的运转机制，实现农药械信息数据采集、传输、存储标准化及管理自动化、分析智能化、图表输出文档化。全面提高我国农药械信息处理能力，改善农药使用以朝着"高效、生态、安全"目标发展，为农药使用量零增长的实施、评价提供信息技术支撑。

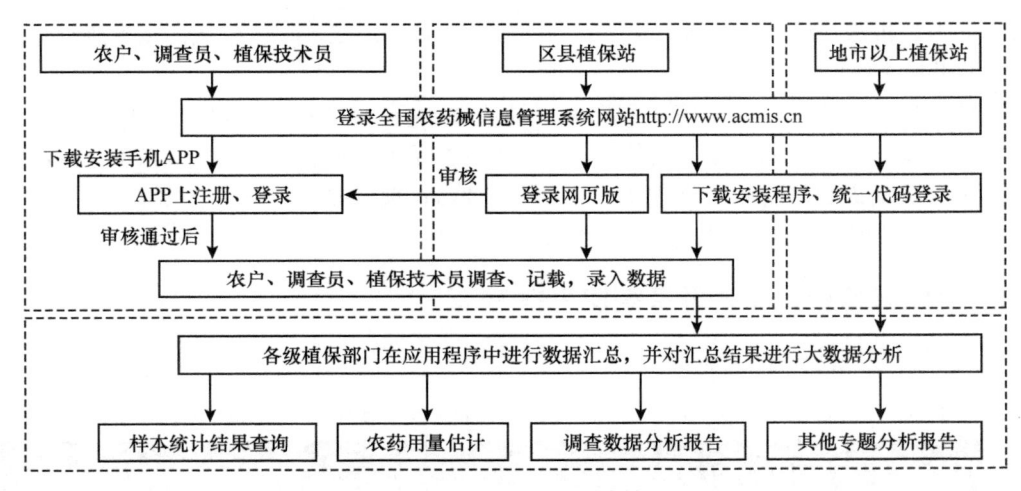

第6章 农药减施增效技术信息化服务系统建设与应用

图 6-3　系统总体设计框架

2）开展农药使用统计数据分析专家系统研究，研发可生成 word 版本的农药用量数据分析报告的功能模块。

自 2017 年开始，将大数据分析、人工智能（AI）技术应用于农药使用抽样调查的数据统计分析以及数据分析报告的生成，总体思路如图 6-4 所示。

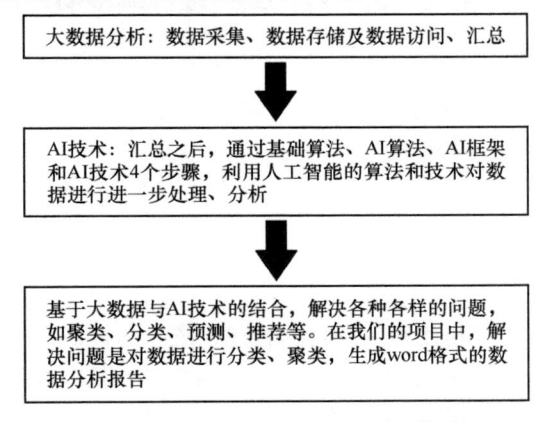

图 6-4　农药使用调查监测系统构建

其中大数据分析部分，数据采集：主要是县（市、区）调查，全国 360 多个县（市、区）、15 000 多个农户、250 多亩耕地面积上的农药使用样本数据。数据存储：所有数据存放在农业农村部信息中心。数据访问与汇总：研制专用的云计算模块，使得 AI 技术层能够快速地获取所需数据。

在人工智能方面，我们尝试矩阵分析、数值分析、概率统计分析等，这些组成了 AI 算法的奠基层。

AI 算法层面，目前有许多在基础算法层之上构建的解决人类问题的人工智能算法层。AI 算法层已经研究出了一些通用方法即算法，包含分类算法、聚类算法、回归算法、优化算法、降维算法、深度学习算法等。在我们系统中主要尝试了聚类、分类方法的应用。

AI 技术层面，一般原则是利用 AI 算法解决专业领域问题而提出的专用方法和算法。目前 AI 技术主要包含自然语言处理（NLP）、数据挖掘、分析决策等。数据挖掘主要是对数据进行分类、聚类、预测等处理。分析决策主要是作策略制订，通过多维度收集的数据进行某个领域的决策并给出答案。

课题组将相关原理与技术应用到农药用量数据分析，以构建农药数据分析技术报告的 word 版本。其经省市级农技中心的使用，显著地提高了各级技术人员的工作效率，并激发了各级技术人员从事农药调查、参与该项目的积极性。该项目原计划 110 个县（市、区）参加农药用量基础数据库建设，实际参与县（市、区）个数在 2020 年已达 600 多个。

6.2.3 全国农药械信息管理系统使用指南

6.2.3.1 软件下载、安装

软件下载：进入网站 http://www.acmis.cn，然后进入下载中心（图 6-5）。

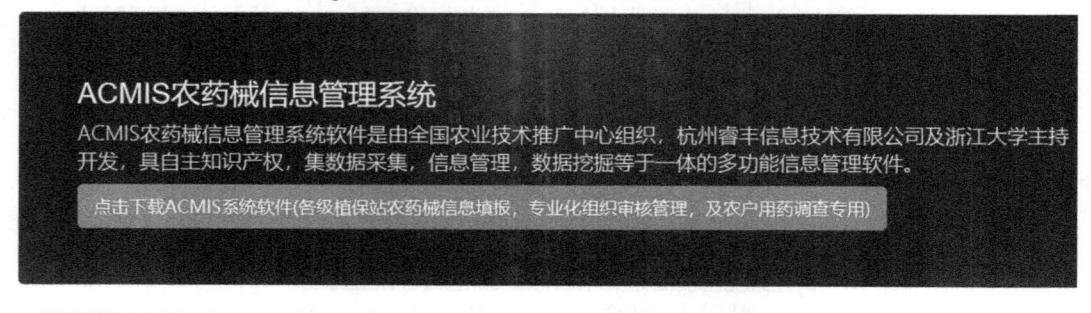

图 6-5 网站的下载中心页面

在这里点击并下载"全国农药械信息管理系统"。下载后的文件名为 ACIIS.EXE。下载完成后，点击运行，进行安装。

6.2.3.2 系统进入

用鼠标点击桌面上的"农药使用调查监测管理系统"图标，执行应用程序，进入应用程序系统。进入应用系统后，在 Window 7 下，系统出现用户登录系统界面（图 6-6）。

图 6-6 用户登录系统界面

县（市、区）植保站的登录用户名和密码，请向各省植保站药械科申请、索取。并注意以下内容。

这里的用户代码和相应口令，和农药需求预测系统的相同。目前系统数据录入以县级植保站为基础，其用户代码和口令登录为各个县（市、区）的。

正确输入用户代码和口令后，如果登录成功，那么农药监测调查资料电子工作表表格处于激活状态，即可进入表格输入数据，并自动生成县（市、区）内的农户用药调查的农户编号。

注意，这里的年份是指要处理资料的年度，而不是当前日期所在的年份。

用户代码、口令可在登录后，在可执行系统菜单中的"更改登录口令"进行修改。

登录时，可将用户名代码和口令保存到当前计算机上，下次登录时就不需要再次输入用户代码和口令了。

登录成功后，系统进入如图6-7所示的用户界面。

图 6-7 用户登录后系统显示的用户界面

图6-7界面是系统的起始页面，其顶部一行为系统功能主菜单，在这里可选择需要的操作项目。

下面显示的是项目单位基本情况表，含项目单位基本情况和当年作物种植面积。

系统进一步操作须点击主菜单相应项目，然后进入下一步操作。

6.2.3.3 项目基本情况填报

登录系统，出现图6-7所示界面之后，在主菜单中点击"调查单位数据填报"后，系统出现输入本单位的基本信息，以及规划当年调查的农户个数的对话框（图6-8）。在这里可以输入或调整当年参与农药使用调查的农户个数。

6.2.3.4 农药监测数据的录入

登录系统，出现图6-7所示界面之后，在主菜单中点击"农户调查数据填报"下面的"农户调查数据输入"，系统出现如图6-9所示的用户界面。

图 6-8　项目单位基本情况填报输入界面

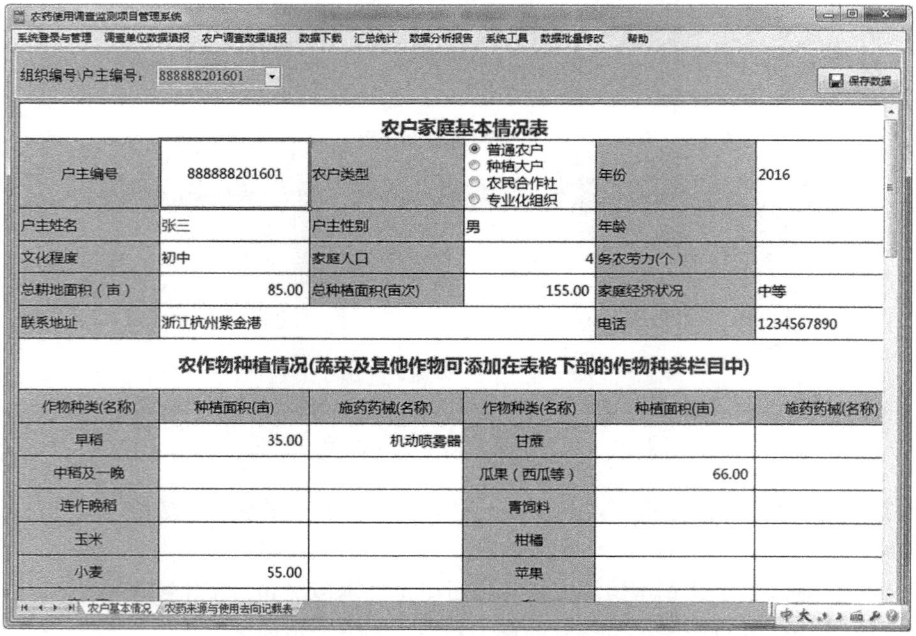

图 6-9　农户用药调查数据录入界面

根据当年上级布置的本县应调查的农户数量，输入当年要进行用药调查的农户个数。输入后点击"OK"按钮，系统会出现农户用药调查数据录入界面（图 6-9）。

图 6-9 左上方"组织编号\户主编号"右边的下拉框中，是根据前面输入的农户个数，按照前 6 位是当地行政区划代码、中间 4 位是登录时输入的年份、后面 2 位为顺序号的规则，自动生成的全县所有农户当年的户主编号。

图 6-9 左下方是农药监测调查数据录入电子工作表的两个表单的标签，即农户基本情况、农药来源与使用去向记载表。

第 6 章　农药减施增效技术信息化服务系统建设与应用

（1）基本情况表的填写

农户基本情况填报表含农户家庭基本情况和农作物种植情况两个子表。农户家庭基本情况表填写时，注意有的单元格要求输入数字，这时只能在输入状态为半角、英文方式下输入数字。只能输入数字的单元格有：年龄、家庭人口、务农劳力（个）、总耕地面积。农作物种植情况表含作物种类（名称）、种植面积和施药药械（名称）共3个项目，其中种植面积一栏的单位为亩，且只能输入数字。作物种类（名称）一栏可直接输入作物名称，也可以用鼠标在单元格里面双击一下，这时弹出作物种类名称可供选择（图6-10）。

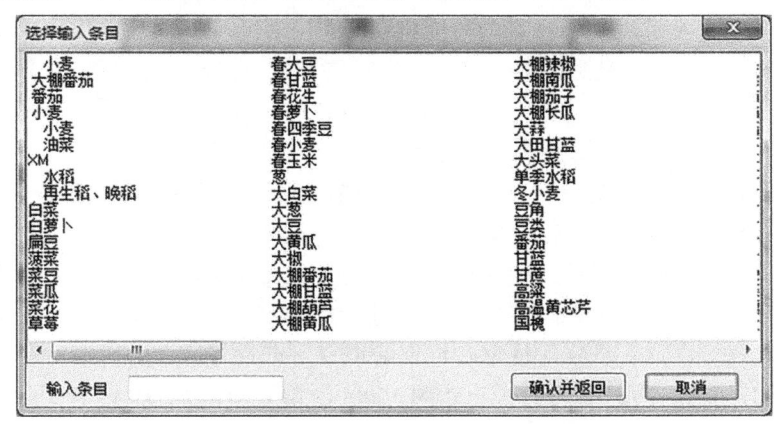

图 6-10　作物名称输入界面

注意事项：①房前屋后施用除草、杀虫剂，在作物种植栏中填写"卫生用药"。②农作物用药年度划分：上年（如2015年）种植、不收获，当年度收获的春夏作物种类，如大田粮油作物（小麦、油菜、马铃薯），算在当年（如2016年），但用药时间依然按照实际的用药日期填写。多年生果树、蔬菜，哪年用药算哪年。

（2）农药购买与使用去向记载表填写

农药购买与使用去向记载表分左右两边填报：左边是农药购买记录、右边是农药使用去向记录（图6-11）。

图 6-11　农药购买与使用去向记载表

填写表格时需要注意有的单元格需要输入数字，尤其是农药购买日期、用药日期，在填写时最好是点击鼠标，从对话框中选择（最好这样，免得出错）。如需直接填写，请在单元格里面双击鼠标后，直接填写日期。在输完日期后，用鼠标点击右边的下三角形，看用户界面是不是显示输入的日期。如果不是输入的日期，而是当前日期，则说明输入有错，需要更正。

农药登记证号在系统中扮演着非常重要的角色。在以后的统计汇总分析过程中，农药有效成分的含量、农药的类别等都是通过农药登记证号查找出来的。因此，农药登记证号的整理、输入一定要准确，而且也要在英文方式下输入。

农药登记证号输入后，双击一下，右边的农药通用名就会自动从系统中弹出来。只是极少数情况下新药、假药的农药通用名出不来。这时需及时与我们联系（邮箱：qytang@zju.edu.cn)，将农药登记证号发过来，并留下联系方式，以便进一步沟通。关于对农药登记证号进行特殊处理，如用户有能力，可对假药的农药登记证（套证）进行编辑处理。

这里在用药作物名称、防治对象名称下单元格，用鼠标双击，会显示各个名称供选择。没有选择时，需要手工输入。一旦输入，下次就可自动选择了。

用药面积和合计用药量下单元格应在英文方式下输入数字。同时用药面积不得大于前面基本情况表里面该种作物的种植面积；合计用药量也不能大于表格左边的该种农药的购买量。

对于一种农药多次购买、多次使用时数据的填写，有时有这样的情形，即一种农药多次购买、多次使用：如果 5 月 15 日购买三唑酮 1000g，购买费用 66 元，用去了 700g，并进行了登记。5 月 25 日第二次用药时发现农药不够，又购买了三唑酮 500g，购买费用 33 元，这天用去了 600g。这种情况下，可将两次农药购买数量合并填在一起，即将 5 月 15 日购买三唑酮的数量改成 1500g，金额改成 99 元。再在农药来源与使用去向记载表中分 5 月 15 日和 5 月 25 日两次填写农药使用情况。

数据填写完毕后，点击右上角的"保存数据"按钮，将数据保存，同时上传到网络服务器。数据保存会比较慢，原因是上传速度是下载速度的 1/10 到 1/20。

（3）数据输入规则修改

数据保存时，系统会对输入数据的合理性进行检查，如果输入数据超过了临界值，会有提示，且数据无法保存。

如果数据本身确实是这样，不是记载、输入错误，用户可在菜单"系统登录与管理"下面的"修改数据录入规则限制"下进行修改，修改的用户界面如下（图6-12）。

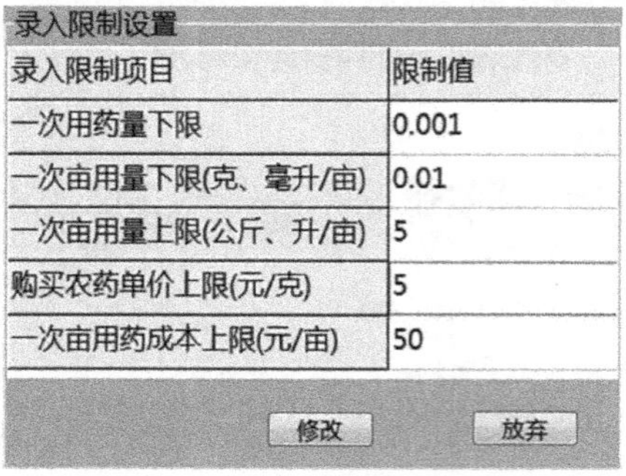

图 6-12 农药用量数据输入规则调整界面

这里进行的录入限制临界值的修改，只对当前的数据录入有效。退出系统后，再次进入，在数据录入时，数据录入限制的临界值又返回到系统设定值。

6.2.3.5 数据汇总统计

在数据录入、校对之后，就可以对数据进行汇总统计。目前设计的汇总统计功能有 2 个功能模块：①农户基本情况统计，②农作物用药统计。

进入农作物用药"汇总统计"下面的子菜单后系统出现如图 6-13 所示的空表格，表格里面没有数据。

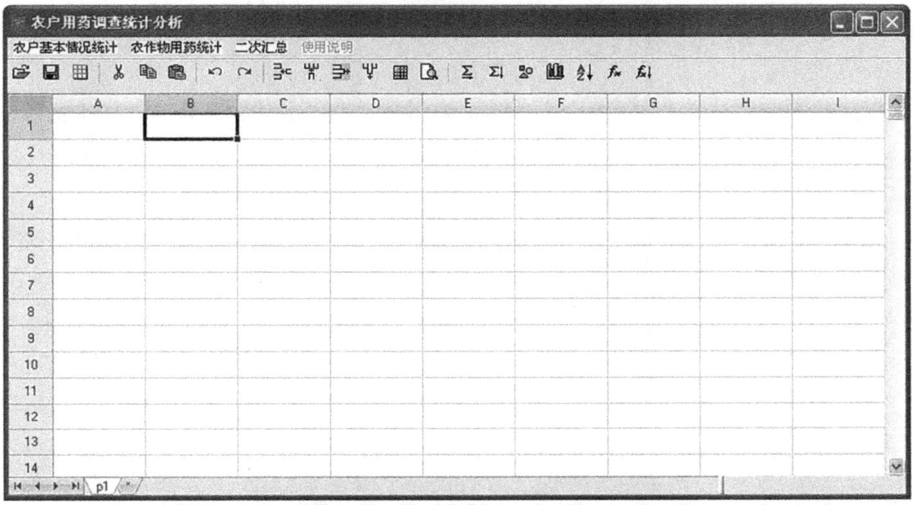

图 6-13　农户用药汇总统计用户界面

只有点击并执行图 6-13 用户界面顶部的菜单的功能后，下面的电子表格里面才有结果。

（1）农户基本情况统计

在主菜单上点击"农户基本情况统计"，系统汇总每个农户录入的基本情况数据，反映年度农户点的设置、农户农作物种植、家庭劳力等基础数据。

（2）农作物用药统计

农作物田间农药用量原始数据的统计汇总，是按作物、单位 [县（市、区）]、年份进行的。形成的二次整理报表主要为下一步的数据分析提供当地各种农药使用情况的基本材料。

农作物用药统计菜单下，执行"农药分大类汇总"，即可按作物种植面积统计各地各年每种作物各种类型（杀虫剂、杀菌剂、除草剂、生长调节剂、杀鼠剂）、各种毒性（微毒、低毒、中毒、高毒、剧毒）农药的分类汇总，以及各种类型农药里面各农药有效成分的汇总统计。并将统计汇总结果以二次整理报表形式保存在网络服务器上。二次整理报表主要有下述一些项目（表 6-7）。

表 6-7　二次整理报表项目

项目	项目	项目
编号	成本中位数	剧毒用量
作物种类	杀虫剂用量	微毒折百用量
地点	杀菌剂用量	低毒折百用量
年份	除草剂用量	中毒折百用量
作物面积	生长调节剂用量	高毒折百用量

续表

项目	项目	项目
农户个数	杀鼠剂用量	剧毒折百用量
商品用量	杀虫剂折百用量	微毒农药成本
折百用量	杀菌剂折百用量	低毒农药成本
种植面积	除草剂折百用量	中毒农药成本
防治面积	生长调节剂折百用量	高毒农药成本
大户防治比例	杀鼠剂折百用量	剧毒农药成本
中低毒面积	杀虫剂成本	杀虫剂品种/商品用量/折百用量
亩用量	杀菌剂成本	杀菌剂品种/商品用量/折百用量
亩折百用量	除草剂成本	除草剂品种/商品用量/折百用量
亩农药成本	生长调节剂成本	杀鼠剂品种/商品用量/折百用量
用量标准差	杀鼠剂成本	生长调节剂品种/商品用量/折百用量
折百用量标准差	微毒用量	化学农药用量/折百用量/成本
成本标准差	低毒用量	生物化学农药用量/折百用量/成本
用量中位数	中毒用量	生物代谢农药用量/折百用量/成本
折百用量中位数	高毒用量	生物活体农药用量/折百用量/成本
防治次数	次数分布（出现频次）	

这些项目在系统自动生成数据分析报告或者数据分析表的时候，可供系统自动调用。

6.2.3.6 数据分析报告自动生成

在主菜单点击"数据分析报告"后，系统出现如图6-14所示的用户界面。点击里面的"生成数据分析报告"，即可自动生成数据分析报告。农药调查数据分析报告的内容包括以下

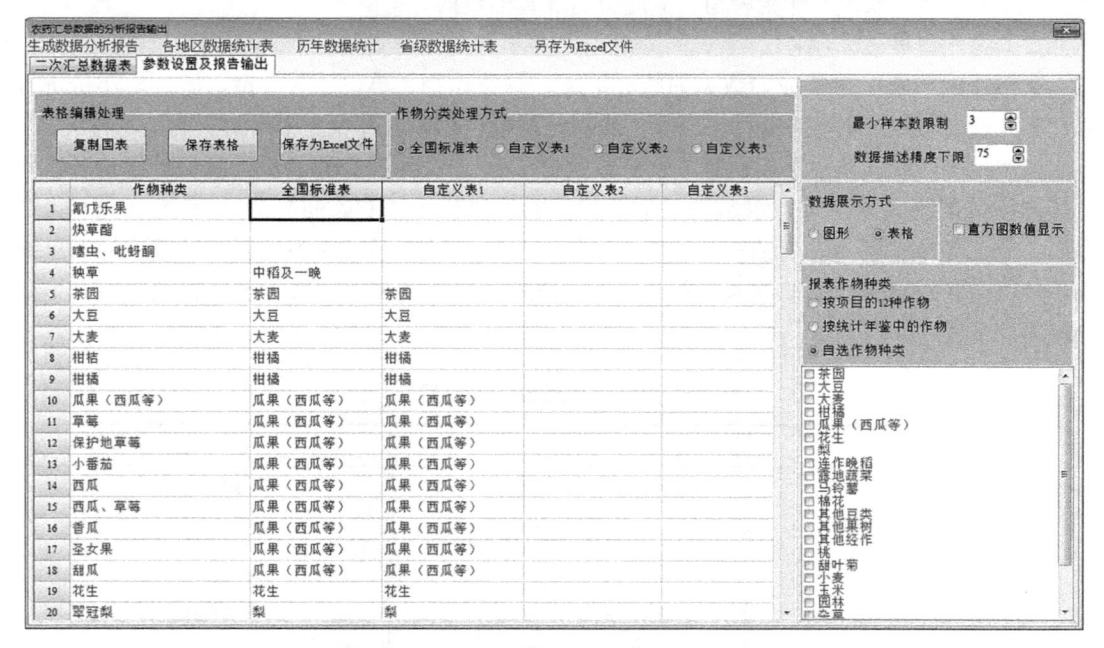

图6-14 数据分析报告自动生成用户界面

6个部分。第一部分：抽样调查精度、样本量的统计计算，以及各种作物农药总用量；第二部分：各种作物不同种类农药（杀虫剂、杀菌剂、除草剂等）的使用情况；第三部分：各种作物化学、生物农药使用情况；第四部分：各种作物不同毒性农药使用情况；第五部分：各种作物各种农药有效成分分布及用量；第六部分：当地农药用量估计表格。

数据分析报告里面的作物种类，一般情况下按全国标准表的归类。如果当地有特色作物需要在数据分析报告里面体现，可自定义作物归类，放在自定义表1里面。系统留给各地3个自定义表。定义好了之后，不要忘记点击上面的"保存表格"按钮，将自定义表保存下来，以后再用。

6.2.3.7 农药使用监测系统的使用推广

1）针对农药使用监测系统开展了多次培训。

2）各级农业农村部门有关农药使用的数据基本来自该系统。该系统的应用目前已产生了以下成效。

一是为各地开展农药减施增效评价等提供数据支撑。目前，各地都在开展农药使用量零增长等绩效评价工作。该系统的建立为农药减施增效工作的绩效评价，既提供了直接数据支撑，又明确了努力的方向。

二是为落实主体职责提供了手段，并提高了工作质量和效率。根据《中华人民共和国农药管理条例》（简称《农药管理条例》）第四十条规定，县级以上人民政府农业主管部门应当定期调查统计农药生产、销售、使用情况。该项工作量大面广，实际执行困难很大。但该系统的建立采用统计调查方法，大幅度减少了调查面、工作量、资金需求等方面的压力，经部分县级、市级、省级及全国农业技术推广服务中心应用，显著地提高了各级农业技术人员开展农药使用调查的工作质量和效率。

三是调动了基层农业农村部门利用该系统开展农药使用调查的积极性。系统开发的年度农药使用数据分析报告功能，因操作便利、只需点击一键，即可生成县级、市级、省级及全国的农药使用调查数据的word文档，使原来需要花费两周（10～14个工作日）才能完成的繁重的数据整理、统计分析、总结报告的撰写的工作任务，通过软件系统1min左右即可自动圆满完成，自动地解决了农药减施增效评价等实际问题。因此该系统广受各级植保部门的欢迎，利用该系统开展农药使用调查的基层农业农村部门数量，在这几年来每年都是大幅度地增长，具体见表6-8。

表6-8 全国利用该系统采集农药用量基础数据的县数表

年份	2016	2017	2018	2019	2020
实际参与县（市、区）数	190	222	364	573	666
调查农户数	7 587	8 773	15 776	22 856	26 255

6.3 农药减施增效技术信息化服务平台

6.3.1 平台简介

1. 系统介绍

农药减施增效技术信息化服务平台以科学使用农药、实现农药减施增效为目标，以满足农药生产经营者和农药技术研究推广等真实需求为基本出发点，确定数据结构、采集和过滤等技术要求及模型设置，构建包含农药品种特性、作物特性、病虫害特性、农药产品信息、农药应用信息、农作物病虫害综合解决方案、农药应用经济性评价、农药减施增效技术研究成果等内容的"农药管理数据库"，设立数据标准接口、数据交换规范，为其他信息及应用平台建设提供数据支持与服务，推动农药减施增效产品、技术的研发和推广应用。

2. 系统面向的用户群体

农药减施增效技术信息化服务平台面向的用户群体包括以下几类。

1）社会公众：主要包括农药生产企业、农药经营单位及关注农药或农产品质量安全的公众。

2）农药科研、生产、经营、推广机构或人员。

3）相关信息化服务机构。

4）农药管理机构。

3. 系统功能设计

（1）农药品种数据管理

对农药中文通用名称、英文名称、作用机理分类、防治有效的作用方式、施药方式和毒性分级进行列表展示，用户可通过农药的中英文名称进行定向查询。

（2）农作物病虫害数据管理

将农作物病虫害的数据进行列表展示，包含防治对象、作物名称、作物品系、分类、分布省份、作物发生部位等信息。同时支持输入作物品系、作物名称、分布省份、分类和防治对象等信息进行定向查询。

（3）农作物信息数据

用于展示各类农作物信息的数据，包含农作物的名称、生长发育阶段和阶段名称。

（4）农作物数据

将农作物数据进行列表展示，用户根据自身需要可选择作物名称、作物品系和种植省份等信息进行定向查询。

（5）农药使用限量标准数据

将农药使用限量标准数据进行列表化展示，展示信息包含农作物名称、总农药有效成分使用限量和总商品农药使用限量。用户可通过农作物名称，定向查询指定农作物的农药使用限量标准。

（6）全国病虫害发生情况数据

将全国各地的病虫害发生情况数据进行列表展示，展示维度包含地区、年份、作物名称、病虫害名称、发生面积、病虫害发生程度、防治面积等信息。用户可以根据年份、省市、作物名称、病虫害名称等信息进行定向查询。

（7）农药数据展示

将全国各地的农药应用数据进行列表展示，展示维度包含省市、年份、作物名称、农作物种植面积、商品用量、折百用量、单位面积农药平均使用成本、平均用药强度、平均用药指数等信息。用户可以根据年份、省市、作物名称、农作物种植面积等信息进行定向查询。

（8）农药使用数量数据

将全国各地农药使用数量数据进行列表化展示，展示维度包含省市、年份、农药分类、农药品种、商品用量、折百用量。业务人员可根据实际业务需要，依据不同的维度进行定向查询和展示。

（9）化学农药与生物农药统计数据

将全国各地化学农药与生物农药统计数据进行列表化展示，展示维度包含省市、年份、农药分类、农作物名称、商品用量、折百用量、生物农药比例、用药指数等。业务人员可根据实际业务需要，依据不同的维度进行定向查询和展示。

（10）农药应用评价数据

用于显示农药应用评价的数据，对数据采集年份、农药名称、农药类别、剂型、作物、防治对象、施用方法、应用地区、应用效果、安全间隔期、我国农产品中农药最大残留限量、每季最多使用次数、最高使用剂量、使用特别风险、是否禁止使用或禁止在该范围使用等进行列表展示，用户可通过农药名称、作物、防治对象等维度进行定向查询。

（11）解决方案数据

将解决方案数据进行列表展示，并可以通过方案编号、作物名称、作物品系、防治方案名称、应用地区、方案来源等条件进行定向查询，并将查询结果进行列表展示。

（12）农药登记产品数据

对国内农药登记证的信息通过多维度进行列表展示，展示维度包含农药登记证号、农药名称、持有人名称、农药类别、剂型、毒性、总含量、有效期截止日期、首次批准日期、状态等。业务人员可通过上述维度进行定向查询。

（13）农药生产量信息

对农药生产量信息进行列表展示，展示维度包含省市、年份、农药品种、农药分类、原药商品产能、原药商品产量、原药折百产量、制剂商品产量、原药商品销售量、制剂商品销售量等多个维度，业务人员可针对上述维度进行定向查询和展示。

（14）我的评价方案

将系统中的农作物病虫害综合解决方案进行列表展示，在方案应用后，业务人员需要对指定的方案进行评价，为后续人员选择方案提供参考意见。业务人员可通过作物名称、方案名称进行定向查询，通过方案名称、方案编号、作物名称、应用地区、方案目的等信息确认所查找的方案。

（15）农作物病虫害综合解决方案

将农作物病虫害综合解决方案进行列表化展示，展示维度包含防治方案名称、适用农作物、农作物品系、应用地区、方案类型等多个维度，业务人员可通过上述维度进行定向查询。

（16）科学合理选择农药

当病虫害发生时，业务人员可根据当前病虫害类型、农作物类型、农药品系、适用地区等多种信息进行筛选，寻找到合适的农药来解决农作物所遇到的病虫害。

（17）农作物或病虫害防治用药信息

将全国各地农作物农药使用情况以及病虫害信息进行列表化展示，展示维度包含地区、年份、农作物种植面积、病虫害信息、单位面积农药商品用量、单位面积农药折百用量、单位面积农药使用成本、农作物全生育周期用药次数、用药强度、用药指数等。业务人员可根据实际业务需要，根据不同的维度进行定向查询和展示。

（18）农药品种使用信息查询

将全国各地的农药品种使用信息情况进行列表化展示，展示维度包含地区、年份、农药分类、农药品种、农药毒性、农药来源、农药商品用量、农药折百用量、当量系数等。业务人员可根据实际业务需要，根据不同的维度进行定向查询和展示。

（19）农药品种使用数量数据

将全国各地农药使用数量数据进行列表化展示，展示维度包含省份、年份、农药分类、农药品种、商品用量（单位：t）、折百用量（单位：t）、当量系数。业务人员可根据实际业务需要，根据不同的维度进行定向查询和展示。

4. 系统非功能性考虑

（1）可用性

为保证系统切实可用，平台软件系统必须完整，除了包括可执行的程序，还包括数据和用户管理、日志异常查询、自动升级等相关功能特征，在满足用户需要的同时，也是平台后续维护和系统监控的需要。

（2）易用性

易用性从易见和易学两个方面考虑。

1）易见：各种功能操作不超过 2 次鼠标点击，用户很容易找到其期望进行的各种操作。

2）易学：通过在线帮助、导航、向导等各种方式保证软件是可自学的。

（3）性能

平台性能指标应以参照国家最新要求和提供良好的用户体验为前提，不低于以下要求。

1）整体性能满足提供 7×24h 不间断高质量服务。

2）系统并发用户数均为 100 个以上。

3）远距离访问服务等待时间不超过 3s，互操作和信息加载服务等待时间不能超过 5s，平均每个用户（按照标准的 GIS 桌面用户考虑）每分钟显示 8 次地理信息图形/图像。

4）路径分析的处理响应时间不超过 3s，其他地理空间分析功能的处理响应时间不超过 5s。

5）政务版平台的用户的日点击率按不小于 10 万次考虑；公众版平台的用户的日点击率按不小于 20 万次考虑。

（4）安全性

提供设计科学、操作性强、强大的运维管理功能，实时监控平台的运行状态，切实保障平台系统 7×24h 高质量、高可用的运行。

（5）扩展性

服务端采用 J2EE 架构，浏览器端采用 JavaScript MVC 框架，以确保软件系统的可扩展性。

（6）可移植性

通过 Java 语言实现平台各网络应用的跨平台运行。

5. 平台测试通过准则

1）严重程度为"紧急""非常高""高"的漏洞（BUG）数量为 0，严重程度为"中"的 BUG 低于 10%，其他 BUG 低于 15%。

2）基本流程能够通畅的完成，核心功能可以实现。

3）基本界面符合术语规范，不存在错误或明显歧义，所有可使用的流程中的界面设计工作已完成。

4）按照标准流程没有出现各种非正常提示。

5）关键流程和流程中的基本数据备份恢复没有问题。

6）系统性能达到软件需求规格说明书的要求。

6.3.2 平台使用指南

该平台网址为 https://www.icama.cn/SubtractionSynergism/welcome.do。

1. 系统操作约定

（1）用户角色与权限

系统用户分为三类：普通用户、签约用户和数据管理员。不同用户角色的系统操作权限不同，如表 6-9 所示。

表 6-9　不同用户角色的系统操作权限

用户	功能模块	
普通用户	基础数据库	科学合理选择农药
		数据展示
		农药登记产品信息查询
		农药标签信息查询
		农药残留限量查询
签约用户	基础数据库	全国病虫害发生情况数据
		农药应用评价数据
		农药生产量数据
		我的评价方案
	农药信息查询	农作物病虫害综合解决方案
		科学合理选择农药
		农作物或病虫害防治用药信息查询
		农药品种使用信息查询
		农药使用数量数据
		数据展示
		农药登记产品信息查询
		农药标签信息查询
		农药残留限量查询
数据管理员	基础数据库	农药品种数据
		农作物病虫害数据
		农作物信息
		农作物数据
		农药使用限量标准数据
		全国病虫害发生情况数据
		农药数据展示
		农药应用评价数据
		解决方案数据
		农药登记产品数据

续表

用户	功能模块	
数据管理员	基础数据库	农药生产量数据
		我的评价方案
	农药信息查询	农作物病虫害综合解决方案
		科学合理选择农药
		农作物或病虫害防治用药信息查询
		农药品种使用信息查询
		农药使用数量数据
		数据展示
		农药登记产品信息查询
		农药标签信息查询
		农药残留限量查询

注：采用不同用户登录系统，没有操作权限的模块，其菜单将不显示

（2）系统界面布局

如图 6-15 所示，系统界面布局分为 4 个区域：顶部区、功能导航区、工作区切换标签区、工作区和底部区。

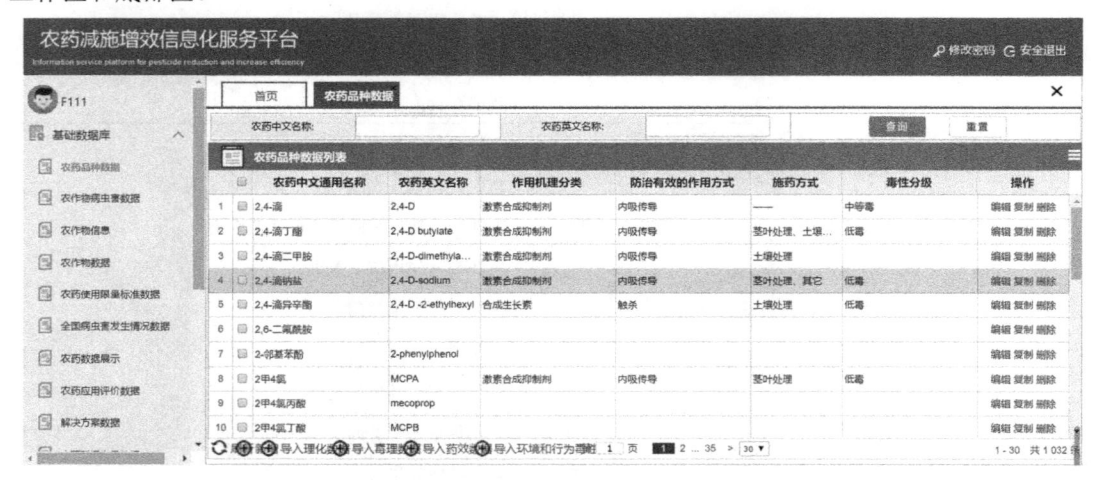

图 6-15　系统界面布局

顶部区：包含系统标题和用户退出功能按钮。

功能导航区：按功能的层次结构提供的功能菜单，用户点击功能项时，即可在工作区显示该功能界面。

工作区切换标签区：用于提供用户切换工作区的标签。

工作区：是具体功能界面的展示区域。

底部区：数据刷新、新增和导入功能按钮。

（3）内容填写约定

输入项中灰色背景的项目为非手动输入项，如图 6-16 所示。

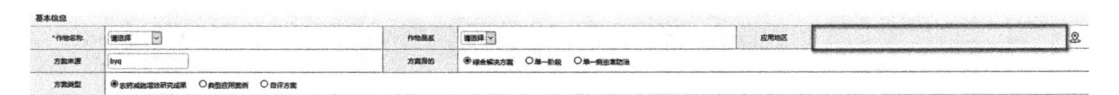

图 6-16　非手动输入项

带星号标识符的，为必填信息项（图 6-17）。

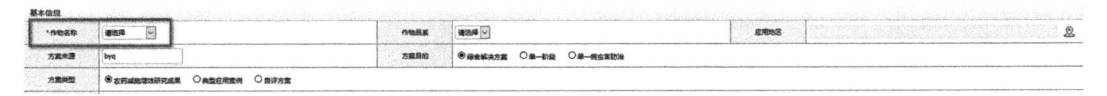

图 6-17　必填信息项

2. 功能模块操作说明

基础数据库包括农药品种数据、农作物病虫害数据、农作物信息、农作物数据、农药使用限量标准数据、全国病虫害发生情况数据、农药数据展示、农药应用评价数据、解决方案数据、农药登记产品数据、农药生产量数据和我的评价方案等。以农药品种为例，说明如下。

（1）农药品种数据管理台账

鼠标移动到左侧"功能导航区"，点击"基础数据库"打开二级菜单→点击"农药品种数据"，进入管理台账页面（图 6-18）。

图 6-18　选定农药品种数据

（2）农药品种数据信息查询

在"农药品种数据"界面上半部分区域，输入查询条件内容→点击"查询"按钮获取查询到的列表信息（图 6-19）。

（3）农药品种数据信息详情查看

在"农药品种数据"界面信息列表中，点击"农药中文通用名称"下的名称，打开信息详情查看界面，查看信息详情（图 6-20、图 6-21）。

（4）新增农药品种数据

点击"农药品种数据"界面左下角"新增"按钮，打开"新增农药品种数据"页面→填写农药品种相关信息→点击"保存"按钮完成新增保存操作（图 6-22、图 6-23）。

图 6-19　农药品种数据信息查询界面

图 6-20　农药品种详情选定

图 6-21　农药品种详情展示界面

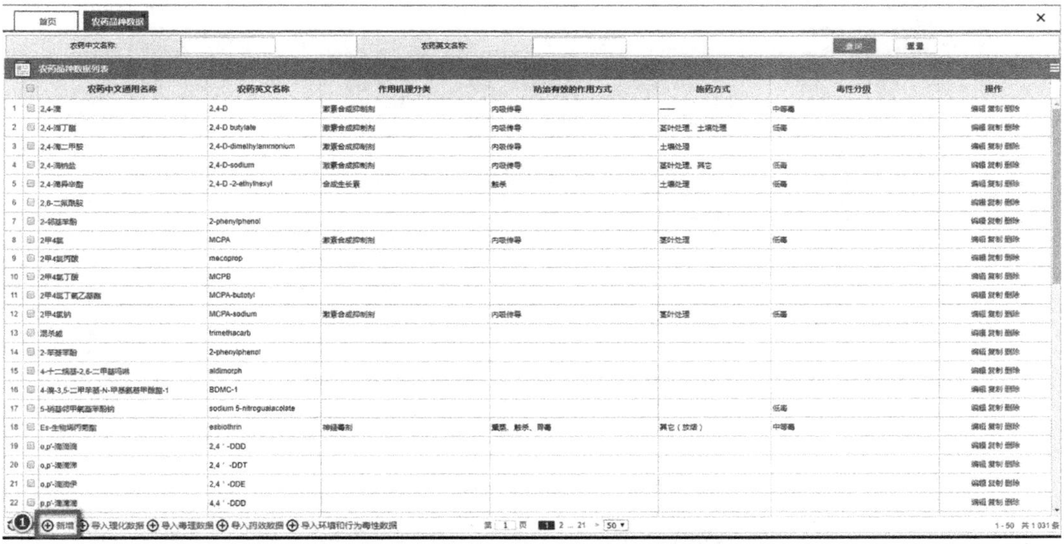

图 6-22 新增农药品种选定

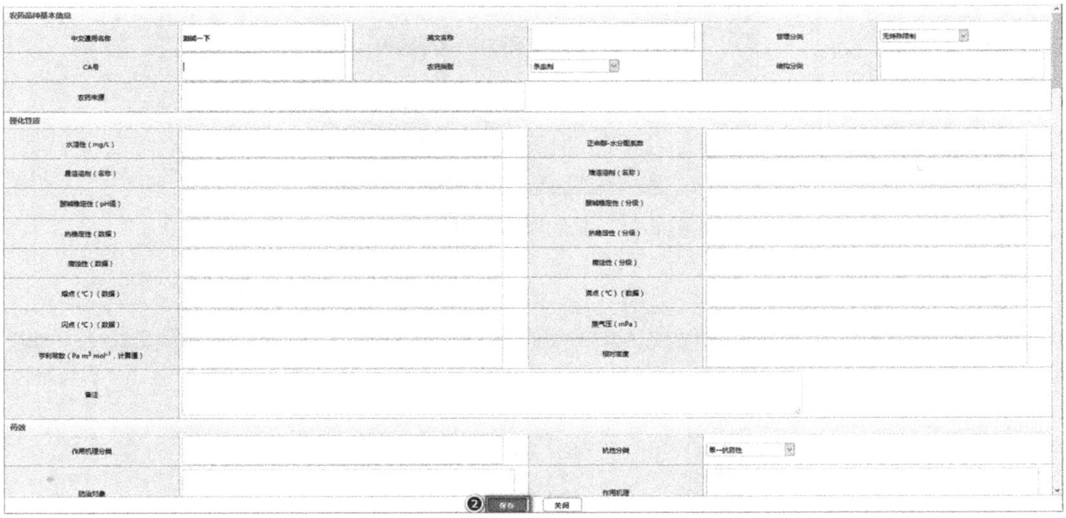

图 6-23 新增农药品种界面

(5) 复制农药品种数据

在"农药品种数据"界面信息列表中,找到需要复制新增的农药品种,点击右侧"操作"列中的"复制"按钮→点击信息弹框中的"确定"按钮,完成信息复制新增保存操作(图 6-24～图 6-26)。

复制新增的农药品种会在台账列表中新增一条记录,并且该记录中"农药中文通用名称"信息含有"复制"后缀名。

(6) 编辑农药品种数据

在"农药品种数据"界面信息列表中,找到需要编辑的农药品种,点击右侧"操作"列中的"编辑"按钮→在打开的界面中,编辑农药品种相关数据后,点击"保存"按钮,完成信息编辑保存操作(图 6-27、图 6-28)。

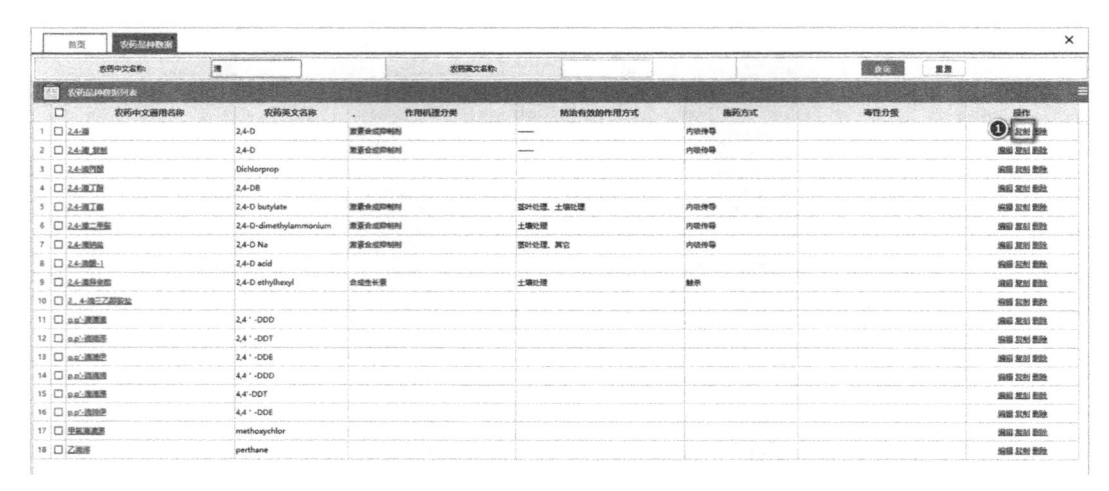

图 6-24　复制农药品种步骤一

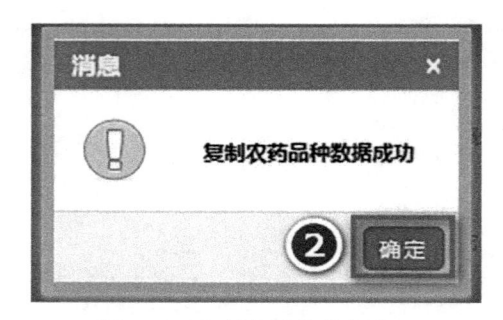

图 6-25　复制农药品种步骤二

图 6-26　复制农药品种步骤三

（7）删除农药品种数据

在"农药品种数据"界面信息列表中，找到需要删除的农药品种，点击右侧"操作"列中的"删除"按钮→点击信息弹框中的"确定"按钮，完成信息删除操作（图6-29、图6-30）。

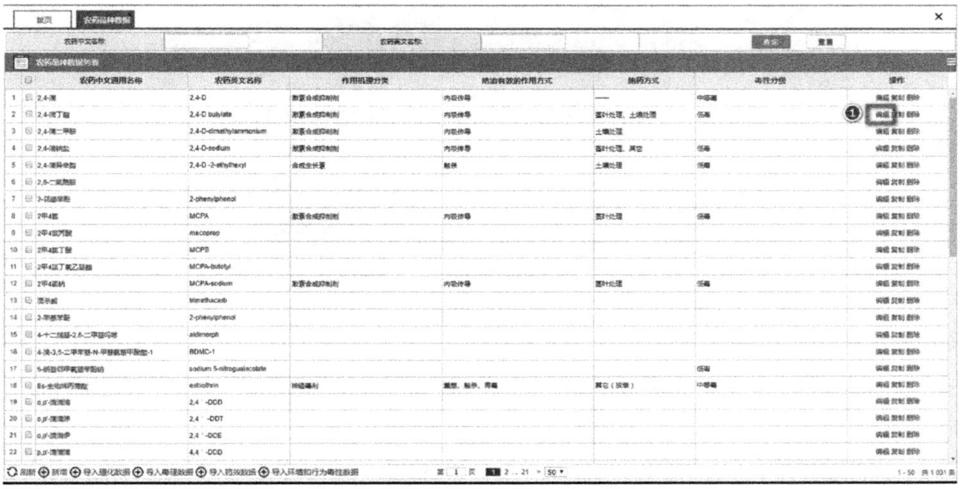

第 6 章　农药减施增效技术信息化服务系统建设与应用　·167·

图 6-27　编辑农药品种步骤一

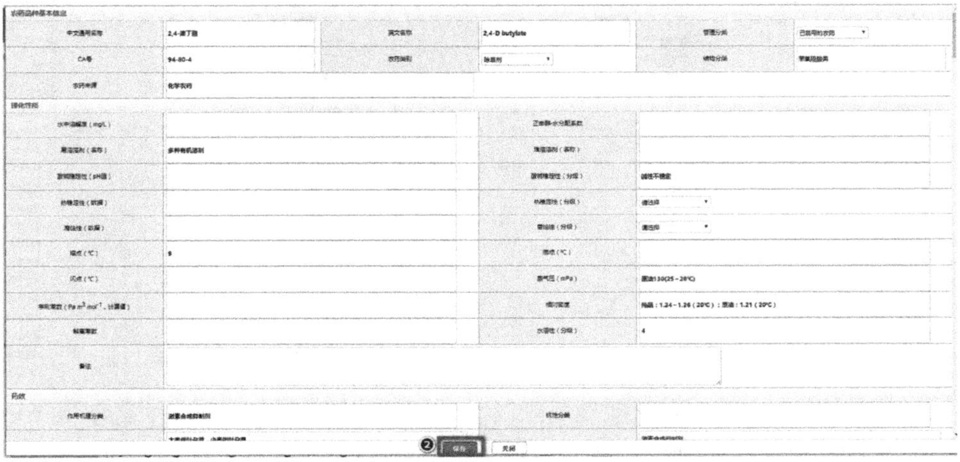

图 6-28　编辑农药品种步骤二

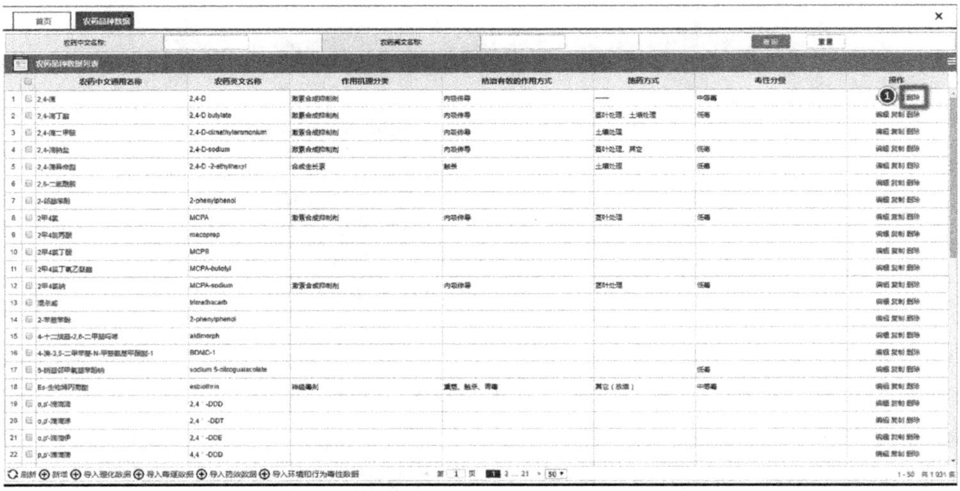

图 6-29　删除农药品种步骤一

图 6-30　删除农药品种步骤二

（8）恢复农药品种数据

在"农药品种数据"界面信息列表中，找到需要恢复的农药品种，点击右侧"操作"列中的"恢复"按钮→点击信息弹框中的"确定"按钮，完成信息恢复操作（图 6-31、图 6-32）。

图 6-31　恢复农药品种步骤一

图 6-32　恢复农药品种步骤二

（9）导入农药品种理化数据

点击"农药品种数据"界面左下角"导入理化数据"按钮，在信息弹框中，定位到"农药品种理化数据"Excel 文档存放路径→选中含有理化数据的"农药品种理化数据"Excel 文档→点击"打开"按钮，完成农药品种理化数据导入操作（图 6-33）。

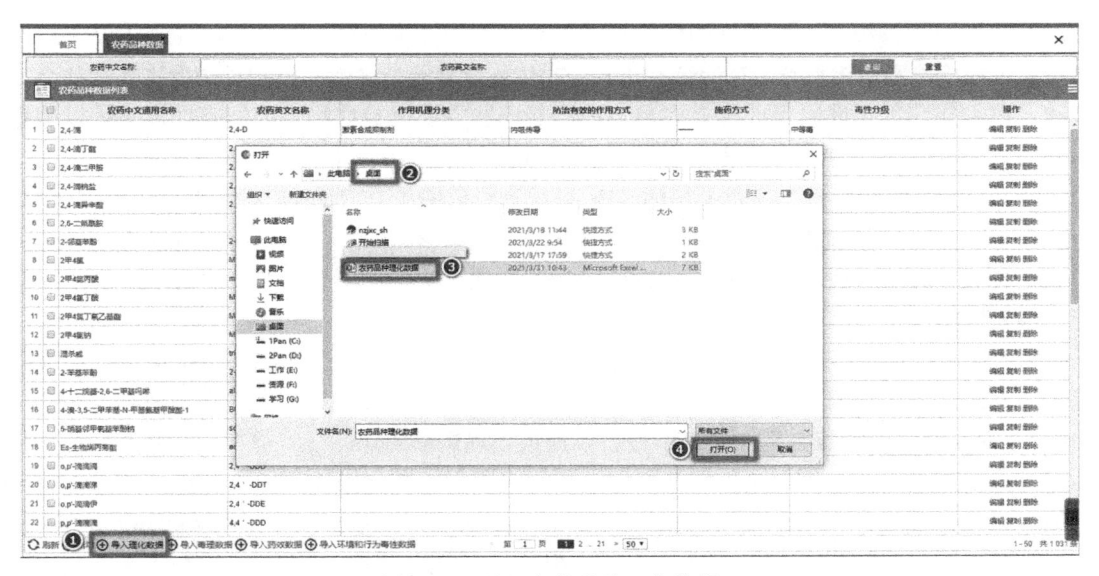

图 6-33 导入农药品种理化数据

导入的信息会通过农药中文通用名称和农药英文名称进行界定,当信息列表中存在有相同的农药中文通用名称和农药英文名称的农药品种时,理化数据自动归集到该农药品种中。反之,则在信息列表中新增一条新的农药品种的数据。

导入农药品种毒理数据、导入农药品种药效数据、导入农药品种环境和行为毒性数据参考导入农药品种理化数据步骤。

6.4 农作物病虫害手机自动识别 APP "植保家"

国际上,日本的安冈善文(1985)等利用红外图像对受有害气体二氧化硫污染的农作物叶片进行了分析,红外图像可显示被污染的面积,通过农作物病叶图像对农作物病害进行识别诊断是将图像技术应用于农业的开端。穗波信雄等(1989)对茨菇的缺素症进行了研究,对感病茨菇图像进行分割去除背景,对正常和发病叶片的图像三原色(RGB)颜色分布进行颜色特征的提取,通过颜色特征对茨菇缺素进行识别,获得了一定效果,但特征提取不明显,效果不佳。Pydipati 等(2006)利用颜色共生矩阵,结合纹理特征的 HSI(色调、饱和度、强度)颜色模型和统计分类算法,在离体条件下对柑橘正常叶片和病叶进行识别,当使用色调和饱和度纹理特征时,所有类别的分类准确度达 95%,但未进行室外研究。Anthonys 等(2009)对水稻稻瘟病、纹枯病和褐斑病进行了病害分类识别的研究,在实验室条件下用数码相机采集水稻叶片图像,利用数学形态学的方法对这些图像进行分割,提取叶片上病斑的纹理、形状和颜色特征,使用隶属函数的分类方法对这 3 种病害进行鉴别,结果分析表明 50 个样本图像的分类准确度超过 70%。Mohammed 和 El-Helly(2004)用图像识别技术搭建了一个图像分析系统,该系统可以自动提取、检测和分类植物叶片上异常的特征,采用人工神经网络,在黄瓜叶片遭受的病虫害上取得了较好的识别结果。Sammany 和 Medhat(2007)对上述模型采用遗传算法进行了参数优化和结构优化,结合支持向量机(SVM)和人工神经网络两种方法,应用于农作物病虫害识别诊断,识别效果良好。该模型通过降低分类器输入特征向量的数目,提高了识别的效率。Boissard 和 Martin(2008)提出了一种结合图像处理和机器学习的机器视觉系统，该系统以图像的形式自动识别和记录白粉虱的数量，建立了温室植物早期虫害的检测和防治系统。Devraj 和 Jain（2011）建立一个诊断和控制豆类作物病害的专家系统，该系统可以帮助农民或推广人员自动诊断一些主要豆类作物上的病害。该系统以网络为平台，提供在线查询，具有很好的应用价值。Lai 等（2010）开发了一个基于网络平台的玉米病害诊断专家系统，整个系统架构的 80% 以视觉彩色图像 IF-THEN 交互式问答的形式来进行诊断结果的输出，彩色图像同时会配以专家问答的结论，使用户可以正确判断玉米的病害并选出合理的防治手段。Gonzalez-Andujar（2009）通过文献图书资料和专家经验建立了一个鉴定诊断橄榄作物病虫草害的专家系统，该系统包含了 9 种草害、14 种虫害和 14 种病害。该系统以 IF-THEN 问答形式实现对作物的诊断，为生产提供了一定的帮助。Hinton 等（2006）提出了深度学习，其本质是对数据进行分层特征表示，将低级特征抽象成高级特征。Arel 等（2010）评价卷积神经网络是一种基于最少数据预处理需求的深度学习框架，它具有表征学习的能力，从图像中自主提取突出特征的能力较为强大，它利用空间关系来减少必须学习的参数数量，从而改进了一般的前馈反向传播训练。近年来，深度卷积神经网络在语音、音频、视频和图像处理方面取得了突破（Le et al.，2015）。利用迁移学习的特点，可以对一个预训练过的模型进行简单的微调，在不同的数据集上进行图像识别，这种方法可以节省训练时间和节约计算资源，在数据量较少或数据未标注情况下可以更快地达到良好的识别效果（Brahimi et al.，2017；Liu et al.，2018）。Sladojevic 等（2016）在互联网上搜索病虫害图片构成 15 个类别的图像数据库，基于 Caffe 框架得出各个类别的识别准确率为 91%～98%，总体识别准确率为 96.3%。在该实验中，作者基于一个预训练的 Caffe 模型使用自己构建的数据进行实验，利用训练好的模型的权重，通过修改某一层的参数，训练出合适的模型，微调后的模型能更快达到更高的准确度。

我国是一个农业大国，以占全球 7% 的耕地面积养活着占世界将近 22% 的人口。为了解决粮食安全、农作物增收、农村经济和社会稳定等问题，正确诊断农作物发生的病虫害，进而提供给农民正确的防治手段是农业丰收的重要保障，一方面从事植保行业的专家拥有很强的专业知识和技能，相比于农民的肉眼识别会更加准确，但是专家在时间和精力上无法做到长期深入田间为农民进行专业的指导，植物病虫害诊断专家系统的出现，使得农业和植保相关知识传播到了农户；另一方面图像处理技术和机器学习等技术与农业生产现代化相结合，使得可以在不影响农作物生长的情况下，对农作物病虫害进行快速、实时的自动识别和诊断，有效地为农业生产者提供防治方法，合理使用农药，促进农业经济发展。

根据中国统计年鉴，2019 年我国农业生产总值约为 10 万亿元，约占国内生产总值（GDP）的 10%，但全国农作物病虫害发生 60 多亿亩次，同比增加 7.5%，造成严重的农业减产。2018 年，我国农村户口人数约为 5.6 亿，占我国人口总数的 40.42%，去除掉未从事农业的人口，有 2 亿～3 亿的农民。

与之相对，我国仅有不足 5 万的植保专家，与庞大的农民群体对比，并不能满足需求。而拥有一定专业知识的农资供应商，在农药销售过程中存在逐利现象，会对农户有一定误导。我国作物识别软件目前有花伴侣、植物识别、植物医生、植物网、农医生、病虫害等。国内植物 APP 的种类繁多，但功能覆盖并不全面，能高效、快速、准确识别植物病虫害的 APP 更少。目前仅有由河北农业大学与英国曼彻斯特城市大学大数据和人工智能研究团队共同研发的"农业病虫害识别"、深圳市识农智能科技有限公司研发的"识农"APP、杭州睿坤科技有限公司开发的"慧植农当家"APP 等，且都具有数据库小、识别种类少、准确率低等缺点。

农业大数据应用在当下发展迅速，与深度学习共同为病虫害拍照自动识别技术提供了良好的发展环境，为"加快建设农业病虫害测报检测网络和数字植保防御系统，实现重大病虫害智能化识别和数字化防控"提供了机会。

我国对于农作物病虫害识别诊断的起步较晚，从20世纪90年代初期开始，一些科研机构和农业高校已经将计算机视觉技术应用于农业发展的研究中，近年来已经有了长足进步并逐步向实用化转变，主要涉及对农产品的质量检测和表面参数测量，还对一些农产品的光谱特征和图像处理技术进行了研究，极大地推动了我国农业现代化的发展，目前应用计算机视觉技术对农作物病虫害进行识别检测诊断的研究还无法和国外先进理论相媲美，还需在实践应用上进行更深层次的研究。其主要研究进展如下。毛罕平等（2003）基于计算机视觉对蔬菜缺素症的智能识别进行了研究，采用遗传算法对正常叶片和缺素叶片的颜色纹理特征进行特征项的优化选择，证明了经过优化的特征组合的识别结果优于人工选择的特征组合的识别结果。田有文和李成华（2006）用计算机图像处理技术对黄瓜叶片病害信息进行了快速采集与处理，发现使用支持向量机（SVM）结合特征向量色度距对黄瓜病害的识别更简便、准确。同时采用病斑的颜色、形状、位置、质地、发病时期作为特征向量，使用支持向量机对黄瓜病害进行识别，结果发现使用线性核函数和径向基核函数的SVM分类方法效果更优。管泽鑫等（2010）对水稻稻瘟病、纹枯病和白叶枯病进行了自动识别方法的研究，采用水稻病叶的病斑颜色特征和斑点外轮廓进行图像分割，对颜色、形态和纹理进行特征参数的提取，分别提取了3个、6个和54个。利用DPS数据处理系统对特征参数进行逐步判别分析以筛选较优参数，使用贝叶斯分类器对样本进行识别，识别准确率最高达97.2%，最低为76.0%。李娇娇（2010）以玉米大斑病、小斑病、灰斑病、弯孢叶斑病、玉米锈病和褐斑病为研究对象，通过对相机获得的玉米病斑图像进行缩放、裁剪和增强，把局部阈值法与区域增长法相结合对图像进行分割，来区分叶片部分和病斑部分，提取了玉米叶部病斑的面积、周长、圆形度、矩形度和复杂度等一系列形态特征，通过模糊识别算法来识别病斑种类，构建了玉米叶部病斑的自动识别系统。唐建军等（2010）采用Matlab软件中的BP神经网络算法对水稻病虫害样本进行研究，并和诊断专家系统相结合，在一定程度上改善了传统专家系统中存在的诊断信息模糊不全面的问题，提高了诊断的智能性和准确性，具有较强的应用价值。邱道尹等（2007）建立了大田害虫实时检测系统，基于机器视觉、数字图像处理和模式识别等技术，对农田中的9种害虫蝼蛄、金龟子、甜菜叶蛾、小地老虎、烟青虫、黏虫、豆天蛾、棉铃虫、玉米螟进行了研究，利用其形态特征，采用神经网络分类器进行分类，识别准确率达93.5%，证明了系统的可行性，但该系统不能远程识别。韩瑞珍和何勇（2013）开发了一套大田害虫远程自动识别系统，通过网络主控平台对害虫图像进行颜色和形态特征提取，使用支持向量机对害虫图片进行分类识别，对6种常见大田害虫进行了识别检测，平均准确率达87.4%，实现了在网络平台上的远程识别。刘涛等（2014）基于计算机视觉对水稻叶部病害的识别进行了研究，对水稻叶部病斑图像进行分割时，使用mean shift图像分割算法可以达到准确分割的效果，使用支持向量机可以对15种水稻病斑进行准确分类，提出的病健交界特征参数提高了病斑的识别准确率。贾建楠和吉海彦（2013）基于图像处理技术对黄瓜细菌性角斑病和霜霉病进行了识别研究，分别对病害样本使用最大类间方差法进行图像分割，提取病斑形状特征，通过神经网络进行识别，对40张测试样本进行识别的准确率达到了100%。冷伟锋和马占鸿（2015）利用ASSESS软件对小麦条锈病、苹果叶片褐斑病图片进行严重度计算、病斑识别计数、孢子计数、病斑大小测量和根系长度测量的操作，实现了对这两种病害的严重度、病斑数目、病斑大小和根系长度等特征的自动计算，评估效果可靠。李小龙等（2013）基于近红外光谱技术对小麦条锈病和叶锈病的早期诊断进行了研究，利用定性偏最小二乘法（DPLS）建立了小麦条锈病和叶锈病早期检测的鉴别模型，证明了利用近红外光谱对这两种病害进行早期诊断是可行的。李冠林等（2012）提出了一种基于K-means硬聚类算法（HCM）的葡萄病害彩色图像非监督性分割处理方法，对葡萄霜霉病、白粉病和日灼病进行了病斑分割，与手动标准分割方法相比，该方法的分割准确率达到了90.77%。利用该方法分别对葡萄霜霉病、白粉病进行特征提取，提取了31个有效特征参数，通过支持向量机建立了识别模型，识别准确率分别达到了95%、86.67%。利用该方法分别对小麦叶锈病和条锈病进行特征提取，提取了26个有效特征参数，通过模型识别，准确率均达到了96.67%。秦丰等（2016）基于图像处理技术，对4种苜蓿叶部病害进行识别研究，通过线性判别分析方法筛选最优特征集，结合支持向量机建立病害识别模型，识别效果相比于朴素贝叶斯方法更好，准确率最高达到了96.18%。岑喆鑫等（2007）基于数字图像分析技术对黄瓜炭疽病和褐斑病的自动识别进行了研究，通过逐步判别分析筛选最优特征参数，建立了黄瓜炭疽病、褐斑病、无病区域的分类模型，识别准确率分别达到83.33%、80.00%、100%。李宗儒和何东健（2010）通过BP神经网络对手机拍摄获得的低像素的苹果病害图像进行了识别研究，结合苹果的5种病害苹果叶斑病、黄叶病、圆斑病、花叶病和锈病的颜色、纹理与形状等8个最优特征，建立了苹果病斑的分类模型，对这5种病害的识别率平均达到了92.6%。邓立苗等（2015）构建了电脑端和手机端的茶树病虫害远程诊断系统，通过文字描述和图像上传的方式采集信息，并获取病虫害发生的位置信息，建立位置数据库，用户可以在检索信息平台按照发生部位浏览，分类按照叶、茎、根进行，每种病虫害都有对应的照片供对比；又可以通过关键词进行检索，如描述病虫害的主要特征；还可以与专家进行在线的交流，实现更细致的服务。张红涛（2002）对储粮害虫开展在线检测，粮食少量且匀速通过取样器，获得清晰的图像，以图像平衡和自适应图像增强的方法对图像进行灰度化处理，采用直方图高斯阈值和相对熵阈值法进行图像分割，后续得到二值化图像，最终提取出包括图像的面积、不变矩等17个形态学特征及27个纹理特征，选用3种方法对特征进行压缩，使用距离可分性准则的压缩方法表现效果最佳，随后基于模糊决策设计了模糊分类器，对9类粮食害虫共225张图像进行试验，对90个待测图像的识别正确率达到95.56%。杨红珍等（2008）建立了径向基神经网络分类器，将形态和颜色作为特征，从形态特征中选取了12个指标，根据二维色度直方图和红（R）、绿（G）、蓝（B）、灰度（L）颜色直方图设计了3个径向基的神经网络，对16种昆虫进行研究，每种昆虫图像选取20张构成训练样本，另取20张构成测试样本，识别准确率达到96.2%。昆虫图像来自显微镜下拍摄的昆虫标本。温芝元和曹乐平（2012）对脐橙受害后的图像根据蓝色分量进行背景去除，将分水岭算法进行改进，以达到图像边缘分割的目的，将红色、绿色、蓝色3个颜色分量及分形维数表征的危害状边界作为输入变量，输入补偿模糊神经网络中，该模型对机械损伤果及炭疽病、锈壁虱、侧多食跗线螨、柑橘蓟马4种病虫害的平均识别准确率为85.51%。胡永强等（2014）将颜色、形状和纹理特征通过稀疏表示进行融合，对油菜的5种害虫共3556张图像进行识别，实验表明基于3种特征单独进行识别时，基于颜色或形状特征进行的识别具有更高的准确率，3种特征融合后识别精度提高了7%。该研究认为，复杂的背景信息影响了基于单一特征的识别，此时多特征融合更具优势。满庆丽（2013）在对天牛识别时使用了支持向量机算法，在进行特征提取时，将尺度不变特征变换算法与该算法和颜色特征融合相比较，得出后者的效果更佳。王黎鹃（2013）基于

MATLAB7.7 平台对小麦 8 种常见害虫的图像进行图像分割、特征提取及图像识别，将基于水平集的活动轮廓模型应用于图像分割，腐蚀或膨胀处理利用了形态学方法，用主成分分析方法提取了 10 个特征，以支持向量机作为分类器，识别率达到 81.25%。李文斌（2015）对水稻害虫图像进行灰度化处理，使用了顶帽技术，以避免拍摄光线的影响，根据区域窗口进行图像局部分割，根据 HSV（Hue, Saturation, Value，六角锥体模型）的直方图提取颜色特征，利用游程长度提取纹理特征，使用支持向量机进行分类。高雅（2017）基于支持向量机和数据融合理论对玉米地老虎幼虫、玉米螟幼虫和斜纹夜蛾幼虫进行识别，数据集分为自然背景下拍摄图像和纯色背景下拍摄图像两种类型，分别有 200 张图像，选取纹理、颜色和形状作为特征，该模型对自然背景图像的识别率为 84%，对纯色背景下图像的识别率为 90.67%，该研究认为复杂的背景降低了图像类别之间的差异，增加了误判的可能性。秦放（2018）通过百度等搜索引擎收集了节肢动物门昆虫纲鞘翅目天牛科的 10 种昆虫图像，共计 2782 张，每种昆虫图像数量为 200～410 张，它们的拍摄背景较为复杂，且各种昆虫间在外形上有较大的相似度。基于 Caffe 框架，对 DenseNet 模型进行改进，减少了网络参数，提升了识别精度。对图像进行几何变换达到数量扩增，扩增后的样本集为 12 474 张，训练集、验证集和测试集的图像分别为 9474 张、2400 张和 600 张。刘博艺等（2018）建立亚洲玉米螟成虫的模板图像，将待识别的图像与模板图像进行比对，根据相似度进行识别。用颜色直方图提取颜色特征以实现亚洲玉米螟成虫的图像分割，将目标图像和模板图像转化为 HSV 空间并提取颜色层，以此对图像的颜色分布进行特征筛选，再进行直方图反向映射处理。该实验提出 HSV 图像中颜色空间可作为高效的识别特征，能将亚洲玉米螟成虫与背景区分开。袁琳（2015）提出一种基于单叶光谱的小麦病虫害区分方法，对小麦条锈病、白粉病、蚜虫下各健康叶片进行光谱特征对比和筛选，得到 3 个特征波段，后续又得到 4 个植被指数和 5 个叶片尺度小波特征。利用 Fisher 线性判别分析和支持向量机的方法，用上述 3 种类型的特征建立模型，基于植被指数特征的判别模型效果最佳，可达 80% 以上。赵玉霞等（2007）对田间获取的玉米小斑病、叶部锈斑病、褐斑病、弯孢菌病和灰斑病进行诊断，提取颜色特征（RGB 和 HIS）与形状特征（面积、周长和圆形度），分析结果表明病斑的 R 值显著高于健康叶片。考虑到拍摄时光线对 RGB 的影响，最后采用 B 值、H 值、圆形度的特征值作为区分方法，根据二叉搜索法检索病害，准确率达 80% 以上。该研究将病斑大小作为识别特征，对叶部病害病斑的识别具有借鉴意义，可以实现简单的识别任务。谷庆魁（2008）利用并行模拟退火遗传算法优化 BP 神经网络，选取 Sigmoid 函数作为激活函数，将 3 个颜色分量和 16 个图像熵的水平投影输入网络中，准确率在 90% 左右。该研究提出训练样本需具有代表性，这样才能保证模型的可信性。关海鸥等（2010）对马铃薯早疫病病斑图像进行分割，采用遗传算法和模糊神经网络相结合的算法进行训练，根据图像样本的颜色特征分割病斑，将 RGB 作为输入量。权龙哲等（2010）利用标记算法及小波正形理论构建玉米籽粒图像数据，基于最小二乘支持向量机对不同品种的玉米进行单粒识别，应用 K-L 变换技术进行特征提取，证明了低维空间下不同玉米品种的籽粒图像清晰、特征突出，高维空间特征降低识别度，当状态空间维数为 3 时得到最佳识别效果。邓继忠等（2012）在小麦矮腥黑穗病、网腥黑穗病和印度腥黑穗病的分类中，对比分析了支持向量机、BP 神经网络和最小距离法的优劣，将显微镜下拍摄的 3 种病害的单个孢子图像作为待识别的图像，选取形状和纹理作为特征，结果表明支持向量机的识别效果最好。该研究认为，病害背景与目标在色彩上较小的差异是导致分割效果差的一个原因。王细萍等（2015）基于卷积神经网络和时变冲量学习对苹果病变图像自动提取特征，相比浅层学习，深度学习性能更优，并且稳定性较好。郑姣和刘立波（2015）利用反向传播神经网络对田间拍摄的水稻稻瘟病、胡麻斑病、干尖线虫病和白叶枯病进行特征分析，利用模糊 C 均值聚类实现图像分割，研究发现 H 通量的方差和标准差可作为识别这 4 种水稻叶部病害的颜色特征，利用主成分分析方法筛选出 3 个主分量，实验表明：当数据较少时，原始的 15 个特征参数与这 3 个主分量对识别效果的影响差异不大，随着数据量的增多，采用降维后的 3 个主分量作为特征能明显提升识别速度。林中琦（2018）提出基于细粒度差分放大的卷积神经网络，增加了网络深度、神经元链接的数量，将真实输出与预期输出之间的差异进行放大处理，促进了每次迭代时的权重更新，增强模型的拟合能力，该模型适用于病症在外观表型上差异较小的小麦叶部病害分类任务。当多分类任务中各类别的数据集之间不平衡时，可以将局部支持向量机与卷积神经网络相融合，修正模型的错判，充分利用了样本的局部信息特征。马晓丹等（2019）将 BP 神经网络与多维特征选取相结合，根据主成分分析技术筛选出形状特征和颜色特征，作为大豆患病植株识别模型的输入向量，对大豆灰斑病、褐斑病及灰星病进行诊断，选取健康植株和 3 种病害类别各 50 张图像，共 200 张图像进行训练，对这 4 个类别各 30 个样本进行识别检验，分类准确率为 97.5%。蒋丰千等（2019）基于 Caffe 框架对 4 种大豆病害进行识别，每种病害选取 80 张图像作为训练集和 20 张图像作为识别集。

有些研究者采用开源的数据库，所用的图像的拍摄背景较为简单，或于同一背景板下拍摄或于实验室环境下拍摄，不同类别图像间的背景非常相似。有些研究者自己构建了图像数据库，图像拍摄于植物生长的田间，图像中包含多个植株部位和环境背景。

针对我国农民基数大，植保专家过少，农业生产不能及时获得农作物病虫害针对性高效防治方案的问题，为广大农民提供及时准确、方便可行的病虫害识别工具十分必要。在国家重点研发计划项目支持下，课题组采用人工智能卷积神经网络技术，基于海量植物病虫害图库，结合粮食作物、蔬菜、果树、园林花卉等领域的需求，构建了满足广大农业从业者需要的、可扩展的智能病虫害识别和防治系统，即农药减施增效技术信息化服务 APP——"植保家"。

"植保家"系统由客户端 APP、平台（核心业务、病虫害识别引擎、病虫害防治百科、数据存储）组成，并基于阿里云应用程序接口（API）提供基础服务保障，为用户提供拍照识别、防治方案、资源对接、病虫害百科等功能服务，满足日常农业生产需要。此外，"植保家"还可以充分利用大数据统计和趋势分析功能，为区域病虫害自动监测、林业害虫自动监测、全国病虫害发生发展趋势预测提供技术和数据支撑，为涉农产业链公司（农资）提供"互联网+"营销解决方案。

6.4.1 "植保家" APP 的开发

"植保家" APP 系统的核心技术是深度学习（deep learning，DL）算法，利用目前图像识别领域最流行的卷积神经网络模型，直接对图片数据进行训练。利用注意力（attention）机制解决图像细粒度差异问题，达到智能识别病、虫、鼠、草害的目的。软件搭载在智能移动终端向用户提供服务，在接收到用户自行拍摄提交的照片后，首先对图片内容进行安全检测，然后利用病虫害识别引擎进行识别、分类和结果输出，同时对识别错误的病虫害，通过用户数据反哺模型，形成闭环。

软件的研发源于深度学习方法和计算机视觉技术的快速发展，"自动识别病虫害"成为植保领域广受关注的课题。基于智能终端的病虫害识别软件，会成为监测和管理植物生长过程的有力工具，成为提供病虫害防治方法的及时途径，成为植保知识传播的有效手段。

2013年，由中国农业大学马占鸿教授发起，与其团队下研究生共同就小麦常见病害的图像识别使用传统机器学习方法进行试验。

2014年，GoogleNet和VGG两个模型分别获得计算机视觉识别挑战赛即ImageNet比赛中图像识别和目标检测的冠军，而这两个模型都是基于卷积神经网络，充分证明了卷积神经网络在图像处理方面的明显优势。近年来，在人脸识别、车牌识别以及医学图像识别方面，深度学习尤其是卷积神经网络模型都有非常高的关注度和优异的表现。与此同时，浅层神经网络如支持向量机一直存在着无法克服的短板，不但无法满足对高维特征向量的提取，而且须由人工提取特征，操作烦琐。因此，在传统机器识别方面屡屡碰壁的马占鸿教授团队转而选择卷积神经网络模型如AlexNet、VGGNet、MobileNet等模型进行小麦常见病虫害的识别。

2015年，马占鸿教授团队硕士研究生申兆勋率先使用AlexNet模型对小麦常见病虫害共15类进行了识别分类，准确率最高达86%，最低仅为64%，共收集小麦条锈病、叶锈病、白粉病、叶枯病、纹枯病、赤霉病等共计18 301张图片，而这些图片成为"植保家"最初的图片数据库来源，在此基础上，率先开发了国内公开的非研究专用的植物病虫害识别的手机APP，系统架构如图6-34所示。

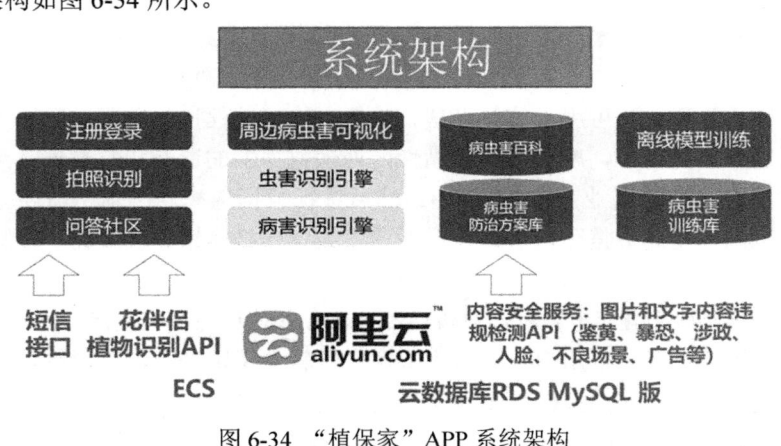

图6-34 "植保家"APP系统架构

ECS表示云服务器（elastic compute service）

2018年，"植保家"手机应用安卓端正式上线，并补充了水稻、番茄、辣椒、梨、桃树、人参的病虫害自动识别模块，且配备有专家问答系统、病虫害百科知识等模块，使得该软件模块更加完备，作用更为广泛。

1. "植保家"APP的技术原理

（1）利用深度学习技术如卷积神经网络算法等

卷积神经网络（CNN）仿造生物的视知觉（visual perception）机制构建，具有表征学习（representation learning）的能力，能够按其阶层结构对输入信息进行平移不变分类，识别位于空间不同位置的相近特征，从输入信息中提取高阶特征。在图像处理问题中，对卷积神经网络前部的特征图通常会提取图像中有代表性的高频和低频特征；随后经过池化的特征图会显示出输入图像的边缘特征；当信号进入更深的隐含层后，其更一般、更完整的特征会被提取。

（2）采用TensorFlow框架，Python编程语言

TensorFlow是一个使用数据流图进行数值计算的开源软件库。TensorFlow有两个低阶应用程序接口（API）即张量和变量，以及一个高阶应用程序接口（API）即Estimators。使用

TensorFlow.keras 可以运行所有兼容 Keras 的代码而不损失速度。

（3）采用全卷积注意力定位网络（fully convolutional attention localization networks）模型

自适应全卷积注意力定位网络是卷积神经网络的进化，在传统的 CNN 网络中，学习速率是常数。学习速率过大，目标函数的值过大，不利于收敛；学习速率过小，训练时间变长。基于自适应全卷积注意力定位网络的图像识别方法，能够根据目标函数的权重和加速度方向更新学习速率，使计算机根据人眼注意力机制，识别图像需要集中关注的区域，并且将设计好的网络模型运用在不同数据集上。

（4）采用注意力机制解决图像细粒度问题

传统图像分类网络只能一视同仁地提取特征，因此往往大量背景信息被训练，增加了图像分类的难度，降低了分类的准确度。而在细粒度图像分类中可判别区域（discriminative part）只在图像中很小的一块区域内，从而避免了上述缺点。基于注意力（attention）机制的图像分类，通过分析特征图中最突出的部分得到判别区域的位置，使用分类网络和注意力提取网络对图片进行3次注意力提取，得到最关注的区域，再通过3个不同尺度的特征映射（feature mapping）进行特征融合，再进行分类。

（5）通过数据挖掘、检索、聚类形成困难样本集，让模型更加关注

数据挖掘也称知识发现，是从数据库中获取隐含的、潜在的知识。这些知识表示为概念、规则、规律、模式等形式，可用于信息管理、决策支持和过程控制。通过数据集成将多个数据库中的数据进行合并处理，解决语义模糊性，处理数据中的遗漏和脏数据（数据不在给定的范围内、数据格式非法或业务逻辑含糊）。然后进行数据选择，辨别出需要分析的数据集合，缩小处理范围，提高数据分析质量。最后通过人工神经网络、决策树、最近邻算法、规则归纳、可视化等技术分类、聚类，形成困难样本集。

（6）通过用户数据反哺模型，对识别错误的病虫害进行训练，形成闭环

数据反哺借用动物行为，用户在使用"植保家"软件识别图像，获得图像资料、百科知识、防治方法之后，其具有典型性的图像资料将通过反哺模型储存在样本集内。数据反哺模型类似于反馈调节机制，如在图像识别正确率偏低或者防治方法不够全面时，用户可以反馈，专家接收反馈意见后人工识别该病虫害，作为补偿。总而言之，用户从"植保家"获取有用信息，对不实或不足信息提供反馈，形成闭环，促进软件不断更新。

目前，玉米、葡萄、苹果、杂草、黄瓜、棉花等作物的病虫害自动识别模块正在积极筹备当中，准备充足后会使作物识别类型陆续补全，满足广大农业从业者对于学习植保知识和及时准确识别植物病虫害的需求。

2. "植保家" APP 的产品特点

1）农业专业知识由中国农业大学马占鸿教授团队提供，自动识别技术由合作公司团队提供。合作双方分别负责其最具优势的内容，而不是一个团队两面兼顾，保证产品帮助农业生产的"工具性"、为用户科普病虫害的"知识性"、提供防治方案的"权威性"。

2）对用户反馈的病虫害信息进行区域统计，以反映地区危害情况，为用户提供防治的重要信息。

3）健全完善软件内社区用户评价功能，及时反馈用户的建议，对功能模块进行改进，从而优化用户的使用体验。

6.4.2 "植保家"APP 简介

"植保家"是集病虫害图像自动化识别功能和专家系统于一体，不仅可以使用户在田间地头及时识别病虫害，同时也可以为农户提供专业的病虫害植保知识。其涵盖病虫害自动识别、专家问答、农户交流、植物病虫害百科信息等功能，给农业从业者创造一个掌上平台，解决他们农事生产过程中的问题，提供有效的解决方案，减少农药化肥的乱施、错施和多施现象，为治理面源污染、保障食品安全作出贡献。

在国内自动识别植物病虫害的应用开发领域，"植保家"名列前茅。"植保家"生逢其时，在中央一号文件的指示下，顺应农业转型升级的趋势，是"大数据+人工智能+农业"深度学习技术创新应用与植保行业的有机结合。其拥有中国农业大学优秀植保专家团队的技术支撑，以及国内第一个植物种类识别软件——"花伴侣"团队的软件开发技术和 APP 运营经验。

2018 年，"植保家"获得国家计算机软件著作权登记证书。目前"植保家"APP 软件已提供 7 种作物共 172 种病害的图像识别服务，还有十几种作物及其病虫害图像已收集，只需等待系统更新。"植保家"共拥有 10 万名用户，有 120 多名认证的植保专家。其安卓最新版本为 1.0.0，因为本项目集中打造国内市场，故苹果最新版本仍为初级版本。

1. "植保家"APP 的性能

客户端为用户提供注册登录、拍照识别病虫害、病虫害防治百科、问答等功能入口，使用阿里云 API 内容安全服务，有效过滤用户问答平台中色情、暴恐、涉政、辱骂等垃圾信息，保障用户的使用体验。

目前软件已提供 7 种作物共 172 种病害的图像识别服务，覆盖 7 种主要农作物小麦、水稻、番茄、辣椒、梨、桃、人参，整合了 120 多位植保专家为用户提供问答服务。

2. "植保家"APP 的服务形式及内容

（1）农业从业人员（ToC）

1）提供病虫害识别工具和速查宝典。

2）提供可靠有效的病虫害防治手段。

3）提供优质绿色农资产品。

4）提供对接植保专家的可信渠道。

（2）农业产业公司（ToB）

提供植物及病虫害识别技术方案。

（3）县级单位政府（ToG）

1）科技惠农。政府采购病虫害识别及预测预警平台服务，"植保家"提供个性化解决方案。

2）应用推广。政府通过各种渠道协助推广 APP 的下载使用。

3）专家直通。"植保家"提供全国知名专家有偿技术服务，协助本地专家入驻系统，提供新型合作方式。

4）优质农资。政府筛选农资供应商入驻系统，"植保家"根据当地需求优化农资资源和价格。

5）病虫害解决方案。"植保家"根据当地需求定制解决方案，由政府审核、优化该方案。

3. "植保家" APP 的功能介绍

（1）病虫自动识别

在软件首页功能栏中间的按钮为拍照识别键，点击进入拍照识别病虫害模式，首先选择要识别的农作物，然后对发病部位或害虫个体进行实时拍照，也可选择手机相册中发病作物或害虫的图片进行上传。用户对该图片进行裁剪，尽量保证选中的区域为发病部位和害虫，裁剪完毕后，开始进行识别，识别结果如图 6-35 所示。识别结果以列表形式呈现，可能会有多种结果，用户可根据智能识别给出的可信度以及对应结果的百科来进一步判断。选中不同的结果，可查看该病害的详细信息及图片。

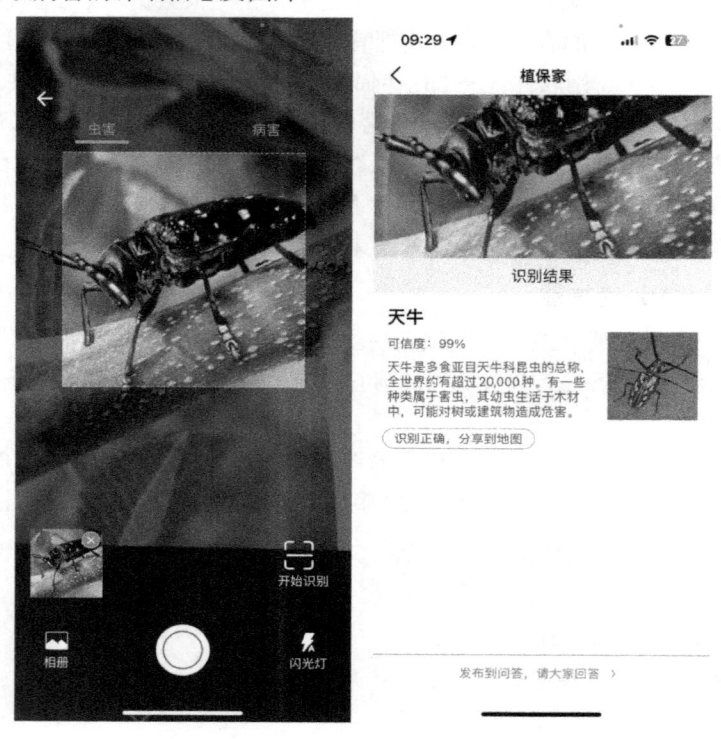

图 6-35 病虫害识别界面

如果用户对识别结果还存在疑惑，可以选择发布到"问答"中，请专家或其他用户来进行鉴定。

（2）植保知识问答及提问功能

在首页界面菜单栏中选中"问答"选项，进入问答界面，可以看到农户或专家提出的一系列问题，分别有"关注"、"最新"和"未解决"3 个选项，分别代表了用户关注植物的问题、最新发布的问题和未被解决的问题。点击其中某一个问题可看到问题详情，在本界面用户可以对他人提出的问题进行回答。点击问答界面右下角的"+"，进入发布问题界面，首先用户要对发病植物的病虫害症状进行症状标签的选择，选择完毕，点击"完成"进入下一步。然后对发病症状进一步详细描述，同时可以上传发病作物的症状照片，以便专家鉴定，作出更准确的回答。点击"完成"即可完成对问题的发布。

在问答界面用户可以看到自己提出的问题，并且进入问题详情可看到他人对问题作出的评论，若是对某一评论觉得最满意，可选择采纳，之后再进入问题详情界面可看到某一评论上显示被采纳。当用户采纳了某条评论便代表该问题已被解决,在"未解决"中该问题不再显示。如图 6-36 所示为用户问答及发布问题界面。

图 6-36 问答及发布问题界面

(3) 附近同类病虫查询功能

在首页界面菜单栏点击"附近"选项，可显示附近的地图信息，左上分别有"病虫害"和"专家"两个按键选项，选中时分别可查看对应的信息，病虫害代表了附近的病虫害识别位置，专家代表了附近的专家的位置。"附近"功能的特点在于病虫害发生具有地域性，了解周边相同作物的发病情况，对农田有发病中心的用户来说是个重要信息。

点击地图上的头像可以显示病虫害识别历史和专家详细信息。

(4) 病虫害百科功能

在首页菜单栏中选中"百科"选项，进入病虫害百科信息，可以通过目录检索想了解的植物，也可直接在空白栏搜索要了解的植物病虫害名称。选中其中某一条信息，可查看相关植物病虫害的详细信息。病虫害百科信息提供了植保相关专业知识，并且在识别界面结果显示之后，用户可以选择可信度最高的结果查看病虫害百科信息（图6-37）。病虫害百科信息提供了病虫害的"植物症状""防治方法""病原""传播途径和发病条件"等相关专业性较强的知识，既可为农民提供病虫害防治途径、用药方法，也可为一些对植保感兴趣的用户提供相关的知识。

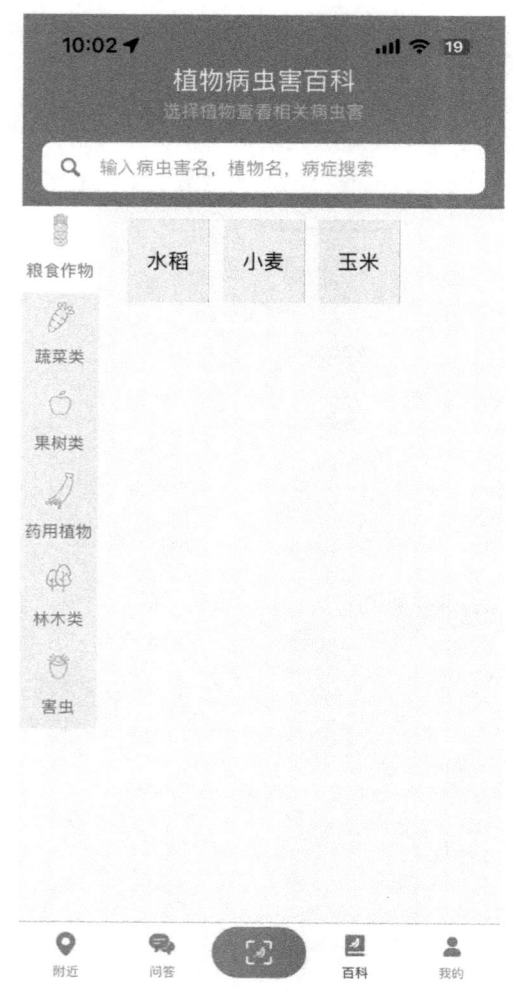

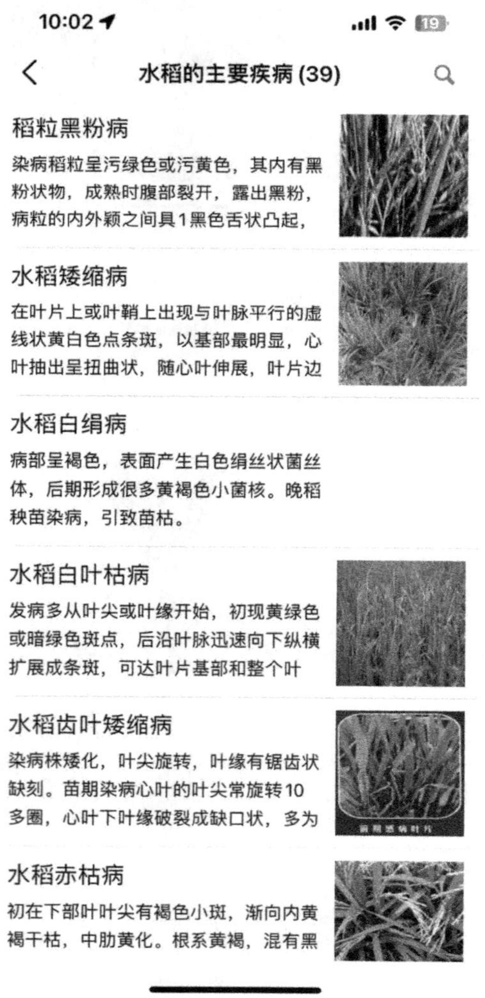

图 6-37　植物病虫害百科界面及百科信息详情介绍

(5) 用户信息功能

点击"我的"之后再点击头像可进入用户信息，可修改头像、昵称、性别等信息。在个人信息下有一栏菜单栏，分别是"识别""提问""回答""收藏"（图 6-38）。

"识别"是用户曾经拍摄或上传识别的历史。

"提问"是用户发布的所有问题的历史列表。

"回答"是用户对他人提问作出的回答的历史。

"收藏"是用户收藏的问答信息。

在"我关注的植物"里用户可以选择关注自己感兴趣的植物，关注后，在问答列表会优先给用户展示其所关注植物的一系列问题和访问历史（图 6-39）。

图 6-38　用户信息及添加关注植物界面

图 6-39　识别历史和问答历史界面

（6）专家认证功能

软件还提供了专家认证功能，为植保相关工作者提供为农民答疑解惑的途径，在"我的"选项中，选中"专家认证"可进入专家认证界面，如图 6-40 所示，专家认证需要提供相应的资料，在系统后台审核通过后，在用户名称后边出现认证标识，并且在问答中专家的回答将被优先显示，也会被提问者优先重视。

4. "植保家" APP 的推广应用

农药减施增效信息化服务平台 APP——"植保家"应用系统的主要服务对象是农业一线从业人员。课题组选择河南中牟、开封和宁夏中卫 2～3 个项目示范县（市、区）及国内领先农药企业，针对不同农户和不同服务主体特征，开发了典型应用服务终端，如传统电脑客户端、移动设备 APP 等；通过举办"农业科技大讲堂"形式进行示范、培训等，研究农户等不同主体接受服务终端应用的机制和措施，并在项目示范县选择水稻、茶叶、蔬菜、苹果中的部分作物开展农药减施增效技术服务试点和推广运行，取得了初步成效，产品受到用户普遍欢迎，软件应用实例如图 6-41 所示。目前软件已提供 7 种作物共 172 种病虫害的图像识别服务，另有 12 种作物及 56 种病虫害图像有待上线，共计划提供 50 种常见作物共 500 种病虫害的图像识别服务。软件自上线以来，已拥有 10 万名用户，活跃用户 3 万名，还有 120 名认证的植保专家。其安卓最新版本为 1.0.0，苹果最新版本为初级版，后期将持续更新至最新版本。

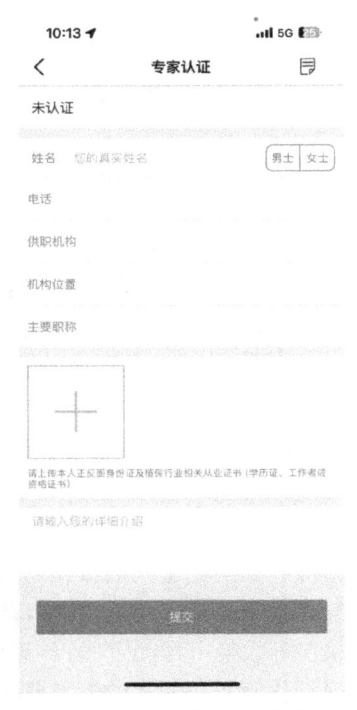

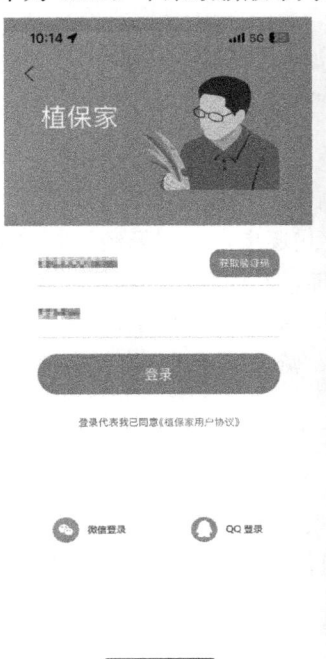

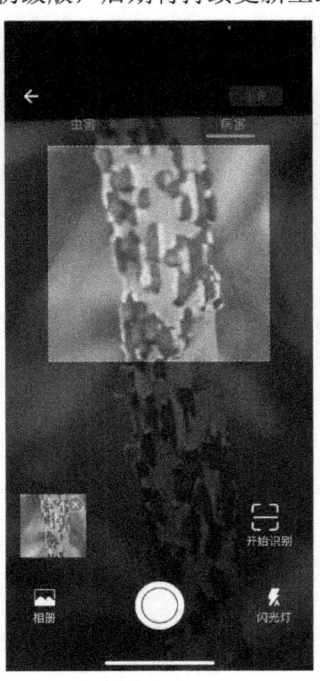

图 6-40 专家认证界面

图 6-41 "植保家"应用实例

第 7 章 化肥农药减施增效管理政策创设研究

7.1 化肥农药减施增效管理政策创设的目的和意义

长期以来，化肥农药为我国的粮食高产稳产作出了巨大贡献，有效地解决了我国粮食安全问题。然而，我国化学肥料和农药过量施用严重，有效利用率长期偏低，由此引起了环境污染和农产品质量安全等重大问题。化学肥料和农药是保障国家粮食安全与主要农产品有效供给不可替代的投入品，1980～2019 年化肥使用量由 1269.4 万 t 增加到 5403.58 万 t，单位面积化肥使用量由 86.7kg/hm² 增加到 361.9kg/hm²。2016 年，我国农用化肥折纯用量约占世界全部用量的 1/3。我国单位面积化肥使用量约为欧盟的 5 倍、美国的 2 倍。农药总用量超过 180 万 t，耕地面积占世界的 7%，而投入了超过 33% 的世界化肥农药总量，是世界平均水平的 3 倍、欧美发达国家的 2 倍。

推进我国化肥农药减施增效，既要依靠技术创新，更要依靠政策完善。化肥农药减施增效管理政策的调整优化完善，有助于厘清政府和市场关系，明确各利益相关方的责任和义务，积极引导农业可持续发展。"两减"专项自启动以来，围绕减肥减药国家重大战略需求，对我国现行化肥农药相关政策现状及其对减施增效的效果进行了系统梳理，立足国际经验和基本国情，结合项目区试点实施情况，创设了制约与激励并重的减施增效管理政策。其主要包括促进肥料农药产品科学化的工业政策、市场准入和监管政策，促进企业开展技术服务的强制性和鼓励性政策，促进有机肥资源及绿色农药利用、机械施肥施药的激励性政策，促进农户采用控量施肥施药技术的限制性政策，促进市场化服务主体开展有效服务的保障性政策，促进农户自主减量的碳交易等市场机制，并分析了各种政策的实施条件和运行方式，提出了"十四五"时期持续推进化肥农药减施增效的政策建议。

7.2 化肥减施增效管理政策现状

7.2.1 肥料管理机构组织体系

伴随着我国经济体制转变，肥料管理从计划经济管理模式逐步走向市场经济管理模式，形成了以国家发展和改革委员会（国家发展改革委）、财政部、农业农村部、国家市场监督管理总局、工业和信息化部（工信部）、商务部、生态环境部、海关总署等国家部委为管理主体，以相关法律法规及政策文件为管理依据，覆盖肥料生产、流通、使用等环节的管理制度（图 7-1）。

7.2.2 肥料管理政策演进

我国在化肥管理方面，一直尚未出台国家层面的管理条例或管理办法等根本性法令，但自 1979 年开始，陆续出台了一系列肥料调控政策，以确保农产品增产和生态环境保护（表 7-1）。

第 7 章　化肥农药减施增效管理政策创设研究

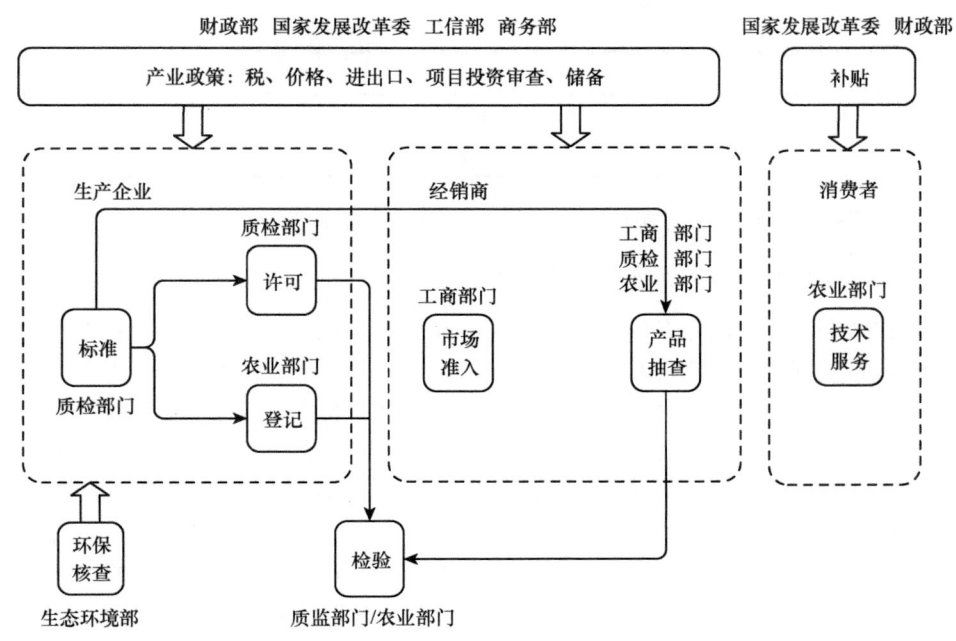

图 7-1　我国肥料管理机构
图中线框内表示主要的管理制度，线框外是管理主体及管理对象

表 7-1　肥料管理政策演进

年份	部门	相关政策条例
1984	国务院	《工业产品生产许可证试行条例》
1987	商业部、农牧渔业部、中国石油化工总公司	《关于粮食合同定购与供应化肥、柴油挂钩实施办法》
1988	国务院	《国务院关于化肥、农药、农膜实行专营的决定》
1992	国务院	《国务院关于加强化肥、农药、农膜经营管理的通知》
1993	国务院	《国务院关于加强农业生产资料价格管理以及对其主要品种实行最高限价的通知》
2002	国家环境保护总局	《全国生态环境保护"十五"计划》
2004	国家发展和改革委员会	《关于立即开展全国农业生产资料价格专项检查的通知》
2004	国家发展和改革委员会	《关于在全国开展农业生产资料价格和涉农收费专项检查的通知》
2007	国务院	《中共中央 国务院关于积极发展现代农业扎实推进社会主义新农村建设的若干意见》
2008	农业部	《关于进一步推进企业参与测土配方施肥工作的意见》
2008	财政部、国家税务总局	《财政部 国家税务总局关于有机肥产品免征增值税的通知》
2012	农业部	《农业部办公厅关于印发〈2012 年全国农企合作推广配方肥试点实施方案〉的通知》
2013	农业部	《小麦、玉米、水稻三大粮食作物区域大配方与施肥建议（2013）》
2013	农业部	《2013 年土壤有机质提升补贴项目实施指导意见》
2014	农业部、财政部	《农业部办公厅、财政部办公厅关于做好 2014 年测土配方施肥工作的通知》
2015	农业部	《2015 年种植业工作要点》

续表

年份	部门	相关政策条例
2015	农业部	《到 2020 年化肥使用量零增长行动方案》
2017	农业部	《开展果菜茶有机肥替代化肥行动方案》

自改革开放以来，我国肥料调控政策演进可以划分为以下 3 个阶段。

7.2.2.1 促进化肥增量增产阶段（1980～1994 年）

改革开放初期，为了满足农作物生产对化肥的需求，确保粮食增产，国家对化肥生产和流通的各个环节实行全面而严格的计划管理。1984 年，国务院下发《工业产品生产许可证试行条例》，文件规定，凡实施工业产品生产许可证的产品，企业必须取得生产许可证才具有生产该产品的资格。化肥作为重要的工业产品，被列入到国家工业产品生产许可证管理的产品目录当中。在计划经济与市场经济相结合的体制下，国家通过对化肥市场的流通管理调节化肥供应。1985 年，国家对化肥价格开始实行"双轨制"，即计划内价格由国家统一制定，计划外价格实行市场调节，这是第一次出现同一种化肥产品两个不同的价格。由于原材料价格上涨和化肥供不应求，计划外的化肥市场价格上涨较快，因此，化肥生产企业为了获取更大的利润，都积极地参与到化肥生产当中。为了进一步缓解市场需求压力、刺激化肥生产，调动农民生产积极性，国务院同意商业部、农牧渔业部、中国石油化工总公司出台《关于粮食合同定购与供应化肥、柴油挂钩实施办法》，文件规定 1987 年中央安排一些化肥、柴油与粮食合同定购挂钩，每 50kg 贸易粮拨付优质标准化肥 3kg、柴油 1.5kg。

尽管国家的一系列鼓励政策促进了化肥的生产，但是农业生产的快速发展还是使得化肥市场出现了供不应求的局面。因此，一些不法商人为了获取更大的利益，通过倒卖计划内化肥购买指标使得化肥价格大幅上涨，出现了农民购买平价化肥难的局面。为了抑制化肥价格"双轨制"带来的市场混乱现象，1988 年 9 月国务院发布《国务院关于化肥、农药、农膜实行专营的决定》，规定由中国农业生产资料公司和各级供销合作社的农业生产资料经营单位专营化肥，结束了供销合作社系统一家独自经营化肥业务的历史，以保证农民对化肥的需求。同年，在《中共中央 国务院关于夺取明年农业丰收的决定》中，继续将整顿农村经济秩序、加快农业发展作为工作的重点，将增加化肥及其生产所需的原料、能源优先保证供应作为工作重点，充分发挥化肥厂的生产能力，并加速小化肥厂的改造。进入 20 世纪 90 年代以来，随着农业现代化理念的发展，农用工业作为农业现代化的重要标志，国家出台了一系列支持化肥工业的政策。1991 年，《中共中央关于进一步加强农业和农村工作的决定》中指出，保证化肥、农药、农用薄膜、农业机械和柴油等农业生产资料的供应量逐年有所增加，并努力调整产品结构，提高质量，降低成本。有计划地新建一批大化肥厂及化学矿山，加快改造中小化肥厂。为此，1992 年，化学工业部（化工部）继续坚持把为农业发展服务作为首要任务，化肥生产建设获得较快发展，化肥产量在当时仅次于美国。尽管当时我国化肥产量已经有了质的飞跃，但在市场经济条件下，化肥供求矛盾依然突出且生产成本不断上升，化肥价格持续上涨。由于化肥限价政策和化肥企业优惠补贴政策，是政府实现"鼓励化肥生产和消费"政策目标的两项重要的政策工具，因此，为遏制价格过快上涨、促进化肥市场有序发展、切实保护农民利益，国务院于 1992 年和 1993 年先后发布《国务院关于加强化肥、农药、农膜经营管理的通知》和《国务院关于加强农业生产资料价格管理以及对其主要品种实行最高限价的通知》，并在1994年提出改革化肥价格管理办法，取消了化肥价格"双轨制"，初步建立起由市场决定化肥价格形成的机制。此外，在对化肥生产的能源和原材料补贴方面，1994年，化工部部长顾秀莲在化工部召开的全国化肥生产电话会议上宣布了国家扶持化肥生产的5条优惠政策：一是国务院决定安排化肥、农药淡季储备金贷款25亿元；二是国家决定对小化肥、农药的生产、批发、零售全部免征增值税；三是国务院已决定不再调整化肥铁路运价，仍按现行优惠价格执行；四是对小化肥厂生产用电继续实行优惠，维持现行价格水平；五是在化肥生产用煤、磷矿运输和天然气价格等方面，要求有关部门给予大力支持。这样，在一系列优惠政策的扶持下，化肥产量由1980年的1232万t增长到1994年的2272万t，施用量由1269万t增加到3317万t，使我国一跃成为世界上最大的化肥生产国和使用国之一，化肥逐步成为肥料的主体。

在这一阶段，政策措施主要是对化肥生产实行计划管理，对化肥的流通管理和价格管理以及对化肥工业和与之相关的能源、原材料实行优惠，政策目标都是为了保证农户对化肥的需求，促进化肥生产，充分发挥化肥施用对农业增产的作用。在这一阶段，我国化肥施用量获得较快增长，氮肥作为重要的农作物增产肥料，在农户施肥结构中占据重要位置。

7.2.2.2 引导化肥增量调结构阶段（1995～2004年）

随着社会主义市场经济体制的深入发展，国家继续提出一系列政策改革措施促进化肥生产。一是继续贯彻化肥生产企业已享受的优惠政策，如1995年为了确保化肥企业开足马力，增加有效供给，化工部、国家计划委员会和国家经济贸易委员会对1994年化肥生产企业已享受的优惠政策作了进一步明确，并要求继续贯彻落实；2003年国家发展改革委、铁道部对化肥的铁路运价仍执行原优惠政策，并继续免征铁路建设基金。对于化肥生产用电价格，国家明确不作调整，同时继续保留地方原来出台的化肥企业的优惠电价政策。二是利用价格政策和税收政策搞好农业生产资料供应与市场管理。2004年，国家恢复对尿素生产企业增值税先征后返50%的政策，并要求对未列入定价目录的国产化肥出厂价格、进口化肥港口交货价格和化肥批发、零售价格进行干预。采取规定最高限价、进销差价率、调价备案制度等措施，确保化肥价格基本稳定，使国家给予化肥生产经营企业的价格和税收优惠政策的好处真正落实到农民手中。为保证化肥价格政策的落实，国家发展改革委先后下发《关于立即开展全国农业生产资料价格专项检查的通知》和《关于在全国开展农业生产资料价格和涉农收费专项检查的通知》，要求各地切实加强化肥价格监督检查。由于价格管制政策以及国家对化肥工业实施的补贴优惠政策对化肥用量增加有一定的刺激作用，因此，这一阶段在保证农作物产量逐年增加的基础上，我国的施肥调控政策已经不再单纯追求化肥产量和施用量的增长，开始将政策的重点放在提高化肥质量和调整化肥施用结构上。

长期以来，我国磷肥施用有一定缺口，钾肥缺口较大，高浓度氮肥和磷肥比例偏低，国产化肥主要以单元素肥料为主，多元素复混肥料不足。因此，在"用地养地"相结合的理念下，我国自改革开放以来，就注重优化配方施肥，对微量元素肥料进行研究与试验，支持化肥工业增加高效多元复合肥的产量，并加大对优化配方施肥技术和我国主要复合（混）肥料品种的肥效机理研究与施用技术推广工作。最终，在政策手段和技术手段的推动下，1995年我国复合肥施用量首次超过磷肥施用量，并在此后呈快速增长态势。此后，我国不断调整化肥施用结构，按照"增加总量、调整结构、提高质量"的原则，通过组织好生产、努力增加有效供给，不仅遏制了化肥经营下滑的被动局面，而且优质化肥产量有了较大增加，高浓度化肥产量有所增长，化肥结构进一步优化。2002年，《全国生态环境保护"十五"计划》中首次提出，积极推广复合配方和测土施肥等技术，加强化肥施用的环境安全管理。所以，氮肥施用量增速逐渐放缓，在农户施肥结构中所占比重逐渐下降，复合肥地位明显提升，说明我国的化肥施用结构调整取得了一定成效。而针对我国长期存在的土壤环境污染问题，农业部从1995年夏季开始在全国实施以积极制造有机肥为主要内容的"沃土计划"，充分发挥有机肥在培肥土壤、提高地力中的作用。2004年，《中共中央 国务院关于进一步加强农村工作提高农业综合生产能力若干政策的意见》中指出，中央和省级财政要较大幅度增加农业综合开发投入，新增资金主要安排在粮食主产区集中用于中低产田改造，建设高标准基本农田。搞好"沃土工程"建设，增加投入，加大土壤肥力调查和监测工作力度。推广测土配方施肥，推行有机肥综合利用与无害化处理，引导农民多施农家肥，增加土壤有机质。

在这一阶段，通过工业化肥内部各元素的调整以及有机肥的利用，农户的施肥结构得到进一步改善。为了确保农业增产在维护国家稳定中的重要作用，在这一阶段，我国继续实施对化肥增产增施的优惠与鼓励政策。但是，长期存在的化肥施用结构不合理带来的化肥利用效率低、环境污染严重等问题日益突出，加速了调整化肥施用结构政策的陆续出台。

7.2.2.3 推动化肥减量增效阶段（2005年至今）

我国存在的过量施用化肥造成的农业面源污染，已经威胁到农业增产、农民增收和经济的可持续发展。为了破解农业发展面临的矛盾和问题，提升农业产业质量、效益和竞争力，自2005年以来，我国将化肥减量增效作为调控政策的首要目标。具体做法如下。

1. 调整化肥生产结构

发展专用肥、缓释肥，利用税收手段优化化肥生产结构，提高高技术含量产品的比重。2007年，调低硫酸铵、硝酸铵、氯化钾等近30种肥料的出口退税率；2008年，又提高尿素等产品的出口关税税率，从而引导企业调整投资方向，加大对高附加值和高技术含量产品的研发，避免盲目投资和产能过剩。此外，使用专用肥和缓释肥可以提高肥料利用效率，实现农作物增产，为此，我国出台相关政策促进其生产与推广。如2006年《中共中央 国务院关于积极发展现代农业扎实推进社会主义新农村建设的若干意见》指出，农用工业是增强农业物质装备的重要依托。优化肥料结构，加快发展适合不同土壤、不同作物特点的专用肥、缓释肥。这样使化肥生产在提高产量的同时也提高了产品质量，全面满足粮食生产的需要，实现新型农用工业与现代农业相结合的综合效应。

2. 组织实施测土配方施肥项目

自2005年开始在全国大规模开展测土配方施肥，以减少养分流失，提高农产品品质和农业可持续发展能力。2006年中央一号文件提出，要大力加强耕地质量建设，实施新一轮沃土工程，科学施用化肥，引导增施有机肥，全面提升地力，增加测土配方施肥补贴。农业部（现农业农村部）将测土配方施肥工作由技术措施提升为一项支农惠农的政策措施，由部门行为提升为政府行为，利用加大农业补贴的方式提高农户采用测土配方施肥技术的积极性。

为充分发挥农业企业在测土配方施肥工程中的重要作用，2008年，农业部发布《关于进一步推进企业参与测土配方施肥工作的意见》，开始积极引导企业生产供应"大配方"肥，指导农民"小调整"施肥。2012年，农业部启动实施"百县千乡万村测土配方施肥"整建制推进行动，各地按照《农业部办公厅关于印发〈2012年全国农企合作推广配方肥试点实施方案的通知》，开展农企合作推广配方肥试点工作。近年来，随着我国新型农业经营主体的发展壮大，除了农业企业积极参与测土配方施肥项目，2014年，《农业部办公厅、财政部办公厅关于做好2014年测土配方施肥工作的通知》提出，按照"结构合理、总量控制、方式恰当、时期适宜"的施肥原则，组织实施以推进配方肥应用和施肥方式转变为重点的新型农业经营主体科学施肥示范工程，并根据不同地区农村经济发展阶段和科学施肥水平，因地制宜地推广以农民为主体的"按方抓药"模式、以智能化配肥设备为依托的"中草药代煎"模式、以规模化经营主体为服务对象的"私人医生"模式和以"大配方、小调整"为主要技术路线的"中成药"模式。此外，在测土配方施肥项目实施作物种类和实施区域范围扩展方面，除了在粮食作物中推广测土配方施肥，2010年将测土配方施肥范围扩大到经济作物和园艺作物，补贴范围也扩大到几乎所有县级行政区。2013年，农业部发布《小麦、玉米、水稻三大粮食作物区域大配方与施肥建议（2013）》。

3. 制定并落实总量控制目标

2015年，农业部相继发布一系列有关化肥减量施用的调控政策，力求在2020年实现化肥使用量零增长目标。2015年1月，农业部在《2015年种植业工作要点》中将开展化肥使用量零增长行动作为节约利用资源、推进种植业可持续发展的重要方式。在《农业部关于大力开展粮食绿色增产模式攻关的意见》中提出，坚持"粮食增产与资源节约相结合"的原则，力争到2020年化肥、农药利用率提高到40%以上，以及实现粮食和农业生产的化肥、农药使用量零增长。制定《到2020年化肥使用量零增长行动方案》，将推进测土配方施肥、施肥方式转变、新肥料新技术应用、推进有机肥资源利用、提高耕地质量水平作为重点任务，并确立了不同地区的施肥原则。

有机肥的使用作为化肥减量的重要手段，国家给予了高度重视，通过减免税收、提高奖励、增加补贴的方式推广有机肥使用。2008年，财政部和国家税务总局联合下发《财政部 国家税务总局关于有机肥产品免征增值税的通知》，规定自2008年6月1日起，纳税人生产销售和批发、零售有机肥产品免征增值税，从而促进有机肥的生产和销售。此外，在《中共中央 国务院关于2009年促进农业稳定发展农民持续增收的若干意见》中指出，开展鼓励农民增施有机肥、种植绿肥、秸秆还田奖补试点。2013年，农业部、财政部继续组织实施土壤有机质提升补贴项目，大力推进秸秆还田，改良土壤，培肥地力，并根据近几年土壤有机质提升补贴项目实施情况，结合耕地质量建设实际，制定《2013年土壤有机质提升补贴项目实施指导意见》，以土壤有机质提升补贴项目为依托，通过技术物资补贴方式，鼓励和支持农民应用土壤改良、地力培肥技术，促进秸秆等有机肥资源转化利用，减少污染，改善农业生态环境，提升耕地质量。

2015年7月，工业和信息化部下发《工业和信息化部关于推进化肥行业转型发展的指导意见》，指出我国化肥行业产能过剩矛盾突出，产品结构与农化服务不能适应现代农业发展的要求，技术创新能力不强，节能环保和资源综合利用水平不高，硫、钾资源对外依存度高等。我国化肥行业已经到了转型发展的关键时期，只有通过转型升级才能推动行业化解过剩产能、调整产业结构、改善和优化原料结构、推动产品结构和质量升级、提高创新能力、提升节能环保水平、提高核心竞争力。

4. 推进有机肥替代化肥

2017年2月，农业部印发《开展果菜茶有机肥替代化肥行动方案》，为贯彻中央农村工作会议、中央一号文件和全国农业工作会议精神，按照"一控两减三基本"的要求，深入开展化肥使用量零增长行动，加快推进农业绿色发展。2017年，选择100个果菜茶重点县（市、区）开展有机肥替代化肥示范，创建一批果菜茶知名品牌，集成一批可复制、可推广、可持续的有机肥替代化肥的生产运营模式，做到建一批、成一批。力争用3～5年时间，初步建立起有机肥替代化肥的组织方式和政策体系，集成推广有机肥替代化肥的生产技术模式，构建果菜茶有机肥替代化肥长效机制。

具体目标是"一减两提"：一是化肥用量明显减少。到2020年，果菜茶优势产区化肥用量减少20%以上，果菜茶核心产区和知名品牌生产基地（园区）化肥用量减少50%以上。二是产品品质明显提高。到2020年，在果菜茶优势产区加快推进"三品一标"认证，创建一批地方特色突出、特性鲜明的区域公用品牌，推动品质指标大幅提高，100%符合食品安全国家标准或农产品质量安全行业标准。三是土壤质量明显提升。到2020年，优势产区果园土壤有机质含量达到1.2%或提高0.3个百分点以上，茶园土壤有机质含量达到1.2%或提高0.2个百分点以上，菜地土壤有机质含量稳定在2%以上。果园、茶园、菜地土壤贫瘠化、酸化、次生盐渍化等问题得到有效改善。

7.2.3 肥料行业标准

我国化肥标准化工作也取得了很大的进展，化肥标准体系正在逐步完善。化肥标准的制定实施，促进了化肥产品质量的稳定提高。我国肥料标准体系目前主要包括无机化学肥料、有机肥料及微生物肥料标准。到目前为止，我国共有国家和行业肥料产品标准47项，其中国家标准（GB）23项，行业标准（HG、NY）24项。这些标准中涉及无机化学肥料、有机肥料、有机-无机复混肥料和微生物肥料品种。除了我国的国家和行业肥料产品标准，还有一些肥料产品的方法标准、基础及通用标准和地方标准等，都为规范我国肥料产业作出了重要贡献，这些肥料相关标准包含肥料质量测试方法、包装运输规范及术语定义等。

7.2.4 肥料管理政策评述

当前我国肥料管理中存在较为突出的问题，主要表现在以下几个方面。

1. 肥料管理的法律依据不充分，肥料基本法缺失

肥料作为重要的农业生产资料，对农业生产的影响巨大，而且关乎资源环境、粮食安全和农民利益。但肥料基本法却一直缺失，肥料管理的法律依据分散在十几种其他法律法规中，作为世界肥料生产和消费大国，肥料管理工作无法可依，是多年来肥料生产、销售、使用等环节问题层出不穷的根源所在。现行肥料管理的依据主要是政策文件和部门规章，法律效力和层次低，且对违法生产、销售肥料的行为处罚力度不够，肥料管理行政执法过程中存在着法律依据不充分的问题。

2. 肥料管理政策法规的内容不全面，重要环节监管缺位

肥料的使用数量和使用方式不仅直接影响农产品的质量，而且对生态环境也有重大影响。但在现行肥料管理政策法规中，主要涉及肥料登记、生产、销售、进口、宏观调控等方面的内容，却没有肥料使用方面的规定。

3. 现行肥料标准体系不健全、可操作性较差

涉及肥料标准制定和监管的法规中，没有体现肥料不同于一般工业产品的特殊性，也没有明确农业部门在标准制定及监管中应发挥的作用。现行的肥料标准，主要是由非农行业甚至是企业主导制定的，其更注重于满足工业及商业需求，而科学性、安全性、有效性不足。在一定程度上，肥料标准制定已经被企业当作制约行业其他竞争对手发展的利器，而不是通过长期科学试验确定的科学合理的生产标准。

4. 肥料管理职能交叉、监管主体多元化

《中华人民共和国产品质量法》《中华人民共和国标准化法》《中华人民共和国标准化法实施条例》等赋予工商部门和质检部门产品质量市场抽查、检验的权利，而《中华人民共和国农产品质量安全法》赋予农业部门肥料市场抽查权利。现行的法律法规导致肥料市场交叉重复管理和漏管现象严重，各部门认定的检验机构身份不一、设置无序、检验水平参差不齐，相互之间信息互锁，难以形成有效配合，不仅大幅增加行政管理成本，而且导致管理效果大打折扣，造成肥料市场管理混乱，存在多头执法，出现重大问题时又相互推脱的问题。

5. 化肥调控政策一定程度上导致了化肥的过量施用

自改革开放以来，国家出台的一系列肥料调控政策，对促进化肥在农业生产中的广泛使用，进而促进生产力的发展、提高粮食产量、保障国家粮食安全发挥了重要作用。但多项优惠政策在促进化肥使用、提高农产品产量的同时，也导致了化肥的过量使用，带来耕地土壤板结、酸化以及农业面源污染等问题。虽然从"增量增产"逐步演变到"减量增效"，政策已有明显调整，但是"减量增效"政策要产生显著效果，仍需久久为功。从发展脉络来看，绿色发展的政策导向已非常明朗，未来我国施肥调控政策将在坚持和强化总量控制的前提下，更加重视引导农户增施有机肥，提升土壤肥力；实施耕地轮作休耕制度，避免施肥增量不增产；从技术调控向制度调控倾斜，开辟制度控量之路。

7.2.5 肥料管理国际经验借鉴

完善的法律体系及管理制度是保证行业健康发展的基础。种子、化肥、农药是农业生产三大要素，我国已有《中华人民共和国种子法》和《农药管理条例》，但是对于投入数量和资金量最大的化肥，至今尚未出台《肥料管理条例》或《肥料法》。《中华人民共和国农业法》中也仅有两条与肥料相关的法律条文，且界定模糊。

国外尤其是主要发达国家在肥料的生产、销售及使用方面，积累了大量的管理经验，建立了一套比较科学、完善的管理制度。对这些管理制度进行经验梳理和借鉴，将对我国肥料立法起到积极作用。

世界上许多国家都有自己的肥料法，而且已经实施了相当长的时间（表7-2）。早在1885年，加拿大颁布实施了肥料法，规定肥料企业生产肥料需要检验登记；日本肥料管理法于1950年5月1日公布；印度于1955年颁布肥料法；泰国肥料法于1975年颁布；欧盟2003年10月13日颁布了统一的肥料法。因各国自然及经济发展的特点不同，其法规内容也有所差异。发达国家主要依靠市场，肥料登记管理程序简单，注重质量承诺和环境保护、市场规范。发展中国家肥料登记管理程序较烦琐，除质量标准外，政府监管企业，控制流通。大部分国家的肥料法规定了肥料的定义、登记、标识、登记费与肥料检测费及肥料监督检查等事项，但不同国家肥料管理的侧重点不尽相同，尤其在肥料使用（养分管理）方面具有较大差异。

表 7-2 世界部分国家和地区肥料立法概况

国家或地区	立法时间	主要特点
美国	宾夕法尼亚州 1993 年颁布；马里兰州 1998 年颁布	美国因其农业自然资源多样、技术发达，政府允许颁布州的地方法规，肥料管理体现科学性和灵活性。美国对化肥的管理主要体现在对产品的登记方面，实行化肥登记制度。美国实行联邦制，各州的肥料立法根据当地的特点自主展开，因此，目前尚无联邦统一的肥料法。但是，美国植物食品管理机构协会每年出版的年度手册曾提出肥料法的基本框架，各州在制定肥料法时均参考这一框架。在养分管理方面，美国是通过农户提交综合养分管理计划，并按照计划进行农业生产。综合养分管理计划的实施不是通过惩罚措施来实现的，而是通过政府补贴、农业技术推广、农民教育和完善的农产品市场机制帮助农民实现
加拿大	1885 年颁布，现行采用 1997 年修订版	主要对肥料的检验登记、肥料产品标签、监督检查和分析实验等进行了规范。《肥料法修正案》将肥料企业设施管理纳入《肥料法》的调整范围。政府对化肥企业生产几乎没有任何干预政策，生产或进口肥料的数量、品种、地区，完全由经销企业根据市场情况自行决定。政府主要通过检验登记制度来监督企业生产或进口肥料的安全性、有效性，并保证肥料产品标签合格
欧盟	2003 年颁布，现行采用 2010 年修订版	针对成员国法律之间存在的不一致，法规提出通过相互认证的办法减少流通障碍。原欧盟成员国英国政府主要是通过肥料标识对肥料实施管理，标识上所标注的养分必须达到相应的标准要求，并与所包装产品的真实含量一致；养分管理政策是围绕肥料推荐来展开的。质量标准由英国环境、食品和乡村事务部制订和宣贯，具体监管工作由地方政府贸易标准官员执行。德国 1986 年颁布的肥料法是最为重要的一项养分管理法规。其目标是根据土壤和植物的需求选择适宜种类、数量的肥料和施肥时间，同时应考虑到能获得的有机物质和养分以及气候、耕作等条件。荷兰政府为了应对集约化农业带来的环境问题，1998 年使用矿产核算系统（mineral accounting system，MINAS），通过政策控制化肥和有机肥的用量
泰国	1975 年颁布	以肥料进口为主，肥料管理主要在产品质量上对进口肥料进行限制。泰国《肥料法》的一个重要特点就是肥料许可证制度。泰国《肥料法》规定，生产、进口、销售和运输肥料都必须向农业部农业局或省农业推广服务办公室申领许可证
印度	1955 年颁布，现行采用 1995 年修订版	对化肥管理实行严格计划经济，采取价格控制政策，全国统一肥料销售价格，超出部分由政府给予财政补贴。这种补贴政策持续到 1992 年，随着国际市场化肥价格上涨，政府对磷、钾肥的补贴下降，主要对氮肥进行补贴

7.2.5.1 美国肥料管理经验借鉴

美国的肥料管理包括两部分：一部分是政府对肥料行业的管理，主要通过立法、执法来规范、实施；另一部分是对用肥行为的管理，也称养分管理，政府、大学、技术推广机构通过向农民推荐科学施肥技术和有关标准，促进养分的合理应用，达到优化资源配置，保护水土资源和生态环境的目的。

1. 行业管理

（1）肥料登记

肥料登记是美国肥料管理的主要手段，通过肥料登记采集肥料产品信息，作为事后监督的依据。

特拉华州等 17 个州的肥料法均规定，每一品牌、每一等级的肥料和土壤调理剂在分销前都应登记，肥料登记证所载明的登记人名称和地址会被标注于所有标识、售货发票和肥料贮存设备上。

有些州设有免于登记的肥料产品，如马里兰州、新墨西哥州等规定，分销已被登记的品牌、等级的肥料产品无需再次登记；马里兰州还规定根据消费者提供的配方而掺混的肥料无需登记。

(2) 肥料标识

肥料标识是肥料监督检查和处罚的重要依据。美国17个州的肥料法均规定，分销已包装的肥料产品，应遵守包装标识的有关规定；包装上应明示产品净重、品牌、等级、养分含量、登记者的名称与地址等；分销散装肥料，也要按标识规定的内容，在发货的同时向购买方提供印制好的书面资料；按定单配方配制的肥料，仅明示净重、养分含量、登记者的名称和地址。

(3) 肥料登记费与肥料检测费

各州规定的肥料登记费标准不同。有些州按产品包装重量分类收费，如特拉华州、新墨西哥州等。其中，特拉华州对10磅（1lb=0.453 592kg）以下包装的肥料，每个品牌、每个等级收取28.75美元的登记费；10磅以上包装的肥料或散装肥料，每个品牌、每个等级收取1.15美元的登记费。肥料检测费也是所有生产和销售肥料的单位必须交纳的，但各州收取的数额不同，一般根据销售数量收取，如特拉华州规定每吨收取0.1美元，佐治亚州规定每吨收取0.3美元，亚拉巴马州和肯塔基州规定每吨收取0.5美元。

(4) 肥料监督检查

肥料管理机构具有开展强制性检查的责任，如抽样、检查、化验，监督检查人员可以进入公共或私人领地或运输工具并依法开展工作。如果被抽检样品的氮、磷、钾养分含量低于标识含量，但达到本州有关法律、法规所规定的最低养分含量标准，没卖出的部分将会被要求修改标识，卖出的部分则根据每种养分含量的价值，将缺少部分折算成现金由企业还给购买肥料的农民。但是，如果被抽检样品的氮、磷、钾养分含量低于最低标准要求，将被处以较高的罚款，如特拉华州会处以2.3倍商业价值的罚款。肥料管理机构还可以对违法行为作出停止销售、注销登记证、查封和扣押等处理，如果被处罚人对肥料管理机构的处罚有反对意见可以向法庭提出上诉。

(5) 管理机构及职责

美国各州的肥料管理机构均设在州农业厅，其负责本州的肥料立法、肥料执法和养分管理工作。具体工作内容包括向生产和销售肥料的企业发放执照及肥料产品登记、肥料产品监督、信息发布、肥料样品检测、施肥技术研究与推广。除按本州肥料法规定开展肥料产品登记工作外，州农业厅每年都制订肥料抽检计划，并聘用肥料检查员按计划对全州的肥料产品进行抽检，每一个登记的产品，每年至少要被抽检1次。各州肥料检查员的人数从几人到十几人不等，每天抽检的企业由检查员自己确定，事先不能通知被抽检单位。采样地点可以是生产企业的仓库，也可以是销售商仓库或农户的仓库。抽检结果由州农业厅定期对外公布，每年至少要公布1次。部分州农业厅拥有自己的综合性化验室，有些则认定本州赠地大学农学院的相关化验室为农业厅的化验室，这些化验室负责分析肥料检查员抽检的肥料样品。经化验被判定为不符合标准要求或与标识不符的肥料产品，州农业厅将依照本州的肥料法实施处罚。

美国植物食品管理机构协会（Association of American Plant Food Control Officials，AAPFCO）是一个由美国各州以及加拿大、波多黎各两国的肥料管理机构人员组成的社会团体，美国各州农业厅负责肥料管理的处长都是该协会的会员。协会的宗旨：促进肥料立法的一致性与有效性；鼓励、倡导应用适宜、高效的肥料采样和分析方法；开发高水平的肥料检测技术并强制执行；推广适宜的肥料标识和肥料安全使用方法；开展信息交流、研讨与合作；与企业合作，推进安全用肥，保护水土资源。

2. 肥料施用管理

肥料施用管理在美国被称为植物养分管理,由各州农业厅和(或)州立大学农学院根据本州的情况独立开展,联邦政府对此没有统一的要求。但美国植物食品管理机构协会(AAPFCO)对植物养分管理提出了指导性意见。根据 AAPFCO 的指导性意见和本州农业生产情况、自然条件,尤其是水资源保护要求,各州形成了自己的植物养分管理标准或类似文件。标准不是强制性的,只是向农民推荐施肥方案,农民可根据自己的意愿选择是否使用。但是,如果农民因不当施肥造成水源污染,则要接受相应的处罚。

目前,威斯康星州、艾奥瓦州、新墨西哥州等都在很少一部分农民(约 5%)当中开展了植物养分管理项目:要求农民根据本州的植物养分管理标准施肥,并对施肥情况作详细的记录,为此,政府每年给执行项目的农民发放 7~28 美元/hm^2 的补贴。各州的植物养分管理工作主要包括土壤养分分析、开展田间试验建立施肥指标体系、向农民推荐施肥方案三部分,所需经费来自联邦政府和州政府,承担此项工作的部门每年要向这两级政府报预算。值得一提的是,美国一些州会对销售的化肥每吨征收比例不等的研究费,并形成基金,用于施肥方法研究和技术推广。

(1)土壤养分分析

对于土壤养分分析,各州都没有规定统一的方法,而是根据测试项目、土壤 pH(酸碱度)或其他条件选择适宜的分析方法。如艾奥瓦州立大学土壤试验室在分析土壤有效磷时先测土壤 pH,如果 pH 高,则选用 Olsen 法,若低则用 Bray 法,如果使用电感耦合等离子光谱(ICP)开展批量分析,则选用 Mehlich 3 ICP 法。为评价土壤中磷、钾等各种养分含量的高低,以指导科学施肥,各州都根据不同的磷、钾含量分析方法建立不同的土壤养分分级指标,一般分为 5 级:很低、低、中、高、很高。在推荐施肥时,针对某种养分在土壤中的含量等级提出不同的施肥量。由于土壤中氮的含量会因灌溉水、温度等自然条件和人为条件而发生很大的变化,一些州在开展用于推荐施肥的土壤分析时,只测定磷和钾含量,一般每 2~3 年测 1 次,如果有机肥用得多,则每年测 1 次,氮肥推荐施肥量则根据经济效益和产量提出。

(2)施肥指标体系建立

为建立合理的施肥指标体系,各州都针对不同的作物、轮作模式和耕作模式开展了大量的、长期的肥效田间试验,如氮肥肥效试验从 1983 年起延续至今。新墨西哥州立大学和艾奥瓦州立大学都在本州不同地区建有试验站,艾奥瓦州的一些试验点已坚持了 27 年。通过田间试验观测土壤养分变化情况和利用情况,为建立合理的施肥指标体系提供依据。值得一提的是,美国各州的大学、农业厅之间,有关土壤分析和田间试验的数据与资料是互相交流、共享的,大大降低了工作成本,提高了工作效率。

(3)施肥方案推荐

在向农民推荐施肥方面,美国各州都建有计算机推荐施肥专家系统,但系统在制订施肥方案时考虑的因素有所不同。如新墨西哥州的系统将土壤养分测定结果、田间试验结果和经济效益分析、环境保护因素等多方面因素综合考虑后制订出推荐施肥方案。农民在当地农技推广部门的指导下,从自己的农场取土,并填写好有关生产情况调查表,一起寄到州立大学的土壤试验室分析。一个测定 pH、磷和钾的土样,一般收费为 7 美元左右。分析结果出来后,大学的农技推广部门或当地农技推广部门将为这位农民提供一份推荐施肥方案。

3. 美国肥料管理对我国的经验与启示

美国肥料管理模式中，无论是立法、执法，还是养分管理、技术推广等各方面，都有许多值得借鉴之处。

（1）以标识为依据，管理制度配套完善

美国的肥料登记制度基本上是备案性质的，手续简单。申请登记企业只需填写申请表等材料，并依法交纳很少的费用就能迅速获得登记证。但在登记时，州农业厅要对标识内容进行检查并备案。肥料标识是今后肥料监督、检查的重要依据。由此可以看出，肥料进入市场的门槛并不高，但是企业要讲诚信。在肥料抽查时，一旦发现实际销售产品与标识所标内容不符，就要受到相应的处罚。这样做的益处有以下三点：第一，制度简单易行，企业不会视登记为负担；第二，政府对本州生产销售的所有肥料产品了如指掌，为监督管理提供了保障；第三，有效地维护了市场公平。

（2）信息公开，充分利用社会资源共同维护市场公平

各州将肥料登记信息、抽查信息、处罚信息等在网站上公开，不仅可以方便企业和农民查询，而且还能利用这种信息公开，让企业自律，使用好社会监督、舆论监督和用户监督这一公共资源，帮助政府维护市场公平。

（3）处罚方式人性化，降低了处罚难度，维护了农民利益

在肥料抽查时，如果被抽检样品的氮、磷、钾养分含量低于标识含量但达到了相关法律法规所规定的最低含量标准，没卖出的部分会被要求修改标识，卖出的部分则根据每种养分含量的价值，将缺少部分折算成现金由企业还给购买肥料的农民。但如果被抽检样品的氮、磷、钾养分含量低于最低标准要求，将被处以较高的罚款。这样的处罚方式，让企业心服口服、农民满意，表面上看企业负担较轻，实际执行结果却很严重。企业将赔偿送到农民手中，其企业形象就会在农民心中打折扣，销售额就会受到影响，因此，企业会尽量维护好自己的形象，从而提高肥料产品的整体质量水平。

（4）从保护水土资源的角度出发，政府和企业共同引导、帮助农民使用科学施肥技术

美国政府从保护水土资源的角度出发，向农民推广科学施肥技术。不仅政府部门、农技推广机构开展这类工作，而且很多肥料生产或销售企业也向农民提供测土服务并推荐施肥方案，一些较大的企业还向农民提供施肥服务。因此，美国的农场主大多对科学施肥知识有所了解并应用。美国玉米生产中，氮肥利用率为55%～65%，既减少了因氮素淋失造成的水体污染，又降低了生产成本。综上所述，尽管中国的国情与美国有很大的不同，但在制定肥料管理制度、开展养分管理工作时，还是有许多可借鉴之处。

7.2.5.2 日本和韩国肥料管理经验借鉴

日本和韩国与我国在农业历史方面有相似之处，这些国家的肥料管理制度对我国的肥料立法更具借鉴之处。

1. 日本和韩国的肥料立法

日本于1950年5月1日就颁布了肥料管理法律，由特种肥料与常规肥料的官方标准、肥料产品登记、质保标签和生产企业监督4部分组成，内容涵盖肥料管理法律的目的、肥料的定义、肥料的官方标准、肥料登记程序、肥料质量保证标签、肥料监管、行政处置和惩罚规则，共42个条款。其中，肥料官方标准包括氮肥、磷肥、钾肥、有机肥、复合肥、钙

肥、硅肥、镁肥、锰肥、硼肥、复合微量元素肥料、污泥肥料和含有农业化学或其他物质的肥料，共13种，规定了各种肥料的最低养分含量和有害成分的上限；肥料登记程序规定研发新肥料的企业需向日本食品与农资监察中心（Food and Agricultural Materials Inspection Center，FAMIC）申请登记，新肥料由FAMIC负责调查，报告结果交至日本农林水产省（MAFF），由日本农林水产省颁发登记证；采用已登记的肥料作为原料生产的复混肥料，规定企业需向日本农林水产省或地方政府通报生产或进口常见肥料产品的品牌；关于产品质量保证标签，销售时肥料生产商或进口商必须在肥料袋上贴上质保标签，该部分包含肥料类型和名称、主要成分的保证含量和其他标准、生产商的名称和地址、原材料的类型、净重等；关于监管，日本农林水产省部长和地方行政长官可委托FAMIC监督企业的肥料、肥料成分、账本和其他文件等；关于行政部署，当有肥料登记证的生产企业违反该法律或任何与该法律相关的法规时，MAFF将限制或禁止违纪生产商或进口商转让或引渡，或者取消其登记证或暂时登记证。

为提高农业产量和保证肥料质量，韩国于1976年颁布肥料管理条例，之后经过几次修订。该管理条例的目的是通过保证肥料质量、确保肥料平稳供应及稳定其价格，以维持和提高农业生产力与保护农业环境质量。这项立法定义了与肥料生产和开发、注册、违反法律、惩罚等相关的32个条款。1977年，韩国农业、食品和农村事务部对肥料管理法的强制规则进行了全面修订，该规则有18章，其主要目的是提供肥料管理法强制法令的委托事项和必需强制的事项。1996年，韩国对肥料管理法的强制法令进行了全面的修订。该强制法令的主要目的是提供肥料管理法的委托事项和必需强制的事项，共20章，内容包括标准制定委员会、委员会功能和其他。1999年，韩国发布肥料的官方标准，通过规定肥料主要养分的最低含量、有害物质的最大允许浓度、维持主要成分效果的肥料填充物质的数量，以保证肥料质量。化学肥料、有机肥料和副产物肥料是韩国主要的肥料种类。86种化肥和11种副产物肥料的主成分及其有害物质的允许含量已在标准中列出。尽管近些年有机肥料的使用增加，但韩国仍需继续依靠化学肥料。基于这一原因，化学肥料的法律标准要多于有机肥料。肥料标准中也明确了副产物肥料的原料。肥料法律标准中列出了农林业副产物、家禽粪肥、矿物和食物残体。

2. 日本和韩国肥料管理的启示

日本和韩国制定了较为完善的肥料管理制度，涉及肥料的生产、流通和使用等环节，明确各职能部门在肥料管理中的作用，并采取严格的惩罚措施。同时，这两个国家也在不断完善其肥料管理制度，如随着微生物肥料的发展，及时对相关制度进行修订。肥料管理法律完善的运行和监督制度有力地促进了上述国家的农业发展。

肥料作为最重要的生产资料之一，仅靠当前我国农业农村部颁布《肥料登记管理办法》等部门规章来管理显然不够，我国当前肥料管理过程中存在的问题，急需完善我国肥料管理政策法规。关于肥料立法，应该考虑到肥料登记、肥料生产、肥料经营、肥料使用、标签管理、广告管理、质量监督、法律责任等肥料行业的整个流程。肥料管理法律制定过程涉及多个职能部门，可能存在部分项目重叠管理或缺乏管理的问题，在肥料管理立法过程中需要明确各个职能部门的责任和权利。严格的监管和惩罚制度是保证肥料法律得以实施的关键，肥料法中需明确监管机构组成和职责、惩罚标准及实施等。日本、韩国及一些其他发达国家的肥料登记管理程序简单，重视质量承诺和环境保护，制定了严格的监督和惩罚机制，我国肥料登记也可采用宽登记严监管的措施。

7.3 化肥减施增效管理政策创设

7.3.1 化肥减施增效路径目标

1. "十四五"化肥减量目标和路径转变的思考

总体上全国化肥减量的趋势已经形成。截至 2018 年,全国化肥总量已经实现"三连减",除新疆、港澳台以外的其余 30 个省份均实现了减量,其中 19 个省份实现了总量和强度双减。但还要看到,目前基本上只是遏制了持续增长的态势。随着一些农产品库存的逐步消化,加上国际贸易环境的不确定,未来保障农产品供给的压力依然很大,一些作物的播种面积可能恢复性增长。"十四五"期间,生态环境保护将更加受到国家关注(胡钰等,2019),化肥减量工作仍将深入推进,但在目标和路径上均需要有所转变。

2. 在目标导向上,要从"减总量"向"降强度"转变

要强化施肥效率的提高,着力降低施肥强度。分区域看,2018 年仍有 11 个省份的化肥施用强度上升,既包括北京、上海、广东三个经济最发达的省份,也包括浙江、海南两个推进国家农业绿色发展先行区的省份。分作物看,三大粮食作物施肥强度均有小幅上升,蔬菜的施肥强度有较大上升。如果仅靠减少播种面积的方式实现化肥减量,既不是政策的初衷,又不利于保障国家粮食安全。未来在政策目标上要总量和强度双管齐下,且要更加注重对施肥强度的评估和考核。

3. 在减量路径上,要从"控增量"向"去存量"转变

前期研究(金书秦等,2015)显示,玉米、蔬菜、水果曾经是化肥增量的主要来源,其中玉米主要是面积增加,果蔬主要是强度太高,因此采取了一些针对性措施,如调减玉米面积、果菜茶有机肥替代化肥。从结果来看,这些措施基本控制住了这些作物对增量的贡献。玉米播种面积减少了近 5000 万亩,成为单个作物中减肥最多的品种;苹果的施肥强度减少了 140kg/hm²;但有机肥替代化肥在蔬菜上的效果不明显,蔬菜的施肥强度不降反升,成为最大的增量来源。水稻、小麦、玉米三大粮食作物施肥稳定,但其用量约占全国总量的近 60%,下一步,一方面要继续深入探索蔬菜的减肥路径,遏制其增量;另一方面,在保证供给的前提下,要重点针对三大粮食作物探索有机肥替代化肥,将 30 多亿吨养殖业剩余物变成近 18 亿亩大田的营养源,实现种养业的协同高质量发展。

7.3.2 化肥管理建议

1. 转变管理思路和管理方式,走以提质增效与绿色发展为导向的制度控量之路

肥料调控政策的重心应从促进肥料工业发展调整到肥料产品质量、科学使用及环境综合管理三方面相互协调,重点在保障肥料使用者用到好的肥料以及科学合理地使用肥料。转变肥料管理应以立法为基础,结合行政手段、经济手段以及教育培训和技术推广。化肥"减量增效"政策效果已初显,但要巩固和推进政策效果需久久为功。从发展脉络来看,绿色发展的政策导向已非常明朗,未来我国施肥调控政策将在坚持和强化总量控制的前提下,更加重视引导农户增施有机肥,改良土壤肥力;实施耕地轮作休耕制度,避免施肥增量不增产;提高化肥利用效率,减少化肥过量施用,从技术调控向制度调控倾斜,开辟制度控量之路。

2. 重视基础科学研究，推行限定性生产技术标准，做好源头控制

制定和执行限定性肥料使用生产技术标准是实现源头控制的有效途径。当前化肥不合理施用的很大一部分原因是施肥者缺乏肥料使用的科学知识。出台关于农田轮作类型、施肥量、施肥时期、肥料品种、施肥方式的标准与规范是关键。发达国家的肥料管理经验表明，必须下大力气、扎实做好基础研究。在各地进行大量长期定点试验研究，了解不同地区经济、环境效应，才能制定形成适合不同地区采用的环境安全的农业生产技术体系。科学合理、具有可行性的生产技术标准才具有控制效力和执行力，才能为源头控制奠定坚实的基础。发达国家肥料生产技术标准逐步完善的过程，大约经历了几十年时间。我国农业科研具有较好的基础，且已形成了一定的成果，但主要问题是成果零散，共享机制尚未建立，需要建立管理部门、科研院所、企业间的协作机制，打通数据共享与综合利用壁垒，加快建立科学合理的生产标准。

3. 研发推广适用性替代技术，加强对农户的技术培训

适用性替代技术是有效减少化肥过量施用的有效途径。新型肥料技术在提高肥料利用率、营养均衡、改善土壤环境等多功能的开发上，具有较大潜力，是化肥减量增效的重要替代技术，也是肥料未来发展的方向。但从发达国家的经验来看，即使在农业补贴额较高的欧洲国家，较贵的尖端性肥料技术如缓控释肥料技术、微生物肥料技术，至今仍未成为主流的替代技术。因此，从促进化肥减量角度看，新型肥料前景较好，但潜力有限；农田养分管理是在发达国家推广较好的实用技术，且经过多年摸索改进，已经成为发达国家控制农田养分过剩导致的农业面源污染的重要替代技术。应借鉴发达国家经验，学习其成熟的农田养分管理流程，结合我国实际，在各地推行实用性农田养分管理。另外，积极推进种养结合、畜禽粪肥、秸秆还田等有机肥替代化肥行动，既促进农田有机废弃物的循环利用，又有利于化肥减施。同时，应学习借鉴发达国家和地区对农民技术培训的有效形式，实施科学施肥技术培训计划，通过多种形式免费培训农户，使农户了解和掌握科学施肥的知识与操作规范。

7.3.3 化肥行业发展建议

1. 明确准入、退出机制，着力化解过剩产能

我国化肥产能过剩问题突出，市场竞争白热化，行业利润率持续走低，但化肥行业投资规模仍有扩大趋势，行业集中度显著低于发达国家水平。化解产能过剩，提高行业集中度，是化肥行业的当务之急。依靠扩大出口化解国内过剩产能并不是有益之举，出口量激增对应的却是低迷的收益，应充分考虑我国的资源、环境状况，规划合理的出口强度。针对当前化肥行业的问题，必须尽快制定并明确化肥行业的准入及退出机制，淘汰落后产能，引导化肥企业有序退出，推动产业做精做强。

2. 优化产业结构、转变发展方式，对标绿色发展需求

我国化肥行业始终存在资源利用效率低、消耗水平过高的问题，高投入、高消耗、低产出的生产模式的特点突出。化肥行业总量过剩与结构性矛盾日益显著。目前，我国生态环境承载能力已经接近极限，经济社会处于改变传统的高消耗、高投入的发展模式，调结构、促转型的关键时期。化肥行业的结构调整也势在必行，化肥生产的工艺技术、生产过程必须满足低能耗、高效、零污染、低排放甚至零排放的基本要求，必须坚持绿色生产模式，高环保标准未来将成为化肥行业的进入壁垒。当前的化肥产品结构未能有效地适应农业生产的转变。

尽管新型肥料、增值肥料步入发展的快车道，但传统氮磷钾肥料一家独大的局面仍然未能改观，只是竞争日趋激烈。单一的化肥产品结构已不能适应农业生产精细化及绿色发展的需求，因此也未能有效助力农业的转型和可持续发展。对标先进国家，液体肥料、水溶性肥料、中微量元素等增值肥料的快速发展，水肥一体化技术的推广，我国化肥产品结构的调整速度明显滞后。我国化肥行业应积极借鉴和参照国外的成功经验，加快结构调整，对标绿色发展，适应农业发展新需求。

3. 创新驱动行业革新，融合推进农业整体生态可持续发展

创新是行业发展的生命力。要积极进行生产技术创新、产品创新、服务创新。依托技术进步、工艺革新，实现产出高效、低能耗、环境友好的发展目标。打破行业自我封闭的运行模式，与农业农村的发展形成深度融合，化肥的生产、流通应与农产品种植、加工、销售、质量追溯组成关联系统，成为农业整体生态的一部分。化肥行业的可持续发展，既需要自身不断创新求进，也有赖于农业农村整体生存能力和竞争力的提高。只有乡村振兴、农业兴旺，农资需求才能稳定，农资市场才有活力，行业才能实现可持续发展。

7.3.4 化肥减施增效监管建议

1. 推进肥料法制化进程，完善以肥料基本法为依据的监管体系

相比发达国家，我国的肥料法制化进程缓慢，目前仅有《肥料登记管理办法》等部门规章，急需完善我国肥料管理政策法规。由国际经验显示，发达国家肥料管理主要依靠市场，肥料登记管理程序简单，重视质量承诺和环境保护，监督和惩罚机制健全。我国可借鉴"宽登记、严监管"的模式，减少登记环节的烦琐程序，加强监管与惩处。肥料登记、生产、经营、使用等各环节的规范应在肥料法中予以明确，并配套严格的监管和惩罚制度以保证法规的实施。肥料的监管主体应包括立法主体、执法主体和监督主体。立法主体应能涵盖工业、农业、环境管理部门及科研部门、企业和农户等利益相关方，实现科学立法；执法主体应权利相对集中，避免多头执法；监督机构应负责监督执法主体按照法律或规范进行管理，同时接受被管理人的申诉请求。通过肥料管理主体的明确及肥料立法的完善，形成权责明晰、惩罚严明、规范严谨的肥料管理体制。

2. 监管重点在降强度，应突出重点作物和重点区域

化肥使用总量虽然在2016年已出现拐点，但各地情况不同，仍然存在施用总量与施用强度双增的地区，以及总量虽降但强度上升的地区。由于种植业结构调整，部分省份承接了更多的生产功能，出现化肥施用总量上升可以接受。化肥减施的重点是降低施用强度和提高施用效率。下一步，应对施肥总量下降但强度上升的海南、辽宁、山西、上海、北京、福建，以及施肥总量、强度双增的吉林、广东、宁夏、云南、陕西、广西等地给予重点关注。从作物品种来看，蔬菜、水果化肥施用环境风险程度明显高于粮、油、糖类等大宗农产品，特别是设施蔬菜化肥施用量处于重度风险，应是化肥减施监管的重点。

3. 重视调动各利益方协同监管

推动化肥减施增效，需要政府、科研部门和农业生产经营主体分工协作。政府部门需要加强科研投入，组织实施科研专项计划，建立有益于环境安全的农业生产技术体系，对于采用环境友好生产方式和相关技术标准的主体，给予合理的补贴；执法和监督部门需要落实各项奖惩政策，推动各项法规和技术标准的执行；以及对化肥减施替代性技术的研发和推广。科研部门需要扎实做好基础研究与实用性技术研究，为各地推行适宜的化肥减施方案提供智力支持，包括了解和弄清农民现行农作措施对环境的影响，研究并提出环境友好且经济可行的化肥减施替代技术。农业生产经营主体是实现化肥减施的决定性环节，小农户的生产经营方式在一定时期内仍将是我国农业发展的主要形式，因此，在小农生产的基础上发展全程社会化服务将是实施化肥减量的重要途径。

7.4 农药减施增效管理政策现状

7.4.1 农药管理政策演进

我国开展农药管理工作相对较晚，但是发展较快（表7-3）。20世纪80年代以前，基本都是政府部门以下发文件的形式进行农药管理，直到1997年《农药管理条例》颁布实施。该条例对农药生产、销售、使用以及监管、处罚等各方面都提出了明确的规定和要求，是我国真正意义上的第一部农药管理法规，也是农药管理中的最高法规。1999年，农业部出台了《农药管理条例实施办法》，为国内的农药管理提供了最基础的法律依据。国务院分别于2001年、2017年对《农药管理条例》进行了两次修订，农业部在2002年、2004年和2007年分别对《农药管理条例实施办法》进行了三次修订。除《农药管理条例》和《农药管理条例实施办法》两部基本法令外，在农药生产、销售、使用环节，还分别出台了多项与农药相关的法规和部门规章进行规范。

表7-3 我国农药管理政策演进

年份	出台部门	政策名称
1982	农业部、林业部、化工部、卫生部、商务部、国务院环境保护领导小组	《农药登记规定》
1982	农业部、卫生部	《农药安全使用规定》
1982	农业部	《农药登记规定实施细则》
1986	农业部	《农药安全使用指南》
1987	国家标准局和农业部	《农药合理使用准则（一）》《农药合理使用准则（二）》
1988	国家标准局和农业部	《农药合理使用准则（三）》
1989	国务院	《国务院办公厅关于加强农药管理严厉打击制造、销售假劣农药活动的通知》
1997	国务院	《农药管理条例》
1999	农业部	《农药管理条例实施办法》
2001	国务院	《农药管理条例》第一次修订
2001	农业部	《农药登记资料要求》
2002	农业部	《农药管理条例实施办法》第一次修订
2002	农业部	《农药限制使用管理规定》
2004	农业部	《农药管理条例实施办法》第二次修订
2005	农业部	《农药生产管理办法》

续表

年份	出台部门	政策名称
2007	农业部	《农药管理条例实施办法》第三次修订、《农药登记资料规定》
2016	农业部	《到 2020 年农药使用量零增长行动方案》
2017	国务院	《农药管理条例》第二次修订
2017	农业部	《农药登记管理办法》《农药登记试验管理办法》《农药生产许可管理办法》《农药生产许可审查细则》

7.4.2 农药生产管理政策

我国对农药生产实行准入管理，对农药产品实行登记和生产许可制度，未经审核的企业不得从事农药生产，未取得登记和生产许可的农药产品不得生产、销售、出口及使用。

1. 生产登记制度

农药生产登记制度有利于确保产品的质量、效果和安全。1982 年 4 月 10 日，农业部、林业部、化工部、卫生部、商务部、国务院环境保护领导小组联合颁布《农药登记规定》，依据《中华人民共和国环境保护法（试行）》制定，其目的是保护环境、保障人民健康，促进农林牧业发展，加强农药管理，是 1978 年以来关于农药登记制度最全面和系统的立法。同年 9 月颁布了《农药登记规定实施细则》。2001 年农业部颁布了《农药登记资料要求》，2002 年农业部发布了《农药限制使用管理规定》，2007 年农业部颁布了《农药登记资料规定》，2017 年农业部出台了《农药登记管理办法》《农药登记试验管理办法》，进一步规范农药登记管理工作。

2. 生产许可制度

1989 年 1 月 13 日，国务院发布《国务院办公厅关于加强农药管理严厉打击制造、销售假劣农药活动的通知》，首次提出在全国试行农药生产许可证（或准产证）制度。2005 年农业部出台《农药生产管理办法》，就农药生产企业核准、农药生产许可、农药质量等方面作出了具体规定。2017 年 6 月，农业部发布《农药生产许可管理办法》，于 2017 年 8 月 1 日起施行，随后又详细制定了《农药生产许可审查细则》，规范农业生产许可证的审查管理。

3. 控制性生产政策

1978 年 11 月 25 日，化工部、农林部及中华全国供销合作总社联合出台了《农药质量管理条例（试行）》。该条例对农药的质量检验、工艺规程、产品包装质量等方面作出了细致规定，同时要求建立质量责任制，严把农药质量关。1983 年，我国化工部明确规定，在全国范围内禁止生产六六六和滴滴涕（DDT）。1993 年，化工部发文指出，禁止生产、销售和使用包括六六六、DDT 在内的高风险农药。农药的毒性、残留以及对环境的影响逐步受到国家重视。2010 年 8 月 26 日，工业和信息化部、环境保护部、农业部、国家质量监督检验检疫总局联合发布了《农药产业政策》（工联产业政策〔2010〕第 1 号）。这是 21 世纪以来我国政府部门出台的首部专门针对农药行业发展的产业政策，核心目的是促进农药产业的绿色发展，提出要控制农药生产总量，实现从量到质的发展模式转变。

7.4.3 农药经营管理政策

1. 关于农药经营主体的规定

我国农药经营实行专营制度。只有供销合作社的农业生产资料经营单位，植物保护站，土壤肥料站，农业、林业技术推广机构，森林病虫害防治机构，农药生产企业以及国务院规定的其他单位等 7 类主体可以经营农药，其他部门、单位和个人一律不准经营。经营单位要向农药使用单位和个人正确说明农药的用途、使用方法、用量、中毒急救措施及注意事项。

1988 年 9 月 28 日，国务院发布《国务院关于化肥、农药、农膜实行专营的决定》，规定由中国农业生产资料公司和各级供销合作社的农业生产资料经营单位对化肥、农药、农膜实行专营，其他部门、单位和个人一律不准经营上述商品。1989 年 12 月 28 日，国务院发布《国务院关于完善化肥、农药、农膜专营办法的通知》，1990 年 3 月 23 日，农业部和国家工商行政管理局联合发布《关于贯彻〈国务院关于完善化肥、农药、农膜专营办法的通知〉的通知》，要求加强市场管理，坚决取缔非法经营。1992 年，国务院发布相关通知，增加农业三站（农业植保站、土肥站、农技推广站）和生产企业为辅助经营渠道，即农药实现"一主二辅"。1997 年，国务院发布《农药管理条例》，限定供销合作社、植保站等七大主体可以经营农药。1997 年之后，由于假药泛滥，海南开始实行农药经营许可证制度试点，放开市场，不限制农药经营主体，不同主体都可以经营农药。

2. 关于违规经营的管理办法

1989 年 1 月 13 日，国务院发布《国务院办公厅关于加强农药管理严厉打击制造、销售假劣农药活动的通知》，对销售假劣农药行为作出了明确的处罚规定，要吊销其营业执照，并对直接责任人依法从严惩处。2010 年，农业部等发布了《关于打击违法制售禁限用高毒农药规范农药使用行为的通知》，进一步规范农户的施药行为。2017 年，农业部出台了《农药经营许可管理办法》。

2014 年，农业部在河北、浙江、江西、山东、陕西等 5 省开展高毒农药定点经营示范，实行专柜销售、实名购买、电子档案、溯源管理、科学指导，建立高毒农药可追溯体系，实现从生产、流通到使用的全程监管，2015 年试点范围扩大到 8 个省。

7.4.4 农药使用管理政策

《农药管理条例》规定，农药使用者需要按照规定的用药量、用药次数、用药方法和安全间隔期施药；县级以上各级人民政府农业行政主管部门应当根据"预防为主，综合防治"的植保方针，组织推广安全、高效农药，开展培训活动，提高农民施药技术水平。

1982 年 6 月 2 日，农业部和卫生部联合发布了《农药安全使用规定》，对农药毒性等级进行了界定，对农药使用范围进行了限制，对农药使用后的环保工作提出了要求。

1985 年，农业部农药检定所制定《农药安全使用指南》；1987 年，国家标准局和农业部发布《农药合理使用准则（一）》（GB 8321.1—1987）和《农药合理使用准则（二）》（GB 8321.2—1987），1988 年又组织制定了《农药合理使用准则（三）》（GB 8321.2—1989），为指导安全、合理和科学使用农药提供了参考。

2007 年农业部制定了《农药标签和说明书管理办法》，2012 年农业部出台了《农药使用安全事故应急预案》，2017 年农业部发布新的《农药标签和说明书管理办法》。为了保证农业生产安全、农产品质量安全和生态环境安全，根据《农药管理条例》的相关规定，农业部在一系列公告中，明确规定了在我国范围内禁止使用 33 种高毒农药和限制使用 17 种农药（表 7-4）。

表 7-4 禁止使用农药的相关规定

公告	发布时间	公告内容
农业部第 194 号公告	2002-04-22	禁止氧乐果在甘蓝和柑橘树上使用
农业部第 199 号公告	2002-06-05	全面禁止销售和使用六六六、滴滴涕、毒杀芬、二溴氯丙烷、杀虫脒、二溴乙烷、除草醚、艾氏剂、狄氏剂、汞制剂、砷、铅类、敌枯双、氟乙酰胺、甘氟、毒鼠强、氟乙酸钠、毒鼠硅等 18 种农药，禁止甲拌磷、甲基异柳磷、内吸磷、克百威（呋喃丹）、涕灭威、灭线磷、硫环磷、氯唑磷等 8 种农药在蔬菜、果树、茶叶和中草药材上使用，禁止三氯杀螨醇、氰戊菊酯等 2 种农药在茶树上使用
农业部第 274 号公告	2003-04-30	禁止丁酰肼（比久）在花生上使用
农业部第 322 号公告	2003-12-30	全面禁止销售和使用甲胺磷、甲基对硫磷、对硫磷、久效磷、磷胺等 5 种高毒有机磷农药
农业部第 1157 号公告	2009-03-11	除卫生用、玉米等部分旱田种子包衣剂外，禁止氟虫腈在其他方面使用
农业部第 1586 号公告	2011-07-05	全面禁止销售和使用苯线磷、地虫硫磷、甲基硫环磷、磷化钙、磷化镁、磷化锌、硫线磷、蝇毒磷、治螟磷、特丁硫磷等 10 种农药，禁止水胺硫磷在柑橘树上使用，禁止灭多威在柑橘树、苹果树、茶树和十字花科蔬菜上使用，禁止硫丹在苹果树和茶树上使用，禁止溴甲烷在草莓和黄瓜上使用，禁止氧乐果在甘蓝和柑橘树上使用
农业部、工业和信息化部、国家质量监督检验检疫总局第 1745 号公告	2012-04-24	2016 年 7 月 1 日起，禁止百草枯水剂在国内销售和使用
农业部第 2032 号公告	2013-12-09	2015 年 12 月 31 日起，禁止氯磺隆所有产品、甲磺隆、胺苯磺隆单剂、福美胂、福美甲胂在国内销售和使用；2016 年 12 月 31 日起，禁止毒死蜱和三唑磷在蔬菜上使用；2017 年 7 月 1 日起，禁止甲磺隆和胺苯磺隆的原药、复配制剂产品在国内销售和使用
农业部第 2289 号公告	2015-08-25	2015 年 10 月 1 日起，禁止杀扑磷在柑橘树上使用

7.4.5 农药鼓励性管理政策

关于农药品类的选择，国家在出台一系列禁限用政策的同时，也出台了提倡和鼓励性的政策。目前，虽然我国生物农药不能达到像欧美发达国家的普及程度，但因地制宜研发生物农药、整体推进生物农药生产是未来的发展方向。

2012 年，工业和信息化部发布《农药工业"十二五"发展规划》，指出要大力调整农药产品结构，重点发展高效、安全、环保的杀虫剂和除草剂品种，鼓励发展生物农药；大力推动农药剂型向水基化、无尘化、控制释放等高效安全方向发展；鼓励开发节约型、环保型包装材料。

2013 年国务院办公厅下发的《近期土壤环境保护和综合治理工作安排》，要求建立农药包装容器等废弃物回收制度，鼓励废弃农膜回收和综合利用。2015 年财政专项安排 996 万元，在北京等 17 个省份的 42 个蔬菜、水果、茶叶等园艺作物生产大县开展低毒生物农药示范补助试点，补助农民因采用低毒生物农药而增加的用药支出，鼓励和带动低毒生物农药的推广应用。自 2011 年以来，农业部实施的低毒生物农药示范补贴项目，在提高农民使用生物农药的积极性、减少农药残留超标问题、探索创新工作模式等方面取得了良好效果。

另外，2015年工业和信息化部表示不再新增农药生产企业备案，要求农药企业在"数量、质量、智量"三量上协同发展，加快淘汰高毒、高风险品种，把我国由农药生产大国建设成为农药制造强国。

7.4.6 农药管理政策国际经验借鉴

7.4.6.1 欧盟农药管理经验

欧盟是世界上食品和农产品安全管理最为严谨的地区，研究欧盟在食品安全法律框架下的农药残留立法管理，了解和掌握其立法的结构配置与制度安排，对全面加强我国农药残留立法管理、构建我国农产品质量安全体系有着重要的现实意义。

欧盟农药残留立法管理始于20世纪70年代，伴随着欧盟食品安全管理理念的发展，欧盟农药残留立法管理经历了一个逐步发展完善的历程，逐渐建立起以"全程管理为目标，以预防管理为原则"的法规体系。在欧盟农药残留立法管理的初始阶段，法规比较零散，仅涉及对初级农产品的"点状管理"。

20世纪90年代，欧盟出现严重的食品安全危机，暴露出"点状管理制度"存在的严重缺陷，欧盟对食品安全管理法规进行了重大的改革，2002年发布《食品安全基本法》（178/2002/EC）法规，确立了"从生产到餐桌"全程链状管理的制度框架，建立了统一法规、标准、制度的立法体制，与此相伴，农药残留立法管理法规也进行了深刻的变革，对植物及动物源食品和饲料中农药残留管理涉及的所有指令进行了整合与调整，明确了农药最大残留限量（MRLs）标准的定义、适用范围、MRLs申请审批程序和数据要求、农药的使用授权、MRLs分类、残留监控、信息公开、预警、紧急事故处理和处罚等各环节的法规要求，建立了统一的农药残留管理法律体系。

在"从生产到餐桌"全程链状管理的制度框架下，欧盟农药残留立法管理最突出的特点就是确保食品的"安全"和消费者的"知情"。欧盟农药残留立法管理主要有以下4个特点。

1. 以风险评估为主旨，法规体系立体严谨

欧盟制定了71项与控制植物、动物源食品和饲料植物中农药残留有关的指令与决议。利用生产控制、MRLs标准制定、残留监控和公众服务4个关键控制点（表7-5），建立起一个立体、严谨的法律体系。

表7-5　欧盟农药管理关键控制点及主要内容

关键点	主要内容
生产控制	包括大田、温室、仓储保鲜、加工和动物体内代谢等不同条件下的农药分类授权使用和良好农业规范等减少农药残留的技术要求
MRLs标准制定	涉及标准分类、标准评估程序、标准评估准则和评估数据要求等满足膳食风险评估的技术要求
残留监控	包括对原产地、储存保鲜、市场和进口等环节农产品中农药残留的监控主体、监控程序、监控结果应用及监控信息通报等方面的政策要求
公众服务	涵盖信息公开、应急措施和处罚等建立预警体系与维护公众知情权的政策要求

4个关键控制点所有法规的设置都有明确的针对性，核心都是围绕综合评价农药对人、动物和环境的安全性，强调对风险和危机的有效预防与控制。

2. 充分体现社会公众的主体地位，制定程序公开透明

欧盟农药残留立法管理的所有法规政策，在制定过程中均向社会公众公开，社会公众可以就相关法规政策提出改进意见，在确保公众知情权的同时，也保证其法规政策符合实际的需要，具备可操作性。作为农药残留立法管理的核心，农药最大残留限量标准的制定、修订、撤销程序包括申请、成员国评估、公众评议、委员会审核、官方评议、发布实施等环节。

社会团体、农药生产企业、种植者或进口商等利益方向欧盟申请授权使用某种农药活性物质时，如该活性物质是使用在欧盟中的食用和饲用作物上，则须向欧盟提出制定MRLs标准的申请，并提交相关制定所需的评估资料。欧盟委员会在广泛听取国内公众意见，综合评估相关风险，平衡消费安全、贸易需求和官方控制等多方因素的基础上，作出评判或提出修改意见，同时通过官方评议，征集欧盟和世界贸易组织（WTO）成员国各方意见后发布实施。如未接到制定MRLs标准的申请，无法评估农药活性物质安全性时，欧盟委员会将撤销该农药活性物质在相应农作物上的使用授权和MRLs标准，并在实际监控管理和贸易中执行0.01×10^{-6}的MRLs标准。

3. 以风险预防为原则，标准体系科学健全

考虑到科学的不确定性或者部分农药活性物质缺乏足够的评估数据，存在无法全面评估农药活性物质安全性的风险，欧盟在制定MRLs标准时，充分考虑到对"科学不确定性"的预防性，区分设置有8类MRLs标准（表7-6）。

表7-6 欧盟农药最大残留限量标准

标准类型	涉及范围	时效
正式标准	登记使用在欧盟发布的《需要制定MRLs标准的食品和饲料名单》中的食用或饲用作物上的农药活性物质	农药活性物质，登记使用在欧盟发布的《需要制定MRLs标准的食品和饲料名单》中的食用或饲用作物上
临时标准	仍处于重新评估待审状态的农药活性物质、膳食结构中占比例较小的食用或饲用作物，或在欧盟成员国内暂无法达成一致的三类MRLs标准	临时标准须经过1年的监控，在实际消费中观察，若对人和动物没有不可接受的风险，方可实施。4年须重新评估1次
加工和未加工作物标准	考虑到部分食用或饲用作物经加工后的残留量可能增加的风险，欧盟制定了农药食品加工因子和饲料转化因子，在正式标准和临时标准中将食用或饲用作物分为加工和未加工两类	根据其属于正式标准还是临时标准确定时效
动物源性标准	鉴于农药通过饲料进入家禽、家畜体内，可能经代谢产生残留的风险，制定家禽、家畜的肉、蛋、奶、脂肪和可食内脏的MRLs标准	根据其属于正式标准还是临时标准确定时效
熏蒸剂标准	部分食用或饲用作物采收后，需后期催熟或仓储保鲜以保证周年供应，存在使用熏蒸剂后可能再次对食用或饲用作物造成残留污染的风险，将熏蒸剂标准作为一类特殊的MRLs标准	须充分评估其保留周期以确定时效
豁免物质目录	经科学确证对人、动物和环境不存在风险或风险可忽略的农药活性物质可不制定MRLs标准	
进口标准	未在欧盟获得使用授权的农药活性物质对应的食用或饲用作物，进入欧盟市场，进口商须向欧盟委员会提交相关评估资料，申请制定进口MRLs标准。如不申请，默认其MRLs值为0.01mg/kg	
一律限量标准	未在欧盟获得授权使用的、评估数据不充分的或被撤销、禁止使用的农药活性物质，其残留限量为0.01×10^{-6} MRLs	其可接受各方提供最新的评估资料而动态修订

4. 以风险管理为核心，监控体系健全严密

欧盟对农药残留立法管理的执行情况实施官方和国家二级监控制度。

1）官方监控是由欧盟委员会统一制定农药残留监控计划，组织各成员国对进口的和成员国间贸易往来的食用或饲用作物实施残留监控。

2）国家监控是由各成员国自行实施本国范围内的残留监控，其监控的重点是本国产地和本国市场。

二级监控上下配合，形成统一的覆盖生产、市场和贸易等各环节的农药残留监控网。监控结果须及时准确地提供给欧盟委员会和欧盟食品安全局。欧盟委员会根据监控结果及时修正或调整相关农药残留管理政策和标准，对发现存在风险的产品，组织实施专项检查或提请专家委员会跟踪研究，同时向社会公众通报相关监控结果和政府处理措施。

7.4.6.2 美国农药管理经验

美国于20世纪初开始开展农药管理立法工作。1947年出台了相应的联邦法案，经过1972年较大修订及之后的不断补充完善，逐步形成了完备的农药管理法律法规体系。其中，有3个基本大法：一是《联邦杀虫剂、杀菌剂及灭鼠剂法》（FIFRA），是美国最重要的农药管理法规，FIFRA对美国农药管理体制以及农药登记、销售和使用管理都作出了明确规定。二是《联邦食品、药品和化妆品法》（FFDCA），授权美国环保署（EPA）设定食品或动物饲料中农药最大残留限量（MRLs）。三是《食品质量保护法》（FQPA），作为FIFRA和FFDCA两个法律的修正案，为确保使用的农药产品达到现有法律法规所规定的安全标准，要求对用于食用作物的农药品种已有的9721个残留限量进行再评估。除上述3个最重要的法规外，《濒危物种法案》（EsA）、《生物技术法规协调框架》、《农药登记改进法案》（PRIA），以及其他一些环境保护规程和条例也为农药管理提供了依据。另外，各州政府以联邦农药管理法律法规为依据，根据各自区域特点和农业生产、环境及水资源保护等方面的实际需要，也制定有相应的州农药管理法律法规。

1. 农药登记管理

美国农药登记实行联邦和州两级登记管理制度，即农药产品取得联邦登记许可后，再由各州政府指定的单位进行评价登记，只有获得联邦、州两级登记许可后，方可在相应的州销售和使用。1972年以前，联邦农药登记管理由农业部（USDA）负责，1972年联邦农药管理法案修订后，联邦政府授权环保署（EPA）负责，其下属农药管理办公室（OPP）具体承担农药登记管理工作。美国农药登记主要有6个特点。

（1）各州农药登记在联邦登记基础上进行

各州农药再评审登记只针对已获得联邦登记的农药品种进行。州政府可以登记农药新的使用范围，以满足本地区的需求，但联邦层面禁止登记的农药，州政府层面不能许可登记。在联邦登记的基础上，各州根据各自的实际情况，农药再评审登记的侧重点不尽相同。如马里兰州重点关注农药的防治效果，而加利福尼亚州则更加注重对地下水和空气等的保护。

（2）农药登记评审高度重视风险评估

农药登记所需资料由农药生产企业自行联系相关资质单位，按照良好实验室规范（GLP）开展试验并提供。登记评审时，重点是对健康风险和环境风险进行评估。健康风险评估主要关注农药残留膳食摄入、职业健康风险和居民健康风险等，环境风险评估主要关注陆生生物、

有益昆虫、非靶标植物、地下水和地表水等影响。

（3）农药登记实行分类差异化管理

根据毒性、残留等不同，将农药分为限制性使用农药和常规使用农药两大类，并通过标签进行严格的差异化管理。限制性使用农药产品标签必须说明对人、非靶标生物和环境等造成的危害，而且在标签上不得有淡化危害的表述，并明确规定该类农药仅限于获得州级农药施用资质证书的使用者使用，或者获得其他施用许可的使用者在病虫防控咨询师的指导下使用。常规使用农药的管理相对宽松，尤其是常规使用农药除兽用等特殊用途外，使用不受限制。而对于性诱剂等无害化产品，可直接用于有机农业，不需要登记。在美国，一个农药品种的登记一般需要3~4年，但在紧急情况下，如避免重大经济损失、防控检疫性病虫、保障公众健康等需要，联邦和州政府均可依法启动特殊登记评审程序，15d内完成相关农药的登记评审工作。

（4）农药产品标签标注要求格外严格

根据美国FIFRA的规定，每个农药产品获准登记后，登记产品的拥有者还需单独申请农药标签核准，并交纳相应的费用。农药标签一经核准，不得任意改变标签上的信息。每个农药产品的标签可以称得上是产品使用说明书，不仅包括生产企业、产品名称、有效成分含量、毒性、生产日期等基本信息，还包括防治对象、适用作物、使用量、使用方法、安全防护、注意事项等使用技术内容，并附于每一个农药产品的外包装上。各州在农药再评审登记过程中，如认为企业提供的使用技术不符合本州的农业生产实际时，可以向EPA提出更改标签请求。

（5）政府出资加快小宗作物用药登记

为解决小宗作物和小范围发生病虫害防治缺少登记农药的难题，自1963年开始，美国农业部设立了跨州的区域小宗作物研究项目（Interregional Research Project No.4，IR-4），由联邦政府和州政府资助，组织生产者、农药生产企业、公益性科研机构等根据生产实际需要，对选定作物和药剂按照良好实验室规范（GLP）进行试验，并提交试验数据和评价报告。EPA根据试验结果，组织制定最大残留限量值，从而实现产品的扩大登记。IR-4项目已经为美国制定超过1万个农药最大残留限量值，有效加快了小宗作物用药登记步伐。IR-4项目最初只支持食用性小宗作物，1977年将园艺类小宗作物纳入该项目，1982年微生物和植物源农药的登记也被纳入该项目。IR-4项目经费的90%来自政府资助。

（6）实行严格的再评审登记制度

为确保农药符合不断发展的管理政策要求，达到最新的安全标准，对已登记农药实行再评审登记制度。按照法律规定，每15年对已登记的农药产品进行一次周期性再评审。美国的农药再评审类型主要包括农药再登记、残留限量再评估、登记再评审和特别再评审。当发现已登记使用的农药产品可能对人或环境产生严重负面影响时，EPA可依法启动特别评审程序，对相关产品作出保留登记、限制性使用或撤销登记等决定。

2. 农药使用管理

农药销售、使用是农药管理链条中的重要环节。联邦政府农药使用管理由农业部负责，各州农药使用管理部门由政府授权确定。美国农药使用管理实行农药销售许可制度和严格的施用者许可、使用申报许可、使用后报告制度，并加强农药施用过程监督和在田农产品质量安全监管工作。

（1）实行农药经营许可管理

美国农药经销商必须获得州农药管理部门颁发的许可证书，才可经营销售农药。农药经营许可虽然没有设定相应的门槛，但多数农药经销商均具备病虫防控咨询师（PCA）资质，一方面依法开展农药经营销售，据实做好农药销售台账记录，明确农药流向；另一方面，为种植者出具病虫防治产品或技术推荐报告，指导农药施用者开展田间农药喷施作业。

（2）实行施用人员许可管理

美国农药施用管理非常严格，尤其是限制性使用农药，施用者必须获得州政府颁发的施用许可证书方可喷施。而要取得施用许可证书，申请者必须通过州农药管理部门组织的测试。测试内容通常包括农药产品标签区分、病虫种类识别、综合防治知识、防治设备应用技能、防控作业保护等。各州考试通过率控制在70%左右，许可证书的有效期一般为2~3年。许可证书持有者必须在证书有效期内，完成最小量的继续教育学时并再次通过测试，才能继续持有许可证书。部分州的县级政府也可组织相关测试，并颁发县级农药施用许可证书，但该类证书只能为自己拥有的土地上种植的作物喷施常规使用农药，如喷施限制性使用农药必须在病虫防控咨询师的指导下进行，不能像州政府颁发的证书那样参与商业化喷施作业服务。

（3）实行病虫防控咨询师制度

农药使用必须由病虫防控咨询师（PCA）提供书面的推荐报告，否则不能购买或施用限制性使用农药。另外，商业化喷施作业服务也必须在病虫防控咨询师的指导下才可进行限制性使用农药的田间施药作业。要获得病虫防控咨询师证书，具备植保、农学、生物学或者其他自然科学方面学士学位的人员，必须修满专门课程的42个学分，并通过相应的考试；具备相关方面博士学位的人员，则只需要通过考试即可；若无学士学位的人员，必须拥有两年以上相关工作经验，修满专门课程的42个学分并通过相应的考试方可获得。病虫防控咨询师可开展有偿服务，为需要防治病虫的种植者、农药经销商以及施药人员推荐病虫防治产品或技术（包括非化学技术）。推荐必须形成书面报告，需要留有备份，并至少保存1年。

（4）实行使用农药许可管理

种植者使用限制性使用农药，必须根据病虫防控咨询师的建议，提前向县级农业部门提出申请，获得批准后方可使用。申请内容包括种植者身份、处理面积、具体位置、种植作物、防控对象、拟使用农药名称和使用方法等。同时，附一份地图或对周围情况的详细描述，如河流、学校、医院、居民点、动物栖息地、敏感作物等。农业特派员（CAC）收到申请后，将评估是否会影响环境或公众健康，是否可以不使用限制性农药，是否可以采取非化学的方法防治，并迅速给出意见。种植者只有拿到使用许可后，方可到农药经销商处购买获得批准的农药，并在病虫防治咨询师的指导下，由持证的施药人员严格按照产品标签规定施用。喷施后，田间地头必须设置明显的警示标志，防止人、畜进入。

（5）实行农药施用报告制度

农药使用后，种植者必须做好详细记录，并在一周以内通过网络系统向县农业特派员报告。报告内容包括种植者姓名、施药日期、施药地点、施用品种、作物种类、防控对象、农药种类和使用数量等。县农业特派员定期（一般每月1次）通过网络向州农药管理机构报告情况。

（6）实行严格的农药使用监管制度

农药管理执法人员在对农药生产企业、农药经销商进行现场检查的同时，重点加强对农药使用情况的现场检查。在农药施药过程中会随机抽查一定数量的农场，检查农药是否在申请的田块使用、是否严格按照标签规定使用、喷施人员是否具备资质，以及周边环境有无敏感的动植物等。如果发现违法行为，将对种植者或施药人员依法进行处罚。同时，对施药后的田间农产品进行抽样检测，查看是否存在农药残留、细菌污染等问题，以确保农产品质量安全。

7.4.6.3 国际农药管理经验对我国的启示

国际上农药管理较好的国家和地区，具备的突出特点是拥有健全的农药管理法律法规体系，执行严格的生产、经营和使用许可制度，实行规范的网络申报、备案、批准程序，建立全程农药使用及农产品质量可追溯制度。通过采取一系列前置管理措施，有效控制病虫害、保障生产安全，同时，最大限度地降低农药对农产品质量、生态环境以及水资源的污染，也大幅度减轻了后期农产品农药残留检测等质量安全监管压力。国际好的做法和经验对我国农药管理的主要启示如下。

1. 健全农药管理法律法规体系

欧盟对农药立法管理的宗旨是，以风险评估为原则，保证农产品质量安全，其管理政策和技术法规不仅覆盖大田环境、温室环境、仓储保鲜等农药使用途径，而且涵盖加工、未加工、饲料等膳食摄入的各个环节。美国农药管理除联邦法律法规以外，各州也制定了相应的法律法规，并根据病虫防控、环境和地下水保护等实际需求，及时进行修订、完善，确保农药管理有法可依。我国是农药生产与使用大国，但相关法律法规建设却较为滞后，与市场需求、农产品质量安全的要求不相适应，不能满足农药科学管理的实际需要。应从实际需求入手，完善农药管理各个关键点的法规要求，健全农药法制建设。

另外，应积极推进建立农药分级管理制度。欧盟实行的二级监控制度，以及美国农药登记实行的两级登记制度，既有效提高了农药使用管理的区域适应性，也有效防范了农药使用风险。我国幅员辽阔、生态环境各异、区域种植结构差异大，实行农药统一登记销售制度，虽然可以降低农药企业的登记成本，加速推广应用进程，但药害事故频发、保障安全压力加大，显著增加了管理难度和管理成本，不利于建立健全农药监管体系。为增强农药使用管理的区域适应性，提高防治效果，降低和控制对生态环境、水资源等污染的风险，应建立并完善国家和地方两级农药登记管理体制，形成分级负责管理机制。

再者，我国农药经营管理的准入门槛较低，有效监管手段不足，需要完善农药经营许可制度和高毒农药定点经营制度，建立农药生产、销售和使用全程可追溯机制。

2. 严格农药使用监管

参考美国农药使用管理做法，其实现了严格的使用前报批、许可和使用后警示、建档制度，以及施用人员许可制度，实现了农药使用和农产品质量全程可追溯。美国农药经销商大多具有病虫防控咨询师（PCA）证书，并聘用一定数量PCA开展开方卖药和防控指导服务，同时做好销售台账记录，明确农药流向。加强农药监管是保障农业生产、农产品质量和生态环境安全的重要途径，我国也应借鉴美国做法，在实行农药经营许可的基础上，推行持证用药。结合培育新型职业农民，加强农药使用技能培训和考核颁证工作。推行农药使用前申报审核。生产者使用农药前，向乡（镇）农技部门提出使用申请，经审核批准后再行施用。推行农药施用后记录报告。基层农技推广机构指导生产者建立田间管理档案，如实记录并定期报告农药施用情况。加强施用过程监管。县级农业植保部门会同乡（镇）农技推广机构，派员加大农药是否按规定使用、施用人员是否具备资质等田间巡查力度。我国农业生产小规模经营主体居多，全面推行农药使用监管难度较大，应以蔬菜、水果等鲜食农产品生产基地为主，从种植大户、专业合作社、家庭农场、园艺作物标准园区、专业化防治服务组织等入手，先行开展试点工作，由点到面，稳步推进，逐步建立适合我国的农药使用监管制度。

3. 制定严谨的农药残留限量标准

企业为主体的申请制度和公众参与的评议制度是欧盟保证其农药残留立法管理政策、标准的科学性与实用性的制度基础。一方面，申请制度规定，如没有利益方申请，欧盟委员会将撤销该农药活性物质的使用授权和标准，并执行 $0.01×10^{-6}$ 的 MRLs 标准，迫使各相关利益方主动参与标准的制定；另一方面，申请制度和公众评议又为申请方最大限度地保护自身利益提供了政策渠道。来自政策的约束和利益的驱动，保证将新技术能够及时转化为新标准制度，避免了政策、标准滞后于安全消费需求的问题，确保政策、标准满足农业生产、政府监管和国际贸易等各方面的需求。目前，我国政府部门是标准制定的唯一主体，制定残留标准的作用主要是满足政府对农产品安全管理的需要，公众只是被动地接受标准、执行标准。管理制度与各相关利益方的脱节，导致标准缺乏进步与更新的原动力，标准丧失了参与市场竞争和推进产业发展的作用。应借鉴欧盟公众为主体的机制，建立残留标准申请制度，在制度约束的前提下，加大对相关利益方的保护，引导相关利益方参与残留标准的制定，同时开展公众评议，广泛征集农药生产、农产品生产、进出口贸易等各方意见，兼顾管理方与被管理方的利益需求，建立与生产、市场同步的动态管理机制，实现残留标准对农业生产的规范作用和对贸易的促进作用。

4. 破解小宗作物用药难题

美国由联邦政府和州政府资助，设立区域小宗作物研究项目（IR-4），组织生产者、农药生产企业、公益性科研机构等，根据生产实际需要，对选定作物和药剂开展效果、风险评价，有力推进了小宗作物农药登记进程。在我国，由于投资回报率低，大多数企业缺乏积极性，是小宗作物用药登记面临的一大难题。大多数蔬菜和绝大多数水果、中药材、花卉上无登记农药。需要出台鼓励小宗作物用药登记的政策和扶持措施，组织企业、科研机构、生产者协作攻关，引导企业加快现有药剂扩作登记、新药剂试验登记进程，满足蔬菜、水果等特色经济作物防病治虫的用药需求。

7.5 农药减施增效管理政策创设

7.5.1 农药管理建议

从国际经验来看，各国对农药及其使用影响的认识逐步改进与深化。自世界第一部农药管理法规在 1905 年诞生于法国以来，对农药的法制化管理已有 100 余年历史，各国法案也在不断地修订与完善。发达国家对农药使用的管理，经历了从鼓励使用到限制使用，由点状管理向全程管理转变的过程。在未意识到农药使用的环境负荷阶段，农药被鼓励使用以确保产量，随着农药大量施用，厂商利益、农业诉求、质量安全和环境保护之间的冲突加剧，人们对农药的关注重点从增加农业产能转向减少对环境和人类健康的影响。特别是 20 世纪 90 年代，经历了严重的食品安全危机后，发达国家加强了对农药的管制，由初期法规比较零散的、点状管理模式，经过近 30 年的不断完善，形成了从生产到退市全生命周期各关键环节均有明确规定且较为完善的管理体系。

拥有健全的农药管理法律法规，执行严格的生产、经营和使用许可制度，实行规范的网络申报、备案、批准程序，建立全程农药使用及农产品质量可追溯制度，是农药管理较好的国家和地区具备的共同特点。前置管理措施是最为关键的环节，有效的前置管理措施可以最大限度地降低农药对农产品质量、生态环境的影响以及对水资源的污染，也大幅度减轻了后期农产品农药残留检测等质量安全监管压力。

我国农业发展正处于从主要满足"量"的需求向更加注重满足"质"的需求转变阶段，对农药等化学投入品的管理处于探索、完善阶段。我国农药管理可以充分借鉴国际富有成效的管理经验，结合自身实际，完善农药管理体系。

1. 健全农药管理法律法规体系

我国是农药生产与使用大国，但法律法规建设却较为滞后，特别是与市场需求、农产品质量安全的要求不相适应，应从实际需求入手，完善农药管理各个关键点的法规要求，制定科学适用的农药管理法规。一是实行全程管理。农药立法管理应覆盖从农药生产到退市全程，管理政策和技术法规不仅应涉及农药生产许可、上市登记，覆盖大田环境、温室环境、仓储保鲜等农药使用途径，而且应涵盖加工、未加工和饲料等膳食摄入的各个环节，以及使用后的报告与残留检测，建立农药生产、销售和使用全程可追溯机制。二是注重区域适应性。建立国家和地方农药分级管理制度。我国幅员辽阔、生态环境各异、区域种植结构差异大，实行农药统一登记销售制度，虽然可以降低农药企业的登记成本，加速推广应用进程，但药害事故频发、保障安全压力加大，显著增加了管理难度和管理成本，不利于建立健全农药监管体系。建立完善国家和地方农药分级管理制度，形成分级负责管理机制，有利于增强农药使用管理的区域适应性，提高防治效果，降低和控制对生态环境、水资源等污染的风险。

2. 建立严谨动态的农药登记制度

严格准入环节，做实农药登记。农药销售上市首先要获得国家主管部门的登记许可，其次要在销售上市地监管部门进行二次登记后，方可在所在地上市销售。农药的评审登记要注重风险评估，对农药登记实行分类和差异化管理，参考国际经验，分为一般使用、限制使用和混合使用三类，经严格专业评审，确认大规模使用不会对环境造成不合理影响，方可予以登记。同时，应设立严格的再评审登记制度，对已登记的农药动态进行再评审登记。参考发达国家经验，每10~15年对已登记的农药重新进行评审和登记。再评审过程中若发现已登记农药对人或环境具有严重的负面影响，应及时作出限制性使用或撤销登记的决定。

3. 实行授权许可和处罚并重的农药使用管理

建立农药经营许可制度、病虫防控咨询师制度、限制性农药施用许可制度、农药施用报告制度、农药施用监管制度，管好农药使用环节。参考国际农药使用管理的有效做法，实现严格的使用前申报审核，使用时应有专业指导和记录，使用后应报告建档。农药必须由获得主管部门授权的经销商销售，实行持证售药，经销商必须具备病虫防控咨询师资质，同时做好销售台账记录、明确农药流向。执行严格的病虫防控咨询师资格考试制度，提高门槛，严把持证人员素质。使用环节也要有资质认证，限制性农药使用者的资质证和一般农药使用者的资质证可分高、中、低不同等级，定期进行考察、发证、培训。使用限制性农药，必须由具有限制性农药使用资质的专业人员进行操作，并将身份信息、施药时间、施药地点、施药面积、施药种类、施药方法、防控对象、作物种类等信息向当地主管部门报告，且在田间进行警示标识。本级主管部门应定期向上级部门汇报本辖区农药施用情况。同时，应配套严格的农药施用监管制度，农药管理执法人员应定期抽查辖区施药的规范性，农药施用与农药残留应是监管重点。加强施用过程监管，环保督察部门、植保部门、农技推广机构联合执法，加大对农药是否按规定使用、施用人员是否具备资质等田间巡查力度。收割前45～60d禁止施药，所有农产品或食品应标明农药残留数值，若未标注或超标，必须收缴，并追究生产者和销售商的法律责任。

4. 制定科学可行的农药残留限量标准

企业为主体的申请制度和公众参与的评议制度是欧盟保证其农药残留立法管理政策、标准的科学性与实用性的制度基础。科学合理的农药残留限量标准是规范农药使用、便于农药监管的重要基础。一是要加大基础科技研发投入，通过大量基础科学试验，制定具有科学性、合理性、实用性的限量标准。二是要建立公众为评议主体的，生产者、消费者、政府部门等相关利益方共同参与的评议制度。目前我国政府部门是标准制定的主体，制定残留标准的作用主要是满足政府对农产品安全管理的需要，公众只是被动地接受标准、执行标准。管理制度与各相关利益方脱节，导致标准缺乏进步与更新的源动力，标准丧失了参与市场竞争和推进产业发展的作用。应借鉴发达国家经验，建立以公众为主体的标准议定机制，建立残留标准申请制度，若无相关利益方申请，则执行最严格的限量值（0.01×10^{-6} MRLs）。通过政策约束和利益驱动，促使各相关利益方主动参与标准制定，可以保证新技术及时转化为新标准制度，以及避免政策、标准滞后于安全消费需求的问题。

5. 推进小宗作物用药登记

在我国，由于投资回报率低，大多数企业缺乏积极性，大多数蔬菜和绝大多数水果、中药材、花卉等小宗作物面临无登记农药的难题。可参考发达国家经验，由中央政府和地方政府资助，设立小宗作物农药登记项目，组织生产者、农药生产企业、公益性科研机构等根据生产实际需要，对选定作物的用药开展效果、风险评价，推动小宗作物农药登记进程。

7.5.2 农药行业发展建议

我国农药行业存在企业实力弱、新品种开发慢、研发经费与研发团队投入不足、农药技术落后于发达国家、缺乏大宗自主知识产权产品等问题。同时农药产品同质化现象严重，主流农药品种严重供大于求，企业创新性与远见性不足，企业间恶性竞争问题突出。针对存在的突出问题，农药行业发展应在以下几个方面着力。

1. 加大新品种的开发与使用

构建以企业为主体、市场为导向、技术为核心、产学研相结合的农药科技创新体系，加快农药老品种的淘汰，加大新品种的开发与使用力度。

2. 大力扶持农作物病虫害专业化服务组织

扩大农作物病虫害专业化统防统治和绿色防控服务覆盖面，以专业化服务组织为载体，推广科学施药技术以及用量少、效果好、降解快、无残留的新型农药。国际经验显示，一些农药使用较为合理的国家，80%～90%的农资均由专业化农资服务组织提供，由专业化农资服务组织施用农药，有利于市场的规范。

3. 推进农药生产企业转型升级

增强农药生产企业的社会责任意识，积极研发绿色、环保、高效、低毒、低残留的生态农药，积极开展低毒、低残留农药的示范推广，从提供农药生产的角色，向提供作物全程解决方案和技术产品配套服务角色转变，担负指导农户科学控害、减量用药的责任。国家应出台奖励政策，对主动承担推进农药科学施用的企业给予鼓励，行业协会等组织也应着力打造良好行业规范。

4. 培育领军龙头企业率先垂范

鼓励龙头企业开展国际化并购，既能开拓市场，又可以引入完善的研发、登记、生产、销售流程，弥补市场开发管理的短板，从仅是提供原料的初级供应商，向具备国际竞争力、具有成熟市场开发与管理能力的高级供应商转变，同时，发挥龙头企业在行业的示范带动作用，提高行业整体素质。

7.5.3 加强农药减量控害监管建议

农药对健康和环境均存在负面影响，因此，减量控害是开展农药监管工作的核心目的与意义。农药减量控害的根本是减少和控制农药的不合理使用，提高农药利用效率，科学施用农药。监管农药的不合理施用，要在生产、销售、使用以及农产品消费等环节着力。

1. 严控源头

严控高毒、高残留、禁用农药的生产，鼓励生产生物农药、低毒高效农药。加强农药生产企业监管，严厉打击非法生产，在使用中淘汰高毒高残留农药，最大限度地杜绝禁用农药的生产。

2. 资质监管

在流通销售环节，农药经营必须是获得许可的有资质的经销商，农药经营者应持证上岗，而且根据规模和级别，各类农药经营公司应配备有资质认证的植保专家指导。另外，要注重对农资经营店的监管与培训，确保规范经营农药，以及向最终施用终端提供正确的施用信息。

3. 限制使用

重视对使用环节的监管，实行许可管理，施用农药必须由获得相关资质的专业人员操作或指导，改变任何人都可以喷药的现状。加强技术和服务的有效供给，农技推广系统要重点对接专业大户、农民合作社、家庭农场、农业产业化龙头企业等新型经营主体，培育环境友好型农业技术推广、应用和示范平台，由点到面，逐步促进生产者形成良好的用药习惯。

4. 市场监管

加强农产品质量监管，营造良好的市场环境，保障优质农产品获得应有的市场溢价，倡导消费者购买绿色、安全、优质的农产品，从消费环节间接推动，倒逼生产端的农药减量控害。

5. 残留检测

农药残留检测是农药减量控害监管的重要手段。探索与交通管理部门、质检部门的合作监管模式，禁止检测不合格农产品的运输与交易，实现对农药减量控害的倒逼效应。

6. 重点品种与地区监管

识别农药施用高风险作物与高风险地区，分类施策。不同地区由于种植结构、经济发展条件不同，需要重点防控的对象不同。从区域来看，陕西、新疆、广西等农药施用总量和强度双增地区，需要查明原因，有针对性地制定减量目标与行动计划；云南、上海、北京等农药总量降而强度增的地区应重点关注，防止出现通过压减面积而形成的"伪减量"。另外，不同区域的监管重点不同，如长江中下游地区是我国水稻等经济作物的主产区，有机磷农药、氨基甲酸酯类农药以及部分拟除虫菊酯类农药对该类作物的病虫害防治有着重要的作用，因此长江流域这些农药污染应重点监控；而黄淮海流域和松辽流域是我国主要的玉米、棉花、大豆与小麦产区，酰胺类和三嗪类农药的使用能够有效防治玉米与小麦等田里的杂草，应重点关注此类农药在该地区过量施用的监管。从作物品种来看，果蔬类作物农药施用水平较高，应成为农药减量控害的监管重点。在蔬菜品类中，西红柿、茄子、黄瓜、甜椒 4 种蔬菜农药使用水平较高，且设施种植的农药耗费较高，需要重点监控。

第8章 化肥减施增效技术效果监测与评估研究

8.1 化肥减施增效技术效果监测与评估研究的目的和意义

研究化肥减施增效技术的效果评价主要是为化肥减施增效技术的评价、优选和示范、推广提供科学支撑，降低技术使用和推广成本，提高化肥利用率，实现农业稳产高效优质，保护生态环境。因此，在项目区选择有代表性的区域和种植制度，建立化肥减施增效技术效果评价监测网络，对化肥使用情况、生产成本控制、作物产量及经济效益、生态环境影响等进行评估，为技术优化提供科学支撑。具体主要从以下4个方面开展研究：一是围绕技术、经济、社会、生态环境效益4个方面开展文献和理论研究，提出对应的指标，结合生产实际，统筹定性和定量评价，筛选优化并构建具有较高理论价值和重大实际应用价值的评估指标体系；二是对已有的评估方法开展评述，借鉴其先进经验和做法，结合本课题的特点进行选择、优化和改进，选择某一农作物构建适宜本课题研究目标的评估方法，进行实证研究，最终确立通适的化肥减施增效技术评估方法；三是在项目区选择有代表性的区域和种植制度，建设化肥减施增效技术效果监测点，根据拟定的监测内容和方案开展定点监测、数据采集与整理；四是运用构建的评估方法，对不同农作物不同的化肥减施增效技术的效果进行评估分析，确立化肥减施增效技术普及应用推广优先序或清单，提出技术优化建议，形成评估报告。

8.1.1 研究目的

为有效实现化肥的减施增效，我国已经取得或正在研发一批新技术，但是目前还未能对这些新技术的减施增效效果开展监测评估。实施化肥减施增效技术，构建化肥减施增效技术评估指标体系和评估方法，筛选可优先推广的技术模式，目的是为解决我国化肥减施增效技术应用评估管理的瓶颈问题和实现农业可持续高质量发展提供重要的技术支撑，并提供有重大科学价值的决策参考。化肥减施增效技术效果评价研究以构建化肥减施增效技术应用评估指标体系和评估方法为出发点，构建化肥减施增效技术评估指标体系和评估方法，在项目区选择代表性的区域和种植制度，建立化肥减施增效技术效果评估监测点，开展定点监测；利用所构建的化肥减施增效技术评估方法，结合监测数据，对化肥减施增效技术在不同作物生产中的应用进行化肥施用情况、生产成本控制、作物产量及经济效益等评估，形成化肥减施增效技术评估报告。研究预期成果：提交化肥减施增效技术应用的评估方法；建立化肥减施增效技术效果评估监测点54个，为化肥减施增效技术的优化提供科学的数据支撑，为降低技术经济成本、保护生态环境作出贡献。

8.1.2 研究意义

从理论上看，围绕"提高化肥利用率，减少化肥用量和协调环境经济社会三效益同增长"的目标，针对化肥减施增效技术在水稻、苹果、茶叶、设施蔬菜等农作物生产中的推广进行分析，确立影响化肥减施增效技术扩散的因素及提出解决措施，有利于对农业生产技术作出科学的评估，有利于促进农民耕作方式、施肥方式的转变，对保障农产品质量安全以及保护生态环境具有重要的意义。从生产实践看，选取农业基础较好的地区作为化肥减施增效技效果的监测点，推广化肥减施增效相关技术在示范区的应用，通过树立典型，发挥示范带动作用，有利于调整农作物施肥结构、扩大社会影响力，有效促进化肥减施增效技术在全国范围内的推广应用。因此，该研究具有显著的社会经济效益和生态效益。

从短期来看，应用化肥减施增效技术可以有效节约农业经营主体的生产成本，增加农民收益，进而激发其采用新技术的积极性和持续性，进一步促进减施增效技术的全面推广。据有关实证研究测算，项目区（"两减"项目）若全面采用化肥农药减施增效技术，预计每年为经营主体节约成本 52.5 亿元，平均每个经营主体节约 2623 元，每年可新增就业岗位约 27 413 个，5 年累计新增就业岗位 137 065 个。从长远来看，化肥减施增效技术的实施对于提升我国化肥施用技术水平、提高化肥使用率、减轻生态环境污染、保障农产品质量安全等方面具有重大的现实意义，同时还可提升社会对化肥减施、治理环境的关注程度，增强项目区农业经营主体对化肥减施的社会责任感和对减施增效技术应用的认同感，进一步提升我国在国际上的良好形象，确立我国在化肥施用技术方面的领先地位。

8.2　化肥减施增效技术评价指标体系构建

8.2.1　国内外农业技术评价指标体系构建研究综述

8.2.1.1　国外农业技术评价指标体系构建研究综述

在国外，农业技术评价指标的选取较多地侧重于结合研究区域特色，采用专家咨询和理论分析等方法构建农业技术评价指标体系。早在 20 世纪 80~90 年代，农业领域的众学者就对农业技术评价展开研究。Conway（1986）从农业生态系统生产力的角度，提出将生产率、稳定性、持续性和公平性作为农业技术评价指标。基于生命周期理论构建农业技术评价指标，Aistars（1999）提出了包括生产率、外部效应、利润率等经济指标，包括利益相关者和工人群体就业与生活质量的社会指标，包括对能量、土壤、水、动植物、矿物质等资源利用和质量研究的环境指标。同期，Charles（1999）认为对区域特性的考量在技术采用效果的评价中不应该被忽视，因此必须包括区域性指标。

20 世纪初，农业技术应用的评价得到了进一步的丰富和发展。鉴于一些社会与经济信息数据的不可获得性以及不同维度的不可比较性，Rigby 等（2001）从数据易获性角度提出选择"产量增加"和"损失减少"两方面的指标来体现技术应用的可持续性。与此同时，也有学者指出，技术应用效果评价指标应该由一套核心指标和一些补充指标共同组成（Veleva and Ellenbecker，2001），这些指标要能够涉及能源和物质使用、自然环境保护、社会公平和社区发展、经济效益、人力和产品 6 个方面的内容，同时满足数据可获取且准确、数据与结果可验证、指标具有系统性、指标数量可控、定量和定性结合等要求。Rogers（2003）基于前人研究，强调农业技术评价指标的选取中除了环境、经济、社会三项经典指标，对技术应用效果的评价还要考虑技术本身的特征，其特征决定了技术被持续采纳利用的潜力，并认为尽管技术推广速度、推广率依赖于潜在采纳者的个人特质、社会制度的特质（包括管理、采纳决策类型）等，但技术本身的创新比管理行为创新所体现的可持续性更重要，通常发挥着关键作用，如技术硬件创新（如一个新的或改进的犁）。

不过，技术评价指标体系的构建还要与技术评估发展水平相适应。美国康奈尔大学教授 Lee（2006）认为，政府在技术应用过程中的作用与技术本身的创新性同等重要，并指出技术评价指标应包括管理政策,因为技术推广还依赖于推广组织机构完善的基础设施与相关方的合作,技术的推广程度与地区贫困程度和多样化程度紧密相关,不同的国情下技术推广应用与管理政策密不可分。再者,针对农业技术应用效果的经济评价而言,要突出强调市场价值和现金收入指标;Geneva(1993)则在农业技术评价时将评价指标分为效益指标、社会公正性指标、运行效益指标、产出效益指标和服务标准指标。概括而言,众学者大多选取含有技术、经济、环境、社会、管理政策等类别的指标来构建农业技术评价指标体系(Simone and Detlef, 2012)。

8.2.1.2 国内农业技术评价指标体系构建研究综述

早在20世纪80年代,国内学术界就达成了同等重视农业技术的经济效益、生态效益和社会效益,并力争协调统一的共识。90年代,国内学者对农业技术评价指标体系的选取内容有所拓展,评价指标从最初的3个层面扩展到5个层面,即生物学的合理性、技术上的可行性、经济上的有利性、生态学的持续性和社会上的可接受性(袁从祎,1995);罗金耀等(1997)在评价喷灌技术的应用效果时,选取了技术、经济、资源、环境和社会五大类指标(罗金耀等,1997)。进入21世纪,农业技术应用效果评价指标选取逐渐细化,表现为指标选取针对性、实用性更强,更加关注技术本身的特质与农业技术评价的目的(李宪松和王俊芹,2011;李启秀,2014)。就农业技术本身的特征指标选取而言,周玮等(2015)在对农业固体废弃物肥料化技术进行评价时,选取了技术稳定性、单位产量总能耗、原料预处理程度和单位废弃物有机肥产量4个指标。孙嘉(2015)在进行农业非点源污染防治技术评价时,从治理能力、技术要求和技术条件等层面选取了污染物去除率、出水水质、运行温度、有效处理时间等指标。邓旭霞和刘纯阳(2014)对湖南省循环农业技术水平进行综合评价时,从实现循环功能通用的减量化技术、再利用技术、资源化技术及系统化技术4个层面选取了17个评价指标。当指标不能获得直接统计数据时,可以选用相关统计指标进行测算,如农业碳排放与灌溉、翻耕、农用柴油、农膜、化肥以及农药等因素相关,可利用各个要素的投入量对农业碳排放总量进行计算(王惠和卞艺杰,2015)。

农业技术的经济效益是指单位面积上一定时间内通过技术应用获得的经济纯收益,常见指标为单位耕地使用技术后产出效益和投入产出比。雷波和姜文来(2008)针对北方旱作区节水农业技术应用的经济效益进行评价研究,经济指标选取了作物水分利用率、农业水资源产出效益、旱作节水农业成本投入系数、劳均农业产值、种植业投入产出比、工程供水能力和亩均农业机械量共7个评价指标。而邓旭霞和刘纯阳(2014)针对湖南省循环农业技术应用的经济效益评价,考虑到循环农业技术应用必将带来经济结构改变,经济指标从经济水平和经济结构两个方面分别选取农村居民人均年纯收入、农业总产值占GDP比重、粮食单产、城镇化率和农业产业结构调整幅度指数等指标。

农业技术的社会效益主要是指满足农业技术设立的目的、功能以及国家和地方的社会发展目标,通过农业技术应用使社会整体或者其中一部分人获得的利益。国内学者通常会因技术应用于不同领域而运用不同分类方法选取其社会效益评价指标。如邓旭霞和刘纯阳(2014)从社会发展、社会稳定、社会公平3个层面选取了农业劳动力人均受教育年限、农村饮用安全水人数比例、森林覆盖率、农业就业比例、农村居民恩格尔系数、农村社会公平度与农业政策支持力度共7个评价指标,来开展湖南省循环农业技术应用的社会效益评价。卢文峰(2015)则从定性指标和定量指标角度选取技术应用对群众生活水平与区域农业发展的影响、农业节水发展程度、农村剩余劳动力转移和农业技术支持程度作为定性指标，选取单位面积年均增加粮食产量、农灌水利用系数、节水灌溉率、农田亩均灌溉水用量和灌溉水分生产率作为定量指标，诠释农业节水技术应用所产生的社会效益。

农业技术的生态（环境）效益是指技术应用对生态环境的正负外部性，即新技术应用对生态质量或环境质量的影响，所选取的指标一般能反映土壤、水质、大气质量等方面的变化。如王芋等（2017）从流域尺度评价种植结构调整中环境友好型农业技术应用所带来的环境效益，选取养分 N 总流失量作为评价指标；胡博等（2016）从田间尺度评价不同环境友好型农业技术应用于不同作物生产所带来的环境效益，选取不同技术应用下农田养分投入减量水平、田间渗漏量、径流养分减排量等作为环境效益指标；向欣等（2014）选取温室气体减排、化学需氧量（COD）去除、沼液利用率和沼渣利用率 4 个指标来评价沼气工程技术应用所产生的环境效益，其作为技术评价的环境效益指标。不过，并不是所有学者在进行技术评价时都将环境（生态）效益单独列出，部分学者将其列入社会指标或者经济指标而没有明确的界限。如周玮等（2015）在评价农业固体废弃物肥料化技术时，并未区分社会效益与生态效益，从废弃物处理能力（对环境改善效果、年废弃物处理量）、二次污染程度（对大气和土壤的污染程度）与单位投资增加的就业岗位 3 个层面进行技术的社会环境效益评价。

农业技术管理主要从农业政策落实情况层面，深入讨论农业技术应用的合规性、落实力度和执行效果。这类指标构建主要是定性指标，也包括少量定量指标。定性指标需要经过量化指标方法处理，将其转化为易于量化的指标，便于后续评价模型使用。按照美国康奈尔大学指出的技术推广与管理政策密不可分的分析，技术评价指标应包括管理政策（Lee，2006），我国在这方面的考虑还存在明显不足，值得借鉴和进一步完善。基于国际经验，对于农业技术评价指标体系中应该包含区域差异性指标，现有国内文献分析中鲜有涉及，可根据具体情境具体考虑是否设计区域差异性指标。

8.2.1.3 国内外农业技术指标体系构建评述

综合分析国内外农业技术应用评价研究进展，农业技术应用效果评价可看作一个生态系统，化肥减施增效农业技术应用评价则可视为基于农业资源可持续利用理论的动态变化生态系统，具有结构、功能两大基本特征。减施增效农业技术虽然目标单一，就是要投入减量、产出增效，但其应用不仅与技术本身特征有关，还与推进技术应用的相关管理政策有关，也有区域差异性的关系，因此，其结构特征更多地体现为这些技术从成果清单到全面落地的大田整个过程绕不开的六大关键支撑环节，即技术本身特征、技术经济效益特征、技术社会效益特征、技术环境效益特征、与技术配套的管理政策特征和区域差异性特征。通常来说，结构是功能的内在依据，功能是结构的外在表现，结构决定了功能，而功能与结构是相适应和统一的。所以，其功能特征主要体现为技术应用各关键支撑环节内能准确刻画并对支撑作用产生重要影响的各个因素，如技术本身特征表现为技术简易性、适宜性、稳定性等功能指标，以及技术经济效益特征包括单位产量、单位收益、单位投入下的产出和单位产出下的投入功能指标等。而这些功能指标有时还需要分解细化到可直接观察的子指标，以更好地诠释上级指标的功能。这反映出结构具有层次性，功能也有层次性。

通过国内外农业技术评价指标筛选构建过程的全面分析和借鉴，本研究在顶层设计化肥减施增效技术评价指标体系中，充分考虑以下几个方面：一是明确评价的总体目标，根据评价技术的不同特点，结合区域地理特色，选取最为相关、全面的指标，确保指标来源的可获得性，同时还要依据评价目标结合我国目前的发展背景进行指标选择，指标体系框架应该是结构清晰、层次分明，服务于总体目标（图 8-1）。二是注意指标体系构建和评价标准确定的实用性，确保指标体系建立后能够在大范围内得以应用，具有足够的使用参考价值。三是在指标权重赋值时明确主客观作用，将二者以合理比例进行结合，确保权重的认知度达到一定水平，使结果更加客观科学。四是对于某些技术的采纳使用，并不仅仅是单一技术或技术模式的效果评估，也要考虑多技术或技术模式之间的可比性，以及不同区域之间横向比较的可操作性。

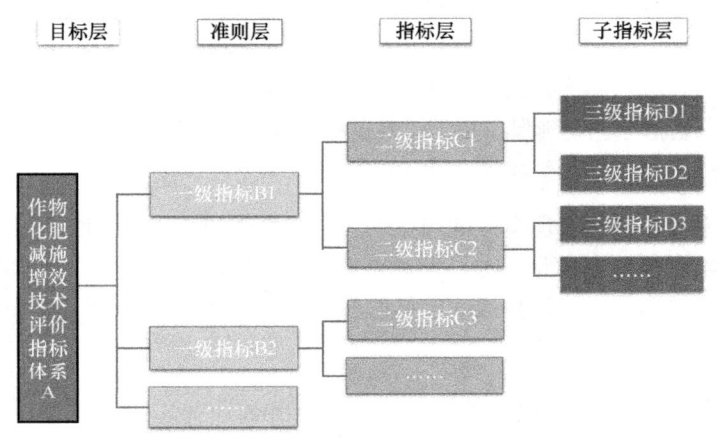

图 8-1 化肥减施增效技术评价指标体系框架

8.2.2 化肥减施增效技术评价指标体系构建原则

对作物化肥减施增效技术的评价，实质上是对作物化肥减施增效技术应用效果进行量化表述和优劣评定的一种综合反映。结合各作物自身生长周期的特性，从实际需要出发，科学评价新技术应用后与常规技术相比所带来的优越性。参考尼雪妹（2017）、甘付华等（2018）等对化肥或农药减施增效技术评价的研究，构建化肥减施增效技术评价指标体系时要遵循 6 个原则。

1. 科学性与实用性

在构建评价指标体系时，选取的全部指标需要概念明确，具有科学内涵，在理论上严谨合理，客观真实地反映各作物减施增效技术应用的实际情况；指标体系应具有普遍的实用性，能够科学合理地反映化肥减施增效技术的应用效果。

2. 完整性与层次性

评价指标体系应包括作物应用减肥增效技术后的生产评价和技术应用后多个方面的成效评估，能够全面比较出不同技术的优劣性；不同层次的指标，要能够反映技术应用的不同效益，同层指标既彼此互斥又全面具体。

3. 系统性与独立性

水稻、蔬菜、茶叶、苹果是我国重要的粮食作物和经济作物，作物化肥减施增效技术应用效果的评估是社会、经济、环境等多个板块交叉体现的复合系统，各个系统内部结构复杂，系统间相互影响与制约，因此评价指标需要具有系统性；同时，应尽可能用最少的指标，直接突出化肥减施增效技术的"减施"和"增效"效果，检验同一系统下指标的共线性问题。

4. 动态性与静态性

随着经济与社会发展，作物化肥减施增效技术是一种不断被改进的新型农业绿色生产技术，因此也应不断修正和改良化肥减施增效技术的评价指标体系；同时，要保证某一时期评价指标体系的相对稳定性，便于分析评估技术的阶段性实施效果，并对技术改进提出建议和对策。

5. 综合性与可行性

由于技术试验点分布在全国不同的区域，因此化肥减施增效技术评价指标体系应是多维度的，评价指标应保证区域内的多种技术存在可比性，才能评价出化肥减施增效技术的优劣，为技术推广的优先序提供参考价值；评价指标体系在选取指标时，尽可能减少难以量化的定性指标，选取的定量指标也要确保在技术应用过程中容易获取量化数据。

6. 现实性与导向性

评价指标体系应结合我国现有的常规技术下作物生产的特点，反映应用化肥减施增效技术后作物生产的实际情况；与此同时，应对未来化肥减施增效技术推广需解决的首要问题有所涉及，能够为实现国家乡村振兴战略目标服务，为化肥使用量零增长目标的保持提供后续保障。

8.2.3 化肥减施增效技术评价指标体系构建方法

首先基于文献梳理，归纳总结国内外众多学者对农业技术评价指标选取和评价指标体系构建的研究，以此作为化肥减施增效技术评价指标体系构建的理论基础和指标选取依据，构建出较为完整的评价指标体系初表；然后，通过邀请各作物研究领域内的权威专家，召开专家座谈会或专家咨询会，得到专家对化肥减施增效技术评价指标筛选的意见，完成化肥减施增效技术评价指标体系的增减工作，建立作物化肥减施增效技术评价的通适指标体系和体现不同作物生产特征的具体作物化肥减施增效技术评价指标体系；最后，结合实地监测指标数据和具体评价目标，对各作物化肥减施增效技术评价指标体系作科学合理的调整。

1. 文献研究法

文献研究法是依据研究目的，基于大量学者的研究结果进行研究分析，即通过搜集、整理、分析来全面、快速了解科学事实的研究方法。该方法一般可分为3个步骤：①大量文献的查阅，根据确定的研究目标查找相关的文献材料，以掌握农业技术评价领域的研究进展。②文献的整理，通过了解不同文献关于农业技术评价指标体系构建关注的不同视角或层面，整理分析这些评价指标体系所反映的结构和功能，明确依据研究目标筛选指标的侧重点，寻找指标选择相似处与差异化，并归纳整理。③进一步文献整理分析，提出符合本研究目的的评价指标体系构建方法，并初步建立评价指标体系。

2. 专家咨询法

组织全国范围内的相应作物生产技术研发和推广专家以及农业经济专家，通过面对面咨询或其他形式如在线或通信方式，针对技术应用于粮（水稻）、果（苹果）、蔬（大田蔬菜）、茶（茶树）的不同特点，对初步提出的指标全集进行讨论判别，增补或删除指标，以期所列指标尽可能体现和满足准则，并确保囊括所有与化肥减施增效技术相关的指标；同时对每一个指标的名称、释义、量纲给出准确、统一的定义，并制定统一的规范。充分研究各指标之间的关系,并从中筛选形成一个技术评价通适指标体系和不同作物的化肥减施增效技术评价指标体系框架,然后通过2～3次的专家组咨询,最终确立满足项目目标所需的化肥减施增效技术评价指标体系。

3. 监测指标数据结合法

针对确立的评价指标体系,组织由包括水稻栽培、蔬菜栽培、茶叶种植、苹果种植、土壤学、植物营养学和农经管理等交叉或跨学科领域的专家组成的专家组,以会议或通信形式,为确立的评价指标体系各指标打分赋权,然后结合评价指标体系各指标监测数据,判别构建评价指标体系的赋权合理性。

8.2.4 化肥减施增效技术评价指标体系建立

针对稻果菜茶化肥减施增效技术的社会经济效果评价,是建立在已经确立的评价指标体系基础上的,因此评价指标体系构建就变得至关重要。它可以为有效指导化肥减施增效技术模式的比较分析提供支持,并引导减施增效技术模式未来进一步的改进方向,更好地服务于实际生产。评价指标体系基本上由两部分构成,一部分是定量指标,另一部分是定性指标。定量指标即可量化的指标,是客观事实的反映;定性指标则是不可量化的指标,评价结果更偏向主观性,起到补充验证定量指标的作用。在进行社会经济效果评价时,充分考虑了定性和定量指标的结合,以得出科学、合理、客观公正的评价结果。

1. 基于文献研究法初步建立的化肥减施增效技术评价指标体系

对技术应用的效果评价,究其本质是对技术可持续性进行评价。对国内外农业技术应用的可持续性评价文献进行研究分析,依据化肥减施增效技术评价指标选取原则,结合"减肥""增效"的评价目标,初步构建了包括目标层、准则层、指标层、子指标层的评价指标体系框架。目标层即为作物化肥减施增效技术应用效果评价,准则层包括6个维度,即技术特征、经济效益、环境效益、社会效益、管理及区域性,指标层和子指标层的细化指标具体见表8-1。其中,技术特征主要是反映技术本身的属性特性;经济效益主要刻画单位面积上一定时间内通过减施增效技术应用获得的经济产量、收益及相关参数;环境效益则主要揭示减施增效技术应用对环境正外部性的贡献;社会效益主要考虑技术设立的目的、功能以及国家和地方的社会发展目标;管理则展示项目实施单位或政府为保障技术应用的落实所采用的相关措施,包括项目、补贴、推广人员配备及技术宣传培训等。

表 8-1 基于文献研究法初步筛选构建的化肥减施增效技术评价指标体系

目标层	准则层	指标层	子指标层	参考文献
化肥减施增效技术评价指标体系	技术特征	劳动力强度(简易性)	单位面积劳动力投入时间	Conway, 1986;罗金耀等, 1997;Rigby et al., 2001;Veleva and Ellenbecker, 2001;Rogers, 2003;邓旭霞和刘纯阳, 2014;周玮等, 2015
		化肥施用强度	单位面积化肥用量	
		土地生产效率(适宜性)	单位面积作物生产量	
		产量变异系数(稳定性)	产量均方差与平均产量比值	
		作物氮利用率	单位产量的氮吸收量	
		作物磷利用率	单位产量的磷吸收量	
		稳产下有机肥替代率	无机有机肥用量比	
		施肥方式	从优到次的施肥方式选择序	

续表

目标层	准则层	指标层	子指标层	参考文献
化肥减施增效技术评价指标体系	技术特征	土壤地力	有机质	Conway，1986；罗金耀等，1997；Rigby et al.，2001；Veleva and Ellenbecker，2001；Rogers，2003；邓旭霞和刘纯阳，2014；周玮等，2015
			全氮	
			碱解氮	
			有效磷	
			有效钾	
			pH	
		产出商品率	产出商品率（水果）	
		产品品质	水浸出物（茶叶）	
			茶多酚（茶叶）	
			咖啡碱（茶叶）	
			氨基酸（茶叶）	
	经济效益	产量	单位面积产量	Griffiths and King，1993；Aistars，1999；罗金耀等，1997；Veleva and Ellenbecker，2001；雷波和姜文来，2008；邓旭霞和刘纯阳，2014
		投入成本	单位面积成本（各环节）	
		增量收益	与常规技术比净增收益	
			技术应用的补贴支持量	
			节省化肥量产生的收益	
	社会效益	技术的推广率	推广面积	Asian Rice Farming Systems Network，1991；Aistars，1999；Rogers，2003；卢文峰，2015
		技术的农户采纳率	采纳农户占区域农户比例	
		规模经营户采纳率	采纳规模户占区域规模户比例	
		农户减施意识提高率	农户化肥减量观念转变度	
	环境效益	单位面积源头氮减量	技术采纳前后单位氮投入量	Aistars，1999；Rigby et al.，2001；邓旭霞和刘纯阳，2014；周玮等，2015；胡博等，2016；王芊等，2017
		单位面积源头磷减量	技术采纳前后单位磷投入量	
		单位面积氮减排量	技术采纳前后单位氮排放量	
		单位面积磷减排量	技术采纳前后单位磷排放量	
	管理	配套政策、宣传、服务能力（人员、能力、规范）	政府是否纳入文件列为主推技术	Fishpool，1993；Roger，2003；Lee，2006；李宪松和王俊芹，2011
			有无配套政策	
			媒体报道次数	
			有无技术员	
			技术员有无资质	
			有无发布技术使用手册	
	区域性	区域		Jones，1999

2. 基于专家咨询意见修订建立化肥减施增效技术评价指标体系

（1）指标体系构建及专家咨询

为广泛咨询专家意见，采用了组织包括水稻栽培、蔬菜栽培、茶叶种植、苹果种植、土壤学、植物营养学和农经等领域或跨学科领域的专家以通信咨询形式（图8-2）、在线视频会议咨询形式、现场咨询会议形式以及到个别专家办公室一对一咨询形式等多种相结合的咨询方式，全面进行指标体系的优选。

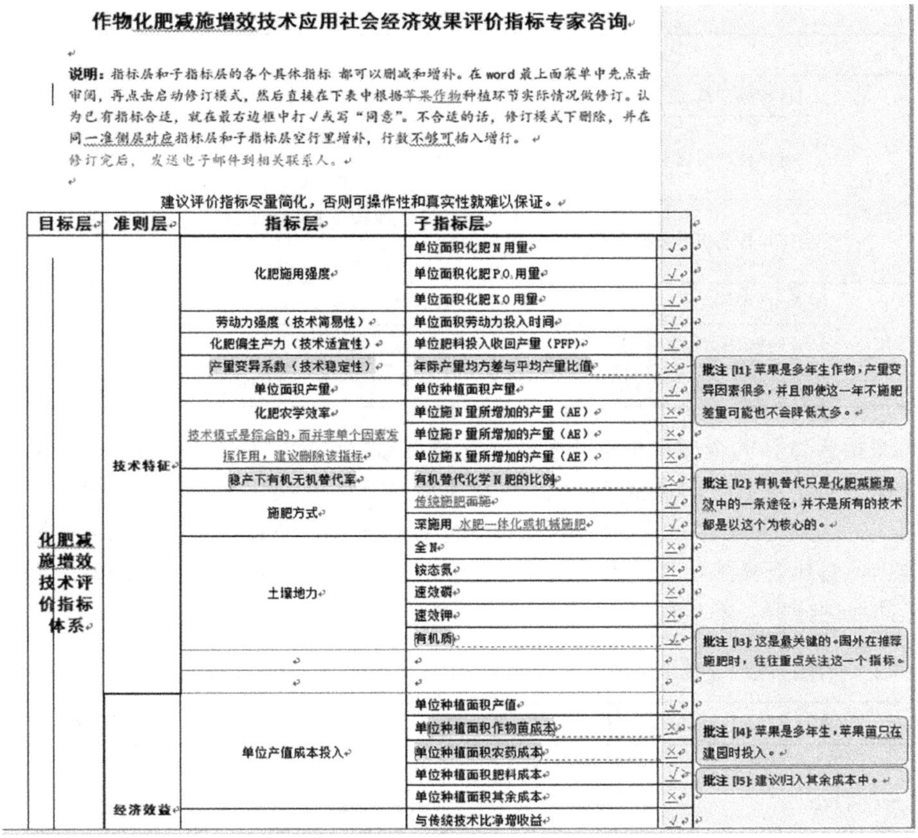

作物化肥减施增效技术应用社会经济效果评价指标专家咨询

说明：指标层和子指标层的各个具体指标 都可以删减和增补。在 word 最上面菜单中先点击审阅，再点击启动修订模式，然后直接在下表中根据苹果作物种植环节实际情况做修订。认为已有指标合适，就在最右边框中打√或写“同意”。不合适的话，修订模式下删除，并在同一准则层对应指标层和子指标层空行里增补，行数不够可插入增行。

修订完后，发送电子邮件到相关联系人。

建议评价指标尽量简化，否则可操作性和真实性就难以保证。

目标层	准则层	指标层	子指标层	
化肥减施增效技术评价指标体系	技术特征	化肥施用强度	单位面积化肥 N 用量	√
			单位面积化肥 PO 用量	√
			单位面积化肥 KO 用量	√
		劳动力强度（技术简易性）	单位面积劳动力投入时间	√
		化肥偏生产力（技术适宜性）	单位肥料投入收回产量（PFP）	√
		产量变异系数（技术稳定性）	年际产量均方差与平均产量比值	×
		单位面积产量	单位种植面积产量	√
		化肥农学效率 技术模式是综合的，而并非单个因素发挥作用，建议删除该指标	单位施 N 量所增加的产量（AE）	×
			单位施 P 量所增加的产量（AE）	×
			单位施 K 量所增加的产量（AE）	×
		稳产下有机无机替代率	有机替代化学 N 肥的比例	×
		施肥方式	传统施肥面施	√
			深施用 水肥一体化或机械施肥	√
		土壤地力	全 N	×
			铵态氮	×
			速效磷	×
			速效钾	×
			有机质	√
	经济效益	单位产值成本投入	单位种植面积产值	√
			单位种植面积作物苗成本	×
			单位种植面积农药成本	×
			单位种植面积肥料成本	√
			单位种植面积其余成本	×
			与传统技术比净增收益	√

批注 [l1]: 苹果是多年生作物，产量变异因素很多，并且即使这一年不施肥差量可能也不会降低太多。

批注 [l2]: 有机替代只是化肥减施增效中的一条途径，并不是所有的技术都是以这个为核心的。

批注 [l3]: 这是最关键的。国外在推荐施肥时，往往重点关注这一个指标。

批注 [l4]: 苹果是多年生，苹果苗只在建园时投入。

批注 [l5]: 建议归入其余成本中。

图 8-2　化肥减施增效技术评价指标体系的专家咨询（通信形式）

（2）通适指标体系构建及共线性分析

通过组织多轮不同形式专家咨询，聚焦本项目化肥减施增效技术应用的社会经济效果评价目标，研究提出了化肥减施增效技术应用的社会经济效果评价通适指标体系（表 8-2）评审版，以充分体现项目希望实现的化肥减量、作物稳产或增产、经营者节省成本并增收、化肥氮利用率提高及减施增效技术得到推广应用和政府重视等目标。评价通适指标体系不含环境效益指标，因为环境效益不是本项目要求的研究内容，增加到评价通适指标体系中将不可避免地削弱其他准则层指标的重要程度。

表 8-2　稻果菜茶化肥减施增效技术应用社会经济效果评价通适指标体系评审版

准则层 A	指标层 B	子指标层 C
A1 技术特征	B1 化肥减施比例	C1 单位面积折纯化肥氮用量减施比例
		C2 单位面积折纯化肥 P_2O_5 用量减施比例
	B2 技术轻简性	C3 单位面积节省劳动力数量
	B3 化肥利用率	C4 化肥氮回收利用率/氮农学效率
	B4 地力提升	C5 土壤有机质
		C6 有效磷
		C7 pH

续表

准则层 A	指标层 B	子指标层 C
A2 经济效益	B5 作物产量	C8 单位种植面收获作物产量
	B6 单位产值成本投入	C9 单位种植面积肥料成本
		C10 单位种植面积其他成本
	B7 单位面积增量收益	C11 与常规技术比净增收益
		C12 减施化肥节本的收益
A3 社会效益	B8 技术推广面积	C13 减施增效技术推广面积
	B9 技术采纳农户数量	C14 采纳减施增效技术农户总数
	B10 地方政府纳入文件列为主推技术	C15 减施增效技术被省市县级政府纳入文件列为主推技术

为确保指标体系的全部指标互为独立、无相关或共线性，我们利用 Pearson 相关性检验法，首先基于"十三五"国家重点研发计划"长江中下游水稻化肥农药减施增效技术集成研究与示范（2016YFD0200800）"项目组提供的 9 套化肥减施增效技术模式相关指标参数的实际监测数据，对化肥减施增效技术应用的社会经济效果评价通适指标体系子指标层的 15 个指标进行了共线性分析（表 8-3）。

表 8-3 化肥减施增效技术应用的社会经济效果评价通适指标体系 Pearson 相关性分析结果

指标	C1	C2	C3	C4	C5	C6	C8	C9	C10	C11	C12	C13	C14	C15
C1	1.000													
C2	0.375	1.000												
C3	−0.133	0.466	1.000											
C4	0.569	0.466	−0.147	1.000										
C5	−0.055	−0.396	−0.154	0.182	1.000									
C6	−0.361	−0.330	0.215	−0.511	0.301	1.000								
C8	−0.127	−0.552	−0.320	−0.057	0.713*	0.197	1.000							
C9	0.591*	−0.173	−0.469	0.101	0.124	−0.118	0.545	1.000						
C10	0.171	−0.173	0.183	−0.373	−0.445	0.105	0.070	0.470	1.000					
C11	0.126	0.394	0.595*	0.162	−0.356	−0.062	0.012	0.114	0.421	1.000				
C12	0.340	0.346	0.271	0.284	−0.412	−0.273	0.131	0.361	0.239	0.883***	1.000			
C13	0.168	0.266	−0.353	0.316	−0.612	0.060	−0.371	0.084	0.105	−0.045	−0.134	1.000		
C14	−0.093	−0.086	−0.353	0.002	−0.737*	−0.229	−0.573	−0.215	0.121	−0.163	−0.233	0.892***	1.000	
C15	0.220	0.428	0.340	−0.343	−0.673*	0.225	−0.708**	−0.074	0.372	0.084	−0.052	0.353	0.294	1.000

注：***$P<0.01$，**$P<0.05$，*$P<0.1$

由表 8-3 可见，子指标层 C 中指标 11 与指标 12 间存在明显的共线性，即"与常规技术比净增收益"与"减施化肥节本的收益"之间存在共线性，且该关系为显著的正向共线性关系，并在 0.01 显著性水平显著。从现实角度来看，"减施化肥节本的收益"就是减施增效技术应用较当地常规技术应用因减少了化肥用量，进而减少或节省了这部分化肥成本的支出；对经营者来说，因节省成本也就变相或间接地增加了这部分收益，即"节本收益"。而"与常规技术比净增收益"实际上包含了"节本收益"。

为了克服共线性问题，避免对指标 B7 的估计偏误，进一步通过主成分分析法（PCA）将这两个指标降维成一个指标。

从表 8-4 可以看到，第一主成分的累计贡献率已达 97.69%，说明第一主成分基本包含了全部指标具有的信息。再通过对载荷矩阵进行旋转，得到表 8-5 所示结果，可发现即使降维成一个指标，指标 C11"与常规技术比净增收益"在第一主成分中的占比仍很高，因而总体上可以考虑删去指标 C12（减施化肥节本的收益）。

表 8-4　指标 C11 和指标 C12 对指标 B7 的主成分分析结果

主成分部分	特征值	方差贡献率	累计贡献率
第一主成分	26 544	0.976 9	0.976 9
第二主成分	628.468	0.023 1	1.000 0

表 8-5　载荷矩阵进行旋转的结果

指标	第一主成分
C11 与常规技术比净增收益	0.9499
C12 减施化肥节本的收益	0.3126

因此，为避免对指标层 B7 的估计偏误，必须克服指标共线性的问题，实际运算中忽视指标 C12 而直接以指标 C11 表征 B7，即指标 C11 与指标 B7 权重相同。

同样，通过 Pearson 相关性分析发现，指标层 C 中指标 C13 和指标 C14 也存在着明显的共线性，即"减施增效技术推广面积"与"采纳减施增效技术农户总数"存在着共线性，且该关系也为显著的正向共线性关系。为克服共线性问题，避免对指标 A3 的估计偏误，进一步通过主成分分析法将这两个指标降维成一个指标（表 8-6）。

表 8-6　指标 C13 和指标 C14 对指标 A3 的主成分分析结果

主成分部分	特征值	方差贡献率	累计贡献率
第一主成分	1.5333	0.9494	0.9494
第二主成分	0.0817	0.0506	1.0000

从表 8-6 可以看到，第一主成分的累计贡献率已达 94.94%，说明第一主成分基本包含了全部指标具有的信息。再通过对载荷矩阵进行旋转，得到表 8-7 所示结果，不难发现，即使降维成一个指标，指标 C13"减施增效技术推广面积"在第一主成分中的占比仍很高，因而总体上可以考虑删去指标 C14（采纳减施增效技术农户总数）。

表 8-7　载荷矩阵进行旋转的结果

指标	第一主成分
C13 减施增效技术推广面积	0.7954
C14 采纳减施增效技术农户总数	0.4061

基于以上分析，初步确立了化肥减施增效技术应用社会经济效果评价通适指标体系（表 8-8）。

表 8-8 稻果菜茶化肥减施增效技术应用社会经济效果评价通适指标体系

目标层	准则层	指标层	子指标层
化肥减施增效技术评价指标体系 A	B1 技术特征	C1 化肥减施比例	D1 单位面积折纯化肥氮用量减施比例
			D2 单位面积折纯化肥 P_2O_5 用量减施比例
		C2 技术轻简性	D3 单位面积节省劳动力数量
		C3 化肥利用率	D4 化肥氮回收利用率/氮农学效率
		C4 地力提升	D5 土壤有机质
			D6 有效磷
			D7 pH
	B2 经济效益	C5 作物产量	D8 单位种植面积收获作物产量
		C6 成本投入	D9 单位种植面积肥料成本
			D10 单位种植面积其他成本
		C7 净增收益	D11 与常规技术比净增收益
	B3 社会效益	C8 技术推广面积	D12 减施增效技术推广面积
		C9 地方政府纳入文件列为主推技术	D13 减施增效技术被省市县级政府纳入文件列为主推技术

其次,我们将"十三五"国家重点研发计划中蔬菜、苹果和茶叶三种作物化肥减施增效技术模式集成与示范项目组各自研发且已提供的集成模式,与水稻化肥减施增效技术集成模式集中放到一起,利用 Pearson 相关性检验,基于各模式对应指标的实测参数,再次进行全部指标互为独立、无相关或共线性分析,结果表明,指标 13 和指标 14 存在 0.05 水平的显著共线性,即"减施增效技术推广面积"与"采纳减施增效技术农户总数"存在共线性,该关系为显著的正向共线性关系(表 8-9)。

表 8-9 所有作物汇总数据下 Pearson 相关性分析表

指标	C1	C2	C3	C4	C5	C6	C7	C8	C9	C10	C11	C12	C13	C14	C15
C1	1.000														
C2	0.250	1.000													
C3	−0.144	0.377	1.000												
C4	0.174	0.052	−0.243	1.000											
C5	0.437	0.365*	−0.154	0.188	1.000										
C6	−0.171	0.247	0.150	0.256	0.320	1.000									
C7	−0.272	−0.029	−0.214	0.794	−0.114	0.348	1.000								
C8	0.298	0.179	−0.138	0.235	0.502*	−0.210	−0.173	1.000							
C9	0.034	0.204	−0.531	0.618	0.466*	0.131	−0.058	0.246*	1.000						
C10	−0.265*	0.218	−0.236	0.444	0.595***	0.134	0.357*	−0.090	0.468*	1.000					
C11	0.105	0.234	0.673*	−0.149	0.609*	−0.020	0.148	0.140	0.005	0.329*	1.000				
C12	−0.356	−0.188	0.271	−0.541	0.346	0.166	−0.040	−0.029	−0.241*	0.381*	0.206	1.000			
C13	−0.097	−0.087	−0.102	−0.121	−0.318	−0.261	−0.263	−0.252	−0.274	−0.143	−0.296	−0.091	1.000		
C14	−0.248	−0.058	−0.177	−0.123	−0.365	−0.282	−0.239	−0.262	−0.284	−0.240	−0.163	−0.100	0.568**	1.000	
C15	0.097	−0.055	0.410	−0.231	−0.124	0.157	−0.324	0.192	−0.005	0.180	−0.084	0.017	0.280	0.349	1.000

注:*** $P<0.01$,** $P<0.05$,* $P<0.1$

进一步通过主成分分析法将这两个指标降维成一个指标（表8-10），第一主成分的累计贡献率已达79.50%，说明第一主成分基本包含了全部指标具有的信息。再通过对载荷矩阵进行旋转，得到表8-11所示结果，不难发现，即使降维成一个指标，指标C13"减施增效技术推广面积"在第一主成分中的占比仍很高，因而总体上可以考虑删去指标C14（采纳减施增效技术农户总数）。

表8-10 指标C13和指标C14对指标A3的主成分分析结果

主成分部分	特征值	方差贡献率	累计贡献率
第一主成分	1.985	0.795	0.795
第二主成分	0.510	0.205	1.000

表8-11 载荷矩阵进行旋转的结果

指标	第一主成分
C13 减施增效技术推广面积	0.8173
C14 采纳减施增效技术农户总数	0.4763

因此，比较所有作物汇总数据和单独运用水稻作物数据情景下的Pearson相关性分析结果，虽然前者共线性0.01显著水平较水稻数据低，但反映出一致的趋势，依然可以考虑删去指标C14，而以"减施增效技术推广面积"代表社会效益就足够。

但是，另外一个发现是指标层C5与指标C10间存在0.01水平的显著共线性，即"土壤有机质"与"单位种植面积其他成本"之间存在共线性，且该关系为显著的正向共线性关系。单位种植面积其他成本是指作物生长季除肥料成本和人力成本之外的其他投入成本，实际包括"单位种植面积种子或秧苗成本""单位种植面积机械成本""单位种植面积农药成本"及其他。进一步对"土壤有机质"和"单位种植面积其他成本"进行拟合分析（图8-3），结果揭示土壤有机质含量与单位种植面积其他成本间存在U型关系，即当有机质含量过高而超过合理范围时，单位种植面积其他成本也会随之增加。因此，两指标间显著的线性关系并不成立，可考虑忽略这一共线性。

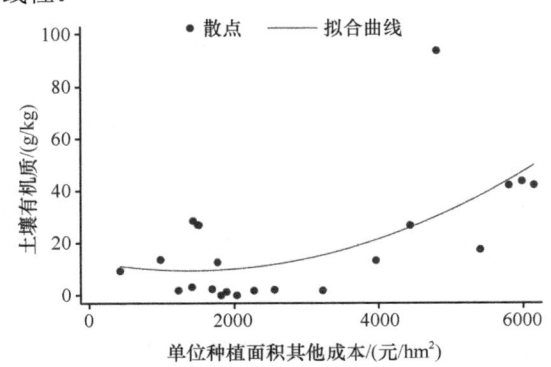

图8-3 指标"土壤有机质"与指标"单位种植面积其他成本"的拟合曲线

（3）水稻化肥减施增效技术应用的社会经济效果评价指标体系

以表8-8化肥减施增效技术应用社会经济效果评价通适指标体系为蓝本，结合水稻作物生长期间水分养分需求及农艺管理特点，经过专家组现场会议形式咨询，增补或替换了相关指标,如土壤全氮代替有机质、有效钾代替 pH,细化了通适指标中其他成本为单位种植面积人工成本、单位种植面积种子或秧苗成本、单位种植面积机械成本、单位种植面积农药成本和单位种植面积其他成本指标,所替换和增加的指标进一步经过共线性分析,都互为独立,最终确立了水稻化肥减施增效技术应用的社会经济效果评价指标体系(表 8-12)。

表 8-12　水稻化肥减施增效技术应用社会经济效果评价指标体系

目标层	准则层	指标层	子指标层
化肥减施增效技术评价指标体系 A	B1 技术特征	C1 化肥减施比例	D1 单位面积折纯化肥氮用量减施比例
			D2 单位面积折纯化肥 P_2O_5 用量减施比例
		C2 技术轻简性	D3 单位面积节省劳动力数量
		C3 化肥氮利用率	D4 农学效率
		C4 施肥方式	D5 面施或表施
			D6 深施
		C5 地力提升	D7 土壤全氮
			D8 有效磷
			D9 有效钾
	B2 经济效益	C6 作物产量	D10 单位种植面积收获作物产量
		C7 成本投入	D11 单位种植面积肥料成本
			D12 单位种植面积人工成本
			D13 单位种植面积种子或秧苗成本
			D14 单位种植面积机械成本
			D15 单位种植面积农药成本
			D16 单位种植面积其他成本
		C8 净增收益	D17 与常规技术比净增收益
	B3 社会效益	C9 技术推广面积	D18 技术推广面积
	B4 管理	C10 地方政府配套政策	D19 省市县级政府是否纳入文件列为主推技术

(4)设施蔬菜化肥减施增效技术应用的社会经济效果评价指标体系

以表 8-8 化肥减施增效技术应用社会经济效果评价通适指标体系为蓝本,结合蔬菜经济作物生长期间生理生态水分养分需求及农艺管理特点,经过专家组现场会议形式咨询,增补或替换了相关指标,细化了通适指标中其他成本为单位种植面积人工成本、单位种植面积种子或秧苗成本、单位种植面积机械成本、单位种植面积农药成本、单位种植面积其他成本,所替换和增加的指标进一步经过共线性分析,都互为独立,最终确立了设施蔬菜化肥减施增效技术应用社会经济效果评价指标体系(表 8-13)。

表 8-13　设施蔬菜化肥减施增效技术应用社会经济效果评价指标体系

目标层	准则层	指标层	子指标层
化肥减施增效技术评价指标体系 A	B1 技术特征	C1 化肥施用量	D1 单位面积折纯化肥氮用量
			D2 单位面积折纯化肥 P_2O_5 用量
			D3 单位面积折纯化肥 K_2O 用量

第8章 化肥减施增效技术效果监测与评估研究

目标层	准则层	指标层	子指标层
化肥减施增效技术评价指标体系 A	B1 技术特征	C2 技术轻简性	D4 单位面积节省劳动力数量
		C3 化肥利用率	D5 化肥氮回收利用率
		C4 稳产下有机肥替代率	D6 有机物料替代化学氮肥的比例
		C5 施肥方式	D7 面施/表施
			D8 深施（含水肥一体化）
		C6 地力提升	D9 土壤有机质
			D10 有效磷
			D11 有效钾
			D12 pH
	B2 经济效益	C7 作物产量	D13 单位种植面收获作物产量
		C8 成本投入	D14 单位种植面积肥料成本
			D15 单位种植面积人工成本
			D16 单位种植面积种子或秧苗成本
			D17 单位种植面积机械成本
			D18 单位种植面积农药成本
			D19 单位种植面积其他成本
		C9 净增收益	D20 与常规技术比净增收益
	B3 社会效益	C10 技术推广面积	D21 技术推广面积
	B4 管理	C11 地方政府配套政策	D22 省市县级政府是否纳入文件列为主推技术

（5）苹果化肥减施增效技术应用社会经济效果评价指标体系

以表 8-8 化肥减施增效技术应用社会经济效果评价通适指标体系为蓝本，结合苹果经济作物生长期间生理生态水分养分需求及农艺管理特点，经过专家组现场会议形式咨询，增补或替换了相关指标，如增加了单位面积苹果商品率和有效钾指标，细化了通适指标中其他成本为单位种植面积人工成本、单位种植面积机械成本、单位种植面积农药成本、单位种植面积其他成本指标，化肥利用率被化肥农学效率替代，所替换和增加的指标进一步经过共线性分析，都互为独立，最终确立了苹果化肥减施增效技术应用社会经济效果评价指标体系（表 8-14）。

表 8-14 苹果化肥减施增效技术应用社会经济效果评价指标体系

目标层	准则层	指标层	子指标层
化肥减施增效技术评价指标体系 A	B1 技术特征	C1 化肥施用量	D1 单位面积折纯化肥氮用量
			D2 单位面积折纯化肥 P_2O_5 用量
			D3 单位面积折纯化肥 K_2O 用量
		C2 技术轻简性	D4 单位面积节省劳动力数量
		C3 苹果商品率	D5 单位面积苹果商品率
		C4 化肥农学效率	D6 单位施氮量所增加的苹果产量
		C5 稳产下有机肥替代率	D7 有机物料替代化学氮肥的比例

续表

目标层	准则层	指标层	子指标层
化肥减施增效技术评价指标体系 A	B1 技术特征	C6 施肥方式	D8 面施/表施
			D9 深施（含水肥一体化）
		C7 地力提升	D10 土壤有机质
			D11 有效磷
			D12 有效钾
			D13 pH
	B2 经济效益	C8 作物产量	D14 单位种植面收获作物产量
		C9 成本投入	D15 单位种植面积人工成本
			D16 单位种植面积肥料成本
			D17 单位种植面积机械成本
			D18 单位种植面积农药成本
			D19 单位种植面积其他成本
		C10 净增收益	D20 与常规技术比净增收益
	B3 社会效益	C11 技术推广面积	D21 技术推广面积
	B4 管理	C12 地方政府配套政策	D22 省市县级政府是否纳入文件列为主推技术

（6）茶叶化肥减施增效技术应用社会经济效果评价指标体系

以表 8-8 化肥减施增效技术应用社会经济效果评价通适指标体系为蓝本，结合茶叶经济作物生长期间生理生态水分养分需求及农艺管理特点，经过专家组现场会议形式咨询，增补或替换了相关指标，如土壤全氮代替土壤有机质，增加了有效钾指标和茶叶品质指标（包括水浸出物、茶多酚、咖啡碱和氨基酸），细化了通适指标中其他成本为单位种植面积人工成本、单位种植面积机械成本、单位种植面积农药成本和单位种植面积其他成本指标，化肥利用率被化肥农学效率替代，所替换和增加的指标进一步经过共线性分析，都互为独立，最终确立了茶叶化肥减施增效技术应用的社会经济效果评价指标体系（表 8-15）。

表 8-15 茶叶化肥减施增效技术应用社会经济效果评价指标体系

目标层	准则层	指标层	子指标层
减施增效技术评价指标体系 A	B1 技术特征	C1 化肥施用量	D1 单位面积折纯化肥氮用量
			D2 单位面积折纯化肥 P_2O_5 用量
			D2 单位面积折纯化肥 K_2O 用量
		C2 技术轻简性	D4 单位面积节省劳动力数量
		C3 化肥农学效率	D5 单位施氮量所增加的茶叶产量
		C4 稳产下有机肥替代率	D6 有机物料替代化学氮肥的比例
		C5 施肥方式	D7 面施/表施/叶面喷施
			D8 深施（含沟施、穴施、水肥一体化）
		C6 地力提升	D9 土壤全氮
			D10 有效磷
			D11 有效钾
			D12 pH

续表

目标层	准则层	指标层	子指标层
减施增效技术评价指标体系 A	B1 技术特征	C7 茶叶品质	D13 水浸出物
			D14 茶多酚
			D15 咖啡碱
			D16 氨基酸
	B2 经济效益	C8 作物产量	D17 单位种植面积茶青产值
		C9 成本投入	D18 单位种植面积人工成本
			D19 单位种植面积肥料成本
			D20 单位种植面积机械成本
			D21 单位种植面积农药成本
			D22 单位种植面积其他成本
		C10 净增收益	D23 与常规技术比净增收益
	B3 社会效益	C11 技术推广面积	D24 技术推广面积
	B4 管理	C12 地方政府配套政策	D25 省市县级政府是否纳入文件列为主推技术

3. 化肥减施增效技术应用的社会经济效果评价指标体系各指标释义与量纲

为了更好地标准化指标并开展下一步研究，将指标体系中所涉及全部指标的释义与量纲一并标注于表 8-16。

表 8-16 化肥减施增效技术应用社会经济效果评价指标释义与量纲

种类	指标	单位	释义
4 种作物共有指标	单位面积折纯化肥氮用量减施比例	%	减施增效技术较常规技术单位种植面积折纯化肥氮减施百分比
	单位面积折纯化肥 P_2O_5 用量减施比例	%	减施增效技术较常规技术单位种植面积折纯化肥 P_2O_5 减施百分比
	单位面积节省劳动力数量	个/hm²	减施增效技术较常规技术可节省的劳动力数量
	化肥氮回收利用率/氮农学效率	kg/kg	作物对施入土壤的肥料氮的回收效率，即 $RE_N=(U-U_0)/F$，其中 U 为施肥后作物收获时地上部的吸氮总量，U_0 为未施肥时作物收获时地上部的吸氮总量，F 代表化肥氮的投入量/减施增效技术较常规技术应用折纯化肥施氮量所增加的作物产量，即 $AE_N=(Y-Y_0)/F$，其中 Y 为施肥后所收获的作物产量，Y_0 为未施肥时所收获的作物产量，F 代表化肥氮的投入量
	面施或表施		减施增效技术化肥均匀撒于田面的方式
	深施		减施增效技术化肥随撒随耕旋埋于土壤或以侧条深施技术的方式
	有机质/全氮	g/kg	每千克土壤中有机质/全氮含量
	有效磷	mg/kg	减施增效技术每千克土壤中有效磷含量
	有效钾	mg/kg	减施增效技术每千克土壤中有效钾含量
	单位种植面收获作物产量	kg/hm²	减施增效技术单位种植面积收获产量

续表

种类	指标	单位	释义
4 种作物共有指标	单位种植面积肥料成本	元/hm²	减施增效技术单位种植面积投入肥料总费用
	单位种植面积机械成本	元/hm²	减施增效技术单位种植面积投入机械总费用
	单位种植面积农药成本	元/hm²	减施增效技术单位种植面积投入农药总费用
	单位种植面积人工成本	元/hm²	减施增效技术单位种植面积投入劳动力总费用
	单位种植面积其他成本	元/hm²	减施增效技术单位种植面积涉及上述成本之外的其他投入总费用
	与常规技术比净增收益	元/hm²	单位种植面积减施增效技术净收益与常规技术应用净收益之差
	减施增效技术推广面积	hm²	通过示范宣传减施增效技术在实际生产上得到推广应用的面积
	省市县级政府纳入文件列为主推技术		减施增效技术是否被省市县级政府纳入文件列为主推技术
水稻/蔬菜专有指标	单位种植面积种子或秧苗成本	元/hm²	减施增效技术单位种植面积购买种子或秧苗总费用
蔬菜/苹果/茶叶专有指标	单位面积折纯化肥氮用量	kg/hm²	减施增效技术单位面积折纯化肥氮用量
	单位面积折纯化肥 P₂O₅ 用量	kg/hm²	减施增效技术单位面积折纯化肥 P₂O₅ 用量
	单位面积折纯化肥 K₂O 用量	kg/hm²	减施增效技术单位面积折纯化肥 K₂O 用量
	有机物料替代化学氮肥的比例	%	减施增效技术以施用有机肥替代部分折纯化肥氮的百分比
	pH		土壤酸碱程度
苹果专有指标	单位面积苹果商品率	%	苹果商品量占苹果总产量的比例
茶叶专有指标	水浸出物	%	每千克茶叶中水浸出物含量
	茶多酚	%	每千克茶叶中茶多酚含量
	咖啡碱	%	每千克茶叶中咖啡碱含量
	氨基酸	%	每千克茶叶中氨基酸含量

4. 化肥减施增效技术应用的社会经济效果评价指标体系指标赋权

指标权重是指标在评价过程中不同重要程度的反映，是评估问题中指标相对重要程度的一种主观评价和客观反映的综合度量。权重的赋值合理与否，对评价结果的科学合理性起着至关重要的作用。本课题对指标体系各指标赋权，采用主观赋权法，即组织多轮水稻栽培、蔬菜栽培、茶叶种植、苹果种植、土壤学、植物营养学和农经等领域或跨学科领域的近 100 位专家，根据他们的经验，结合项目与课题实际目标要求，从准则层、指标层和子指标层不同的维度，在一定程度上较为合理地确定各个指标按重要程度给予的排序，进而按重要程度给指标打分。稻果菜茶化肥减施增效技术应用的社会经济效果评价通适指标打分（表 8-17）和 4 个具体作物化肥减施增效技术应用的社会经济效果评价指标体系各指标的打分（系数）（表 8-18～表 8-21）遵循下述方法：同一层次不同维度指标权重之和为 100，各维度按其重要程度给予不同的分值；而同一维度指标下包含具有隶属关系、不同层级、不同数量的指标，则同一隶属关系下同一层级指标权重之和为 100，其他以此类推。

表 8-17 稻果菜茶化肥减施增效技术应用社会经济效果评价通适指标体系赋权

目标层	准则层	权重	指标层	权重	子指标层	权重
化肥减施增效技术评价指标体系 A	B1 技术特征	43.10%	C1 化肥减施比例	12.86%	D1 单位面积折纯化肥氮用量减施比例	7.63%
					D2 单位面积折纯化肥 P₂O₅ 用量减施比例	5.23%
			C2 技术轻简性	8.99%	D3 单位面积节省劳动力数量	8.99%
			C3 化肥利用率	11.06%	D4 化肥氮回收利用率/氮农学效率	11.06%
			C4 地力提升	10.19%	D5 土壤有机质	5.22%
					D6 有效磷	2.47%
					D7 pH	2.50%
	B2 经济效益	32.23%	C5 作物产量	10.21%	D8 单位种植面积收获作物产量	10.21%
			C6 成本投入	10.15%	D9 单位种植面积肥料成本	5.57%
					D10 单位种植面积其他成本	4.58%
			C7 净增收益	11.87%	D11 与常规技术比净增收益	11.87%
	B3 社会效益	24.67%	C8 技术推广面积	18.09%	D12 减施增效技术推广面积	18.09%
			C9 地方政府纳入文件列为主推技术	6.58%	D13 减施增效技术被省市县级政府纳入文件列为主推技术	6.58%

表 8-18 水稻化肥减施增效技术应用社会经济效果评价指标体系指标赋权

目标层	准则层	权重	指标层	权重	子指标层	权重
化肥减施增效技术评价指标体系 A	B1 技术特征	41.45%	C1 化肥减施比例	8.86%	D1 单位面积折纯化肥氮用量减施比例	5.42%
					D2 单位面积折纯化肥 P₂O₅ 用量减施比例	3.44%
			C2 技术轻简性	10.54%	D3 单位面积节省劳动力数量	10.54%
			C3 化肥氮利用率	8.28%	D4 农学效率	8.28%
			C4 施肥方式	1.92%	D5 面施或表施	0.79%
					D6 深施	1.13%
			C5 地力提升	11.85%	D7 土壤全氮	4.73%
					D8 有效磷	3.60%
					D9 有效钾	3.52%
	B2 经济效益	25.86%	C6 作物产量	2.78%	D10 单位种植面积收获作物产量	2.78%
			C7 成本投入	10.99%	D11 单位种植面积肥料成本	2.36%
					D12 单位种植面积人工成本	2.32%
					D13 单位种植面积种子或秧苗成本	1.38%
					D14 单位种植面积机械成本	1.81%
					D15 单位种植面积农药成本	1.96%
					D16 单位种植面积其他成本	1.16%
			C8 增量收益	12.08%	D17 与常规技术比净增收益	12.08%
	B3 社会效益	18.11%	C9 技术推广面积	18.11%	D18 技术推广面积	18.11%
	B4 管理	14.59%	C10 地方政府配套政策	14.59%	D19 省市县级政府是否纳入文件列为主推技术	14.59%

表 8-19 设施蔬菜化肥减施增效技术应用社会经济效果评价指标体系指标赋权

目标层	准则层	权重	指标层	权重	子指标层	权重
化肥减施增效技术评价指标体系 A	B1 技术特征	50.23%	C1 化肥施用量	12.39%	D1 单位面积折纯化肥氮用量	5.52%
					D2 单位面积折纯化肥 P$_2$O$_5$ 用量	3.66%
					D3 单位面积折纯化肥 K$_2$O 用量	3.21%
			C2 技术轻简性	9.61%	D4 单位面积节省劳动力数量	9.61%
			C3 化肥利用率	6.17%	D5 化肥氮回收利用率	6.17%
			C4 稳产下有机肥替代率	6.33%	D6 有机物料替代化学氮肥的比例	6.33%
			C5 施肥方式	7.16%	D7 面施/表施	1.19%
					D8 深施（含水肥一体化）	5.97%
			C6 地力提升	8.57%	D9 土壤有机质	2.73%
					D10 有效磷	2.10%
					D11 有效钾	1.87%
					D12 pH	1.87%
	B2 经济效益	21.23%	C7 作物产量	2.51%	D13 单位种植面积收获作物产量	2.51%
			C8 成本投入	7.38%	D14 单位种植面积肥料成本	1.81%
					D15 单位种植面积人工成本	1.32%
					D16 单位种植面积种子或秧苗成本	1.16%
					D17 单位种植面积机械成本	0.92%
					D18 单位种植面积农药成本	1.37%
					D19 单位种植面积其他成本	0.80%
			C9 净增收益	11.34%	D20 与常规技术比净增收益	11.34%
	B3 社会效益	14.62%	C10 技术推广面积	14.62%	D21 技术推广面积	14.62%
	B4 管理	13.92%	C11 地方政府配套政策	13.92%	D22 省市县级政府是否纳入文件列为主推技术	13.92%

表 8-20 苹果化肥减施增效技术应用社会经济效果评价指标体系指标赋权

目标层	准则层	权重	指标层	权重	子指标层	权重
化肥减施增效技术评价指标体系 A	B1 技术特征	30.70%	C1 化肥施用量	4.51%	D1 单位面积折纯化肥氮用量	1.75%
					D2 单位面积折纯化肥 P$_2$O$_5$ 用量	1.38%
					D3 单位面积折纯化肥 K$_2$O 用量	1.38%
			C2 技术轻简性	4.58%	D4 单位面积节省劳动力数量	4.58%
			C3 苹果商品率	4.34%	D5 单位面积苹果商品率	4.34%
			C4 化肥农学效率	3.55%	D6 单位施氮量所增加的苹果产量	3.55%
			C5 稳产下有机肥替代率	4.51%	D7 有机物料替代化学氮肥的比例	4.51%
			C6 施肥方式	4.38%	D8 面施/表施	1.69%
					D9 深施（含水肥一体化）	2.69%

续表

目标层	准则层	权重	指标层	权重	子指标层	权重
化肥减施增效技术评价指标体系 A	B1 技术特征	30.70%	C7 地力提升	4.83%	D10 土壤有机质	1.29%
					D11 有效磷	1.16%
					D12 有效钾	1.33%
					D13 pH	1.05%
	B2 经济效益	30.70%	C8 作物产量	2.91%	D14 单位种植面积收获作物产量	2.91%
			C9 成本投入	10.66%	D15 单位种植面积肥料成本	2.44%
					D16 单位种植面积人工成本	2.78%
					D17 单位种植面积机械成本	1.79%
					D18 单位种植面积农药成本	2.04%
					D19 单位种植面积其他成本	1.61%
			C10 净增收益	17.13%	D20 与常规技术比净增收益	17.13%
	B3 社会效益	20.46%	C11 技术推广面积	20.46%	D21 技术推广面积	20.46%
	B4 管理	18.14%	C12 地方政府配套政策	18.14%	D22 省市县级政府是否纳入文件列为主推技术	18.14%

表 8-21 茶叶化肥减施增效技术应用社会经济效果评价指标体系指标赋权

目标层	准则层	权重	指标层	权重	子指标层	权重
化肥减施增效技术评价指标体系 A	B1 技术特征	29.36%	C1 化肥施用量	5.33%	D1 单位面积折纯化肥氮用量	2.59%
					D2 单位面积折纯化肥 P_2O_5 用量	1.37%
					D3 单位面积折纯化肥 K_2O 用量	1.37%
			C2 技术轻简性	4.49%	D4 单位面积节省劳动力数量	4.49%
			C3 化肥农学效率	5.25%	D5 单位施氮量所增加的茶叶产量	5.25%
			C4 稳产下有机无机肥替代率	3.21%	D6 有机物料替代化学氮肥的比例	3.21%
			C5 施肥方式	3.98%	D7 面施/表施/叶面喷施	1.53%
					D8 深施（含沟施、穴施、水肥一体化）	2.45%
			C6 地力提升	4.05%	D9 土壤全氮	1.78%
					D10 有效磷	0.69%
					D11 有效钾	0.87%
					D12 pH	0.71%
			C7 茶叶品质	3.05%	D13 水浸出物	0.73%
					D14 茶多酚	0.90%
					D15 咖啡碱	0.52%
					D16 氨基酸	0.90%

续表

目标层	准则层	权重	指标层	权重	子指标层	权重
化肥减施增效技术评价指标体系A	B2 经济效益	27.29%	C8 作物产量	3.11%	D17 单位种植面积茶青产值	3.11%
			C9 成本投入	11.43%	D18 单位种植面积人工成本	2.56%
					D19 单位种植面积肥料成本	2.87%
					D20 单位种植面积机械成本	1.73%
					D21 单位种植面积农药成本	2.39%
					D22 单位种植面积其他成本	1.88%
			C10 净增收益	12.75%	D23 与常规技术比净增收益	12.75%
	B3 社会效益	20.36%	C11 技术推广面积	20.36%	D24 技术推广面积	20.36%
	B4 管理	22.99%	C12 地方政府配套政策	22.99%	D25 省市县级政府是否纳入文件列为主推技术	22.99%

计算最终指标权重的过程如下：第一，确定准则层面指标权重，基于各位专家对准则层几个指标不同重要程度的打分，以算术平均法计算得到各指标的权重，确定为准则层面多个指标的最终权重；第二，计算准则层各指标下具有隶属关系的指标层各指标的权重，此时，与准则层某一指标具有隶属关系的指标层指标的权重实际上是准则层指标权重与指标层指标打分的乘积；第三，子指标权重则是与指标层某一指标具有隶属关系的指标层指标的权重和子指标层指标打分的乘积（图8-4）。

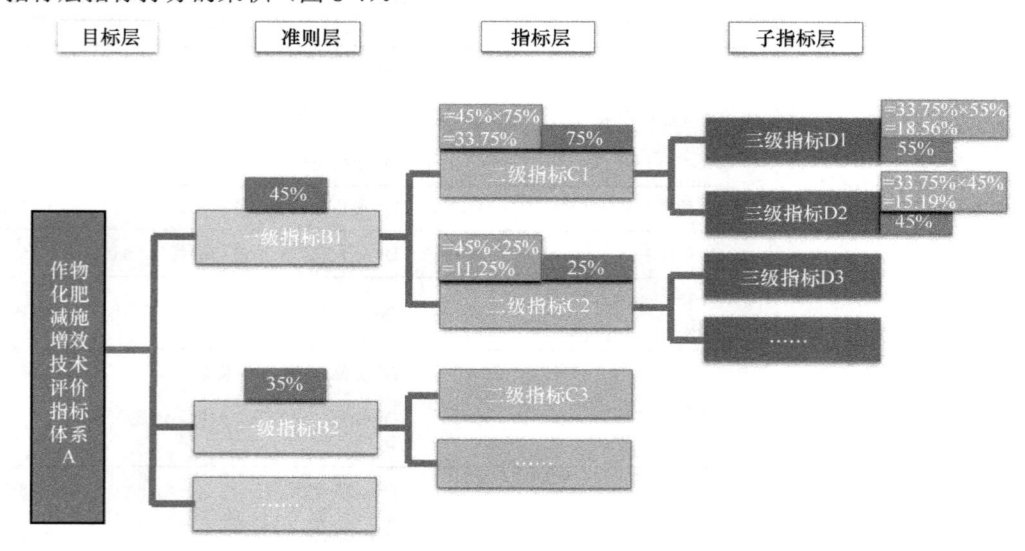

图 8-4　作物化肥减施增效技术评价指标体系指标赋权过程

8.3　化肥减施增效技术应用效果的评估

在建立水稻、蔬菜、苹果和茶叶不同作物化肥减施增效技术应用的社会经济效果评价指标体系及通适指标体系之后，接着要做的就是利用实际数据对化肥减施增效技术应用效果进行综合评估，其中，最重要的就是对各个指标进行赋权，以便获得综合评估值。

8.3.1 指标方向确定和指标无量纲化处理

在对评估指标进行赋权之前，首先要明确用于评估的指标是属于哪一种性质的指标，即正向指标、负向指标、区间指标。正向指标表示指标值越大越优，负向指标表示指标值越小越优，区间指标表示指标值落在某一区间为最优，指标值偏离这一区间越远则越差。

其次，对评估指标进行无量纲化处理。常用的处理方法如下。

1）对于正向指标和负向指标，则有

设有 m 个指标变量：$X_1, X_2, \cdots, X_m$，其中 $X_i = (X_{i1}, X_{i2}, \cdots, X_{ik})$，则其无量纲化值为

$$x_{ij} = (X_{ij} - X_{i,\min}) / (X_{i,\max} - X_{i,\min}) \text{（正向变量）}$$

$$\text{或 } x_{ij} = (X_{i,\min} - X_{ij}) / (X_{i,\max} - X_{i,\min}) \text{（负向变量）}$$

式中，$X_{i,\min}$ 为变量 X_i 的最小值，$X_{i,\max}$ 为变量 X_i 的最大值，i 为第 i 个评价对象，j 为第 j 项指标。

2）使用 Z-Score 进行无量纲化处理，即 $x_{ij} = (X_{ij} - \mu_i) / \sigma_i$，其中 μ_i、σ_i 分别为 X_i 的平均值、标准差。此为对正向指标的处理，对负向指标的处理再取负即可。

3）对于正向指标，令 $x_{ij} = X_{ij} / X_i^*$；对于负向指标，令 $x_{ij} = X_i^* / X_{ij}$。其中，X_i^* 为第 i 项指标的平均值。

4）对于区间最优指标的计算公式如下。

设 $[q_1, q_2]$ 为区间指标 x_i 的最优区间，m_1、m_2 为区间指标允许的下、上界限值，则 x_i 无量纲化公式我们选择如下形式。

$$z_i = \begin{cases} 0 & \text{如果 } x_i \in [m_1, m_2] \\ \left(-\dfrac{1}{(q_1-m_1)^2}x^2 + \dfrac{2q_1}{(q_1-m_1)^2}x + \dfrac{m_1^2 - 2q_1 m_1}{(q_1-m_1)^2}\right) \times 100\% & \text{如果 } x_i \in [m_1, q_1] \\ 100\% & \text{如果 } x_i \in [q_1, q_2] \\ \left(-\dfrac{1}{(q_2-m_2)^2}x^2 + \dfrac{2q_2}{(q_2-m_2)^2}x + \dfrac{m_2^2 - 2q_2 m_2}{(q_2-m_2)^2}\right) \times 100\% & \text{如果 } x_i \in [q_2, m_2] \end{cases} \quad (8\text{-}1)$$

对于区间最优指标，在评估过程中最重要的是确定 4 个值，即 q_1、q_2、m_1、m_2。对于每个区间指标的这 4 个值，经过专家咨询及相关文献资料和研究成果的查阅，现都已确定，并应用于实际评估中。

8.3.2 化肥减施增效技术应用效果评估方法

针对综合评估指标体系中权重的确定问题，许多学者根据自己的理论研究和实践提出了确定权重的方法。这些方法主要分成三大类：第一类是主观赋权法，如专家调查法、二元对比排序法、环比评分法、层次分析法等（在本项目研究中，我们采用专家调查法对每个品种的评估指标和通适评估指标进行了赋权）；第二类是客观赋权法，如主成分分析法、聚类分析法、熵权法等；第三类就是组合赋权法，即将主观赋权法和客观赋权法进行科学组合的赋权方法。

主观赋权法操作简单，主要依靠专家经验，主观随意性较强；客观赋权法主要利用指标实测数据进行赋权，客观性强，但是易脱离实际；而主客观结合赋权法则是将两种赋权方法相结合，用这种综合方法获得的权重更加贴近实际情况。

其实，上述方法都隐性地（第一类）或显性地（第二类、第三类）遵循着信息论理论进

行赋权。根据信息论理论，人们通常应用熵值来表征不确定性。人们从所研究事物中所获取的信息的量越大，则对该事物认识的不确定性就越小，熵值也就越小；反之亦然。根据熵值的这一特性，在进行多指标综合评估时，我们可以利用熵值判断某个指标的离散程度，指标的离散程度越大，该指标对综合评估的影响就越大，则对该指标所赋权重也应该越大；反之亦然。本项目研究使用专家约束条件下的主成分分析法对评估指标进行赋权，其所遵循的科学原理就是在专家对评估指标赋权的范围内，根据这一信息论理论确定指标权重。

1. 主观赋权法与客观赋权法

本项目研究中，若是应用主观赋权法，就是根据一批对化肥减施增效技术应用效果研究对象有相当认识的专家，对各项经济效益指标、环境效益指标、社会效益指标分别给出权重值，随后综合全部专家的权重值，最后确定各指标的权重。主观赋权法主要通过决策者对指标不同的认知重视程度来主观判定指标权重，但往往会受到专家理解不同等不可控因素的影响而产生难以令人信服的结果。虽然可将各位专家的赋权结果计算算术平均数或中位数，以期避免单一专家的主观偏好，进而获得综合多位专家主观意见的结果。但是，其有时会忽略专家意见的差异性，使得结果与实际情况产生较大偏差。此时，为获得意见一致的专家组主观权重，通常选取基于专家组多重相关性赋权法，即通过研究专家意见本身的相关性给指标赋权。

若是应用客观赋权法，就是根据事先确定的一种客观加权准则，再由化肥减施增效技术应用中的各种模式样本数据信息，用数学或统计的方法计算出权重。其中，最常用的客观赋权法即为熵权法。

（1）专家组多重相关性赋权法

这种方法的优点在于经过多次收敛后会得到一个相对稳定的权重。运用该方法确定指标体系主观权重的具体操作如下。

设决策问题指标个数为 n，分别为 $x_1, x_2, \cdots, x_n$，通过咨询 Q 名专家得到 q 个权重向量，则得到如下权重矩阵。

$$W = [W^1, W^2, \cdots, W^q]^T$$

式中，W^q 为第 k 个专家所给出的权重向量，T 为转置矩阵。

$$W^k = (\omega_1^k, \omega_2^k, \cdots, \omega_n^k), \quad k = 1, 2, \cdots, q, \quad q \geq 2$$

作以下定义：如果同一指标在多位专家判定下权重相同或相近，定义这些专家为较权威专家；如果存在个别专家与大多数专家意见不同时，定义这位专家为较不权威专家；运用相关系数来表示不同专家之间的相近程度。显然，在最终权重组合中，较权威专家的意见占主导地位。

由此，可以用相关系数来表示专家的权威程度，也就是可以用其代表专家权重组合在指标最后权重中的占比，即用相关系数来表示专家赋予权重。通过权重矩阵计算相关系数矩阵 $\boldsymbol{R}$。

$$\boldsymbol{R} = \begin{bmatrix} r_{11} & \cdots & r_{1q} \\ \vdots & & \vdots \\ r_{q1} & \cdots & r_{qq} \end{bmatrix} \tag{8-2}$$

$$r_{ij} = \frac{\sum_{k=1}^{n}(\omega_k^i - \bar{\omega}^i)(\omega_k^j - \bar{\omega}^j)}{\sqrt{\sum_{k=1}^{n}(\omega_k^i - \bar{\omega}^i)^2}\sqrt{\sum_{k=1}^{n}(\omega_k^j - \bar{\omega}^j)^2}} \tag{8-3}$$

$$\bar{\omega}^i = \sum_{k=1}^{n} \omega_k^i / n \tag{8-4}$$

但是需要注意，权重矩阵需满足归一特性，而此处 R 为相关系数矩阵，需要对其进行归一化处理，满足权重和为 1 后才可用其表示权重矩阵。

$$R' = \begin{bmatrix} r'_{11} & \cdots & r'_{1q} \\ \vdots & & \vdots \\ r'_{q1} & \cdots & r'_{qq} \end{bmatrix} \tag{8-5}$$

$$r'_{ij} = r_{ij} / \sum_{j=1}^{q} r_{ij} \tag{8-6}$$

由此，定义专家加权权重矩阵为

$$\tilde{\omega} = R' \times W \tag{8-7}$$

此时，虽然 $\tilde{\omega}$ 为专家加权权重矩阵，但是其不具有收敛性，为获得收敛矩阵，即一致性的指标赋权值，需要重复此过程。即每一次将 $\tilde{\omega}$ 看作新权重矩阵，重复以上公式进行计算。每进行一轮权重的专家加权矩阵计算，会对上一轮专家意见权重进行信息集合，其相关系数必会得到强化。重复多次，终将得到收敛的专家权重矩阵。

（2）熵权法

熵权法是通过信息熵来进行赋权，熵值越大，则权重越小，反之亦然。

设有 m 个指标变量 $X_1, X_2, \cdots, X_m$，其中 $X_i = (X_{i1}, X_{i2}, \cdots, X_{ik})$。

先计算第 j 个调查户在第 i 个变量中的比重：

$$s_{ij} = X_{ij} / \sum_{j=1}^{k} x_{ij} \tag{8-8}$$

计算第 i 个变量的信息熵：

$$e_i = -K \sum_{j=1}^{k} s_{ij} \ln(s_{ij}), \quad K = 1/\ln k \tag{8-9}$$

则第 i 个变量的权重为

$$a_i = (1 - e_i) / \sum_{j=1}^{5} (1 - e_j) \tag{8-10}$$

这两种赋权法各有利弊。主观赋权法的基础是专家对研究对象必须非常熟悉，倘若因某种原因使这一条件不能满足，则给出的评估结果会出现偏差。例如，很可能会出现这样结果：某些指标的离散程度较大，根据客观赋权法，应该有较大的权重，而主观赋权法赋予的权重却较小，反之亦然；客观赋权法排除了大部分的主观成分，所以一般来说，其得出的结果是属"中性"的。可是，客观赋权法总是某种准则下的最优解，若仅在数学上考虑其"最优"，也会出现不尽合理的结果。例如，很可能会出现这样的结果：某个指标根据客观赋权法给出的权重值，落入了主观赋权法给出的权重值区间之外，即与专家的理论认知和实践认知脱节。

在对各个评估指标进行赋权时，我们既要充分吸纳专家对评估指标权重的主观赋值，也要充分注重各项评估指标实际数值的变动状况。为此，在本项目研究中，我们采用综合了主观赋权法和客观赋权法的专家约束条件下的主成分分析评估方法。

2. 专家约束条件下的主成分分析评估方法

此方法是一种后加权的方法，即在数据采集之前，权重尚未确定，因此，不会在提供数据时产生人为偏向。

设有 k 个指标，记为 $I_1, I_2, \cdots, I_k$，其对应的样本记为（由调查表获得数据，按各指标定义算出）如下公式。

$$I_1 \triangleq \begin{pmatrix} X_{11} \\ X_{12} \\ \vdots \\ X_{1n} \end{pmatrix}, \quad I_2 \triangleq \begin{pmatrix} X_{21} \\ X_{22} \\ \vdots \\ X_{2n} \end{pmatrix}, \quad \cdots, \quad I_k \triangleq \begin{pmatrix} X_{k1} \\ X_{k2} \\ \vdots \\ X_{kn} \end{pmatrix} \tag{8-11}$$

我们知道，若 $I_1, I_2, \cdots, I_k$ 之间相关性相当大，则各种加权实际上没有太大的区别，权重可取算术平均数。可以确信，本项目研究的样本数据不存在此种情况。

（1）权重计算步骤

1）首先，对于指标 $I_1, I_2, \cdots, I_k$，用专家咨询表的形式，由专家给出各个指标权重的上、下限 α_i、β_i（$i = 1, 2, \cdots, k$）。显然，当 $\alpha_i = \beta_i$ 时，就是专家加权法。这里，我们要求 $0 < \alpha_i < \beta_i < 1$。

2）对数据 $I_1, I_2, \cdots, I_k$ 进行无量纲化处理，并使其样本期望为零。

3）由整理好的数据算出 $I_1, I_2, \cdots, I_k$ 的方差和协方差矩阵的估计值 $\hat{\Sigma}$。

4）根据

$$\begin{cases} \max\{a'\hat{\Sigma}a\} \\ \|a\| = 1, \quad \alpha_i \leq a_i \leq \beta_i, \quad i = 1, 2, \cdots, k \end{cases} \tag{8-12}$$

计算出 a_i 的值，其中 $a = (a_1, a_2, \cdots, a_k)$。

这里，a_i（$i = 1, 2, \cdots, k$）即为所需各指标的权重。

（2）算法中的几个理论问题

1）距离的定义。在本课题求权重的问题中，所用到的矩阵 $\hat{\Sigma}$ 是实对称的，为使问题简化，我们直接用欧氏距离，即

$$\|a\| = \sqrt{\sum_{i=1}^{k} a_i^2} \tag{8-13}$$

2）权重数解的存在性。首先考虑单位球面，因为 $f(a)$ 是定义在 k 维实空间上的二次函数，所以在单位球面上的任一点 a^*，$\|a^*\| = 1$，$f(a^*)$ 均有意义。

下面考虑矩形域

$$\{\alpha_i \leq a_i \leq \beta_i \mid i = 1, 2, \cdots, k\} \tag{8-14}$$

显然，若不加限制，上述矩形域可能与单位球面不相交，从而无解。为此，我们必须对矩形域加以限制。考虑到矩形域中离坐标原点最远的点是 $(\beta_1, \beta_2, \cdots, \beta_k)$，容易证明，当 $\sum_{i=1}^{k} \beta_i \geq 1$ 时，权重问题有解。

实际上，当 $\sum_{i=1}^{k} \beta_i = 1$ 时，其解就是 $(a_1, a_2, \cdots, a_k)^T = (\beta_1, \beta_2, \cdots, \beta_k)$，显然意义不大。所以，我们一般要求 $\sum_{i=1}^{k} \beta_i > 1$。

3）稳健性。我们知道，任何一种实用的、经得起实践考验的统计方法都必须是稳健的。我们在求权重过程中，若对条件作微小的改变而产生权重结构发生根本性的变化，则该方法就毫无意义。事实上，在我们所用的方法中，权重反映的是指标与指标之间内蕴的特征，所以其结果必然是稳健的，下面用一个定理来表述。

定理：设 D 为前述 k 维有界矩形闭区域，且 D 与单位球面不空。

记 $a = (a_1, a_2, \cdots, a_k)$ 是下面问题的解。

$$\begin{cases} \max\limits_{a}\{a'\hat{\Sigma}a\} \\ a \in D, \text{ 且 } \|a\| = 1 \end{cases} \tag{8-15}$$

如果 $\hat{\Sigma}$ 主对角线上两个元素满足 $x_{ii} > x_{jj}(i < j)$，且 $(a_1, a_2, \cdots, a_{i-1}, a_j, a_{i+1}, \cdots, a_{j-1}, a_i, a_{j+1}, \cdots, a_k) \in D$，则有 $a_i \geq a_j$。

证：为叙述简洁，不妨设定理中的 $i=1$、$j=2$。

从而由 $x_{11} > x_{22}$，要证 $a_1 \geq a_2$。

用反证法：

设 $a_1 < a_2$，由于 $x_{11} > x_{22}$，可记为 $x_{11} = x_{22} + h$，这里 $h > 0$。

$$\begin{aligned} f(a) &= a'\hat{\Sigma}a = \sum_{i,j}^{k}(x_{ij}a_ia_j) = \sum_{i=1}^{k}(x_{ii}a_i^2) + \sum_{\substack{i,j \\ i \neq j}}^{k}(x_{ij}a_ia_j) \\ &= (x_{22} + h)a_1^2 + x_{22}a_2^2 + (x_{33} - x_{22})a_3^2 + \cdots + (x_{kk} - x_{22})a_k^2 + \sum_{\substack{i,j \\ i \neq j}}^{k}(x_{ij}a_ia_j) \\ &= ha_1^2 + x_{22} + \sum_{i=3}^{k}[(x_{ii} - x_{22})a_i^2] + \sum_{\substack{i,j \\ i \neq j}}^{k}(x_{ij}a_ia_j) \end{aligned} \tag{8-16}$$

现在我们将 a_1 与 a_2 对换，得

$$f(a^*) = ha_2^2 + x_{22} + \sum_{i=3}^{k}[(x_{ii} - x_{22})a_i^2] + \sum_{\substack{i,j \\ i \neq j}}^{k}(x_{ij}a_ia_j) \tag{8-17}$$

显然，$f(a^*) > f(a)$。

注意到 $a^* = (a_1, a_2, \cdots, a_k) \in D$ 及 $f(a)$ 最大，即矛盾，从而定理得证。

这个定理告诉我们，若 $\hat{\Sigma}$ 的主对角元素已确定，同时 D 对置换不变，则权重的序就定下来了，而其具体取的值，则需要由 $\hat{\Sigma}$ 的全部信息计算得到。

（3）Mathematica 求解程序

本项目研究实际使用 Mathematica 软件来求解问题中的权重向量 a。

$$\begin{cases} \max\limits_{a}\{a'\hat{\Sigma}a\} \\ \|a\| = 1, \quad \alpha_i \leq a_i \leq \beta_i, \quad i = 1, 2, \cdots, k \end{cases} \tag{8-18}$$

具体步骤如下。

1）首先，对于指标 $I_1, I_2, \cdots, I_k$，用专家咨询表的形式，由专家给出各个指标权重的上限 α_i、下限 β_i（$i = 1, 2, \cdots, k$）。显然，$0 < \alpha_i < \beta_i < 1$。

2）对数据 $I_1, I_2, \cdots, I_k$ 进行无量纲化处理，并使其样本期望为零。为此，首先使用 8.3.1 的方法进行无量纲化处理，再对处理后的指标值进行均值为零处理。

3）由整理好的数据算出 $I_1, I_2, \cdots, I_k$ 的方差和协方差矩阵的值 $\hat{\Sigma}$。

4）将各表达式输入 Maximize[{f, cons}, {$a_1, a_2, \cdots, a_k$}]。其中，f 即为 $a'\hat{\Sigma}a$，cons 即为 $\alpha_i \leq a_i \leq \beta_i$，$i = 1, 2, \cdots, k$。

8.3.3 化肥减施增效技术应用效果耦合模型分析

当前全球面临的最大挑战之一就是，一方面要满足不断增长的食物需求，另一方面要保护环境和后代福祉的可持续性发展。在资源有限的条件下，这两方面的需求如果要同时得到很好的满足，会存在难以协调的矛盾与挑战。面对这种挑战，需要注重解决以下三方面问题：一是食物安全不能以牺牲环境为代价，因为良好的环境是保障长期食物安全的基础；二是食物安全保障已经不仅仅是涉及农业经济的问题，对于中国这样一个人多地少、资源环境相对劣势的国家，在一定程度上更是涉及国家安全性的问题；三是食物安全和土地使用已经通过多重空间层面、多重时间层面、多重组织层面而内在地联系在一起。土地使用越来越多地受到新的、强大的力量（如科技发展、市场变动、环境异动、政策导向、人力资本发展等）影响而发生变动。因而，在新的形势下，在综合性地研究分析多维度要素之间的互动影响的关联程度和效用机理方面仍有较大的探索空间。

本项目的研究目标是对化肥减施增效技术应用效果进行评估，为资源约束条件下食物安全和土地使用之间相互影响的直接效应和衍生效应研究提供后援服务，并进而为探求上述三方面问题的解决方案提供帮助。对此，可运用耦合模型进行分析。

耦合，是由两个或两个以上主体之间的物理关系衍生而来的概念。耦合理论的研究内容主要包括耦合特征、耦合机理、耦合效应以及耦合程度等方面。近年来，耦合理论由原先的定性研究逐渐转变为定量地判别系统或系统要素之间相互作用关系的研究，主要利用耦合协调度模型对系统或系统要素之间的耦合程度进行度量与评价。耦合分析是一种新的系统集成方法。它既能集成分析来自空间层面、时间层面、组织层面的社会、环境数据，也能集成来自社会科学和自然科学等多学科的理论与方法、先进技术，也能将研究人员与利益相关方整合在一起进行研究。此方法非常适合对化肥减施增效技术应用及其相关的相互影响因素进行系统性的分析。

在耦合协调度模型中，耦合度和耦合协调度是最常见的耦合量化指标。耦合度是对耦合程度的度量，用于描述系统内或系统之间耦合作用的强弱。耦合度的取值范围为0~1，耦合度越高，说明系统之间的耦合作用越强。但由于系统或系统要素之间具有交错性、动态化和不平衡等特性，耦合度在某些情况下可能无法准确反映系统耦合作用的整体功效，即当两个系统的发展水平都较低时，也能得到很高的耦合度。所以，耦合度只能反映系统关联作用的强弱，而无法判断系统之间的耦合是否为良性。为了准确地反映本研究包含的减施增效技术体系与项目目标体系、环境体系、社会经济效益体系间的耦合协调发展水平，引入耦合协调度这一指标。耦合协调度能够反映系统或系统要素之间的良性互动关系，揭示系统之间交互耦合的协调程度。耦合协调度的取值范围同样为0~1，耦合协调度越高，说明两个系统的耦合协调发展水平越高，即两个系统的综合效益或功能也就越好，反之亦然。

耦合度度量的是各体系两两之间的关联程度，但是单一的耦合度指标很难对两者之间的整体功效与协同效应进行度量，而耦合协调度就是对后者的度量。

耦合模型的计算方法如下。

（1）功效函数

功效函数，即对指标原值进行归一化处理。

对于 m 个研究对象、n 项评价指标构建的初始判断矩阵 $X=(x_{ij})_{m×n}$，其中 x_{ij} 表示对象 i 的第 j 项指标的原始值或监测值，对指标数据进行标准化处理。

$$y_{ij} = \begin{cases} \dfrac{x_{ij} - x_{ij(\min)}}{x_{ij(\max)} - x_{ij(\min)}} & \text{（正向指标）} \\ \dfrac{x_{ij(\max)} - x_{ij}}{x_{ij(\max)} - x_{ij(\min)}} & \text{（负向指标）} \end{cases} \tag{8-19}$$

式中，y_{ij} 表示对象 i 的第 j 项指标的标准化处理值，$x_{ij(\min)}$ 表示对象 i 的第 j 项指标的原始值或监测值中的最小值，$x_{ij(\max)}$ 表示对象 i 的第 j 项指标的原始值或监测值中的最大值。同样依据专家组多重相关性赋权法，基于邀请涉及水稻栽培、土肥、生态学、农经等多领域、交叉学科的专家对水稻化肥减施增效技术评价指标体系的各项指标进行打分，再根据对指标体系进行赋权得到各指标体系的权重，依据专家组多重相关性赋权法对指标权重进行计算，水稻化肥减施增效技术模式应用与社会经济效果评估的指标体系权重具体计算过程如下。①通过会议或通信方式获得各位业界专家的打分意见表，通过分数汇总建立打分矩阵；②两两计算不同专家打分矩阵之间的相关系数；③利用打分意见的相关系数，重新赋予每个指标专家组意见一致的权重；④基于水稻化肥减施增效技术模式应用与社会经济效果评估的指标体系的权重，对耦合度与耦合协调度分析过程中增加的项目目标体系进行打分和权重计算，再通过归一化处理获得最新的耦合度与耦合协调度模型下水稻化肥减施增效技术模式的权重。专家组多重相关性赋权法的具体计算过程如下。

第一步：建立打分矩阵。设指标个数为 n 个，由 m 名专家对各个指标进行打分，获得 m 个主观权重组合，构成打分矩阵 $\boldsymbol{W}$。

$$\boldsymbol{W} = \begin{pmatrix} \omega_1^1 & \omega_2^1 & \cdots & \omega_n^1 \\ \omega_1^2 & \omega_2^2 & \cdots & \omega_n^2 \\ \vdots & \vdots & & \vdots \\ \omega_1^m & \omega_2^m & \cdots & \omega_n^m \end{pmatrix} \tag{8-20}$$

第二步：计算专家 p 与专家 q 之间的相关系数 r_{pq}。综合计算得出 m 名专家指标权重的相关系数，相关系数范围为 $[-1, 1]$，若正相关，且相关系数越大，则两位专家的意见越一致；若是负相关，且相关系数越小，则两位专家意见越相悖。相关系数的计算公式如下。

$$r_{pq} = \dfrac{\sum_{k=1}^{n}(\omega_k^p - \bar{\omega}^p)(\omega_k^q - \bar{\omega}^q)}{\sqrt{\sum_{k=1}^{n}(\omega_k^p - \bar{\omega}^p)^2}\sqrt{\sum_{k=1}^{n}(\omega_k^q - \bar{\omega}^q)^2}} \tag{8-21}$$

$$\bar{\omega}^p = \sum_{k=1}^{n}\omega_k^p \Big/ n \tag{8-22}$$

第三步：得到各位打分专家的相关系数矩阵 $\boldsymbol{R}$。

$$\boldsymbol{R} = \begin{pmatrix} r_{11} & r_{12} & \cdots & r_{1m} \\ r_{21} & r_{22} & \cdots & r_{2m} \\ \vdots & \vdots & & \vdots \\ r_{m1} & r_{m2} & \cdots & r_{mm} \end{pmatrix} \tag{8-23}$$

第四步：对矩阵 $\boldsymbol{R}$ 进行归一化处理，然后得到归一化后的相关系数矩阵 $\boldsymbol{R}'$。具体计算公式如下。

$$r'_{pq} = r_{pq} \bigg/ \sum_{q=1}^{m} r_{pq} \tag{8-24}$$

$$\mathbf{R}' = \begin{pmatrix} r'_{11} & r'_{12} & \cdots & r'_{1m} \\ r'_{21} & r'_{22} & \cdots & r'_{2m} \\ \vdots & \vdots & & \vdots \\ r'_{m1} & r'_{m2} & \cdots & r'_{mm} \end{pmatrix} \tag{8-25}$$

第五步：计算专家加权权重矩阵 $\mathbf{Q}$。

$$\mathbf{Q} = \mathbf{R}' \times \mathbf{W} \tag{8-26}$$

此时，专家加权权重矩阵不具有收敛性，为了获得收敛矩阵，即获得一致性的指标赋权值，需要重复此过程。即每一次将此矩阵作为新的权重矩阵，重复第二步至第五步的过程，直至得到收敛的权重结果。

第六步：求出各个层次指标的最终权重。计算收敛的加权权重矩阵各列的平均值，将平均值进行绝对值归一化处理，最终得到主观权重。

（2）综合贡献度

综合评价法是一种适用于多项指标、多个研究单位同时进行评价的方法，对评价对象进行定量化的总体判断。在对系统进行综合评价时，首先对各项指标的初始数据进行标准化处理，再利用线性加权法计算得到系统的综合指标指数，综合贡献度一般用综合指标指数来解释和表现，计算综合指标指数是依据各项指标值与指标权重来衡量子系统对总系统有序度所作出的贡献，综合贡献度是利用线性加权法计算得到系统的综合指标指数，计算公式如下。

$$U_1 = \sum_{i=1}^{m}(a_i \times p_i), \quad \sum_{i=1}^{m} p_i = 1 \tag{8-27}$$

$$U_2 = \sum_{j=1}^{n}(b_j \times q_j), \quad \sum_{j=1}^{n} q_j = 1 \tag{8-28}$$

$$U_3 = \sum_{s=1}^{z}(c_s \times r_s), \quad \sum_{s=1}^{z} r_s = 1 \tag{8-29}$$

$$U_4 = \sum_{t=1}^{w}(d_t \times v_t), \quad \sum_{t=1}^{w} v_t = 1 \tag{8-30}$$

式中，U_1、U_2、U_3、U_4 分别表示项目目标、技术、环境、经济效益这 4 个体系的综合指标指数。a_i、b_j、c_s、d_t 分别表示 4 个体系中各项指标的标准化值，而 p_i、q_j、r_s、v_t 为对应的指标权重，这些权重来源于专家咨询意见。

（3）耦合协调度

耦合关系的强弱需要通过耦合度来描述，n 个系统相互作用的耦合度函数，计算公式如下。

$$C = \left\{ (U_1 \times U_2 \times \cdots \times U_n) \big/ \Pi(U_i + U_j) \right\}^{1/n} \tag{8-31}$$

由于本研究的目的是以技术体系为中心，分析其与另外 3 个体系的耦合协调度情况，令 $n=2$ 可将公式简化为

$$C_1 = \frac{\sqrt{U_1 \times U_2}}{U_1 + U_2} \tag{8-32}$$

$$C_2 = \frac{\sqrt{U_3 \times U_2}}{U_3 + U_2} \tag{8-33}$$

$$C_3 = \frac{\sqrt{U_4 \times U_2}}{U_4 + U_2} \tag{8-34}$$

式中，C_1、C_2、C_3分别表示技术体系与项目目标体系、环境体系、经济效益体系的耦合度。$0 \leq C_1$，C_2，$C_3 \leq 1$，当其为0时，说明系统之间不存在耦合关系；当其为1时，说明系统之间的耦合作用达到最强，通常将耦合度划分为4个区间，将计算得到的耦合度分为4级进行分析（表8-22）。

表8-22　耦合度等级划分标准

耦合协调度	等级划分	主要特征
[0, 0.3)	低度耦合阶段	两者之间相互关联程度不明显
[0.3, 0.5)	中度耦合阶段	两者之间相互有一定的关联关系
[0.5, 0.8)	高度耦合阶段	两者之间关联关系密切
[0.8, 1]	极度耦合阶段	两者之间关联程度紧密

但在计算过程中，当两个系统的综合指标指数都比较低时，也可能得到很高的耦合度。这是因为耦合度只能反映系统耦合作用的强弱，而无法准确反映系统耦合作用的整体功效，使得最终评价结果可能与实际情况不符。为了避免这一不合理情形，本研究在耦合度的基础上，引入综合协同指数，构建耦合协调度函数，计算公式如下。

$$\begin{cases} F_i = \alpha U_1 + \beta U_2 \\ D_i = \sqrt{C_i \times F_i} \end{cases} \quad i = 1, 2, 3 \tag{8-35}$$

式中，F_i表示系统i与技术体系的综合协同指数，D_i（$0 \leq D_i \leq 1$）表示系统i与技术体系的耦合协调度，D_i越大，说明两个系统的综合效益越好。α（$0 < \alpha < 1$）、β（$0 < \beta < 1$）是待定系数，根据两个体系的重要程度确定，为了更加直观地评价两个系统的耦合协调发展水平，将耦合协调度划分为10个区间（表8-23）。

表8-23　耦合度协调度等级划分标准

耦合协调度	等级划分	主要特征
[0.0, 0.1)	极度失调阶段	系统之间存在极高的独立性和滞后性
[0.1, 0.2)	高度失调阶段	系统之间存在较高的独立性和滞后性
[0.2, 0.3)	中度失调阶段	系统之间存在轻微的独立性和滞后性
[0.3, 0.4)	低度失调阶段	系统之间处于磨合状态
[0.4, 0.5)	弱度失调阶段	系统之间有一定的协调状态
[0.5, 0.6)	弱度协调阶段	系统之间协调且有互相促进的趋势
[0.6, 0.7)	低度协调阶段	系统之间有一定的互动和发展
[0.7, 0.8)	中度协调阶段	系统之间达成协调一致状态
[0.8, 0.9)	高度协调阶段	系统之间形成良性互动发展
[0.9, 1.0]	极度协调阶段	系统之间达成高度协调一致状态

有研究发现，耦合协调度处于[0, 0.399]时属于失调衰退型，[0.4, 0.799]属于过渡发展型，[0.8, 0.1]属于协调发展型（张金波等，2021）。

8.4 案例分析

8.4.1 蔬菜化肥减施增效技术应用效果评估

辽宁省5项化肥减施增效技术模式包括模式1（北票市越夏番茄化肥减施模式）、模式2（灯塔市越冬番茄化肥减施模式）、模式3（辽中区冬春茬番茄化肥减施模式）、模式4（南票区冬春茬番茄化肥减施模式）和模式5（凌源市越冬长季节黄瓜化肥减施模式），在辽宁省的北票市、凌源市、灯塔市、辽中区以及南票区进行集成示范。5种减施增效技术模式的具体特征如下：

（1）模式1：北票市越夏番茄化肥减施模式

有机肥替代：施用猪粪195m³/hm²（比常规增加30%），微生物菌肥1800kg/hm²。化肥减施：底肥减少化肥用量30%，施用复合肥525kg/hm²（比常规降低225kg/hm²，二铵施用减少375kg/hm²）；追肥比常规降低化肥用量35%，调整氮磷钾养分比例为16∶7∶34。使用高效肥料：使用水溶性好、杂质少的优质纯化学水溶肥（总养分50%）。

（2）模式2：灯塔市越冬番茄化肥减施模式

完善配套设备：使用自动放风器，提高温室环境调控能力，促进植株旺盛生长；使用比例吸肥器与滴灌系统，实现水肥一体化管理。改进栽培方式：高畦大垄，膜下滴灌，大垄双行、适当稀植（密度30 000株/hm²），覆盖地膜，提高地温，降低温室湿度。有机肥替代：施用猪粪90m³/hm²，玉米秸秆还田15 000kg/hm²，施用商品有机肥12 000kg/hm²、豆饼1125kg/hm²。化肥减施：底肥不施化肥，追肥比常规降低化肥用量40%，调整氮磷钾养分比例为17∶7∶27。使用高效肥料：冬季低温弱光季节，使用腐殖酸、氨基酸等有机型水溶肥（总养分15%）和菌肥，促进根系和植株生长；春秋光温环境好的季节，使用纯化学水溶肥（总养分50%）。

（3）模式3：辽中区冬春茬番茄化肥减施模式

使用自动放风器，提高温室环境调控能力，促进植株旺盛生长；使用比例吸肥器与滴灌系统，实现水肥一体化管理。改进栽培方式：高畦大垄，膜下滴灌，大垄双行、适当稀植（密度30 000株/hm²），覆盖地膜，提高地温，降低温室湿度。有机肥替代：施用牛粪和猪粪120m³/hm²，玉米秸秆还田15 000kg/hm²，施用微生物菌剂150kg/hm²。化肥减施：底肥减少化肥用量40%，施用复合肥450kg/hm²，补施钙镁微肥2400kg/hm²；追肥比常规降低化肥用量25%，调整氮磷钾养分比例为17∶7∶27。使用高效肥料：冬季低温弱光季节，使用腐殖酸、氨基酸等有机型水溶肥（总养分15%）和菌肥，促进根系和植株生长；春秋光温环境好的季节，使用纯化学水溶肥（总养分50%）。

（4）模式4：南票区冬春茬番茄化肥减施模式

使用自动放风器，提高温室环境调控能力，促进植株旺盛生长；使用比例吸肥器与滴灌系统，实现水肥一体化管理。改进栽培方式：高畦大垄，膜下滴灌，大垄双行、适当稀植（密度30 000株/hm²），覆盖地膜，提高地温，降低温室湿度。有机肥替代：施用羊粪120m³/hm²，较常规增加30%。化肥减施：底肥减少化肥用量29%，施用复合肥750kg/hm²（对照1050kg/hm²）、钙镁微肥1800kg/hm²（对照2400kg/hm²）；追肥比常规降低化肥用量35%，调整氮磷钾养分比例为17∶7∶27。使用高效肥料：冬季低温弱光季节，使用腐殖酸、氨基酸等有机型水溶肥（总养分15%）和菌肥，促进根系和植株生长；春秋光温环境好的季节，使用纯化学水溶肥（总养分50%）。

（5）模式5：凌源市越冬长季节黄瓜化肥减施模式

使用自动放风器，提高温室环境调控能力，促进植株旺盛生长；使用比例吸肥器与滴灌系统，实现水肥一体化管理。改进栽培方式：高畦大垄，膜下滴灌，大垄双行、适当稀植（密度30 000株/hm²），覆盖地膜，提高地温，降低温室湿度。有机肥替代：施用羊粪和鸡粪225m³/hm²，施用微生物菌肥22 500kg/hm²。化肥减施：底肥不施化肥，追肥比常规降低化肥用量40%，调整氮磷钾养分比例为17∶7∶27。使用高效肥料：冬季低温弱光季节，使用腐殖酸、氨基酸等有机型水溶肥（总养分15%）和菌肥，促进根系和植株生长；春秋光温环境好的季节，使用纯化学水溶肥（总养分50%）。

各技术模式都主要是围绕应用化肥的部分有机物料替代、水肥一体化、引入和施用新型高效肥料等技术与栽培管理方式结合的集成，但在集成的关键技术环节措施各异（表8-24），主要体现在种植方式上。模式1采用的是传统大小垄（宽窄行）种植方式，种植密度为36 000/hm²，其他4项模式均采用大垄双行的种植方式，但模式2、模式3和模式4均降低种植密度至30 000株/hm²，模式5种植密度较其常规减少了7500株/hm²，降至52 500株/hm²。在化肥减施方面，5项技术模式都因增加有机肥的投入，不同程度地减少了底肥和追肥中化肥的用量；同时为了提高肥料的利用效率，5项技术模式均改进了施肥方式，追肥环节由传统的撒施改为水肥一体化管理；并在肥料种类上均选择施用水溶性好、杂质少和养分比例更合理的专用水溶肥，其中模式1采用水溶肥的养分比例为16∶7∶34，其他4项模式均采用养分比例为17∶7∶27的水溶肥。而在有机肥替代上，各技术模式选用粪肥种类不同、用量不同，并差异化施用商品有机肥、豆饼、作物秸秆和生物菌肥。

表8-24 5项蔬菜化肥减施增效技术模式特征描述

技术模式类别	种植方式	栽培密度 /(株/hm²)	化学氮肥投入量 /(kg/hm²)	化学磷肥投入量 /(kg/hm²)	有机氮肥投入量 /(kg/hm²)	有机磷肥投入量 /(kg/hm²)
常规对照1	大小垄	36 000	291.00	376.50	750.00	825.00
模式1	大小垄	36 000	153.00	132.75	975.00	1 072.50
常规对照2	大小垄	36 000	482.70	369.30	392.31	431.54
模式2	大垄双行	30 000	243.00	162.00	888.75	819.00
常规对照3	大小垄	36 000	297.15	255.00	346.15	184.62
模式3	大垄双行	30 000	209.25	175.50	450.00	240.00
常规对照4	大小垄	36 000	527.55	418.20	692.31	484.62
模式4	大垄双行	30 000	385.50	304.50	900.00	630.00
常规对照5	大小垄	60 000	735.00	201.60	2 059.62	1 787.02
模式5	大垄双行	52 500	441.00	120.90	2 677.50	2 323.13

8.4.1.1 原始数据标准化处理

对原始数据进行标准化处理就是将原始数据转化为无量纲、无数量级差异的标准化数值，消除不同指标之间因属性不同而带来的影响，从而使结果更具有可比性。首先，计算指标原始数据的均值和标准差，通过对指标进行标准化处理，去掉量纲；然后根据指标的性质进行方向界定，效益型指标定义为正向指标，方向系数为1；成本型指标定义为负向指标，方向系数为-1。标准化的指标与各指标的方向系数相乘得到正向的标准化指标值（表 8-25）。

$$X^* = \frac{X_{ij} - \overline{X}_i}{X_{i(\max)} - X_{i(\min)}} \quad (8\text{-}36)$$

式中，X_{ij} 为原始数据，$\overline{X}_i$ 为原始数据的平均值，$X_{i(\max)}$ 与 $X_{i(\min)}$ 分别为原始数据的最大值与最小值。在平均值之上的数据会得到一个正的标准化分数，反之会得到一个负的标准化分数。

表 8-25 5 项技术模式正向标准化指标数据

指标	技术模式 1	技术模式 2	技术模式 3	技术模式 4	技术模式 5
D1	0.3829	0.4813	−0.4019	−0.5187	0.0564
D2	0.5562	0.3270	−0.3376	−0.4438	−0.1018
D3	−0.1957	0.5809	−0.3691	−0.4191	0.4030
D4	0.3105	−0.0514	0.2343	0.1962	−0.6895
D5	0.2421	−0.0739	−0.4054	−0.3575	0.5946
D6	0.3847	0.4216	−0.0935	−0.5784	−0.1345
D7	−0.2395	−0.2524	−0.0034	−0.2524	0.7476
D8	0.1469	−0.5357	−0.0521	−0.0234	0.4643
D9	0.2232	−0.6313	−0.0177	0.0571	0.3687
D10	0.5237	−0.4763	0.5102	−0.4763	−0.0812
D11	0.4639	−0.1867	−0.0181	0.2771	−0.5361
D12	0.1796	−0.4407	−0.0333	−0.2648	0.5593
D13	−0.6284	0.3716	−0.3319	0.3716	0.2172
D14	0.2096	0.1432	0.3581	−0.0690	−0.6419
D15	−0.0230	−0.5665	0.4335	−0.0230	0.1791
D16	0.5507	−0.4493	0.1507	−0.1827	−0.0693
D17	−0.0405	−0.2431	−0.4493	0.5507	0.1821
D18	0.4482	−0.1716	0.0511	0.2240	−0.5518
D19	0.6266	−0.1613	−0.0747	−0.0170	−0.3734
D20	0.6256	−0.0133	−0.3744	−0.0736	−0.1644
D21	0.2580	0.1262	0.4392	−0.5608	−0.2627
D22	0.0680	0.1917	−0.1934	0.4669	−0.5331
D23	−0.4718	0.0410	0.5282	−0.3692	0.2718
D24	0.5952	−0.2857	0.3810	−0.4048	−0.2857
D25	0.6400	−0.3600	0.4400	−0.3600	−0.3600
D26	0.4000	−0.1000	0.4000	−0.6000	−0.1000
D27	−0.2000	−0.4500	0.3000	−0.2000	0.5500

8.4.1.2 专家主观赋权法权重结果

根据指标体系设计权重打分表，请 22 位长期从事蔬菜栽培、土壤化学、植物营养、农经管理等跨学科领域研究的副教授职称以上的专家给予主观赋权，根据专家组多重相关性赋权法的权重计算公式计算各个指标权重的平均值、最大值和最小值，结果见表 8-26。

表 8-26 三个层次指标专家主观赋权结果

指标	平均值	最大值	最小值	指标	平均值	最大值	最小值
B1	43.51%	59.32%	27.70%	D7	17.49%	25.56%	9.41%
B2	23.85%	33.02%	14.69%	D8	21.25%	29.78%	12.72%
B3	18.86%	27.81%	9.91%	D9	14.87%	19.91%	9.84%
B4	13.78%	20.59%	6.96%	D10	15.93%	21.22%	10.63%
C1	28.06%	38.78%	17.33%	D11	17.03%	20.43%	13.63%
C2	23.24%	34.86%	11.61%	D12	13.43%	16.05%	10.81%
C3	14.36%	21.18%	7.53%	D13	21.96%	30.85%	13.07%
C4	14.30%	19.62%	8.98%	D14	17.68%	23.07%	12.30%
C5	19.68%	28.54%	10.83%	D15	15.41%	21.70%	9.13%
C6	46.42%	58.27%	34.57%	D16	12.95%	17.49%	8.42%
C7	53.58%	65.43%	41.73%	D17	10.41%	15.03%	5.79%
C8	36.36%	48.57%	24.15%	D18	13.03%	18.08%	7.98%
C9	35.08%	45.07%	25.08%	D19	8.58%	12.60%	4.55%
C10	28.56%	38.24%	18.88%	D20	45.20%	55.57%	34.82%
C11	54.55%	63.63%	45.46%	D21	26.90%	33.93%	19.88%
C12	45.45%	54.54%	36.37%	D22	27.90%	37.49%	18.21%
D1	44.05%	56.69%	31.42%	D23	100.00%	100.00%	100.00%
D2	29.92%	37.49%	22.36%	D24	100.00%	100.00%	100.00%
D3	26.02%	37.91%	14.13%	D25	100.00%	100.00%	100.00%
D4	100.00%	100.00%	100.00%	D26	100.00%	100.00%	100.00%
D5	100.00%	100.00%	100.00%	D27	100.00%	100.00%	100.00%
D6	100.00%	100.00%	100.00%				

8.4.1.3 专家约束条件下的主成分赋权法权重计算结果

根据专家约束条件下的主成分分析法的原理步骤，要想得到各指标层的权重，需要专家对各指标的赋权的最小值与最大值，同时需要各层次中指标的协方差矩阵。以化肥减施程度指标层 D1、D2、D3 三个子指标为例，通过表 8-26 已知 3 个指标的最大、最小权重，然后利用 SPSS 22 软件计算正向标准化矩阵 X' 的协方差矩阵（表 8-27）。再将协方差矩阵中 3 个指标的对应系数代入式（8-12），运用 Mathematica 软件编写程序计算得出 3 个指标的权重，运算过程如图 8-5 所示。

表 8-27 D1、D2、D3 指标协方差矩阵

指标	D1	D2	D3
D1	0.2030	0.1826	0.1483
D2	0.1826	0.1844	0.0877
D3	0.1483	0.0877	0.2125

input =

Max minze

$$\left[\begin{cases} 0.203019567*a*a + 0.184393012*b*b + 0.212498552*c*c + 0.182647264*2*a*b + 0.148301365*2*a \\ \qquad\qquad\qquad + 0.087690782*2*b*c, \\ a \leq 0.3142,\ a \leq 0.5669,\ b \geq 0.2236,\ b \leq 0.3749,\ c \geq 0.1413,\ c \leq 0.3749,\ a + b + c = 1 \end{cases},\ \{a, b, c\} \right]$$

$\{0.176606, \{a = 0.5669,\ b = 0.2918,\ c = 0.1413\}\}$

图 8-5 指标权重计算过程及结果

图 8-5 中 a、b、c 分别对应 D1、D2、D3 三个子指标。由图 8-5 可知，D1、D2、D3 三个子指标在专家约束条件下的权重 w_1=[0.5669、0.2918、0.1413]。而其他指标在专家约束条件下的权重则重复上面过程即可得到全部 27 个子指标的权重。

依据指标层下的各个子指标权重与各子指标标准化值，可以计算得到指标层值，如化肥减施强度 C1 指标层下有 3 个子指标，分别为 D1、D2、D3，现已知 3 个子指标权重分别为 W_{D1}、W_{D2}、W_{D3}，标准化值分别为 X_{D1}、X_{D2}、X_{D3}，则指标层 C1 的值记为 X_{C1}，$X_{C1}=X_{D1}W_{D1}+X_{D2}W_{D2}+X_{D3}W_{D3}$。同理可得到 C2、C3、……、C12 等其他指标层数值（表 8-28）。在此基础上对指标层数据进行标准化处理，并计算协方差矩阵，在专家权重打分约束下，编写代码，利用 Mathematica 软件计算得到指标层权重。

表 8-28 指标层数据计算结果

指标层	技术模式 1	技术模式 2	技术模式 3	技术模式 4	技术模式 5
C1	0.3517	0.4503	−0.3785	−0.4828	0.0592
C2	0.3105	−0.051	0.2343	0.1962	−0.6895
C3	0.2421	−0.074	−0.4054	−0.3575	0.5946
C4	0.3847	0.4216	−0.0935	−0.5784	−0.1345
C5	0.2541	−0.4527	0.0863	−0.1228	0.2351
C6	0.2179	−0.1185	0.0823	0.0687	−0.2504
C7	0.4275	0.0607	−0.1287	−0.1019	−0.2576
C8	−0.4718	0.0410	0.5282	−0.3692	0.2718
C9	0.5952	−0.2857	0.3810	−0.4048	−0.2857
C11	0.6400	−0.3600	0.4400	−0.3600	−0.3600
C12	0.4000	−0.1000	0.4000	−0.6000	−0.1000

准则层指标值及其权重的计算过程与指标层的计算方法和步骤相同。根据指标层中各指标标准化值与其在准则层对应指标中所占的权重，计算得到准则层各指标数值（表 8-29），然

后对指标值进行标准化处理再计算其协方差矩阵,在专家权重打分约束下,代入算法利用软件进行计算,求得准则层权重结果,3 个层次的全部指标权重列于表 8-30。

表 8-29　准则层指标数据计算结果

准则层	技术模式 1	技术模式 2	技术模式 3	技术模式 4	技术模式 5
B1	0.2635	0.1420	0.2060	−0.2709	−0.3065
B2	0.5315	−0.1105	0.0240	0.0234	−0.4685
B3	0.3547	−0.2352	0.4391	−0.3791	−0.1795
B4	0.1818	−0.2273	0.3636	−0.4545	0.1364

表 8-30　专家约束条件下主成分赋权结果

准则层	权重	指标层	权重	子指标层	权重
B1	59.32%	C1	38.78%	D1	56.69%
				D2	29.18%
				D3	14.13%
		C2	23.24%	D4	100.00%
		C3	7.53%	D5	100.00%
		C4	19.62%	D6	100.00%
		C5	10.83%	D7	9.41%
				D8	19.78%
				D9	19.91%
				D10	21.22%
				D11	13.63%
				D12	16.05%
B2	14.69%	C6	58.27%	D13	13.07%
				D14	23.07%
				D15	9.90%
				D16	17.49%
				D17	5.79%
				D18	18.08%
				D19	12.60%
		C7	41.73%	D20	55.57%
				D21	26.12%
				D22	18.21%
B3	19.03%	C8	24.15%	D23	100.00%
		C9	37.61%	D24	100.00%
		C10	38.24%	D25	100.00%
B4	6.96%	C11	63.63%	D26	100.00%
		C12	36.37%	D27	100.00%

用准则层权重与准则层标准化数据相乘，即为技术模式综合评价得分，而指标层的权重与指标层标准化数据相乘就得到对应准则层的得分，即每项技术模式在其准则层所含技术特征、经济效益、社会效益和管理4个层面的得分。5项技术模式及其综合评价得分与排序列于表8-31。

表8-31　专家约束条件下主成分分析法技术模式评价得分与排序

技术模式	综合 得分	综合 排序	技术特征 得分	技术特征 排序	经济效益 得分	经济效益 排序	社会效益 得分	社会效益 排序	管理 得分	管理 排序
模式1	0.443	1	0.264	1	0.532	1	0.355	2	0.182	2
模式2	0.050	3	0.142	3	−0.120	4	−0.240	4	−0.230	4
模式3	0.344	2	0.206	2	0.024	2	0.439	1	0.364	1
模式4	−0.410	4	−0.270	4	0.023	3	−0.380	5	−0.450	5
模式5	−0.420	5	−0.310	5	−0.470	5	−0.180	3	0.136	3

8.4.1.4　蔬菜化肥减施增效技术应用效果的评估结果分析

从表8-31可以看出，5项设施蔬菜化肥减施增效技术模式的社会经济效果综合评价排序如下：技术模式1（北票市越夏番茄化肥减施模式）＞技术模式3（辽中区冬春茬番茄化肥减施模式）＞技术模式2（灯塔市越冬番茄化肥减施模式）＞技术模式4（南票区冬春茬番茄化肥减施模式）＞技术模式5（凌源市越冬长季节黄瓜化肥减施模式）。

纵观5项技术模式分别在技术特征、经济效益、社会效益和管理4个层面的排序结果，不难发现各技术模式在技术特征层面的分值排序与5项技术模式社会经济效果综合评价分值排序相同，表明在评价一项技术模式社会经济综合效果的时候，技术本身的特征非常重要，在反映技术可持续性上发挥关键作用，技术本身的特征决定了技术被持续采纳利用的潜力，即对一项技术进行评价时，技术的轻简性和技术本身的属性应该是最关键、最核心的内容。

从技术特征层面的排序我们可以看出，模式1的减施效果最好，模式5效果最差，结合技术模式示范应用的区域差异和茬口选择分析，模式1的示范应用区域北票市发展设施蔬菜种植已有30多年历史，当地菜农经验丰富，茬口安排更合理，自21世纪以来，北票市大力推广绿色蔬菜的种植，因此农户的环保意识较高，在项目示范推广前已经开始减少化肥用量，有良好的推广示范基础，较其他技术模式有天然优势，同时技术模式本身所集成的技术较为简便易操作、省时省工，故而模式1得分最高；而模式5示范推广的越冬黄瓜栽培在自然条件上不利于黄瓜生长，因而此茬口的黄瓜栽培技术难度高，较其他茬口病虫害多，而且由于生育期长，需要投入的人工多，因此模式5的技术轻简性不足，排名最低。

从经济效益层面的排序看，技术模式1、3和5的经济效益分值排序与其各自技术模式社会经济效果综合评价分值排序完全一致，这与其对应的技术特征优势支撑紧密相关。因为良好的技术或技术的先进性必然带来潜在的或转化为良好的经济优势，但模式2和模式4经济效益分值排序正好与其相应技术特征和综合评价分值排序颠倒，也就是说模式4所产生的经济效益略优于模式2，这与模式2与模式4产值相近但模式2的成本更高一些有关。5项技术模式中经济效益最好的是模式1，最差的是模式5。虽然模式5的产值高于模式1，但是因其投入的物料以及人力成本都很高，导致净收益比不上模式1，显然，提高机械化水平、适当规模化种植来降低人工成本无疑是提高经济效益的一种有效方法。

技术评价离不开社会的接受性，它是反映社会效益的核心或支柱指标。但要取得良好的社会效益（技术推广、农户的响应或接纳），还需要配套良好的管理政策，因为技术推广还依赖于推广组织机构、推广人才支撑及完善的基础设施与相关方的合作等（Cai et al., 2015）。从社会效益和管理层面的分值排序来看，5 项技术模式都呈现出模式 3 优于模式 1 优于模式 5 优于模式 2 优于模式 4 的趋势。其中模式 3 所示范推广的地区是沈阳市辽中区，其地理区位接近政治中心，得到的政策支持力度更大，政策执行速度也更快，因此推广面积最大，辐射农户最多，媒体宣传报道次数较多，社会效益与管理层得分最高。而模式 1 虽然技术成熟度高、简便易操作，但是宣传力度不够，导致好技术没能大面积推广。

8.4.2 水稻化肥减施增效技术应用效果评估

水稻化肥减施增效技术是在科研院所和各大高校的学者共同努力下研发的，目的是减少水稻等作物种植过程中化肥和农药的投入量，降低成本投入的同时提高水稻等作物的产量，增加农户收益，保障粮食安全。

对化肥减施增效技术的评估，仅仅看技术本身的实施效果是不够的，也存在一定的局限性。事实上，化肥减施增效技术的应用效果往往是通过实现目标的程度、产生的社会经济效益、是否有利于环境的可持续发展等方面较全面完整地体现出来的。为此，我们应用耦合模型对水稻化肥减施增效技术应用的总体效果进行分析。

所构建的耦合模型主要包含 4 个研究体系：项目目标体系、技术体系、环境体系、经济效益体系。其中，每个体系由若干变量构成，变量间不存在共线性，故每个变量独立表征体系某种特征，变量组完整表征体系所有特征。研究技术路线是以技术体系为中心，分析其与另外 3 个体系的耦合度和耦合协调度。需要说明的是，"十三五"国家重点研发计划项目"化肥农药减施增效技术应用及评估研究"的政策目标为减肥增效技术应用下保证水稻相较于常规技术增产 3%，项目实施期间化肥减施 17%，项目实施期间化肥利用效率提高 6%。

8.4.2.1 数据来源与指标体系构建

1. 指标选取及释义

本文数据来源于湖北省水稻化肥减施增效技术模式应用下的监测数据，并以化肥减施增效技术应用效果评价研究团队所构建的水稻化肥减施增效技术评价指标框架体系为依据（尼雪妹等，2018），以湖北省 2017~2020 年水稻化肥减施增效技术为核心，重构了湖北省水稻化肥减施增效技术应用达成项目目标的耦合系统，其包括四大体系：技术体系（含化肥减施增效技术本身特征下的若干指标）、项目目标体系（含化肥减施增效技术项目目标的若干指标）、环境体系（含化肥减施增效技术应用下土壤地力方面的相关指标）、经济效益体系（含化肥减施增效技术下稻农成本、收益等相关指标）。

耦合系统下四大体系由若干指标构成，指标间不存在共线性，每个指标独立表征体系某种特征，指标组可完整表征体系特征。项目目标体系（U_1）、技术体系（U_2）、环境体系（U_3）与经济效益体系（U_4）的具体内容及指标释义如表 8-32 所示。

2. 各指标体系数据

（1）项目目标体系

项目目标体系的指标包括 2017~2020 年湖北水稻减肥增效技术目标增产率（a_1）、化肥减施率（a_2）、化肥利用率（a_3）、目标推广面积（a_4）（表 8-33）。

表 8-32 化肥减施增效技术与项目目标耦合系统指标体系

名称	指标内容	指标释义	单位	性质	计算方法
项目目标体系 (U_1)	目标增产率 (a_1)	化肥减施增效技术下增产 3% 的稳产目标	%	+	化肥减施增效技术下水稻每公顷产量较常规技术增产 3%
	化肥减施率 (a_2)	化肥减施增效技术下化肥减施 17% 的减量目标	%	+	每年化肥减施增效技术下水稻生产化肥施用量减量的实际百分比
	化肥利用率 (a_3)	化肥减施增效技术下化肥利用率提高 6% 的增效目标	%	+	每年化肥减施增效技术下水稻生产化肥利用率提高的实际百分比
	目标推广面积 (a_4)	化肥减施增效技术模式推广应用面积达到 13.33 万 hm^2（200 万亩）	万 hm^2	+	每年化肥减施增效技术模式推广应用的实际面积
技术体系 (U_2)	单位面积化肥施氮减量百分比 (b_1)	单位面积化肥施氮减量百分比	%	+	（常规技术下化肥折纯养分氮施用量−化肥减施增效技术下化肥折纯养分氮施用量）/常规技术下化肥折纯养分氮施用量
	单位面积化肥施磷减量百分比 (b_2)	单位面积化肥施磷减量百分比	%	+	（常规技术下化肥折纯养分 P_2O_5 施用量−化肥减施增效技术下化肥折纯养分 P_2O_5 施用量）/常规技术下化肥折纯养分 P_2O_5 施用量
	单位面积节省劳动力个数 (b_3)	常规技术下单位面积投入劳动力个数比化肥减施增效技术下单位面积投入劳动力个数	个/hm^2	+	常规技术下每公顷投入劳动力个数−化肥减施增效技术下每公顷投入劳动力个数
	氮肥农学效率 (b_4)	单位施氮量增加的籽粒产量	kg/kg	+	施氮肥稻谷产量−不施氮肥稻谷产量）/施氮肥纯氮施用量
	有机质提升率 (c_1)	化肥减施增效技术下比常规技术下每千克土壤中有机质含量提升百分比	%	+	（化肥减施增效技术下有机质含量−常规技术下有机质含量）/常规技术下有机质含量
	碱解氮提升率 (c_2)	化肥减施增效技术下比常规技术下每千克土壤中碱解氮含量提升百分比	%	−	（化肥减施增效技术下碱解氮含量−常规技术下碱解氮含量）/常规技术下碱解氮含量
环境体系 (U_3)	有效磷提升率 (c_3)	化肥减施增效技术下比常规技术下每千克土壤中有效磷含量提升百分比	%	+	（化肥减施增效技术下有效磷含量−常规技术下有效磷含量）/常规技术下有效磷含量
	有效钾提升率 (c_4)	化肥减施增效技术下比常规技术下每千克土壤中有效钾含量提升百分比	%	+	（化肥减施增效技术下有效钾含量−常规技术下有效钾含量）/常规技术下有效钾含量
	单位面积产值增加值 (d_1)	化肥减施增效技术下比常规技术下每公顷稻田所获毛利润增加值	元/hm^2	+	化肥减施增效技术下每公顷产值−常规技术下每公顷产值
	单位面积肥料成本增加值 (d_2)	化肥减施增效技术下比常规技术下每公顷稻田肥料投入费用增加值	元/hm^2	−	化肥减施增效技术下每公顷肥料成本−常规技术下每公顷肥料成本
	单位面积人工成本增加值 (d_3)	化肥减施增效技术下比常规技术下每公顷稻田的人工投入费用增加值	元/hm^2	−	化肥减施增效技术下每公顷人工成本−常规技术下每公顷人工成本
经济效益体系 (U_4)	单位面积种子或秧苗成本增加值 (d_4)	化肥减施增效技术下比常规技术下每公顷稻田的全过程生产的机械折旧费与燃油、租用等费用增加值	元/hm^2	−	化肥减施增效技术下每公顷种子或秧苗成本−常规技术下每公顷种子或秧苗成本
	单位面积机械成本增加值 (d_5)	化肥减施增效技术下比常规技术下每公顷稻田的全过程生产的机械折旧费与燃油、租用等费用增加值	元/hm^2	−	化肥减施增效技术下每公顷机械成本−常规技术下每公顷机械成本
	单位面积农药成本增加值 (d_6)	化肥减施增效技术下比常规技术下每公顷稻田的农药投入费用增加值	元/hm^2	−	化肥减施增效技术下每公顷农药成本−常规技术下每公顷农药成本
	单位面积其他成本增加值 (d_7)	化肥减施增效技术下比常规技术下每公顷稻田的其他（水电等）费用增加值	元/hm^2	−	化肥减施增效技术下每公顷其他成本−常规技术下每公顷其他成本
	单位面积净增收益 (d_8)	化肥减施增效技术下比常规技术下每公顷稻田净收益增加量	元/hm^2	+	化肥减施增效技术下每公顷净收益−常规技术下每公顷净收益

第8章 化肥减施增效技术效果监测与评估研究

表 8-33 项目目标体系

指标类别与名称		编码	2017年	2018年	2019年	2020年	单位
项目目标体系 U_1	目标增产率	a_1	12.2	8.2	3.4	4.1	%
	化肥减施率	a_2	7.2	10.6	13.8	17.0	%
	化肥利用率	a_3	1.2	2.2	2.2	6.0	%
	目标推广面积	a_4	2.86	5.72	8.57	11.40	万 hm^2

数据来源：基于《全国农产品成本收益资料汇编》与湖北省农业科学院水稻化肥减施增效技术研发团队提供的监测数据，按照表 8-32 指标计算方法得出

（2）技术体系

技术体系的指标包括 2017～2020 年湖北水稻减肥增效技术模式下单位面积化肥施氮减量百分比（b_1）、单位面积化肥施磷减量百分比（b_2）、单位面积节省劳动力个数（b_3）、氮肥农学效率（b_4）（表 8-34）。

表 8-34 技术体系

指标类别与名称		编码	2017年	2018年	2019年	2020年	单位
技术体系 U_2	单位面积化肥施氮减量百分比	b_1	3.3	14.2	13.7	11.5	%
	单位面积化肥施磷减量百分比	b_2	1.4	-43.6	2.8	2.8	%
	单位面积节省劳动力个数	b_3	42.0	43.5	42.0	39.0	个/hm^2
	氮肥农学效率	b_4	20.6	23.4	22.3	24.8	kg/kg

数据来源：基于《全国农产品成本收益资料汇编》与湖北省农业科学院水稻化肥减施增效技术研发团队提供的监测数据，按照表 8-32 指标计算方法得出

（3）环境体系（主要包括土壤地力方面的指标）

由于化肥减施增效技术在水稻种植过程中主要以化肥投入量的变化为主，因此其对环境的影响主要表现在土壤地力方面，所以环境体系的指标选择以土壤地力指标为准，包括 2017～2020 年湖北水稻减肥增效技术模式下土壤有机质提升率（c_1）、碱解氮提升率（c_2）、有效磷提升率（c_3）、有效钾提升率（c_4）（表 8-35）。

表 8-35 环境体系

指标类别与名称		编码	2017年	2018年	2019年	2020年	单位
环境体系 U_3	有机质提升率	c_1	-1.3	-0.6	0.6	-2.4	%
	碱解氮提升率	c_2	-4.7	-10.3	-2.3	-2.4	%
	有效磷提升率	c_3	-3.6	-1.2	-0.9	-1.9	%
	有效钾提升率	c_4	-0.9	-0.9	-7.6	-1.9	%

数据来源：基于湖北省农业科学院水稻化肥减施增效技术研发团队提供的监测数据，按照表 8-32 指标计算方法得出

（4）经济效益体系

经济效益体系的指标包括 2017～2020 年湖北水稻化肥减施增效技术模式下单位面积产值增加值（d_1）、单位面积肥料成本增加值（d_2）、单位面积人工成本增加值（d_3）、单位面积种子或秧苗成本增加值（d_4）、单位面积机械成本增加值（d_5）、单位面积农药成本增加值（d_6）、单位面积其余成本增加值（d_7）、单位面积净增收益（d_8）（表 8-36）。

表 8-36 经济效益体系

指标类别与名称		编码	2017 年	2018 年	2019 年	2020 年	单位
经济效益体系 U_4	单位面积产值增加值	d_1	1455.0	1375.5	1278.0	1843.5	元/hm²
	单位面积肥料成本增加值	d_2	−78.0	91.5	159.0	190.5	元/hm²
	单位面积人工成本增加值	d_3	2115.0	2422.5	2481.0	2437.5	元/hm²
	单位面积种子成本增加值	d_4	727.5	789.0	900.0	997.5	元/hm²
	单位面积机械成本增加值	d_5	−549.0	−657.0	−603.0	−507.0	元/hm²
	单位面积农药成本增加值	d_6	−777.0	−799.5	−829.5	−871.5	元/hm²
	单位面积其余成本增加值	d_7	−378.0	−313.5	−243.0	−181.5	元/hm²
	单位面积净增收益	d_8	1995.0	1890.0	1815.0	2385.0	元/hm²

数据来源：基于《全国农产品成本收益资料汇编》与湖北省农业科学院水稻化肥减施增效技术研发团队提供的监测数据，按照表 8-32 指标计算方法得出

8.4.2.2 化肥减施增效技术应用效果评估结果与讨论

1. 耦合结果

首先，通过式（8-19）对 U_1、U_2、U_3、U_4 体系下各指标进行标准化处理以消除量纲的影响，得到各指标的标准化结果（表 8-37）。

表 8-37 技术体系与项目目标、环境、经济效益体系标准化结果和权重

技术体系与指标		2017 年	2018 年	2019 年	2020 年	权重
U_1	a_1	1.0000	0.5473	0.0000	0.0784	0.33
	a_2	1.0000	0.6542	0.3210	0.0000	0.30
	a_3	0.0000	0.2107	0.2153	1.0000	0.25
	a_4	0.0000	0.3333	0.6667	1.0000	0.12
U_2	b_1	0.0000	1.0000	0.9608	0.7587	0.20
	b_2	0.9709	0.0000	1.0000	1.0000	0.12
	b_3	0.8010	1.0000	0.6142	0.0000	0.38
	b_4	0.0000	0.6612	0.3972	1.0000	0.30
U_3	c_1	0.3544	0.6043	1.0000	0.0000	0.26
	c_2	0.6989	0.0000	1.0000	0.9875	0.28
	c_3	0.0000	0.8597	1.0000	0.6162	0.23
	c_4	0.9940	1.0000	0.0000	0.8516	0.23
U_4	d_1	0.0000	0.0688	0.9000	1.0000	0.15
	d_2	0.0000	0.6291	0.8800	1.0000	0.13
	d_3	0.0000	0.8390	1.0000	0.8792	0.13
	d_4	0.0000	0.2306	0.6364	1.0000	0.08
U_4	d_5	0.7248	0.0000	0.3549	1.0000	0.10
	d_6	1.0000	0.7501	0.4357	0.0000	0.11
	d_7	0.0000	0.3321	0.6899	1.0000	0.06
	d_8	0.3158	0.1316	0.0000	1.0000	0.24

其次，基于邀请涉及水稻栽培、土肥、生态学、农经等多领域、交叉学科的 25 位专家对水稻化肥减施增效技术评价指标体系的各项指标进行打分，再根据式（8-1）～式（8-7）计算获得指标体系各指标的权重（表 8-37）。

再次，运用式（8-27）至式（8-30）的计算，获得项目目标体系、技术体系、环境体系、经济效益体系的综合指标指数（表 8-38）。

表 8-38　各体系的综合指标指数

年份	U_1	U_2	U_3	U_4
2017	0.6300	0.4258	0.5142	0.2565
2018	0.4695	0.7742	0.5838	0.3512
2019	0.2301	0.6652	0.7727	0.5556
2020	0.3959	0.5721	0.6142	0.0887

最后，通过各体系的综合指标指数计算获得化肥减施增效技术体系与项目目标体系、技术体系与环境体系、技术体系与经济效益体系之间的耦合情况，耦合度结果见表 8-39。

表 8-39　技术体系与项目目标、环境、经济效益体系的耦合度结果

年份	U_2 与 U_1 的耦合度	U_2 与 U_3 的耦合度	U_2 与 U_4 的耦合度
2017	0.4906	0.4978	0.4844
2018	0.4848	0.4951	0.4633
2019	0.4370	0.4986	0.4980
2020	0.4916	0.4997	0.3409

由于耦合度只能反映系统耦合作用的强弱，而无法准确反映系统耦合作用的整体功效，使得最终评价结果可能与实际情况有所出入。为了避免这一不合理情形，本研究进一步引入综合协同指数［详见式（8-35）］，计算二者耦合协调度 D，α、β 是待定系数，综合专家意见，两个系数取值均为 0.5。计算得到化肥减施增效技术体系与项目目标体系、环境体系、经济效益体系的耦合协调结果，见表 8-40。

表 8-40　技术体系与项目目标、环境、经济效益体系的耦合协调度结果

年份	U_2 与 U_1 的耦合协调度	U_2 与 U_3 的耦合协调度	U_2 与 U_4 的耦合协调度
2017	0.4939	0.4905	0.3911
2018	0.5689	0.5675	0.4810
2019	0.4734	0.6054	0.5438
2020	0.5009	0.5473	0.2965

2. 讨论分析

从耦合度的结果来看，化肥减施增效技术体系与环境体系的耦合度最高（0.4978、0.4951、0.4986、0.4997），次之是化肥减施增效技术体系与项目目标体系的耦合度（0.4906、0.4848、0.4370、0.4916），而化肥减施增效技术体系与经济效益体系的耦合度在项目期间稍有波动（0.4844、0.4633、0.4980、0.3409），排在第三位。化肥减施增效技术体系与项目目标体

系、环境体系、经济效益体系的耦合协调结果与耦合结果相似，其中化肥减施增效技术体系与环境体系的耦合协调度最高（0.4905、0.5675、0.6054、0.5473），化肥减施增效技术体系与项目目标体系的耦合协调度次之（0.4939、0.5689、0.4734、0.5009），化肥减施增效技术体系与经济效益体系的耦合协调度波动较明显（0.3911、0.4810、0.5438、0.2965），进一步说明了化肥减施增效技术与其他三者之间关联较为密切且存在协同效应。

化肥减施增效技术体系与环境体系的耦合度最高，2020年达到0.4997，虽处在中度耦合阶段但是无限接近高度耦合阶段，说明化肥减施增效技术体系与环境体系的互动关系较为密切，化肥减施增效技术和土壤地力之间的关联性不容忽视。2017~2020年，化肥减施增效技术体系与环境体系之间的耦合度波动很小，说明其受时间的影响不大，项目期间两者关系基本未变。同时，化肥减施增效技术体系与环境体系的耦合协调结果在弱度协调阶段到低度协调阶段之间浮动，进一步验证了化肥减施增效技术体系与环境体系之间互动关系明确，即化肥减施增效技术与土壤地力之间存在协同效应，技术对土壤地力的影响最为直接。

化肥减施增效技术体系与项目目标体系的耦合度在2020年达到0.4916，同样呈现出从中度耦合阶段不断趋近高度耦合阶段的态势，说明化肥减施增效技术较好地契合项目目标的要求，同时项目目标的制定也为技术的研发和使用提供了方向。除此以外，化肥减施增效技术体系与项目目标体系的耦合度在2017~2020年波动幅度较小，说明化肥减施增效技术在边集成边应用并验证示范过程中一直契合化肥减施增效项目目标，有较好的稳定性。从耦合协调度看，2017~2020年化肥减施增效技术体系与项目目标体系的协调耦合度处于10级分类的中间位置，两个系统之间在多数年份更多倾向于协同效应，揭示出化肥减施增效技术的应用可以实现项目目标的要求。

2017~2020年化肥减施增效技术体系与经济效益体系的耦合度在中度耦合阶段[0.3~0.5)浮动，表明化肥减施增效技术应用与取得经济效益之间有一定关联性。特别是2019年耦合度达0.4980，接近高度耦合阶段，说明化肥减施增效技术的应用在确保稻农收益、节省成本方面虽存在年际间波动，但总体上是满足经济收益增加的要求。耦合度的波动可能与物料价格变动如上涨或选用价格更高的环保物料等影响有关，比如价格更高的低毒农药和高效化肥等的使用会增加成本，从而降低经济效益体系与技术体系的耦合度。从耦合协调度结果来看，技术体系与经济效益体系的耦合协调度处于中度失调阶段和弱度协调阶段之间，说明化肥减施增效技术与经济效益的协同关系不稳定，进一步表明化肥减施增效技术的研发应用还要朝着降低种植投入成本、增加稻农收益的方向努力。

8.4.2.3　水稻化肥减施增效技术应用效果评估的结论和建议

通过化肥减施增效技术体系与项目目标体系、环境体系、经济效益体系的耦合度和耦合协调度的分析研究，结果表明化肥减施增效技术与项目目标、环境、经济效益之间有不容忽视的关联度。总体上，项目期间该技术模式的应用与项目目标、环境和经济效益都具有较好的两两协同效应，表明该化肥减施增效技术的应用可以实现项目既定目标，同时对地力有促进作用，并在一定程度确保稻农经济收益。

但是技术体系在满足项目目标方面，随着技术的熟化，还有很大的提升空间；而技术体系和环境体系之间的关联性最强，揭示出化肥减施增效技术的应用需关注土壤地力的变化，适时调整有碍于协同发展的不利因素，以有效预防"减肥"之后土壤有机质、有效磷、有效钾、碱解氮含量下降的风险，确保化肥减量的同时不影响耕地质量。技术体系与经济效益体系之间所表现的中度耦合与弱度协调性，反映化肥减施增效技术对水稻种植户的经济效益影响具有不稳定性，表明化肥减施增效技术实施期间较好地满足了"减施"目标但经济增效偏弱，需要在未来技术熟化过程中，进一步控制成本、提升稻农收益，以提高农户对技术推广应用的可接受性和实际采纳率。

第 9 章 农药减施增效技术效果监测与评估研究

9.1 农药减施增效技术效果监测与评估研究的目的和意义

近年来，我国按照"一控两减三基本"的目标，组织开展化肥、农药使用量零增长行动，大力推进化肥、农药减施增效，取得了明显成效。经科学测算，2015 年我国水稻、玉米、小麦三大粮食作物农药利用率为 36.6%，比 2013 年提高了 1.6 个百分点，减少农药使用量 1.52 万 t，农民减少生产投入约 8 亿元。农药的减量是综合性的措施，多采取农业防治、生态控制、生物防治、物理防治等绿色防控技术，利于减少农药残留、保障农产品质量安全、保护土壤和水体环境。

农药减施增效技术主要采取 4 种途径。一是推进精准施药，制定施药限量标准；二是调整农药施用结构，推广新型高效农药；三是改进施药方式，推广机械化智能施药；四是合理利用生物源农药、化学农药以及其他绿色防控措施。利用这些农药减施增效技术的实施，实现控制过量施药、减少农药浪费、提高农药利用率，达到减施增效的目的。那么，在使用过程中，既要保证农药减少使用，又要保证药效，对使用的技术进行系统、科学的评估尤为重要。

近几年来，我国主要从化学防治的防治决策、农药选择、施用技术三方面提出农药减量的对策。农药防治效果的评估主要根据不同作物的不同耕作模式，研究农药的使用方式（剂量、剂型、施药方式、施药次数、施药间隔期等）对作物品质和产量的影响，采用的方式是大田药效试验，对试验结果进行统计分析。

农药抗性评估主要从药剂特性、靶标生物交互抗性、靶标生物产生抗药性的潜能、田间抗药性产生的风险、抗性级别分析等方面进行评估，从而对药剂的抗药性风险进行预测。

针对农药利用率的测算和评估，我国采用的方法首先是制订《农药利用率测算工作方案》，明确测算的方法和内容。其次是采集基础数据，组织全国植保技术推广部门，在测试与评估的基础上，进行大量的田间测试和相关数据收集。进而进行测算评估，建立数学模型，进行科学的测算，并将测算结果与监测数据进行对比分析。

农药的药效在生态环境中处于逐渐演变态势，而农药品种的不断创新，也催促着施药技术的变革。当前，我国在农药减施增效技术监测及评估方面已做的工作及存在的主要问题如下。

1）施药状况调查。主要是农药投入量及投入面积的调查，对农药品种及施药模式缺乏系统调查和记录。

2）评估方法不完善。目前大部分的评估方法集中在农药防效、施药方式等方面，而抗药性风险分析与预测、劳动强度、技术熟化度、农户接受程度、农药利用率、投入产出比等方面的研究较少，而且单因素研究较多，综合评估较少。

3）农药减施增效技术研究主要是考察了大量农药的增产效应，对品质效应、经济效益研究得不多，且缺乏不同作物、不同种植制度间的比较。此外，对新型农药品种和剂型所起的作用缺乏系统研究。

4）环境效应评估。对蔬菜中的环境效应如土壤的残留污染效应的评估研究较多，而对粮食作物和茶叶研究较少。

5）缺乏农药减施增效技术的社会效益评估。

综上所述，亟待开展对农药减施增效技术的农药利用率、劳动力投入、职业暴露、抗药性风险、防治效果和经济效益等方面的综合评估。多角度分析评估不同类型的农药减施增效技术的经济效益、环境效益和社会效益，必将有效促进我国农药施用技术水平和使用效率的提高，对减轻环境污染、促进农产品质量安全有重大意义，更有利于树立我国在国际上的良好形象，确立我国在农药科学施用技术方面的领先地位。

9.2 农药减施增效技术效果监测与评估的基本原则和方法

基于我国缺乏主要大田作物和经济作物的农药监测和评估，在农药减施增效项目区选择有代表性的区域和种植制度，建立农药减施增效技术的评价方法，设立监测网络；对农药减施增效技术的经济效益、社会效益等综合效益开展监测评估；运用多边形综合指标法原理和构建农药减施增效技术的综合代价效益比模型，筛选可优先推广的技术，建立农药减施增效技术评价目标集和评价方法，为我国农药减施增效技术的可持续发展提供指导和科学支撑。针对这些问题，主要从以下方面进行农药减施增效技术的效果监测与评估。

9.2.1 农药减施增效技术评价目标集的建立

根据农药减施增效技术的经济系统是否有利、社会系统是否合理，拟定农药减施增效技术评价的具体指标，使综合效益最好、综合代价最小。选择指标时拟根据以下原则：①指标应该反映各种农药减施增效技术的经济投入和产出、资源与时间消耗、农药使用者的技术接受倾向等；②指标应能反映各个农药减施增效技术所产生的短期利益和长期利益、局部代价与整体代价；③采用建立定量指标体系，避免由于定性指标的分值评判而带来的主观偏差；④采用综合指标，指标间应尽量互相独立；⑤指标间应互相补充，形成农药减施增效技术的评价体系。

9.2.2 监测网络的建立与监测

在项目区选择有代表性的区域和种植制度，建立农药减施增效技术效果监测网络，调查农药施用的基本现状（病虫草害发生及用药情况、农药施药方式、农民劳动强度、技术熟化度），通过设计调查表格和实际测定，获得农药减施增效技术应用评估所需要的技术指标（农药防效和利用率）、经济指标（生产成本、农作物产量）、风险指标（病虫抗药性、操作者暴露风险）及社会指标（技术接受倾向和熟练度）等指标参数。

9.2.3 农药减施增效技术应用评估

利用上述技术评价目标集和评价指标参数，利用多边形综合指标法、赋值 Board 法进行综合分析，通过相应的权重体系及方法进行综合评价，研究建立农药减施增效技术应用的评估数学模型和农药减施增效阈值。

为了建立农药减施增效技术的评价方法，设立监测网络；对农药减施增效技术的经济效益、社会效益等综合效益开展监测评估；运用多边形综合指标法原理和构建农药减施技术的综合代价效益比模型，筛选可优先推广的技术，建立农药减施增效技术评价目标集和评价方法。具体的方法、原理、机理、算法、模型如下。

1. 技术措施

一是调查研究，做好减药增效技术评估前评估点背景指标值的采集，做到准确和科学，这是评估工作的基础。根据前期的工作基础和项目的调查研究，结合长江中下游水稻、设施蔬菜、茶园和苹果园种植制度及气候条件、作物产量潜力，合理制定各区域、各作物单位面积施药限量，减少盲目施药行为。

二是科学设定评估参数和评估模型。设定减施增效技术对病虫草害的防治效果、抗药性风险分析与预测、劳动强度、技术熟化度、农户接受程度、农药利用率、农药投入成本、产出、经济效益和社会效益等为评价指标，根据调查研究结果和田间监测试验结果，建立农药减施增效的初级数学模型，并通过不同区域、种植制度条件下的田间试验优化和验证模型。

三是利用建立的模型对长江中下游水稻、设施蔬菜、茶园和苹果园在不同区域下的减施增效技术进行评估，同时也进一步验证和优化模型，建立长江中下游水稻、设施蔬菜、茶园和苹果园农药减施增效技术评估体系方法及评估报告。

2. 评测方法

采用模式农户分析法和实证数学规划法评测农药减施增效技术的经济效益。采用生命周期评价（LCA）方法评测农药减施增效技术的环境效益。采用模糊综合评价方法评价农药减施增效技术实施后的社会效益。

9.3 农药减施增效技术效益增量评估模型的构建和优化

9.3.1 农药减施增效技术效益增量评估模型的构建

根据"农药减施增效技术效果监测与评估研究"课题的研究目标和研究内容，确定采用数学模型对农药减施增效技术效果进行评估。

在查阅大量文献、广泛开展农药施用现状实地调查、召开多次专家研讨会的基础上，根据农药减施增效技术的经济系统是否有利、社会系统是否合理，首先拟定了农药减施增效技术评价的具体指标。指标分为一级指标和二级指标。一级指标包括技术指标、经济指标、社会指标和环境指标。每一类指标下又包含若干二级指标。其中，技术指标包括防治效果、单位面积产量；经济指标包括化学农药有效成分用量、成本效益、提质效果；社会指标包括技术简易性和农民接受程度、技术推广率、规模经营户采纳率、农户减施增效意识提高率；环境指标包括农药利用率、抗性风险和暴露风险。

农药减施增效技术评估就是以上述12项指标为对象，评估减施增效技术在每一个指标上的效益增量。农药减施增效技术在实践中往往是集成技术，其效益也体现在各个指标上，但各项指标在整体中的重要性并不相同，如减施增效的实施重点在于"减施"，即减少化学农药的施用量，所以化学农药有效成分用量就是一项较为重要的指标，相应地，应赋以较高的权重。为了体现各个指标在总体效益中的地位，也便于比较各项减施增效技术的总的效益增量，经过专家研讨、查阅文献，结合实地调查的结果，得到了各项指标在整体效益增量中的权重（表9-1）。

表 9-1　农药减施增效技术效益增量评估模型的指标及权重

模型指标	指标内容及含义	指标代码	权重（W_x）
防治效果	技术措施对作物病虫草害的防治效果	A	15%
化学农药有效成分用量	单位面积化学农药总用量（有效成分）	B	25%
技术简易性和农民接受程度	单位面积劳动力投入时间 C1，权重 40%	C	10%
	农民接受程度 C2（1～3 级），权重 60%		
单位面积产量	单位面积作物产量	D	5%
农药利用率	不同喷雾方法（植保机械）农药利用率	E	20%
抗性风险	化学农药抗性风险（杀虫剂、杀菌剂、除草剂）	F	5%
暴露风险	操作者暴露风险（1～5 级）	G	5%
成本效益	单位种植面积产值 H1	H	5%
	单位种植面积农药成本 H2		
	单位种植面积人工成本 H3		
	单位种植面积机械成本 H4		
	单位种植面积其余成本 H5		
提质效果	农药残留，权重 60%	I	2%
	品质（不同作物设定具体指标，如稻米直链淀粉含量、粗蛋白含量等），权重 20%		
	食感、口感，权重 20%		
技术推广率	技术推广面积占总种植面积的比例	J	4%
规模经营户采纳率	采纳技术的规模经营户（50 亩以上）数量占区域内全部规模经营户的比例	K	2%
农药减施意识提高率	农户农药减量观念转变度（农药减量认可/接受比例）	L	2%
总计			100%

指标和权重确立之后，为每项指标建立子模型，最后就会得到一个总的效益增量计算模型，用于评估具体的农药减施增效技术。

该模型由防治效果、化学农药有效成分用量、技术简易性和农民接受程度、单位面积产量、农药利用率、抗性风险、暴露风险、成本效益、提质效果、技术推广率、规模经营户采纳率、农户减施增效意识提高率等 12 个子模型组成。对模型的基本含义作如下解释。

农药减施增效技术效益增量计算模型：

$$P=\Delta A\times W_\mathrm{A}+\Delta B\times W_\mathrm{B}+\cdots+\Delta L\times W_\mathrm{L} \tag{9-1}$$

式中，P 表示农药减施增效技术效益增量；ΔA、ΔB、ΔC、$\cdots$、ΔL 分别表示各项单一指标的效益增量；W_A、W_B、$\cdots$、W_L 分别表示各项单一指标的权重系数。

同一指标内有分项指标的，先按分项指标权重计算出该项指标的效益增量。

9.3.2　农药减施增效技术效益增量评估模型的优化

在提出农药减施增效技术效益增量评估模型之后，为进一步明确模型指标设置和指标权重的合理性，优化效益增量评估模型，在全国范围内进行了问卷调查。为了使调查范围更广泛、反馈更加便捷、调查结果更具代表性，课题组设计了微信小程序，将农药减施增效技术效益增量评估模型的相关内容以及问卷纳入小程序，用手机扫码后即可方便快捷地完成问卷。此次调研共得到304份调查问卷，调查对象主要为全国各地的植保系统工作人员、高校和科研单位研究人员、农资企业及种植大户，调查区域涵盖了全国大部分省（自治区、直辖市），具有广泛的代表性。搜集调查结果后，对问卷进行了总结分析。结果表明，农药减施增效技术效益增量评估模型中的各指标设置得到了广泛认可，但对部分指标的权重有一些不同意见和具体的建议。根据这些意见和建议，对部分指标的权重进行了修改。优化后的指标和权重见表9-2。

表9-2 农药减施增效技术效益增量评估模型的指标及权重

模型指标	指标内容及含义	指标代码	权重（W_x）	建议权重
防治效果	技术措施对作物病虫草害的防治效果	A	15%	15%
化学农药有效成分用量	单位面积化学农药总用量（有效成分）	B	25%	20%
技术简易性和农民接受程度	单位面积劳动力投入时间C1，权重40%	C	10%	10%
	农民接受程度C2（1～3级），权重60%			
单位面积产量	单位面积作物产量	D	5%	6%
农药利用率	不同喷雾方法（植保机械）农药利用率	E	20%	16%
抗性风险	化学农药抗性风险（杀虫剂、杀菌剂、除草剂）	F	5%	6%
暴露风险	操作者暴露风险（1～5级）	G	5%	5%
成本效益	单位种植面积产值H1	H	5%	5%
	单位种植面积农药成本H2			
	单位种植面积人工成本H3			
	单位种植面积机械成本H4			
	单位种植面积其余成本H5			
提质效果	农药残留，权重60%	I	2%	4%
	品质（不同作物设定具体指标，如稻米直链淀粉含量、粗蛋白含量等），权重20%			
	食感、口感，权重20%			
技术推广率	技术推广面积占总种植面积的比例	J	4%	5%
规模经营户采纳率	采纳技术的规模经营户（50亩以上）数量占区域内全部规模经营户的比例	K	2%	3%
农药减施意识提高率	农户农药减量观念转变度（农药减量认可/接受比例）	L	2%	5%
总计			100%	100%

9.4 农药减施增效技术效益增量评估

9.4.1 评估模型应用的范围和对象

农药减施增效技术效益增量评估模型用于评估各类作物上的农药减施增效技术应用之后产生的效益。评估的技术包括单项技术和集成技术；评估的指标可以是某单项指标、某几项指标或模型中包含的全部12项指标。

9.4.2 评估的基本方法和流程

评估首先从数据采集开始,然后利用模型计算出各个指标的效益增量,继而得出总的效益增量,最后得出结论,对农药减施增效技术的优、缺点进行总结和提炼,并对技术的应用范围、应用条件提出建议,对应用前景作出预测。需要指出的是,评估时并非所有指标都要得出具体的数值,个别指标也可采取定性评估的方法。当然,如果要比较两项技术的效益增量的大小,从而筛选出更优的技术,则最好采用定量的方法。

1. 数据采集

数据的采集可采用抽样调查、问卷调查、前期调查、查阅文献等方法,应根据各个指标的不同特点、减施增效技术应用的实际情况和已经掌握的数据基础等灵活采用,主要的原则是采集的数据能够充分反映出农药减施增效技术的真实效果。

2. 数据的比较

农药减施增效技术效益增量评估模型最后得到的具体结果是"增量",那么就需要有"基数"与技术应用后的效果作对比。评估时,一般采用"横向对比"结合"纵向对比"的方法。所谓横向对比,即采用农药减施增效技术的作物种植田块与本区域内未采用农药减施增效技术的常规种植田块(如示范区自设的对照或者邻近区域农户自防的田块)对比的方法;纵向对比,则采用本年度数据与以往一年或多年的数据或数据库对比的方法。具体采取何种方法,要根据作物、防治对象、农药的特点、评价的指标等因素灵活运用。

9.4.3 各个指标的评估

9.4.3.1 防治效果

评估之前要对作物、有害生物靶标、防治技术以及这几种因素之间的相互关系有全面而深入的了解,具备一定的背景知识,以保证评估结果的客观和准确。

防治效果评估子模型计算公式如下。

$$P=\Delta A \times W_A \tag{9-2}$$

式中,ΔA 代表"防治效果"这一指标的效益增量;W_A 代表该指标在全部指标中所占权重系数,在该模型中,该指标被赋予的权重为15%。

根据以上评估模型,农药防治效果的评估所需的采集数据主要为模型中的 ΔA,即防治效果的效益增量,也即评估对象的防治效果与对照相比较的增量。具体而言,需要采集的数据有两个部分:一是采用农药减施增效技术后的防治效果,二是未采用农药减施增效技术(通常为农户自行防治)的防治效果。前者高于后者的百分比即为效益增量 ΔA。例如,采用农药减施增效技术的作物种植田块与本区域内未采用农药减施增效技术的常规种植田块的防治效果分别为90%和80%,则效益增量 ΔA 为 (90−80)/80×100%=12.5%,在整个效益增量 P 中,防治效果带来的效益增量为 12.5%×15%=1.875%。

该模型可用于评估农药减施增效集成技术的效益增量,也可以用于评估某项单一技术的效益增量。

评估时,杀虫剂、杀菌剂和除草剂三类农药的数据采集方式应有一定的区别。农作物虫害和病害在不同的年度发生种类与发生程度经常有很大的差异,从而导致农药施用种类和施用量也有较大差异,因此不宜采用往年的农药用量和防治效果与当前的农药用量和防治效果进行对比。与虫害和病害不同，特定地区农田草害的种类和发生程度在年度间的变化幅度通常较小，这是由杂草本身的特点决定的。因此，评价除草效果时，既可以与以往相近年份的草害发生状况比较，也可以与当年发生状况比较，即采用横向对比法或纵向对比法均可。当然，这些对比应局限于一定的地理和生态区域，因为杂草在不同地区的种类、发生程度和分布规律往往有较大差异；此外，还要考虑农田种植制度对草害的影响，如在同一地区，水旱轮作和旱旱轮作的田块草相有明显差异。因此，评估除草效果时，选择合适的对照田块就非常重要，若忽视这些因素，盲目对比会导致评估结果不准确。

因作物种类、有害生物种类以及防治技术的多样性，评估农药减施增效的防治效果是非常复杂的一项工作。防治效果的效益增量在各种复杂状况下的计算必须明确。实践中，根据农药减施增效技术是单一技术还是集成技术，以及其针对的有害生物的多寡，大致有表9-3中的4种对应情况。

表9-3　农药减施增效技术与有害生物的对应情况

农药减施增效技术	防治对象（有害生物或靶标）
单一技术	一种靶标
单一技术	一类有害生物中的多种靶标
集成技术	一类有害生物中的多种靶标
集成技术	作物上所有的主要有害生物

针对以上4种情况，应分别采取相应的效益增量计算方法。

1）单一技术防治一种靶标。这种情况最为常见，如一种农药或一项技术防治一种虫害、病害或一类草害（一种除草剂能够防除的杂草一般不止一种，通常为一类杂草，如禾本科杂草、阔叶杂草等）。计算防治效果的效益增量也最为简单，只需将实施区与对照区的防效对比即可。

2）单一技术防治一类有害生物中的多种靶标。例如，一种技术或农药防治多种害虫，一般对每种害虫的防治效果各不相同。若要统计该技术或农药的综合防效，可以将防治每一种害虫的效果平均计算。

3）集成技术防治一类有害生物中的多种靶标。该种情况下，可以按照第二类情况加以处理。

4）集成技术防治某种作物上所有的主要有害生物。在农药减施增效技术的集成与示范中，这种情况最为常见。实践中，通常会针对某种作物上所有主要的病虫草害，集成作物全生育期的农药减施增效技术。这样，防治效果就包含对病害、虫害、草害等全部有害生物的效果。要得到一个综合的、统一的效益增量，必须将各项单一的防效统计为一个综合防效。具体计算时，可以先将病害、虫害和草害每一类中各个靶标的防效分别计算平均值，再计算病害、虫害、草害防效的平均值，从而得到一个综合防效，即该作物上所有有害生物的防效。

9.4.3.2　化学农药有效成分用量

开展农药减施增效技术研发的主要任务就是减少化学农药用量，因此化学农药用量是农药减施增效技术评估中最重要的指标之一。

田间防治有害生物通常使用的是各种农药制剂，其中主要包含原药和助剂。化学农药的有效成分就是指其中的原药,是对有害生物靶标起到有效防治作用的最重要的成分。农药减施增效技术效果评估中的农药用量以化学农药有效成分用量为准。

评估时,数据处理通常有两种方法。第一种是将实际农药用量与推荐用量作比较;第二种是与对照(如示范区自设的对照或农户自防区)作比较。得到的农药用量减施率即为效益增量,若要得到本指标在整体效益增量中的数值,则应乘以其权重系数20%。

评估的农药种类可以是某一类农药,如杀菌剂、杀虫剂或除草剂,也可以评估总的农药用量,特别是某种作物整个生育期总的农药用量。后者在农药减施增效技术集成与示范中应用较多。

第一种情况的评估可用以下公式。

$$\Delta B = \frac{\text{推荐剂量有效成分用量} - \text{实际施用有效成分用量}}{\text{推荐剂量有效成分用量}} \times 100\% \quad (9\text{-}3)$$

以湖南水稻农药减施增效现场示范为例,每亩选用5%己唑醇悬浮剂64mL+助剂(倍创)10mL及光合细菌(500倍液)防治水稻纹枯病,化学药剂己唑醇用量为64mL/亩,有效成分用量为3.2g/亩。而该药剂的推荐用量(常用剂量)为75~120g/亩,即有效成分用量为3.75~6g/亩;在本次现场示范中,未选取其他对照药剂(即农民自防区的药剂施用情况对照)。据此,按照优先选择最低推荐剂量的用药标准,本次示范杀菌剂有效成分用量减少14.7%,相应地,其减药的效益增量为14.7%。

第二种情况的评估可采用以下公式。

$$\Delta B = \frac{\text{试验农药有效成分用量} - \text{对照农药有效成分用量}}{\text{对照农药有效成分用量}} \times 100\% \quad (9\text{-}4)$$

有害生物防治中经常会用到化学农药以外的防治措施如生态调控、理化诱控等,这些技术均可以降低化学农药用量。如江西水稻农药减施增效示范中综合使用了灌水旋耕灭螟技术、稻螟赤眼蜂生防技术、性诱捕器诱杀二化螟技术以及频振式杀虫灯灯光诱杀技术等防治二化螟、稻纵卷叶螟、稻飞虱等多种水稻害虫,可使田间杀虫剂的施药量明显下降。另外,还使用了高效助剂控螟技术,即选用8%阿维菌素·丁虫腈100mL/亩+助剂(激健)15mL/亩防治二化螟、稻纵卷叶螟。评估时,可采用田间杀虫剂的实际施用量与对照区的用药量作对比,在防效相似或高于对照小区防效的条件下,采用以上公式进行评估。

9.4.3.3 技术简易性和农民接受程度

1. 技术简易性评价

在当前人工成本越来越高,而种植农作物特别是大田作物利润仍然较低的情况下,一项农药减施增效技术是否能够推广,其简易性是重要的决定因素之一。简易性包括易学、易操作、易重复等,可以用单位面积内劳动力投入时间(h/亩)来衡量,包括人工投入时间和机械投入时间。例如,早期打药全靠人工,一个农民一天最多打药20亩地。后来出现了自走式植保机,农民可以开着植保机进田打药,效率大大提高。但对于种粮大户,尤其是高秆作物,在农忙时期,无人植保机起飞降落一架次就能打药24亩地,高峰期一天能完成四五百亩的作业量,极大地提高了作业效率,节省了人工。所以,评估技术的简易性,对比试验示范区与对照区的劳动力投入时间即可。

此外,很多农药减施增效技术示范中都有绿色防控技术,而这一项技术的采用明显降低了农药使用量和施药次数,因此也可以用单位面积内化学农药总用量和单位面积内劳动力投入时间（h/亩）进行综合评价。

2. 农民接受程度的评价

农业技术的推广应用主要是将研究成果尽可能及时而广泛地应用到农业生产中去，其最终能否产生预期效果，取决于实际应用的范围和程度。农户对一项植保技术是否接受，取决于很多因素，如技术的效果、可操作性、成本效益等，此外还与农技推广方式等因素有关。这一指标可采用调查问卷的方式进行评估。

此外，农户的个人背景如年龄、受教育程度、种植面积以及对农田植保技术的掌握程度等也会导致对其对农药减量增效技术的接受程度存在差异，因此在调查问卷设计时需要将这些因素考虑进去。

根据农民对技术的接受程度不同，采取赋分的方式，可以把技术接受程度分为以下3个等级。①可接受（＜50分）：技术体系较为复杂，不易掌握，投入成本高，但收益有所提高；②易接受（50～80分）：技术体系较为简单，容易掌握，投入成本不变，收益提高；③非常愿意接受（90～100分）：技术体系操作简单，投入成本低，收益高。

9.4.3.4 农药利用率

我国的农药利用率是一个综合测算的数据，而不是某一种植保机械的沉积率数据。主要考虑以下4个因素：①我国大、中、小型植保机械的使用情况；②我国农药品种、剂型优化情况；③施药人员情况，我国施药人员大体可分为两类，一是以小农户采用背负式小型喷雾器施药，二是以专业化统防统治组织采用大、中型植保机械施药；④不同作物在不同生育期的病虫害防治情况，目前的测算主要以小麦、水稻、玉米三大粮食作物为主。综合上述因素，建立了农药利用率的测算模型。

$$\mathrm{PE} = \sum_1^j (C \times \mathrm{PE}_j) \tag{9-5}$$

式中，C 为某作物病虫害防治面积占总防治面积的权重；j 表示作物种类；PE_j 表示某作物农药利用率（%）。

$$\mathrm{PE}_j = \gamma \times \alpha \times \sum_1^x \left(\frac{S_i}{S} \times \bar{D} \right) \tag{9-6}$$

式中，$\dfrac{S_i}{S}$ 表示某种喷药方法在某种作物病虫害防治上的使用权重；X 表示施药机械种类，取值 1, 2, ⋯；S_i 表示某种施药机械在某种作物上的病虫害防治面积；S 表示某种作物的化学防治总面积；$\bar{D}$ 表示某种喷药方法在作物上喷施常规剂型农药时的利用率实测值，是综合考虑作物病虫害防治不同喷药时期的多次试验实测值的算术平均数。用以下公式计算，其中 n 为农药利用率测试次数。

$$\bar{D} = \frac{\sum_1^n D_n}{n} \tag{9-7}$$

$$\alpha = 1 + \frac{P_{\mathrm{SC}} + P_{\mathrm{ME}} + P_{\mathrm{WG}}}{P_{\mathrm{WP}} + P_{\mathrm{EC}} + P_{\mathrm{SC}} + P_{\mathrm{ME}} + P_{\mathrm{WG}}} \times 10\% + \frac{S_a}{S} \times 20\% \tag{9-8}$$

式中，α 为农药剂型优化后的增效系数；P_{SC}、P_{ME}、P_{WG}、P_{WP}、P_{EC} 分别是农药悬浮剂、微乳剂、水分散粒剂、可湿性粉剂、乳油等制剂数量；S_a 为某种农作物病虫害喷药防治时喷雾助剂使用面积; S 为某种农作物的化学防治总面积; r 为农药喷洒操作水平影响因子。

$$r = \frac{A_1}{A} \times 100\% + \sum_1^k \frac{A_2 k}{A} \times (0\% \sim 80\%) \tag{9-9}$$

式中, $\frac{A_1}{A}$ 为统防统治权重, 其中 A_1 为统防统治作业面积、A 为防治总面积; $\frac{A_2 k}{A}$ 为农户自防权重, 其中 $A_2 k$ 为农户自防面积。

统防统治作业的系数设定为100%, 农户自防作业的系数根据农户受教育培训、操作规范等给予系数赋值, 如滥用、乱用农药, 则赋值为0%; 施药机械优良、作业规范, 则赋值为80%。

9.4.3.5 产量

农作物产量是作物种植的最直接的目的之一, 因此也是农药减施增效技术评估的一个重要指标。由于近年来我国粮食连年丰收, 人们生活水平逐步提高, 社会上出现了一些"重品质, 轻产量"的思想, 这是影响我国粮食安全的不利因素。化学农药用量减少的同时, 如果降低了作物的产量, 则是舍本逐末。

产量的评估相对较为简单。产量这一指标的效益增量可以理解为增产率, 增产率乘以权重即为该指标在整个效益中的效益增量。模型 $P=\Delta D \times W_D$ 中, P 为产量的效益增量, ΔD 为增产率, W_D 为权重, 本指标的权重为6%。

产量的数据采集最好采用小区取样的方法, 这样得到的数据更加真实可信。对于大范围、大面积、作物种植主体数量较多的示范区和对照区, 也可以采用问卷调查的方式。进行问卷调查时, 要特别注意辨别数据的可靠性, 最好是在全程跟踪调查、监测的基础上进行。另外, 调查中发现, 很多地方的农户采用的面积单位非常混乱, "亩"这一单位在不同地区甚至同一个县的不同乡镇, 表征的面积大小都有很大的区别, 这一点一定要核实准确, 否则会使评估结果发生严重的偏离。

9.4.3.6 化学农药抗性风险

化学农药的抗性风险指因有害生物群体产生抗药性而对农业造成不良后果的可能性。抗性风险影响的因子: ①药剂, 持效期长、单一位点、与已有高风险药剂抗性机制相同的抗性风险高; ②靶标生物, 世代周期短、年发生代数多、繁殖率高、种内变异度大、抗性基因显性等抗性风险高; ③农事操作, 单一品种连作及有利于增加药剂选择压力和加重有害生物发生的施药技术与栽培技术抗性风险高。

抗性风险评估的内容包括: ①药剂特性及与靶标生物的交互抗性(类型、作用方式、用药历史、同类药剂抗性现状); ②靶标生物产生抗药性的潜能(敏感基线、发生概率、速度和程度); ③田间抗药性产生的风险(不采用抗性治理策略时的抗性发生风险)。

抗性风险系数分为固有风险系数和调节风险系数, 其中固有风险系数主要由药剂风险系数和主要病虫害风险系数组成; 调节风险系数主要是施药方式和当地抗性风险所引起的风险系数, 一般使用单剂的抗性风险系数较高, 两类药剂混用为中等风险, 三类药剂混用为低风险, 种子处理和土壤处理施药方式为低风险, 而地上喷雾则为高风险(表9-4)。

表 9-4　化学药剂抗性风险分类及分级

抗性风险	固有风险系数	药剂风险系数	三级：高、中、低
		主要病虫害风险系数	三级：高、中、低
	调节风险系数	施药方式调节系数	单剂或混用（单剂为高、两类药剂为中、三类药剂为低）；种子处理和土壤处理为低，地上部分喷药为高
		当地抗性风险系数	抗性严重程度分三级：高、中、低

调节风险系数按照药剂混用、轮用以及技术推广区域抗性发生情况赋值，一种药剂使用，系数为1.0；两类药剂混用轮用，系数为0.5；三类药剂混用轮用，系数为0.3；技术推广区域抗性发生严重（抗性比例≥50%）赋值为3，抗性发生中度（10%≤抗性比例<50%）赋值为2，无抗药性发生或抗性发生轻微（抗性比例<10%）赋值为1。

在此基础上，给出了抗性风险系数的计算公式。

$$抗性风险系数 = 药剂风险系数 \times 主要病虫害风险系数 \times 施药方式调节系数 \times 当地抗性风险系数 \quad (9\text{-}10)$$

9.4.3.7 操作者暴露风险

近年来，随着社会对农产品安全以及环境污染等问题的日益重视，以及实施乡村振兴战略、推进美丽乡村建设日益深入人心，对农药风险评估的关注也急剧升温。我国农药行业管理部门正在积极探索建立、健全针对我国基本国情的农药风险评估制度。农药操作者暴露风险评估是指对农药使用者和进入施药区域劳动者的农药接触风险进行评价，是农药风险评估的重要组成部分，也是落实"以人为本"理念的重要举措。由于受种植规模与种植方式等因素的影响，目前我国大多数地区仍普遍采用背负式大容量喷雾法施用农药，与一些发达国家相比存在明显差异，再加上我国农药施用人员往往缺少必要的安全防护，因此其施药过程中的农药暴露危害更应得到关注。

基于我国的国情，建立了农药操作者暴露剂量采集和风险评估方法。选择农业生产大省山东和河南，以当地农民为志愿者，采用手动背负式喷雾器，在麦田中施用吡虫啉，通过全身整体取样方法分析了施药者的人体暴露量，通过暴露界限评估了麦田施用吡虫啉对操作人员的暴露风险。该研究结果发表在 *Journal of Environmental Sciences* 上。采用同样的方法，研究了棉花田施用吡虫啉的暴露风险（图9-1）。结果表明，在郁闭程度较高的棉田，采用常规

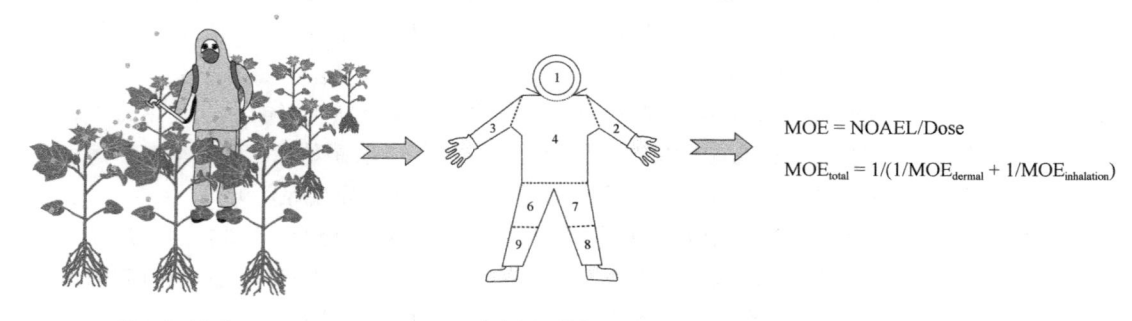

$$MOE = NOAEL/Dose$$

$$MOE_{total} = 1/(1/MOE_{dermal} + 1/MOE_{inhalation})$$

棉田喷洒农药　　　　全身剂量测定　　　　暴露风险评估

图 9-1　棉花田施用吡虫啉的操作者暴露风险评估示意图

MOE 表示暴露界限（margin of exposure）；NOAEL 表示未观察到的有害作用剂量（no observed adverse effect level）；Dose 表示剂量；MOE_{total} 表示总暴露界限；MOE_{dermal} 表示皮肤暴露界限；$MOE_{inhalation}$ 表示呼吸暴露界限

方法喷施农药，具有潜在的暴露风险，需要采取相应的保护措施或降低施药时间，该研究结果以"Potential dermal and inhalation exposure to imidacloprid and risk assessment among applicators during treatment in cotton field in China"为题，并发表在 Science of the Total Environment 上。

以水溶性染料诱惑红为农药替代物，以水为溶剂进行采样媒介提取，建立了环保、可视化、快速的暴露评估方法，适用于不同的暴露场景（图 9-2）。该方法可解决农药暴露剂量测定过程中大量有机溶剂使用所带来的环境污染和对实验人员的健康风险问题。该研究结果以"Visual determination of potential dermal and inhalation exposure using allura red as an environmentally friendly pesticide surrogate"为题发表在 ACS Sustainable Chemistry & Engineering 上。

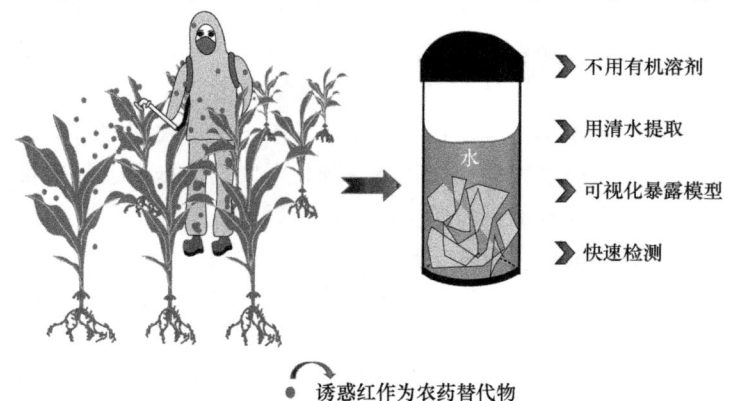

图 9-2 诱惑红为农药替代品的暴露风险评估示意图

具体评价某项技术的暴露风险时，可结合施药器械、操作者的专业知识背景、不同种类作物及其种植环境等因素综合分析，指出某项技术在暴露风险方面有哪些改进或存在哪些问题，提出具体的技术改进建议。

9.4.3.8 成本效益

成本效益分析的基本原理是：针对某项支出目标，提出若干实现该目标的方案，运用一定的技术方法，计算出每种方案的成本和收益，通过比较方法，并依据一定的原则，选择出最优的决策方案。通常这里的"效益"是包含经济效益在内的各方面效益。在农药减施增效技术效益增量评估中，成本效益分析比较的主要是经济效益。

一般，作物生产的成本包括各种农资（种子、化肥、农药等）、机械（耕地机械、播种机械、收获机械、农事管理机械等）、人工费用和其他成本，而收益的构成则较单一，一般体现为收获物的市场交易价值，即卖出之后的经济收益。只有在收益大于成本时，农药减施增效技术才有被采用的必要性和可能性，才具有经济可行性。因此，评估农药减施增效技术的成本效益十分必要。

在成本效益评估模型 $P=\Delta H \times W_H$ 中，P 为经济效益增量；ΔH 为纯收益与成本的比值，即增收的比率；W_H 为权重，这里为 5%。

成本效益评估的数据采集通常采用问卷调查的方式。技术推广示范单位和种植合作社对于投入成本一般都有记录。但一般农户大多没有这样的习惯。因此，在整个生产过程完毕之后的调查追记，可能导致数据的不完整或者讹误。更好的办法是确定对某个示范区进行评估之前，设计好表格，对表格中的各个指标作出详细说明。然后向种植主体发放表格，随时查访监督，在从种到收的生产整个过程中，记录好各项投入和收益，以免遗漏。

9.4.3.9 提质效果

农产品质量通常包括营养品质、商品品质和卫生品质三方面。传统的农产品质量的含义多指农产品的营养品质，具体地说，是农产品的碳水化合物、蛋白质、必需氨基酸、脂肪、膳食纤维、维生素及矿物质等的含量。随着农业生产的规模化、产业化和商品化特征越来越明显，农产品的商品品质已成为提高农业生产经济效益的主要决定因素之一。农产品的商品品质在整体上主要包括农产品的储运质量、外观质量（如果品和蔬菜的形状、大小、着色、光泽等）、风味质量及加工质量等。随着人们生活水平的提高和对食物安全及自身健康的日益关注，对农产品的卫生品质（如农药残留、病原体沾染以及有毒重金属蓄积等）也提出了新的要求。农产品的卫生品质无疑也是农产品质量的重要内容之一。另外，由于农产品的种类及用途的不同，对各项质量指标的要求也不尽相同。基于此，农药减施增效技术对农产品的提质效果评估非常复杂，只能抓主要因素。考虑到化学农药的施用会带来农药残留问题，继而影响农产品品质；而化学农药的减施则会减轻农药残留，进而提升农产品品质。因此，把农药残留作为提质效果评价的一项重要指标，此外，也适当考虑农产品的营养品质和商品品质。至于卫生品质，因为农作物收获的为初级产品，尚未进行二次加工或深加工，一般没有卫生品质的问题，所以对农产品的卫生品质不予评估。

农产品质量可以通过测试化验的方法取得数据。商品品质（外观、口感等）可以通过查阅相关的品质分级标准作出评价。这里主要介绍农药残留风险评估方法。

世界卫生组织（World Health Organization，WHO）与联合国粮食及农业组织（Food and Agriculture Organization of the United Nations，FAO）是食品安全风险管理方面的国际组织。1976年，WHO、FAO和联合国环境规划署针对食品安全风险预防制定了全球环境监测系统下的食品项目，包括农药残留、重金属、真菌毒素、有机污染物等，旨在监测食品中的污染物。农药残留风险评估是指应用科学方法测定农药的生物效应、毒理学、污染水平和膳食暴露量等数据以评价农药残留给健康或环境带来的不良效应的可能性与严重性，包括健康风险评估、环境风险评估，其中健康风险评估主要包括农药残留膳食摄入风险评估、职业健康风险评估、居民风险评估等。

农药残留膳食摄入风险评估是基于农药毒理学和残留化学试验结果分析与居民膳食结构，科学评价膳食摄入农药残留而产生的风险大小。完整的膳食摄入风险评估包括长期和短期膳食摄入风险评估，二者的主要区别是评估涉及的期限不同，因此涉及的参数不同。我国的居民膳食摄入量是根据我国卫生部2002年发布的《中国不同人群消费膳食分组食谱》或相关参考资料中的膳食结构数据，国际上的膳食摄入量是依据世界卫生组织全球环境监测系统/食品污染监测和评估规划（WHO GEMS/Food）公布的13个消费膳食结构的数据库，长期膳食摄入风险评估是基于膳食摄入量，结合残留化学分析结果推荐的规范残留试验中值（STMR）或已制定的残留限量值（MRL）与农药毒理学评估推荐的每日允许摄入量（ADI）；短期膳食摄入风险评估是基于膳食摄入量，结合残留化学分析结果推荐的最高残留值（HR）或已制定的最大残留限量（MRLs）与农药毒理学评估推荐的急性参考剂量（ARfD）。用风险熵（RQ）值的大小来衡量农药残留是否对人体健康造成危害，若RQ值大于1，表示存在膳食摄入风险；若RQ小于1，表示无风险或风险小至可忽略，RQ值越大，表明风险越大。

9.4.3.10 技术推广率、规模经营户采纳率和农药减施意识提高率

农药减施增效技术研发的最终落脚点在于推广应用，从而产生较好的经济、社会和生态效益。因此，技术是否能够推广、推广使用的面积大小也是检验一项技术优劣的重要标准。

农业经营的集约化、规模化是一个不可阻挡的趋势。中央一号文件明确提出，要推进现代农业经营体系建设，突出抓好家庭农场和农民合作社两类经营主体，鼓励发展多种形式适度规模经营。今后越来越多的规模经营户将是农业经营的主体，因此农药减施增效技术是否被这些规模经营主体采纳是推广应用成功与否的关键。

农药减施增效技术的推广和广泛应用不是一朝一夕之功，也不可能仅仅依赖科研和技术推广部门的努力，要取得长期、稳定、可持续的积极效应，应更有赖于各种经营主体农药减施意识的提高和建立。只有让化学农药减施意识和生态、环保意识逐步深入人心，我国的农业才能逐步实现现代化。

基于上述原因，农药减施增效技术推广率、规模经营户采纳率和农户减施意识提高率的评估就显得十分必要。

对以上3个指标的评估，数据采集可采用问卷调查方法。技术推广率和规模经营户采纳率调查的对象为农药减施增效技术推广示范地的技术推广部门、基层农技推广单位等。对于农户减施意识提高率的调查，可设计与农药减施增效技术有关的由若干问题（选择题）构成的问卷，调查对象为各种经营主体，如合作社、经营大户、一般农户等，分别在技术示范推广地区和非示范推广地区（对照）发放问卷。通过对比，即可得到减施意识提高率。调查问卷可以由以下这些问题组成。

1. 您是否使用了农药减施增效技术？ _____
A. 是 B. 否
2. 您认为目前生产实践中的农药施用量 _____ 。
A. 合适 B. 过量 C. 不够
3. 实际施用农药时，您是否在推荐剂量的基础上作出调整？ _____
A. 增加 B. 减少 C. 不作调整
4. 您对化学农药过量施用造成的影响了解吗？ _____
A. 了解 B. 不清楚 C. 无所谓
5. 如果有新的技术可以有效降低农药施用量，您愿意采用吗？ _____
A. 愿意 B. 仍采用之前熟悉的技术 C. 根据新技术的应用条件决定
6. 针对您目前使用的农药减施增效技术，您认为该项技术的应用： _____
A. 非常复杂，难以掌握 B. 与以往技术相当 C. 更加简便易行
7. 您愿意将来使用该项技术吗？ _____
A. 非常愿意 B. 不会使用 C. 看情况
8. 影响您是否采用新产品新技术的主要因素是？ _____
A. 价格 B. 技术难易程度 C. 是否绿色环保
9. 通过使用农药减施增效技术，您认为农药减量： _____
A. 非常必要 B. 没有必要 C. 无所谓

参 考 文 献

安龙哲. 2001. 2FJ-1.8 水稻深施肥机的研究. 农机化研究, (4): 65-66.

安绪华, 孙海涛, 吴瑞富, 等. 2017. 树脂包衣缓控释肥尿素在玉米上的肥效试验研究. 安徽农学通报, 23: 51-52.

白志刚. 2019. 氮肥运筹对水稻氮代谢及稻田氮肥利用率的影响. 北京: 中国农业科学院博士学位论文.

蔡岸冬, 张文菊, 杨品品, 等. 2015. 基于 Meta-Analysis 研究施肥对中国农田土壤有机碳及其组分的影响. 中国农业科学, 48(15): 2995-3004.

曹琦, 王树忠, 高丽红, 等. 2010. 交替隔沟灌溉对温室黄瓜生长及水分利用效率的影响. 农业工程学报, 26(1): 47-53.

岑喆鑫, 李宝聚, 石延霞, 等. 2007. 基于彩色图像颜色统计特征的黄瓜炭疽病和褐斑病的识别研究. 园艺学报, (6): 1425-1430.

车升国. 2015. 区域作物专用复合（混）肥料配方制定方法与应用. 北京: 中国农业大学博士学位论文.

陈彬. 2008. 欧盟共同农业政策对环境保护问题的关注. 德国研究, 23(2): 41-46.

陈翠贤, 樊胜祖, 刘广才, 等. 2016. 宽幅匀播与常规条播春小麦产量和农艺性状比较. 甘肃农业科技, (1): 36-38.

陈静, 王迎春, 李虎, 等. 2014. 滴灌施肥对免耕冬小麦水分利用及产量的影响. 中国农业科学, 47(10): 1966-1975.

陈淑祥. 2010. 我国农民合作组织发展突出问题分析. 经济纵横, (4): 79-82.

陈小彬. 2014. 水肥一体化技术在设施农业中的应用调查. 福州: 福建农林大学硕士学位论文.

陈玉, 牟信刚. 2006. 1939—2002 年宾夕法尼亚州农田磷预算研究. 水土保持应用技术, 26(6): 7-9.

陈玉章, 柴守玺, 程宏波, 等. 2019. 秸秆还田结合秋覆膜对旱地冬小麦耗水特性和产量的影响. 作物学报, 45(2): 256-266.

陈远鹏, 龙慧, 刘志杰. 2005. 我国施肥技术与施肥机械的研究现状及对策. 农机化研究, 37(4): 255-260.

成玉林. 2005. 美国农业发展的历程及对我们的启示. 理论导刊, (8): 69-71.

初金鹏, 朱文美, 尹立俊, 等. 2018. 宽幅播种对冬小麦'泰农 18'产量和氮素利用率的影响. 应用生态学报, 29(8): 2517-2524.

丛艳静, 朱玲玲, 陈秀莲, 等. 2014. 秸秆腐熟剂处理稻草还田对莴苣减量化施肥的效果初探. 福建农业学报, 29(3): 243-246.

戴农. 2014. 水稻生产机械化发展现状、问题与思考. 现代农业装备, (1): 16-20.

邓继忠, 李敏, 袁之报, 等. 2012. 基于图像识别的小麦腥黑穗病害特征提取与分类. 农业工程学报, 28(3): 5.

邓立苗, 孙华丽, 于仁师. 2015. 茶树病虫害远程诊断系统的构建. 安徽农业科学, 43(14): 3.

邓旭霞, 刘纯阳. 2014. 湖南省循环农业技术水平综合评价与分析. 湖北农业科学, 7: 1706-1711.

董印丽, 李振峰, 王若伦, 等. 2018. 华北地区小麦、玉米两季秸秆还田存在问题及对策研究. 中国土壤与肥料, (1): 159-163.

范慧霞. 2019. 玉米机械化种肥同播研究. 农业与技术, 39(17): 61-62.

方剑, 王春青, 徐建东, 等. 2010. 水肥一体化技术对冬暖大棚黄瓜生产的影响. 河北农业科学, 14(5): 43-45, 47.

方玉凤, 王晓燕, 庞荔丹, 等. 2015. 硝化抑制剂对春玉米氮素利用及土壤 pH 值和无机氮的影响. 中国土壤与肥料, (6): 18-22.

付天曦, 芦金宏. 2018. 大兴安岭地区农业"三减、两增、一提升"示范工作探讨. 现代化农业, (1): 47-48.

付宇超, 袁文胜, 张文毅. 2002. 我国施肥机械化技术现状及问题分析. 农机化研究, 39(1): 251-255, 263.

参考文献

傅洪勋. 2002. 中国农业信息化发展研究. 农业经济问题, 23(11): 44-47.
甘付华, 李蔚蔚, 高进玲, 等. 2018. 吐鲁番设施蔬菜化肥农药减施增效技术模式探析. 中国农技推广, 34(2): 59-61.
高成平. 2019. 水肥一体化技术对鲜食甜糯玉米生长特性与产量的影响. 农业与技术, 39(2): 37-38.
高菊生, 张杨珠, 周卫军, 等. 2008. 湘珠牌水稻专用肥在湘南灰泥田上的施用效果. 湖南农业科学, (3): 79-82.
高丽秀, 李俊华, 张宏, 等. 2015. 秸秆还田对滴灌春小麦产量和土壤肥力的影响. 土壤通报, 46(5): 1155-1160.
高鹏, 简红忠, 魏样, 等. 2012. 水肥一体化技术的应用现状与发展前景. 现代农业科技, (8): 250, 257.
高鹏, 张睿. 2019. 玉米缓控释肥的产量效应研究. 陕西农业科学, 65(2): 15-16, 20.
高日平, 赵思华, 高宇, 等. 2019. 内蒙古黄土高原秸秆还田对土壤养分特性及玉米产量的影响. 北方农业学报, 47(4): 52-56.
高雅. 2017. 基于SVM和DS图像数据融合的玉米害虫识别. 合肥: 安徽农业大学硕士学位论文.
龚静静, 胡宏祥, 朱昌雄, 等. 2018. 秸秆还田对农田生态环境的影响综述. 江苏农业科学, 46(23): 36-40.
龚艳, 丁素明, 傅锡敏. 2009. 我国施肥机械化发展现状及对策分析. 农业开发与装备, (9): 6-9.
谷庆魁. 2008. 基于计算机图像处理的玉米叶部病害识别系统. 沈阳: 沈阳理工大学硕士学位论文.
关海鸥, 许少华, 谭峰. 2010. 基于遗传模糊神经网络的植物病斑区域图像分割模型. 农业机械学报, (11): 5.
管泽鑫. 2010. 基于图像的水稻病害识别方法的研究. 杭州: 浙江理工大学硕士学位论文.
郭标. 2018. 小麦减施化肥增施有机肥效果试验. 安徽农学通报, 24(11): 50.
郭军玲, 王永亮, 郭彩霞, 等. 2014. 春玉米区域专用肥研制及其应用效果. 中国农学通报, 30(21): 183-188.
郭磊. 2014. 德国农业法律政策的演变、特点与启示: 以合作组织和土地规划为例. 世界农业, 36(8): 110-114.
韩宝文, 贾良良, 肖焱波, 等. 2011. 脲酶抑制剂对夏玉米产量及氮肥利用率的影响. 玉米科学, 19(4): 116-120.
韩冬梅, 刘静, 金书秦. 2019. 中国农业农村环境保护政策四十年回顾与展望. 环境与可持续发展, 44(2): 16-21.
韩萍, 李海燕, 王丹, 等. 2008. 美国玉米生产概述. 中国农学通报, 24(10): 243-247.
韩瑞珍, 何勇. 2013. 基于计算机视觉的大田害虫远程自动识别系统. 农业工程学报, 29(3): 156-162.
韩喜平, 李罡. 2007. 从价格支持到农村发展: 欧盟共同农业政策的演变与启示. 理论探讨, 24(2): 69-72.
郝隆酶. 2017. 内蒙古马铃薯水肥一体技术应用分析. 农业开发与装备, (12): 183.
何成贵, 资月娥, 陈路华, 等. 2018. 增密减氮对高原粳稻产量及其氮肥利用效率的影响. 中国稻米, 24(4): 117-120.
何迪. 2017. 美国、日本、德国农业信息化发展比较与经验借鉴. 世界农业, 39(3): 164-170.
何立德, 马汉平, 郑文江. 2007. 稻田化肥深施对产量的影响. 北方水稻, (1): 39-40.
何欣, 荣湘民, 谢勇, 等. 2017. 化肥减量与有机肥替代对水稻产量与养分利用率的影响. 湖南农业科学, (3): 31-34.
洪立华, 史禹, 胡殿宽, 等. 2008. 浅析机械深施化肥作业. 农村牧区机械化, (5): 27-28.
侯云鹏, 孔丽丽, 李前, 等. 2018. 覆膜滴灌条件下氮肥运筹对玉米氮素吸收利用和土壤无机氮含量的影响. 中国生态农业学报, 26(9): 1378-1387.
胡必彬. 2006. 欧盟不同环境领域环境政策发展趋势分析. 环境科学与管理, 32(3): 3-6.
胡博, 罗良国, 武永锋, 等. 2016. 环竺山湾湖小流域种植业面源污染减排潜力研究. 农业环境科学学报, 35(7): 1368-1375.
胡菲. 1996. 人与自然的和谐: 丹麦人的环境意识. 中国环境管理, 15(6): 41.
胡瑞法, 黄季焜, 李立秋. 2004. 中国农技推广: 现状、问题及解决对策. 管理世界, (5): 50-57.
胡瑞法, 李立秋. 2004. 农业技术推广的国际比较. 科技导报, (1): 26-29.
胡瑞法, 李立秋, 张真和, 等. 2006. 农户需求型技术推广机制示范研究. 农业经济问题, (11): 50-56.

胡瑞法, 路延梅. 1998. 种子产业化与开放种子市场. 中国农村经济, (6): 59-67.
胡瑞法, 肖长坤, 蔡金阳, 等. 2011. 农民田间学校对生产管理知识提高和生产的影响: 以北京市设施番茄农户为例. 中国软科学, (7): 93-101.
胡永强, 宋良图, 张洁, 等. 2014. 基于稀疏表示的多特征融合害虫图像识别. 模式识别与人工智能, 27(11): 985-992.
胡钰, 付饶, 金书秦. 2019. 脱贫攻坚与乡村振兴有机衔接中的生态环境关切. 改革, (10): 141-148.
怀燕, 陈叶平, 毛国娟, 等. 2018. 日本水稻化肥减量施用的经验与启示. 中国稻米, 24(1): 6-10.
黄季焜, 胡瑞法, 智华勇. 2009. 基层农业技术推广体系30年发展与改革: 政策评估和建议. 农业技术经济, (1): 4-10.
黄季焜, 齐亮, 陈瑞剑. 2008. 术信息知识、风险偏好与农民施用农药. 管理世界, (5): 71-76.
黄容, 高明, 万毅林, 等. 2016. 秸秆还田与化肥减量配施对稻-菜轮作下土壤养分及酶活性的影响. 环境科学, 37(11): 4446-4456.
黄衍鸣, 蓝志勇. 2015. 美国清洁空气法案: 历史回顾与经验借鉴. 中国行政管理, 31(10): 140-146.
黄志浩. 2018. 不同供水量下有机肥替代化肥对玉米养分吸收利用的研究. 长春: 吉林农业大学硕士学位论文.
姬景红, 李玉影, 刘双全, 等. 2015. 覆膜滴灌对玉米光合特性、物质积累及水分利用效率的影响. 玉米科学, 23(1): 128-133.
贾建楠, 吉海彦. 2013. 基于病斑形状和神经网络的黄瓜病害识别. 农业工程学报, 29(S1): 115-121.
贾善刚. 1999. 综述农业信息化与农业革命. 农业网络信息, (2): 3-8.
江立庚, 曹卫星, 甘秀芹, 等. 2004. 不同施氮水平对南方早稻氮素吸收利用及其产量和品质的影响. 中国农业科学, 37(4): 490.
姜靖, 刘永功. 2018. 美国精准农业发展经验及对我国的启示. 科学管理研究, 36(5): 117-120.
姜亮. 2016. 硝化抑制剂2-氯-6(三氯甲基)吡啶微胶囊对土壤氮素转化和玉米生长的影响. 长春: 吉林农业大学硕士学位论文.
蒋安丽. 2013. 中化集团: 责任就在田间地头. WTO经济导刊, (6): 55-58.
蒋丰千, 李旸, 余大为, 等. 2019. 基于Caffe卷积神经网络的大豆病害检测系统. 浙江农业学报, 31(7): 7.
焦必方, 孙彬彬. 2009. 日本环境保全型农业的发展现状及启示. 中国人口·资源与环境, 19(4): 70-76.
金书秦, 方菁. 2016. 农药的环境影响和健康危害: 科学证据和减量控害建议. 环境保护, 44(24): 34-38.
金书秦, 牛坤玉, 韩冬梅. 2020. 农业绿色发展路径及其"十四五"取向. 改革, (2): 30-39.
金书秦, 沈贵银. 2013. 中国农业面源污染的困境摆脱与绿色转型. 改革, (5): 79-87.
金书秦, 沈贵银, 魏珣, 等. 2013. 论农业面源污染的产生和应对. 农业经济问题, 34(11): 97-102.
金书秦, 邢晓旭. 2018. 农业面源污染的趋势研判、政策评述和对策建议. 中国农业科学, 51(3): 593-600.
金书秦, 张斌. 2019. 无人机喷防的优势、问题和推广建议. 农药科学与管理, 40(10): 15-20.
金书秦, 张惠, 付饶, 等. 2019. 化肥零增长行动实施状况中期评估. 环境保护, 47(2): 39-43.
金书秦, 张惠, 吴娜伟. 2018. 2016年化肥、农药零增长行动实施结果评估. 环境保护, 46(1): 45-49.
金书秦, 周芳, 沈贵银. 2015. 农业发展与面源污染治理双重目标下的化肥减量路径探析. 环境保护, 43(8): 50-53.
靳芙蓉. 2018. 新型肥料的发展趋势和存在的问题. 青海农技推广, (1): 83-86.
井焕茹, 井秀娟. 2013. 日本环境保全型农业对我国农业可持续发展的启示. 西北农林科技大学学报（社会科学版）, 13(4): 93-97.
巨晓棠, 谷保静. 2017. 氮素管理的指标. 土壤学报, 54(2): 281-296.
孔祥智. 2012. 建立多元化新型农技推广体系. 新农业, (9): 12.
雷波, 姜文来. 2008. 北方旱作区节水农业综合效益评价研究: 以山西寿阳为例. 干旱地区农业研究, 2: 134-138.

冷伟锋, 马占鸿. 2015. 小麦条锈病移动端监测平台的构建. 中国植保导刊, (5): 46-49, 84.
李宾, 王婷婷, 马九杰. 2017. 农业规模经营对农户化肥投入水平的影响: 基于河南省H县的农户调查. 农林经济管理学报, 16(4): 430-440.
李传胜, 史宏志, 李怀奇, 等. 2017. 增密减叶减氮模式对烤烟上部叶的提质增香效果. 河南农业科学, 46(4): 32-37, 48.
李翠霞, 窦畅. 2018. 欧盟奶业政策变迁及启示. 世界农业, 40(8): 206-211.
李登旺. 2017. 欧盟共同农业政策改革助力可持续发展. 农村工作通讯, 64(24): 57-58.
李芳, 冯淑怡, 曲福田. 2017. 发达国家化肥减量政策的适用性分析及启示. 农业资源与环境学报, 34(1): 15-23.
李冠林, 马占鸿, 王海光. 2012. 基于支持向量机的小麦条锈病和叶锈病图像识别. 中国农业大学学报, 17(2): 72-79.
李国英. 2015. 大互联网背景下农业信息化发展空间及趋势: 借鉴美国的经验. 世界农业, (10): 15-20.
李寒松, 贾振超, 张锋, 等. 2018. 国内外水肥一体化技术发展现状与趋势. 农业装备与车辆工程, 56(6): 13-16.
李娇娇. 2010. 玉米叶部病斑图像智能处理算法的研究与实现. 北京: 北京邮电大学硕士学位论文.
李锦. 2013. 秸秆还田及其基础上氮肥减量对土壤碳氮含量及作物产量的影响. 杨凌: 西北农林科技大学硕士学位论文.
李君甫. 2003. 论中国农民在生产经营中的信息弱势地位. 西北农林科技大学学报 (社会科学版), 3(5): 39-41, 44.
李娜, 黎佳茜, 李国文, 等. 2018. 中国典型湖泊富营养化现状与区域性差异分析. 水生生物学报, 42(4): 854-864.
李启秀. 2014. 现代农业技术项目评价内容探析. 安徽农业科学, 18: 5981-5982.
李少昆. 2013. 美国玉米生产技术特点与启示. 玉米科学, 21(3): 1-5.
李寿生. 2018. 我国化肥行业供给侧结构性改革的进展及目标. 磷肥与复肥, 33(4): 1-4.
李书田, 金继运. 2011. 中国不同区域农田养分输入、输出与平衡. 中国农业科学, 44(20): 4207-4229.
李顺, 李廷亮, 何冰, 等. 2019. 有机肥替代化肥对旱地小麦水氮利用及经济效益的影响. 山西农业科学, 47(8): 1359-1365.
李硕. 2017. 秸秆还田与减量施氮对土壤固碳、培肥和农田可持续生产的影响. 杨凌: 西北农林科技大学博士学位论文.
李思平, 丁效东, 向丹, 等. 2019. 氮肥水平与栽植密度互作对不同生育期水稻生长及产量的影响. 华北农学报, 34(4): 174-182.
李婷玉. 2018. 增效氮肥综合效应及影响因素研究. 北京: 中国农业大学博士学位论文.
李文斌. 2015. 基于支持向量机SVM的水稻害虫图像识别技术研究. 杭州: 杭州电子科技大学硕士学位论文.
李文红, 曹丹, 张朝显, 等. 2018. 作物秸秆配施腐熟剂还田对小麦产量及其物质生产的影响. 江苏农业科学, 46(22): 63-66.
李宪松, 王俊芹. 2011. 基层农业技术推广行为综合评价指标体系研究. 安徽农业科学, 3: 1834-1835.
李宪义, 陈实. 2017. 东北区玉米秸秆还田耕作技术模式. 农机科技推广, (1): 46-47.
李小龙, 马占鸿, 赵龙莲, 等. 2013. 基于近红外光谱技术的小麦条锈病和叶锈病的早期诊断. 光谱学与光谱分析, (10): 2661-2665.
李小娅, 高红兵, 张权峰, 等. 2017. 脲酶抑制剂尿素在冬小麦上的应用效果研究. 现代农业科技, (11): 12-13.
李筱琳, 李闯. 2014. 日本现代农业环境政策实施路径研究. 世界农业, (4): 83-86.
李孝良, 胡立涛, 王泓, 等. 2019. 化肥减量配施有机肥对皖北夏玉米养分吸收及氮素利用效率的影响. 南京农业大学学报, (1): 118-123.
李雅男. 2015. 双膜缓控释肥在玉米上的增产效果研究. 河南农业, (23): 13-14.
李璎. 2011. 丹麦环境税制度及其对我国的启示. 经济论坛, 25(10): 191-194.

李芸, 张明顺. 2015. 欧盟环境政策现状及对我国环境政策发展的启示. 环境与可持续发展, 40(4): 22-26.
李宗儒, 何东健. 2010. 基于手机拍摄图像分析的苹果病害识别技术研究. 计算机工程与设计, 31(13): 3051-3053, 3095.
连煜阳, 刘静, 金书秦. 2019. 农业面源污染治理探析: 从新型肥料生产环节视角. 中国环境管理, 11(2): 18-22.
梁继旺, 吴良章. 2019. 水稻秸秆还田对土壤性状和水稻产量的影响. 农业与技术, 39(5): 116-117.
梁永红, 杨曼, 李璇. 2015. 借鉴美国综合养分管理计划推进畜禽养殖废弃物处理和综合利用. 江苏农村经济, 32(5): 56-58.
林少丽, 方平平. 2010. 浅析多媒体网络与农业技术推广信息化的发展. 台湾农业探索, (3): 46-49.
林中琦. 2018. 基于卷积神经网络的小麦叶部病害图像识别研究. 泰安: 山东农业大学硕士学位论文.
刘博艺, 唐湘滟, 程杰仁. 2018. 基于多生长时期模板匹配的玉米螟识别方法. 计算机科学, 45(4): 7.
刘慧. 2018. 果菜茶有机肥替代化肥用量大增. 农村 农业 农民（B版）, (6): 38-39.
刘静, 连煜阳. 2019. 种植业结构调整对化肥施用量的影响. 农业环境科学学报, 38(11): 2544-2552.
刘莉. 2020. 有机肥替代化肥决策机制及效果研究. 北京: 中国农业科学院博士学位论文.
刘莉, 刘静. 2019. 基于种植结构调整视角的化肥减施对策研究. 中国农业资源与区划, 40(1): 17-25.
刘莉, 刘静. 2021. 有机肥替代化肥技术推广模式与效果评价. 中国农业科技导报, 23(6): 13-22.
刘涛, 仲晓春, 孙成明. 2014. 基于计算机视觉的水稻叶部病害识别研究. 中国农业科学, 47(4): 664-674.
刘晓永, 李书田. 2017. 中国秸秆养分资源及还田的时空分布特征. 农业工程学报, 33(21): 1-19.
刘晓永, 李书田. 2018. 中国畜禽粪尿养分资源及其还田的时空分布特征. 农业工程学报, 34(4): 1-14.
刘学之, 王潇晖, 智颖黎. 2017. 欧盟环境行动规划发展及对我国的启示. 环境保护, 45(20): 65-69.
刘垚, 李光华. 2016. 脲酶抑制剂（NBPT）对玉米产量及农艺性状的影响. 耕作与栽培, (6): 48-49.
刘毅. 2015. 水稻侧深施肥机在建三江水稻生产中的应用. 现代化农业, (7): 58-59.
刘哲, 胡小军, 田有国. 2018. 我国种植业农技推广改革创新调查与思考. 中国农技推广, 34(11): 10-12.
楼玲, 金忠明, 朱焕潮, 等. 2019. 不同缓控释肥在机插水稻甬优538上的应用效果. 浙江农业科学, 60(9): 1584-1586.
卢文峰. 2015. 农业节水效益评价指标的研究与应用. 武汉: 长江科学院硕士学位论文.
罗超烈, 曾福生. 2015. 欧盟共同农业政策的演变与经验分析. 世界农业, 37(4): 69-72.
罗金耀, 程国银, 陈大雕. 1997. 喷微灌节水灌溉综合评价指标体系与指标估价方法. 节水灌溉, 1: 15-19, 47.
麻坤, 刁钢. 2018. 化肥对中国粮食产量变化贡献率的研究. 植物营养与肥料学报, 24(4): 1113-1120.
马九杰, 赵永华, 徐雪高. 2008. 农户传媒使用与信息获取渠道选择倾向研究. 国际新闻界, (2): 58-62.
马涛. 2008. 谈机械深施化肥技术研究和应用. 农业装备与车辆工程, (8): 67-68.
马晓丹, 朱可心, 关海鸥, 等. 2019. 农作物图像特征提取技术及其在病害诊断中的应用. 黑龙江八一农垦大学学报, 31(2): 7.
满庆丽. 2013. 天牛图像的特征提取和识别算法的研究. 黑龙江: 东北林业大学硕士学位论文.
毛罕平, 徐贵力, 李萍萍. 2003. 基于遗传算法的蔬菜缺素叶片图像特征选择研究. 江苏大学学报（自然科学版）, 24(2): 1-5.
米国华, 伍大利, 陈延玲, 等. 2018. 东北玉米化肥减施增效技术途径探讨. 中国农业科学, 51(14): 2758-2770.
莫际仙, 高春雨, 毕于运, 等. 2018. 国外养分管理计划政策与启示. 世界农业, 40(6): 86-93.
尼雪妹, 罗良国, 李宁辉, 等. 2018. 粮果蔬茶作物化肥减施增效技术评价指标体系构建. 农业资源与环境学报, 35(4): 301-310.
尼雪妹, 王艳, 王娜娜, 等. 2017. 农业技术评价指标选取及指标体系构建. 农业展望, 13(12): 65-71.
倪毅军. 2015. 肥料企业农化服务模式及发展分析. 杨凌: 西北农林科技大学硕士学位论文.
聂海, 郝利. 2007. 以大学为依托的农业科技推广新模式分析: 农业科技专家大院的调查与思考. 中国农业科技导报, (1): 64-68.
聂卫滔. 2018. 氮肥运筹对不同小麦品种产量及品质的影响. 杨陵: 西北农林科技大学硕士学位论文.
聂文翰. 2017. 基于秸秆堆肥和水肥一体化的化肥减量技术研究. 重庆: 西南大学硕士学位论文.
农业部农村经济研究中心课题组. 2005. 我国农业技术推广体系调查与改革思路. 中国农村经济, (2): 46-54.
潘丹. 2014. 中国化肥消费强度变化驱动效应时空差异与影响因素解析. 经济地理, 34(3): 121-126.
潘巨文, 孟昭金, 潘立丽, 等. 2011. 建立植保农民合作社推进专业化防治进程. 农业科技通讯, (4): 32-34.
潘俊峰, 钟旭华, 黄农荣, 等. 2019. 不同栽培模式对华南双季晚稻产量和氮肥利用率的影响. 浙江农业学报, 31(6): 857-868.
潘立高. 1993. 经营承包不应削弱植物医院的服务水平. 植保技术与推广, (5): 43.
蒲改平, 徐凤花, 金学勇, 等. 2005. 氮肥缓释剂对水稻土壤脲酶活性、氮素转化及产量的影响. 通化师范学院学报, (2): 67-69.
戚迎龙, 史海滨, 李瑞平, 等. 2019. 滴灌水肥一体化条件下覆膜对玉米生长及土壤水肥热的影响. 农业工程学报, 35(5): 99-110.
乔方彬, 张林秀, 胡瑞法. 1999. 农业技术推广人员的推广行为分析. 农业技术经济, (3): 12-15.
乔金亮. 我国农产品品牌建设任重道远：向世界展示中国农业的力量. http://www.ce.cn/cysc/newmain/yc/jsxw/201707/12/t20170712_24159294.shtml(2017-07-12)[2022-8-6].
秦放. 2018. 基于深度学习的昆虫图像识别研究. 成都: 西南交通大学硕士学位论文.
秦丰, 刘东霞, 孙炳达. 2016. 基于图像处理技术的四种苜蓿叶部病害的识别. 中国农业大学学报, 21(10): 65-75.
邱道尹, 张红涛, 刘新宇. 2007. 基于机器视觉的大田害虫检测系统. 农业机械学报, (1): 120-122.
权龙哲, 祝荣欣, 雷溥, 等. 2010. 基于K-L变换与LS-SVM的玉米品种识别方法. 农业机械学报, (4): 5.
任军, 闫晓艳. 1996. 日本施肥现状及发展趋势. 中国土壤与肥料, (3): 20-22.
任先侠. 2019. 富平县旱地小麦水肥一体化节水补灌技术. 陕西农业科学, 65(8): 93-94.
商伟堂. 2018. 嘉祥县土地流转现状及问题研究. 农业开发与装备, (10): 23, 64.
沈兵. 2013. 复合肥料配方制订原理与实践. 北京: 中国农业出版社.
石晓华, 杨海鹰, 樊明寿. 2014. 非充分灌溉在内蒙古马铃薯生产中的应用前景. 节水灌溉, (9): 73-76.
石晓华, 张鹏飞, 刘羽, 等. 2017. 内蒙古滴灌马铃薯水肥一体化技术规程. 新疆农垦科技, 40(3): 67-69.
石玉华, 初金鹏, 尹立俊, 等. 2018. 宽幅播种提高不同播期小麦产量与氮素利用率. 农业工程学报, 34(17): 127-133.
舒馨, 朱安宁, 张佳宝, 等. 2014. 保护性耕作对潮土物理性质的影响. 中国农学通报, 30(6): 175-181.
宋大利, 侯胜鹏, 王秀斌, 等. 2018. 中国畜禽粪尿中养分资源数量及利用潜力. 植物营养与肥料学报, 24(5): 1131-1148.
穗波信雄. 1989. 根据图像提取植物的生长信息. 农业机械学会关西支部第6次支部研究资料, 10: 1-2.
孙嘉. 2015. 农业非点源污染与防治技术评价及治理模式研究. 北京: 北京林业大学博士学位论文.
孙娟, 李浩, 谢丽红, 等. 2018. 不同有机肥用量对小麦产量和土壤肥力的影响. 四川农业科技, (10): 34-36.
孙若梅. 2019. 绿色农业生产：化肥减量与有机肥替代进展评价. 重庆社会科学, (6): 33-43.
孙万纯, 张登文. 2018. 有机肥部分替代水稻基肥中化肥试验. 浙江农业科学, 59(12): 2256-2257.
谭娟, 陈楠, 董伟, 等. 2019. 玉米秸秆还田量对小麦生理生态特征和产量的影响. 安徽农业科学, 47(18): 41-42, 45.
汤海涛, 马国辉, 罗锡文, 等. 2011. 水稻机械精量穴直播定位深施肥节氮栽培效果研究. 农业现代化研究, 32(1): 111-114.

唐建军, 王映龙, 彭莹琼. 2010. BP 神经网络在水稻病虫害诊断中的应用研究. 安徽农业科学, 38(1): 199-200, 204.

陶凯元. 2008. 化肥深施机械化技术试验研究. 兰州: 甘肃农业大学硕士学位论文.

特日格乐, 郑海春, 白云龙. 2017. 新型有机水溶肥料（液体）的减肥效果及对番茄的产量影响. 现代农业, (5): 26-28.

田新湖. 2007. 六种模式推进植保技术服务零距离. 中国植保导刊, 27(7): 37-38.

田野. 2001. 日本的农业信息化及其启示. 全球科技经济瞭望, 1(1): 47-48.

田宜水. 2012. 中国规模化养殖场畜禽粪便资源沼气生产潜力评价. 农业工程学报, 28(8): 230-234.

田有文, 李成华. 2006. 基于图像处理的日光温室黄瓜病害识别的研究. 农机化研究, (2): 151-153, 160.

田子方. 2013. 发达国家信息技术在农业中的应用及其启示. 世界农业, (6): 45-48.

万融. 2003. 欧盟的环境政策及其局限性分析. 山西财经大学学报, 24(2): 5-9.

王冰清, 尹能文, 郑棉海, 等. 2012. 化肥减量配施有机肥对蔬菜产量和品质的影响. 中国农学通报, 28(1): 242-247.

王川. 2005. 我国农业信息服务模式的现状分析. 农业网络信息, (6): 22-24.

王丹, 王文生, 闫耀良. 2006. 中国农村信息化服务模式选择与应用. 世界农业, (8): 18-20.

王桂良, 肖焱波, 叶优良, 等. 2009. 脲酶抑制剂对小麦产量及氮肥利用效率的影响. 干旱地区农业研究, 27(3): 137-142.

王贺军. 2014-04-10. 河北: 推广 4 项施肥机械化技术. 农民日报, 05 版: 农资周刊.

王恒玉. 2007. 美国农业信息化的特点与启示. 生产力研究, 22(23): 94-95, 139.

王惠, 卞艺杰. 2015. 农业生产效率、农业碳排放的动态演进与门槛特征. 农业技术经济, 6: 36-47.

王佳慧, 高震, 曲令华, 等. 2017. 氮肥后移对滴灌夏玉米源库特性及产量形成的影响. 中国农业大学学报, 22(8): 1-8.

王家年. 2008. "以钱养事": 农村公共财政体制改革的新探索. 农村经济, (3): 74-76.

王家年. 2010. "以钱养事": 农村公共产品供给中的公共财政新思路. 农村经济, (1): 75-77.

王甲云. 2014. 我国农业技术服务模式与机制研究. 武汉: 华中农业大学博士学位论文.

王洁, 许光中. 2019. 乡村振兴中土地流转的现状与问题研究. 南方农机, 50(14): 83-84.

王金林, 武广云, 刘友林, 等. 2018. 云南省化肥施用现状及减量增效的途径研究. 中国农学通报, 34(3): 26-36.

王黎鹏. 2013. 基于 LCV 和 SVM 的小麦害虫图像识别方法研究. 西安: 陕西科技大学硕士学位论文.

王强生. 2017. 氮肥运筹对四川丘陵旱地小麦群体质量与产量的影响. 成都: 四川农业大学硕士学位论文.

王庆峰, 马金豹. 2019. 小麦秸秆还田与化肥配施对玉米产量的影响. 乡村科技, (19): 105-106.

王秋菊, 刘峰, 迟凤琴, 等. 2019. 秸秆还田及氮肥调控对不同肥力白浆土氮素及水稻产量影响. 农业工程学报, 35(14): 105-111.

王绍武, 李青, 颜红, 等. 2014. 玉米缓控释肥"种肥同播"机械化技术示范应用效果. 山东农业科学, 46(11): 90-91.

王曙光. 2010. 中国农民合作组织历史演进: 一个基于契约-产权视角的分析. 农业经济问题, (11): 21-27.

王烷尘. 1986. 可行性研究与多目标决策. 北京: 机械工业出版社.

王细萍, 黄婷, 谭文学. 2015. 基于卷积网络的苹果病变图像识别方法. 计算机工程, 41(12): 293-298.

王亚梁, 朱德峰, 张玉屏, 等. 2016. 日本水稻生产发展变化及对我国的启示. 中国稻米, 22(4): 1-7.

王宜伦, 张许, 李文菊, 等. 2011. 氮肥后移对晚收夏玉米产量及氮素吸收利用的影响. 玉米科学, 9(1): 117-120.

王应君, 王淑珍, 郑义. 2006. 肥料深施对小麦生育性状、养分吸收及产量的影响. 中国农学通报, (9): 276-280.

王泳欣, 吕建秋. 2018. 国内大学农技推广模式研究. 农业科技管理, 37(5): 51-55.

王芋, 武永峰, 罗良国. 2017. 基于氮流失控制的种植结构调整与配套生态补偿措施: 以竺山湾小流域为例. 土壤学报, 54(1): 273-280.

王月福, 于振文, 潘庆民, 等. 1998. 不同小麦品种经济合理肥水指标探讨. 山东农业科学, (4): 7-10.

危朝安. 2012. 专业化统防统治是现代农业发展的重要选择. 山东农药信息, 31(3): 45-48.

魏后凯. 2017. 中国农业发展的结构性矛盾及其政策转型. 中国农村经济, (5): 2-17.

魏立国. 2016. 农业技术推广中专业合作社的作用分析. 农业科技与信息, (1): 17-18.

魏琦, 张斌, 金书秦. 2018. 中国农业绿色发展指数构建及区域比较研究. 农业经济问题, (11): 11-20.

魏珊珊. 2016. 增密减氮对高产夏玉米产量形成的影响及生理机制研究. 泰安: 山东农业大学博士学位论文.

魏廷邦, 胡发龙, 赵财, 等. 2017. 氮肥后移对绿洲灌区玉米干物质积累和产量构成的调控效应. 中国农业科学, 50(15): 2916-2927.

温芝元, 曹乐平. 2012. 基于补偿模糊神经网络的脐橙不同病虫害图像识别. 农业工程学报, 28(11): 7.

文平兰, 唐明, 许冬梅, 等. 2018. 商品有机肥替代化肥在水稻上应用试验简报. 上海农业科技, (3): 110-111.

吴良泉. 2014. 基于"大配方、小调整"的中国三大粮食作物区域配肥技术研究. 北京: 中国农业大学博士学位论文.

吴文革, 习敏, 李红春, 等. 2019. 不同水稻专用新型肥料减肥增效对比研究. 安徽农业科学, 47(2): 135-137, 140.

吴雪娜, 彭智平, 涂玉婷, 等. 2016. 2-氯-6-三氯甲基吡啶对甜玉米产量和农艺性状的影响. 广东农业科学, 43(11): 86-91.

吴玉红, 郝兴顺, 田霄鸿, 等. 2018. 秸秆还田与化肥减量配施对稻茬麦土壤养分、酶活性及产量影响. 西南农业学报, 31(5): 998-1005.

武淑霞, 刘宏斌, 刘申, 等. 2018. 农业面源污染现状及防控技术. 中国工程科学, 20(5): 23-30.

向欣, 罗煌, 程红胜, 等. 2014. 基于层次分析法和模糊综合评价的沼气工程技术筛选. 农业工程学报, 18: 205-212.

向玥皎, 王方浩, 覃伟, 等. 2011. 美国养分管理政策法规对中国的启示. 世界农业, (3): 51-55, 86.

肖长坤, 项诚, 胡瑞法, 等. 2011. 农民田间学校活动对农户设施番茄生产投入和产出的影响. 中国农村经济, (3): 15-25.

徐开钦, 齐连惠, 蛯江美孝, 等. 2010. 日本湖泊水质富营养化控制措施与政策. 中国环境科学, 30(s1): 86-91.

徐可英. 1999. 21 世纪农业现代化的发展趋势: 农业信息化. 农业现代化研究, 20(4): 215-217.

徐漫, 卢晶晶, 李春泉. 2018. 不同氮肥施用比例对水稻产量及氮素利用率的影响研究. 北方水稻, 48(6): 23-25, 37.

徐锐. 2014. 日本农业推广体系发展研究及借鉴. 成都: 西南财经大学硕士学位论文.

徐世平. 2005. 欧盟共同农业政策变迁探析. 甘肃科技纵横, 35(6): 10-11.

闫贝贝, 张强强, 刘天军. 2020. 手机使用能促进农户采用 IPM 技术吗? 农业技术经济, (5): 45-59.

杨从党, 龙瑞平, 夏琼梅, 等. 2019. 云南水稻氮肥减量后移增效技术研究. 中国稻米, 25(3): 53-56, 59.

杨光安. 1996. 植物医院的理论和实践. 植物医生, 9(1): 34-36.

杨红珍, 张建伟, 李湘涛, 等. 2008. 基于图像的昆虫远程自动识别系统的研究. 农业工程学报, 24(1): 5.

杨美悦, 何昭, 宋璐, 等. 2017. 氮肥后移不同施肥量对小麦节间长度及产量的综合影响. 陕西农业科学, 63(8): 48-49.

杨森, 孙周平, 李宁辉, 等. 2021. 寒冷地区设施蔬菜化肥减施增效技术模式社会经济效果综合评价. 中国农业资源与区划, 42(6): 50-59.

杨艺. 2005. 浅谈日本农业信息化的发展及启示. 现代日本经济, (6): 147-149.

杨增旭. 2012. 农业化肥面源污染治理: 技术支持与政策选择. 杭州: 浙江大学博士学位论文.

姚春竹. 2019. 秸秆还田机械化技术研究现状与展望. 南方农机, 50(2): 27.

姚绘华, 李俊玲. 2016. 脲酶抑制剂尿素在夏玉米上的肥效示范试验. 吉林农业, (14): 90-91.

叶会财, 李大明, 柳开楼, 等. 2014. 脲酶抑制剂配施比例对红壤双季稻产量的影响. 土壤通报, 45(4): 909-912.

叶丽君. 2016. 化肥零增长背景下化肥企业的转型方向. 磷肥与复肥, 31(10): 2.

易小燕, 陈章全, 陈世雄, 等. 2018. 欧盟共同农业政策框架下德国耕地资源可持续利用的做法与启示. 农业现代化研究, 39(1): 65-70.

殷尧翥, 郭长春, 孙永健, 等. 2019. 稻油轮作下油菜秸秆还田与水氮管理对杂交稻群体质量和产量的影响. 中国水稻科学, 33(3): 257-268.

尹飞虎, 刘洪亮, 谢宗铭, 等. 2010. 棉花滴灌专用肥氮磷钾元素在土壤中的运移及其利用率. 地理研究, 29(2): 235-243.

游国文, 程茂松. 2018. 力谋仕脲酶抑制剂在小麦上的应用效果研究. 现代农业科技, (12): 8-9.

游泽泉. 2018. 莱州市不同小麦品种宽幅精播与机械条播对比试验. 农业科技通讯, (11): 49-50.

于合龙, 陈桂芬, 赵兰坡, 等. 2008. 吉林省黑土区玉米精准施肥技术研究与应用. 吉林农业大学学报, (5): 753-759, 768.

袁从祎. 1995. 农业生态经济系统生产力与多样性评价指标. 应用生态学报, S1: 137-142.

袁琳. 2015. 小麦病虫害多尺度遥感识别和区分方法研究. 杭州: 浙江大学博士学位论文.

袁帅坤, 刘孝辉, 刘志文. 2018. 化肥企业的农化服务模式探讨. 植物医生, 31(11): 26.

苑鹏. 2001. 中国农村市场化进程中的农民合作组织研究. 中国社会科学, (6): 63-73.

臧小平, 邓兰生, 郑良永, 等. 2009. 不同灌溉施肥方式对香蕉生长和产量的影响. 植物营养与肥料学报, 15(2): 484-487.

曾小红, 王强. 2011. 国内外农业信息技术与网络发展概况. 中国农学通报, 27(8): 468-473.

曾韵婷, 向玥皎, 马林, 等. 2011. 欧盟养分管理政策法规对中国的启示. 世界农业, 32(4): 39-43.

张灿强, 王莉, 华春林, 等. 2016. 中国主要粮食生产的化肥削减潜力及其碳减排效应. 资源科学, 38(4): 790-797.

张懂理. 2019. 2018年淮北市烈山区玉米种肥同播肥料利用率试验. 现代农业科技, (12): 8, 16.

张福锁. 2017. 科学认识化肥的作用及合理利用. 农机科技推广, (1): 38-40, 43.

张福锁, 张卫峰, 陈新平. 2007. 对我国肥料利用率的分析. 第二届全国测土配方施肥技术研讨会论文集. 北京: 中国农业大学出版社: 10-12.

张鹤宇, 高聚林, 王志刚, 等. 2018. 增密减氮对不同耐密性春玉米品种产量和光合特性的影响. 北方农业学报, 46(5): 26-34.

张红涛. 2002. 储粮害虫图像识别中的特征抽取研究. 郑州: 郑州大学硕士学位论文.

张建军, 党翼, 赵刚, 等. 2019. 秸秆还田与氮肥减施对旱地春玉米产量及生理指标的影响. 草业学报, 28(10): 156-165.

张金波, 范乔希, 周作昂. 2021. 川渝地区就业结构与经济发展耦合协调分析. 中国经贸导刊, 6: 37-40.

张连瑞, 张卫峰, 张忠福, 等. 2015. 依托土地流转提升农技服务水平: 以甘肃省山丹县为例. 农业科技与信息, (10): 28-29.

张林秀. 2013. 随机干预试验: 影响评估的前沿方法. 地理科学进展, 32(6): 843-851.

张凌飞, 马文杰, 马德新, 等. 2016. 水肥一体化技术的应用现状与发展前景. 农业网络信息, (8): 62-64.

张满鸿. 2004. 机械化肥深施与撒施的对比试验及效果分析. 福建农机, (2): 25-26.

张萌, 潘高峰, 黄益勤, 等. 2019. 增密与减氮对秋玉米产量形成与氮肥利用的影响. 湖南农业科学, (9): 17-23.

张明明, 石尚柏, 林夏竹, 等. 2008. 农民田间学校的起源及在中国的发展. 中国农业大学学报（社会科学版）, 25(2): 129-135.

张培, 孙育强, 郝立岩, 等. 2018. 河北平原地区冬小麦种肥同播技术效果初探. 中国农技推广, 34(11): 60-62.

张素平, 朱红彩, 王玲燕, 等. 2017. 氮肥后移对冬小麦生长发育及产量影响. 农业科技通讯, (3): 39-41.

张卫峰, 李亮科, 陈新平, 等. 2009. 我国复合肥发展现状及存在的问题. 磷肥与复肥, 24(2): 14-16.

张卫峰, 李增源, 李婷玉, 等. 2018. 化肥零增长呼吁肥料产业链革新. 蔬菜, 37(5): 1-9.
张卫峰, 易俊杰, 张福锁, 等. 2016. 中国肥料发展研究报告 2016. 北京: 中国农业大学出版社.
张文学. 2014. 生化抑制剂对稻田氮素转化的影响及机理. 北京: 中国农业科学院博士学位论文.
张贤辉. 2005. 丹麦农业与环境. 农业环境与发展, 22(5): 43-44.
张小洁, 张忠潮. 2012. 土地规模化经营对农业碳排放的影响机制. 广东农业科学, 39(20): 176-179.
张小允, 李哲敏, 肖红利. 2018. 提高我国农产品质量安全保障水平探析. 中国农业科技导报, 20(4): 72-78.
张晓远. 2018. 全国果菜茶有机肥替代化肥试点增至150个县. http://www.chinacoop.gov.cn/HTML/2018/05/09/135249.html(2018-5-9)[2022-10-9].
张雪飞. 2019. 山东泰安岱岳区冬小麦种植有机肥替代潜力田间试验. 农业工程技术, 39(8): 21-22.
张瑛. 2000. 美国玉米生产概况及高产栽培技术. 杂粮作物, 20(3): 10-13.
张玉华, 武志杰, 王仕新, 等. 2001. 玉米专用复合肥肥效试验研究. 玉米科学, (3): 76-78.
张芸. 2015. 欧盟共同农业政策支持农业可持续发展的措施. 世界农业, 37(10): 83-86.
张运红, 孙克刚, 和爱玲, 等. 2015. 缓控释肥增产机制及其施用技术研究进展. 磷肥与复肥, 30(4): 47-50.
张运龙. 2017. 有机肥施用对冬小麦-夏玉米产量和土壤肥力的影响. 北京: 中国农业大学博士学位论文.
张子鹏, 陈仕军. 2009. 水肥一体化滴灌技术在大田蔬菜生产上的应用初报. 广东农业科学, (6): 89-90.
章日亮, 杨佳佳, 章哲, 等. 2018. 缓控释肥料在单季水稻上的应用效果研究. 现代农业科技, (16): 10, 12.
章伟. 2016. 渭北旱塬苹果及葡萄水肥一体化技术研究. 杨凌: 西北农林科技大学硕士学位论文.
赵红亚. 2008. 美国农业合作推广服务计划探析. 河北师范大学学报（教育科学版）, (11): 97-101.
赵清, 邵振润. 2014. 我国农作物病虫害专业化统防统治发展现状与思考. 中国植保导刊, 34(2): 72-75.
赵士诚, 曹彩云, 李科江, 等. 2014. 长期秸秆还田对华北潮土肥力、氮库组分及作物产量的影响. 植物营养与肥料学报, 20(6): 1441-1449.
赵同科, 张成军, 杜连凤, 等. 2007. 环渤海七省（市）地下水硝酸盐含量调查. 农业环境科学学报, 26(2): 779-783.
赵秀玲, 任永祥, 赵鑫, 等. 2017. 华北平原秸秆还田生态效应研究进展. 作物杂志, (1): 1-7.
赵玉霞, 王克如, 白中英, 等. 2007. 基于图像识别的玉米叶部病害诊断研究. 中国农业科学, 40(4): 698-703.
赵元凤. 2002. 发达国家农业信息化的特点. 中国农村经济, (7): 74-78.
郑风田, 许竹青, 余航. 2012. 政府态度、网络媒体与我国群体性事件的扩散效应：一个中观角度的实证研究. 江苏社会科学, (2): 29-35.
郑姣, 刘立波. 2015. 基于Android的水稻病害图像识别系统设计与应用. 计算机工程与科学, 37(7): 1366-1371.
郑小龙. 2014. 减量施肥和生物质炭配施对水稻田面水水质和水稻产量的影响. 杭州: 浙江农林大学硕士学位论文.
郑义, 洪流浩, 刘燕娜. 2012. 农民专业合作社参与农业技术推广的优势、制约与建议. 内蒙古农业大学学报（社会科学版）, 14(3): 33-34, 44.
中华人民共和国水利部. 2017. 2016年全国水利发展统计公报. http://www.mwr.gov.cn/sj/tjgb/slfztjgb/201710/t20171016_1002400.html(2017-10-16)[2022-10-9].
钟秋波. 2013. 我国农业科技推广体制创新研究. 重庆: 西南财经大学博士学位论文.
周加森, 马阳, 吴敏, 等. 2019. 不同水肥措施下的冬小麦水氮利用和生物效应研究. 灌溉排水学报, 38(9): 36-41.
周玮, 黄波, 管大海. 2015. 农业固体废弃物肥料化技术模糊综合评价. 中国农学通报, 29: 129-135.
朱珊, 李银水, 余常兵, 等. 2013. 密度和氮肥用量对油菜产量及氮肥利用率的影响. 中国油料作物学报, 35(2): 179-184.

朱相成, 张振平, 张俊, 等. 2016. 增密减氮对东北水稻产量、氮肥利用效率及温室效应的影响. 应用生态学报, 27(2): 453-461.

朱彦锋, 刘建玲, 赵营. 2018. 河北省冬小麦专用肥配方优化研究. 宁夏农林科技, 59(4): 15-18, 26.

朱玉春. 2005. 我国农业信息化建设的问题与策略研究. 生产力研究, (2): 31-33.

左两军, 牛刚, 何鸿雁. 2013. 种植业农户农药信息获取渠道分析及启示. 调研世界, (8): 41-44.

Ahmed M. 2018. 脲酶抑制剂减少氮肥损失和提高氮肥利用率效应研究. 杨凌: 西北农林科技大学博士学位论文.

安冈善文. 1985. 图像处理技术在环境中的应用. 电气学会杂志特集: 455-458.

Aistars GA. 1999. A Life Cycle Approach to Sustainable Agriculture Indicators. Ann Arbor, MI: University of Michigan.

Anthonys G, Wickramarachch N. 2009. An Image Recognition System for Crop Disease Identification of Paddy fields in Sri Lanka. Fourth International Conference on Industrial and Information Systems: 403-407.

Arel I, Rose DC, Karnowski TP. 2010. Deep machine learning: a new frontier in artificial intelligence research. IEEE Computational Intelligence Magazine, 5: 13-18.

Asian Rice Farming Systems Network. 1991. Asian Rice Farming Systems Working Group Report. Beijing: CAAS and IRRI: Proc. 22nd Asian Rice Farming Systems Working Group Meeting: 5.

Barnes A, Sutherland L, Toma L, et al. 2016. The effect of the Common Agricultural Policy reforms on intentions towards food production: evidence from livestock farmers. Land Use Policy, 50: 548-558.

Boissard P, Martin V. 2008. A cognitive vision approach to early pest detection in greenhouse crops. Computers and Electronics in Agriculture, 62(2): 81-93.

Brahimi M, Boukhalfa K, Moussaoui A. 2017. Deep learning for tomato diseases: classification and symptoms visualization. Applied Artificial Intelligence, 31: 299-315.

Brand MC, Finley JM. 1990. Minnesota's Groundwater Protection Act: a response to Federal Inaction. William Mitchell Law Review, 16(4): 911.

Burow KR, Nolan BT, Rupert MG, et al. 2010. Nitrate in groundwater of the United States, 1991-2003. Environmental Science & Technology, 44(13): 4988-4997.

Cai AD, Zhang WJ, Yang PP, et al. 2015. Effects of fertilization on soil organic carbon and its components in farmland of China: based on meta-analysis. Scientia Agricultura Sinica, 48(15): 2995-3004.

Cha ESL, Jeong M, Lee WJ. 2014. Agricultural pesticide usage and prioritization in South Korea. J Agromedicine, 19(3): 281-293.

Conley GH, Han SH, Huang Y. 2009. Controlling eutrophication: nitrogen and phosphorus. Science, 323: 1014-1015.

Conway GR. 1986. Agroecosystem Analysis for Research and Development. Bangkok: Winrock International: 23-24.

Dalgaard T, Hansen B, Hasler B, et al. 2014. Policies for agricultural nitrogen management trends, challenges and prospects for improved efficiency in Denmark. Environmental Research Letters, 9(11): 115002.

Darcy B, Frost A. 2001. The role of best management practices in alleviating water quality problems associated with diffuse pollution. Science of the Total Environment, 265(1-3): 359-367.

de Jong FM, De Snoo GR, Loorij TP. 2001. Trends of pesticide use in the Netherlands. Mededelingen, 66(2b): 823-834.

Devraj B, Jain R. 2011. PulsExpert: an expert system for the diagnosis and control of diseases in pulse crops. Expert Systems with Applications, (38): 11463-11471.

El-Helly M, El-Beltagy S, Rafea A. 2004. Image analysis based interface for diagnostic expert system. Trinity

College Dubin: Proceedings of the Winter International Symposium on Information and Communication Technologies: 1-6.

European Commission. 1957. Treaty of Rome. https://eur-lex.europa.eu/legal-content/EN/TXT/HTML/?uri=CELEX:02016ME/TXT-20160901&from=EN(1957-03-25)[2022-10-09].

European Commission. 1986. Single European act. https://eur-lex.europa.eu/legal-content/EN/TXT/PDF/?uri=OJ:L:1987:169:FULL&from=EN(1987-06-29)[2022-10-09].

European Commission. 1991. Nitrates Directive (91/676/EEC). https://eur-lex.europa.eu/LexUriServ/LexUriServ.do?uri=CELEX:31991L0676:EN:HTML(1991-12-31)[2022-10-09].

European Commission. 2000. Agenda 2000. https://eur-lex.europa.eu/resource.html?uri=cellar:80958a30-795a-4152-99a5-cf86f455a211.0008.01/DOC_1&format=PDF(1997-07-15)[2022-10-09].

European Commission. 2004. 2003 CAP reform summary. https://www.ers.usda.gov/webdocs/outlooks/40439/49119_wrs0407.pdf?v=46.6(2004-08-09)[2022-10-09].

European Commission. 2018. The Nitrate directive report for the period 2012-2015. https://eur-lex.europa.eu/legal-content/en/TXT/?uri=CELEX%3A52018DC0257(2018-05-04)[2022-10-09].

Fawcett H. 1994. Stormwater: best management practices and detention for water quality, drainage, and CSO management. Journal of Hazardous Materials, 36(1): 113-114.

Galassi T, Sattin M. 2014. Experiences with implementation and adoption of Integrated Pest Management in Italy. Integrated Pest Management: Experiences with Implementation, Global Overview, 4: 487-512.

Geneva. 1993. UNEP/UNSTAT Consultative Expert Group Meeting on Environmental and Sustainable Development Indicators. Environment Canada: 6-8.

Gonzalez-Andujar JL. 2009. Expert system for pests, diseases and weeds identification in olive crops. Expert Systems with Applications, 36(2): 3278-3283.

Griffiths JM, King DW. 1993. Increasing the Information Edge. Washington, D.C.: Special Libraries Association.

Grinsven HJM, Ten Berge HFM, Dalgaard T, et al. 2012. Management, regulation and environmental impacts of nitrogen fertilization in northwestern Europe under the Nitrates Directive: a benchmark study. Biogeosciences, 9(12): 5143-5160.

Guo GH, Liu XJ, Zhang Y, et al. 2010. Significant acidification in major Chinese croplands. Science, 327: 1008-1010.

Harry M. 1994. Lawson, changes in pesticide usage in the United Kingdom: policies, results, and long-term implications. Weed Technology, 8(2): 360-365.

Hinton GE, Osindero S, Teh YW. 2006. A fast learning algorithm for deep belief nets. Neural Computation, 18: 1527-1554.

Hu R, Cai Y, Chen KZ, et al. 2012. Effects of inclusive public agricultural extension service: results from a policy reform experiment in western China. China Econ Rev, 23(4): 962-974.

Hu R, Yang Z, Kelly P, et al. 2009. Agricultural extension system reform and agent time allocation in China. China Econ Rev, 20(2): 303-315.

Huang J, Rozelle S. 1995. Technological change: rediscovering the engine of productivity growth in China's rural economy. J Dev Econ, 49(2): 337-369.

Ito J, Bao Z, Su Q. 2012. Distributional effects of agricultural cooperatives in China: exclusion of smallholders and potential gains on participation. Food Policy, 37: 700-709.

Jansma JE, Keulen H, Zadoks JC. 1993. Crop protection in the year 2000: a comparison of current policies towards agrochemical usage in four West European countries. Crop Protection, 12(7): 483-489.

Jin S, Zhou F. 2018. Zero growth of chemical fertilizer and pesticide use: China's objectives, progress and challenges. Journal of Resources and Ecology, 9(1): 50-58.

Jones CI. 1999. Growth: With or without scale effects? American Economic Review, American Economic Association, 89(2): 139-144.

Ju XT, Gu BJ, Wu YY, et al. 2016. Reducing China's fertilizer use by increasing farm size. Global Environmental Change, 41: 26-32.

Kazuyuki Y, Kazuyuki M. 2005. Challenges of reducing excess nitrogen in Japanese agroecosystems. Science China-Life Sciences, 48(2): 928-936.

Knoden D, Vertes F, Foray S. 2015. Implementation of the EU Nitrates Directive in different parts of Europe. Fourrages, (224): 269-278.

Kuhn T. 2017. The revision of the German Fertilizer Ordinance in 2017. https://ageconsearch.umn.edu/record/262054(2017-08-16)[2022-10-09].

Lai J C, Ming B, Li S K, et al. 2010. An image-based diagnostic expert system for corn diseases. Agricultural Sciences in China, 9(8): 1221-1229.

Le CY, Bengio Y, Hinton G. 2015. Deep learning. Nature, 521: 436-444.

Lee DR. 2006. Agricultural sustainability and technology adoption: issues and policies for developing countries. American Journal of Agricultural Economics, 87(1): 1325-1334.

Li TY, Zhang WF, Yin J, et al. 2018. Enhanced-efficiency fertilizers are not a panacea for resolving the nitrogen problem. Global Change Biology, 24(2): 511-521.

Liang Q, Hendrikse G, Huang Z, et al. 2015. Governance structure of Chinese farmer cooperatives: evidence from Zhejiang province. Agribusiness, 31(2): 198-214.

Liu B, Zhang Y, He D, et al. 2018. Identification of apple leaf diseases based on deep convolutional neural networks. Symmetry-Basel, 10: 11.

Lobley M, Butler A. 2010. The impact of CAP reform on farmers' plans for the future: some evidence from South West England. Food Policy, 35(4): 341-348.

Maryland Department of Agriculture Nutrient Management Offices. 2017. Farming with your nutrient Management plan. Maryland: University of Maryland. https://mda.maryland.gov/resource_conservation/counties/FarmingwithyourPlan.pdf(2019-01-21)[2022-10-09].

Meals DW, Dressing SA, Davenport TE. 2010. Lag time in water quality response to best management practices: a review. Journal of Environmental Quality, 39(1): 85-96.

Mikkelsen SA, Iversen TM, Jacobsen BH, et al. 2014. Denmark-European Union: reducing nutrient losses from intensive livestock operations. Livestock in a Changing Landscape, Volume 2: Experiences and Regional Perspectives, 20(2): 24-44.

Ministry of Agriculture and Forests (MIPAAF), Ministry of Environment, Territory Protection and Sea (MATFM) and Ministry of Health. 2014. National Action Plan. Gazzetta Ufficial della Repubblica Italia, 59-105.

Misselbrook TH, Menzi H, Cordovil C. 2012. Preface recycling of organic residues to agriculture: agronomic and environmental impacts. Agriculture Ecosystems & Environment, 160(10): 1-2.

Moustier P. 2001. Assessing the socio-economic impact. Urban Agriculture Magazine, 12: 47-48.

Noellsch AJ, Motavalli PP, Nelson KA, et al. 2009. Corn response to conventional and slow-release nitrogen fertilizers across a claypan landscape. Agronomy Journal, 101(3): 607-614.

Oene O, Albert B, Nils A, et al. 2011. Nitrogen in Current European Policies. Cambridge: Cambridge University Press.

Oenema O. 2004. Governmental policies and measures regulating nitrogen and phosphorus from animal manure in European agriculture. Journal of Animal Science, 82(Suppl 13): E196-E206.

Pydipati R, Burks TF. 2006. Identification of citrus disease using color texture features and discriminant analysis. Computers and Electronics in Agriculture, 52(8): 49-59.

Qiu ZW, Chen BX, Yong TM. 2013. A summary of Japan's environmental conservation agriculture: development history, challenges and new opportunities. Journal of Resources and Ecology, 4(3): 231-241.

Randall G, Rehm G, Lamb J, et al. 2008. Best management practices for nitrogen use in couth-central Minnesota. Minnesota: University of Minnesota Extension. https://conservancy.umn.edu/bitstream/handle/11299/198236/n-bmps-sc-mn-2008.pdf(2019-01-21)[2022-10-09].

Rigby D, Woodhouse P, Young T, et al. 2001, Constructing a farm level indicator of sustainable agricultural practice. Ecological Economics, 39(3): 463-478.

Rogers EM. 2003. Diffusion of Innovarions. Columbus Ohio: Free Press.

Sammany M, El-Beltagy M. 2006. Optimizing Neural Networks Architecture and Parameters Using Genetic Algorithms for diagnosing Plant Diseases. Proceeding of and International Computer Engineering Conference. IEEE(Egypt section).

Sammany M, Medhat T. 2007. Dimensionality Reduction Using Rough Set Approach for Two Neural Networks-Based Applications. Rough Sets and Intelligent Systems Paradigms, International Conference, RSEISP 2007, Warsaw, Poland, Jun 28-30, 2007, Proceeding. Springer-Verlag.

Sathre MG, Hege MO, Hofsvang T. 1999. Action programmes for pesticide risk reduction and pesticide use in different crops in Norway. Crop Protection, 18(3): 207-215.

Simone KK, Detlef V. 2012. Analytical Framework for the Assessment of Agricultural Technologies. Germany: University of Hohenheim Stuttgart: 3-14.

Sladojevic S, Arsenovic M, Anderla A, et al. 2016. Deep neural networks based recognition of plant diseases by leaf image classification. Computational Intelligence and Neuroence, 2016: 3289801.

Smet BD, Claeys S, Vagenende B. 2005. The sum of spread equivalents: a pesticide risk index used inenvironmental policy in Flanders, Belgium. Crop Protection, 24(6): 363-374.

Smith RJN, Glegg GA, Parkinson R, et al. 2007. Evaluating the implementation of the Nitrates Directive in Denmark and England using an ac-tor-orientated approach. European Environment, 17(2): 124-144.

Tachibana M. 2005. UBER with controlled release property. Germany: IFA International Workshop on Enhanced-Efficiency Fertilizers. https://www.fertilizer.org/wp-content/uploads/2023/01/2005_ag_frankfurt_tachibana_abstract.pdf(2005-06-30) [2022-10-09].

University of Maryland. 2014. University of Maryland Extension Strategic Plan 2014-2019. Maryland: University of Maryland. https://extension.umd.edu/resource/extension-strategic-plan(2019-01-21)[2022-10-09].

University of Maryland. 2018. Farmer training & certification. Maryland: University of Maryland. https://extension.umd.edu/programs/agriculture-food-systems/program-areas/integrated-programs/agricultural-nutrient-management-program/farmer-training-certification(2019-01-21)[2022-10-09].

van Grinsven HJM, ten Berge HFM, Dalgaard T, et al. 2012. Management, regulation and environmental impacts of nitrogen fertilization in northwestern Europe under the Nitrates Directive: a benchmark study. Biogeosciences, 9(12): 5143-5160.

Veleva V, Ellenbecker M. 2001 Indicators of sustainable production: framework and methodology. Journal of Cleaner Production, 9(6): 519-549.

Yang D, Liu Z. 2012. Study on the Chinese farmer cooperative economy organizations and agricultural specialization. Agric Econ, 58(3): 135-146.

Ying H, Yin YL, Zheng HF, et al. 2019. Newer and select maize, wheat and rice varieties can help mitigate N footprint while producing more grain. Global Change Biology, 25(12): 4273-4281.

Zhang C, Hu R, Shi G, et al. 2015. Overuse or underuse? An observation of pesticide use in China. Sci Total Environ, 538: 1-6.

Zhang XY. 2018. Pilots of organic fertilizer substitutes for chemical fertilizers for fruit, vegetable and tea increased to 150 counties. http://www.chinacoop.gov.cn/HTML/2018/05/09/135249.html(2018-05-09) [2022-10-09].

Zhou Y, Hong Y, Hans JM, et al. 2010. Factors affecting farmers' decisions on fertilizer use: a case study for the chaobai watershed in Northern China. The Journal of Sustainable Development, 4(1): 80-102.

Zhu X, Hu R, Zhang C, et al. 2021. Does Internet use improve technical efficiency? Evidence from apple production in China. Technol Forecast Soc Chang, 166: 120662.